U0074113
Cambridge
康橋製琴

Violin

Beautify Body From Woman

Violin

Beautify Sound From Nautilus

2020/01/01

Cremona

Home
of
Violin

ITALY

Antonio Stradivari

Father of Violin

作者序言

小提琴是-漂亮-優雅-又好聽的樂器,要做出一支小提琴是不會難,但是要做好一支完美的小提琴卻是件很不容易的事.

只要有耐心,有毅力,有熱誠,要做出漂亮的小提琴那就不難了,再加上銳利的刀具,工具,好的木料,漆料要創造-----流傳後世-----的小提琴是沒問題的.

2000年43歲的我完全沒有木工基礎,憑著興趣及毅力,在台北跟第1位老師學做琴,2002年完成了初淺入門的第一把琴,但自覺琴藝粗糙,技術-觀念須好好再加強,於是在2005年換老師在國立台南藝術大學跟 -陳國華-教授再從頭學做好琴,這期間又歷經了3年左右的歲月,獨自駕車週週南北來回,在陳老師的嚴謹態度下磨練,不辭辛勞終於在2008年將義大利的傳統技術學成.緊跟著又過了2年自己才真正不假他人之手獨立完成個人的第1把琴,並開始詳細記錄-書寫製琴的完整過程,這期間耗時了 10年以上的光陰2020年才完成這本書.這可真是驗證了古人所說的一句話-----**十年磨一劍**-----.

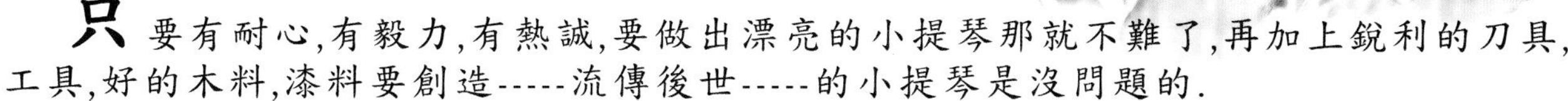

為了提升自己的技術及視野,每年須自我督促自己做出精緻-漂亮又好聽的小提琴並報名參加國際上較具有規模的製琴比賽, 在比賽中一次比一次進步並獲得佳績入選.
2012美國V.S.A.製琴比賽,　　2013中國北京製琴比賽,
2015義大利Cremona製琴比賽,　　2018義大利Cremona製琴比賽.

在製琴比賽期間認識了不少的製琴名人-**David Guesst**- -Bissolotti- -Morassi-他們的技術-客氣及謙虛均令人折服. 俗語說天外有天,人外有人,切勿自滿,必能進步.

本人秉持著精益求精-力求完美的專業態度及責任來書寫這本書,但凡每一步驟,工法皆有相對應的照片及插圖,拍了上千張的照片,只為了要記載著有更詳細的過程,好讓讀者看得懂-做得出來.但俗語說 魔鬼藏在細節中,難以書寫描述的細節還須透過優良老師的精湛示範及耐心的正確指導,初學製琴者方能 -事半功倍- 技藝更加精進.

希望此書對有心想學製琴的人能有所幫助, 更祈盼有 **真**-**善**-**美** 的精神及態度,及正確觀念來製作真正精美又精緻的**傳家小提琴**.

(**David Guesst** 義大利第4屆製琴比賽金牌)
(陳教授是 **David Guesst** 的嫡傳得意弟子)
(陳教授 2004年榮獲 美國提琴製作-工藝獎)

精雕極致完美小提琴
綻放優雅光芒永留傳

☆目錄☆☆☆☆☆

Lee Chyi Shien

Lee-Chyi Shien

Lee Chyi Shieu

Lee Chyi Shien

Lee Chyi Shien

Lee Chyi Shien

XV Concorso Triennale Internazionale di Liuteria Antonio Stradivari

DIPLOMA di PARTECIPAZIONE

Chi-Hsien Lee

Lee Chyi Shien

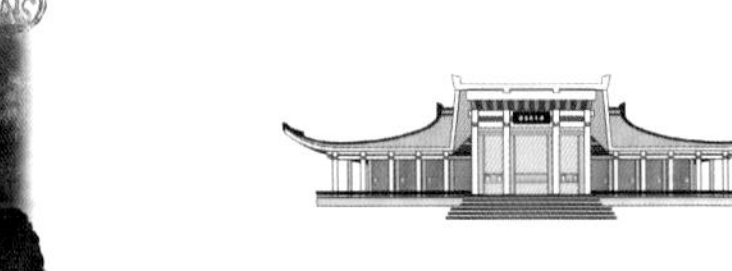

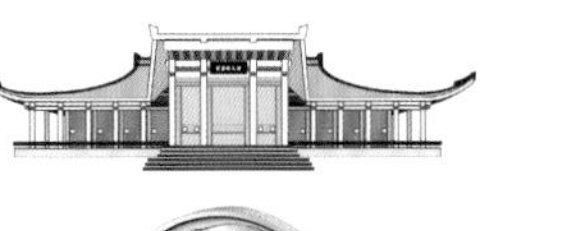

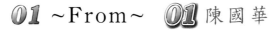

Lee Chyi Shien

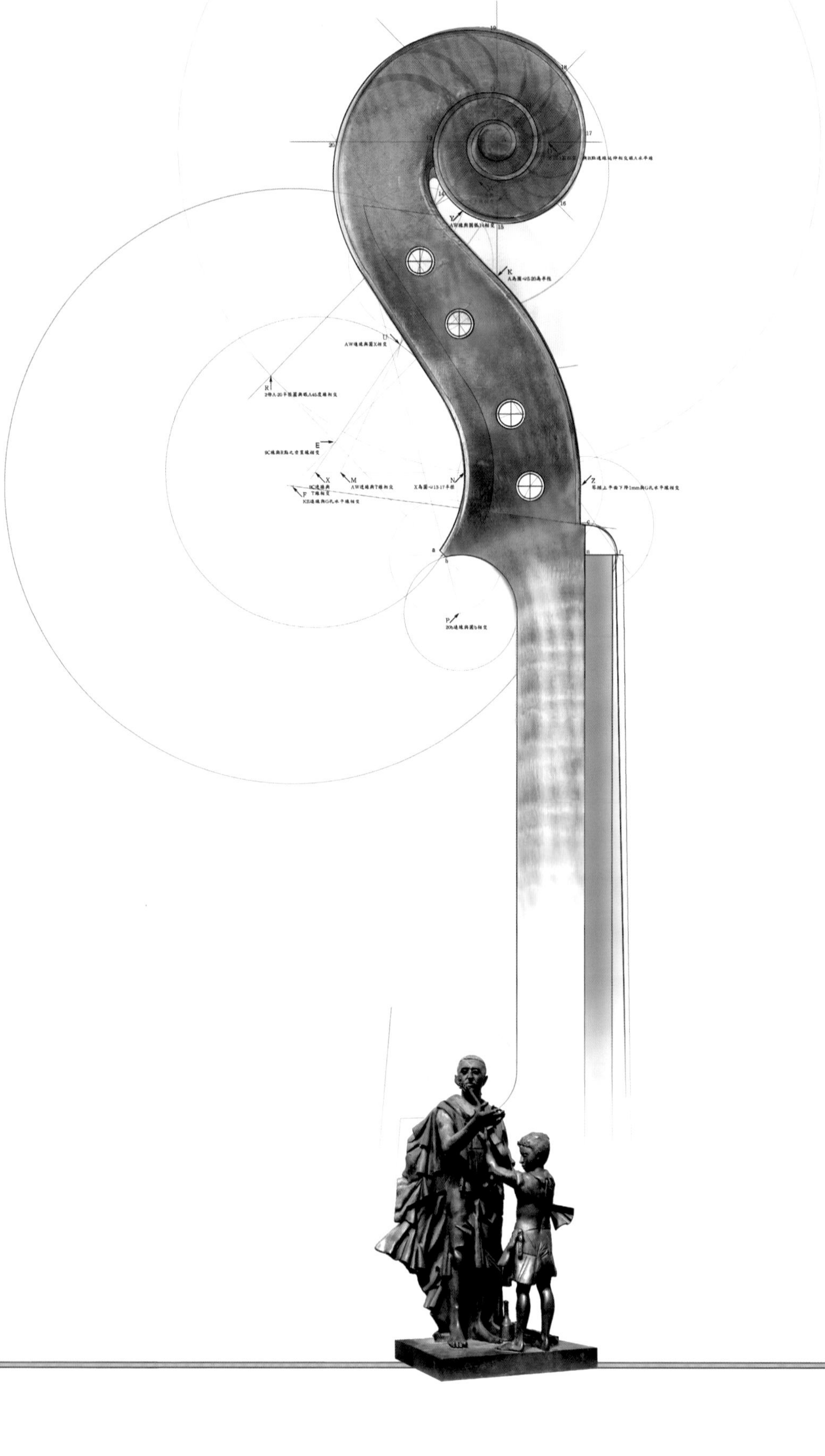

Lee Chyi Shien

1716

彌賽亞
至今已
300
年

是
史特拉底
保持
最完整 最漂亮
的
小提琴

1716

彌賽亞

用的

是

PG

模具

我們就從

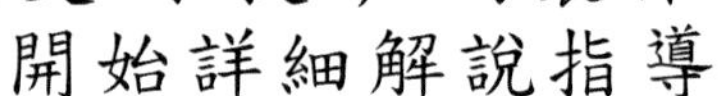

的

-型板-設計,-模具-產生

到整支-小提琴-的製作過程

開始詳細解說指導

Lee Chyi Shien

Chapter 01

型板

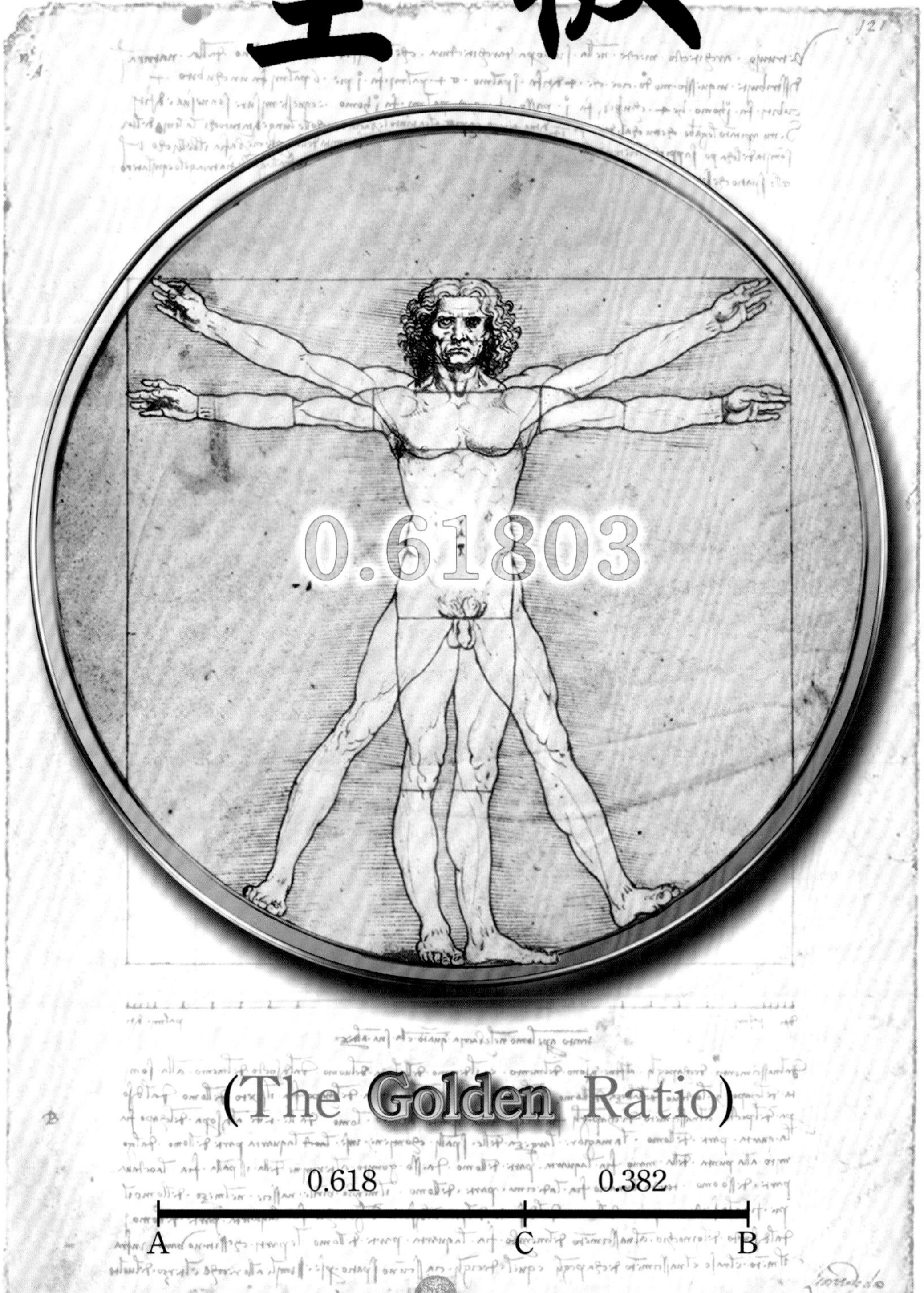

0.61803

(The Golden Ratio)

0.618 0.382

A C B

Lee Chyi Shien

Chapter

Template

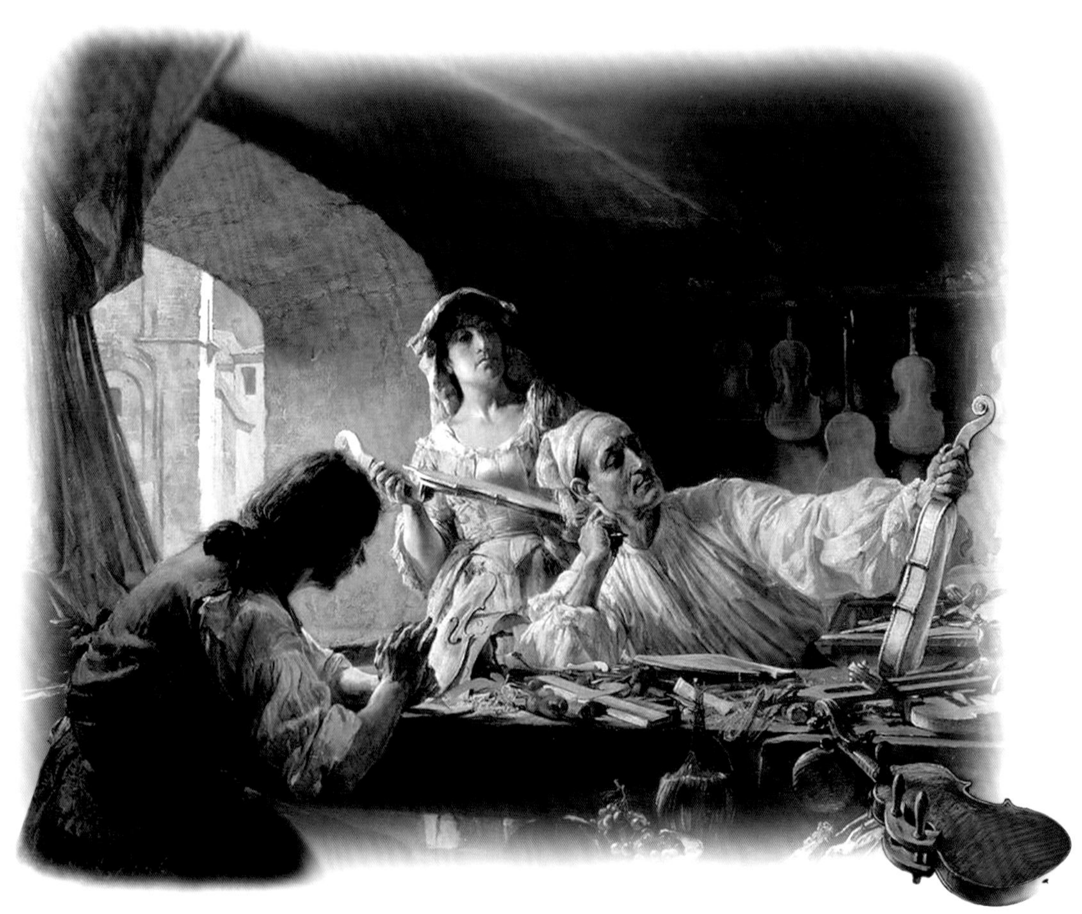

Lee Chyi Shien

設計

尺規作圖

I₁ I I₂

A 基本圖形中心 Step1

H1 H H2

$\overline{H_1\text{-}H_2}$ = 362.7mm

(The Golden Ratio)

A-1：畫底長$\overline{H_1\text{-}H_2}$＝362.7mm

A-2：畫 $\overline{H_1\text{-}H_2}$的垂直平分線 $\overline{H\text{-}I}$ = $\overline{H_1\text{-}H_2}$

A-3：連接$\overline{H_1\text{-}I}$及$\overline{H_2\text{-}I}$.

A-4：依上法再畫倒三角形 ▽ H-I₁-I₂，
及$\overline{H\text{-}I}$線段的中心點A.

整個型板的作圖只用 直尺 和 圓規

基本三角作圖畫出－正－反－三角形

Lee Chyi Shien

型板

三角分割

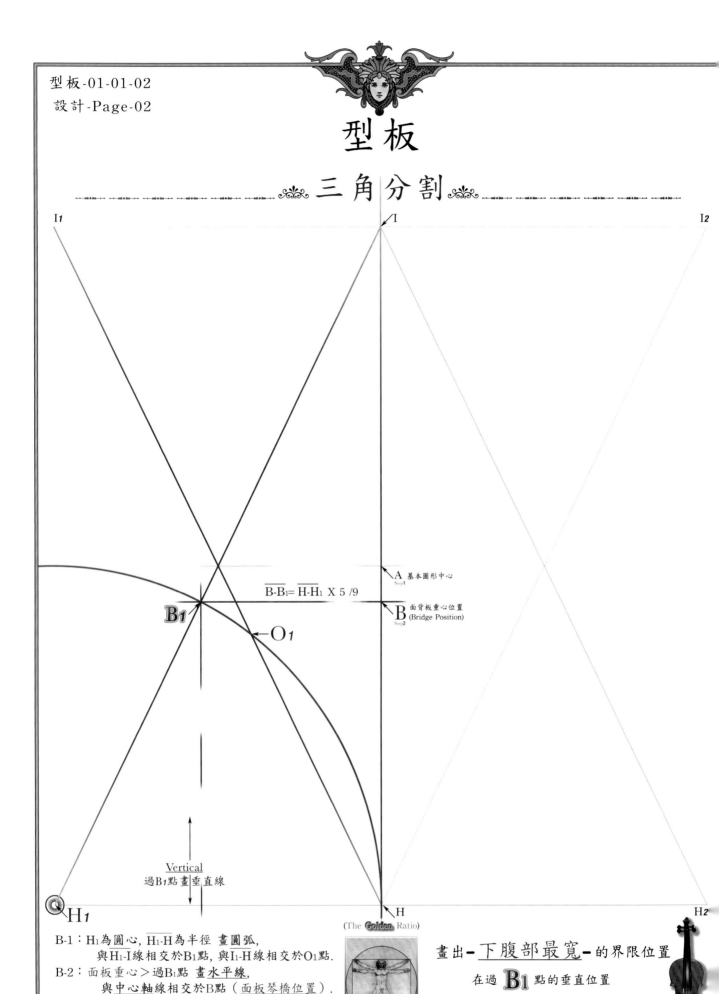

I1 I I2

A 基本圖形中心 Step1

$\overline{B\text{-}B_1} = \overline{H\text{-}H_1} \times 5/9$

B1 B 面背板重心位置 (Bridge Position) Step2

O1

Vertical
過B1點畫垂直線

H1 H H2

(The Golden Ratio)

B-1：H_1為圓心, $\overline{H_1\text{-}H}$為半徑 畫圓弧,
與H_1-I線相交於B_1點, 與I_1-H線相交於O_1點.

B-2：面板重心＞過B_1點 畫水平線,
與中心軸線相交於B點（面板琴橋位置）.

B-3：腹部最寬位置＞過B_1點 往下畫垂直線
（$\overline{B\text{-}B_1} = \overline{H\text{-}H_1} \times 5/9$）.
$(\sqrt{5}-1)/\sqrt{5} \fallingdotseq 5/9$

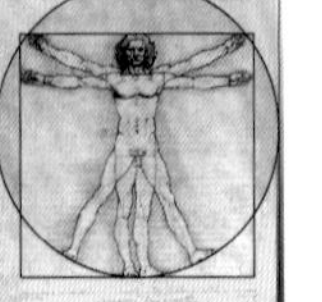

畫出－下腹部最寬－的界限位置
在過 B1 點的垂直位置

Lee Chyi Shien

型板

三角分割

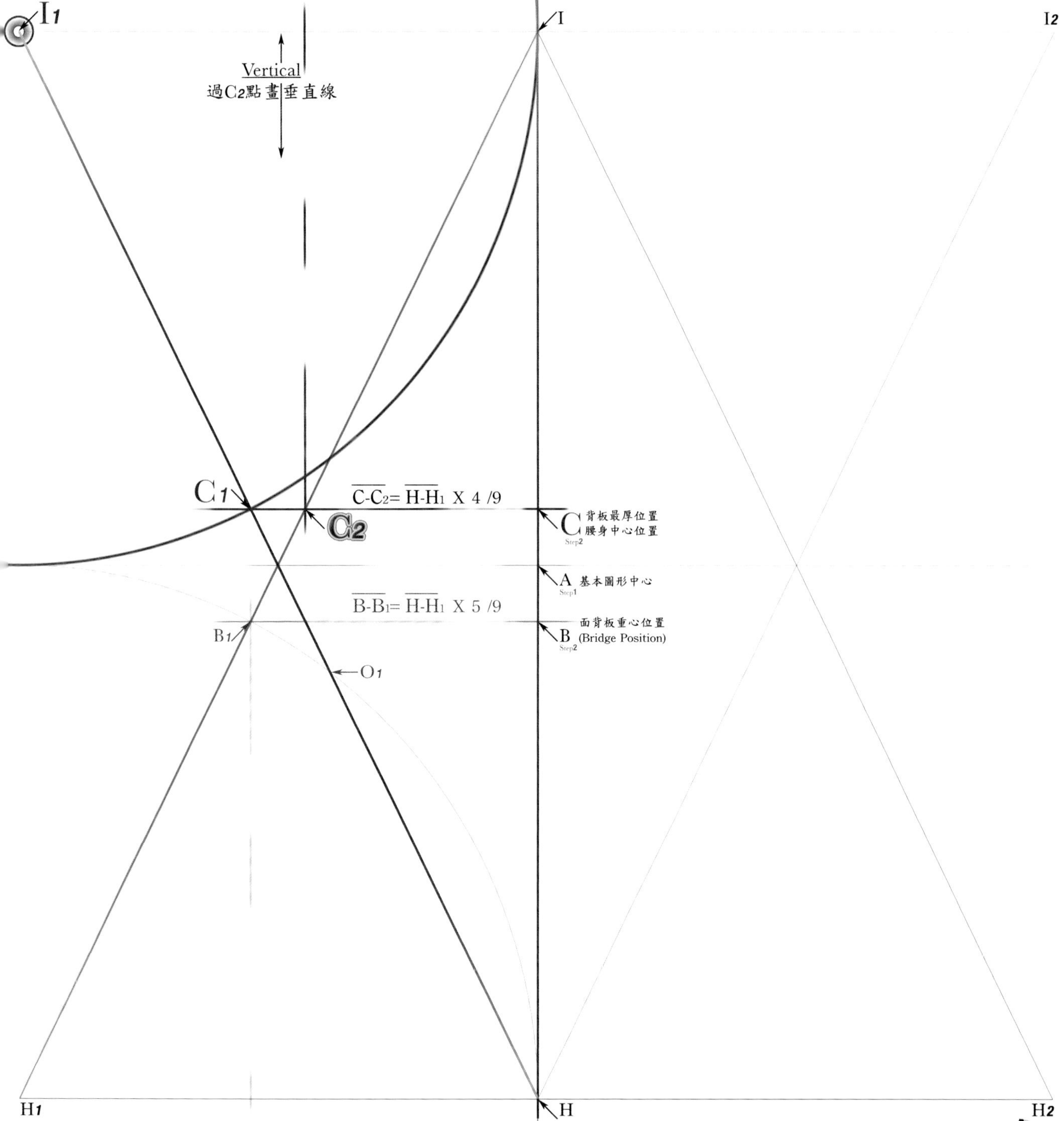

I_1 I I_2

Vertical
過C_2點畫垂直線

C_1 $\overline{C\text{-}C_2} = \overline{H\text{-}H_1}$ X 4 /9 C 背板最厚位置 腰身中心位置 Step2

C_2

A 基本圖形中心 Step1

$\overline{B\text{-}B_1} = \overline{H\text{-}H_1}$ X 5 /9

B_1 B 面背板重心位置 (Bridge Position) Step2

O_1

H_1 H H_2

(The Golden Ratio)

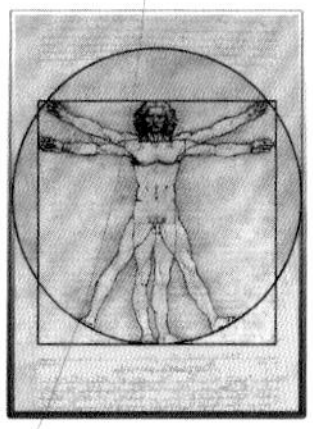

C-1：I_1為圓心, $\overline{I\text{-}I_1}$為半徑 畫圓弧,
與I_1-H線相交於C_1點.

C-2：腰身中心＞過C_1點 畫水平線,
與中心軸線相交於C點（背板最厚位置）.
並與H_1-I線相交於C_2點.

C-3：胸部最寬位置＞過C_2點 往上畫垂直線
（$\overline{C\text{-}C_2} = \overline{H\text{-}H_1}$ X 4/9）.

畫出-上胸部最寬-的界限位置

在過C_2點的垂直位置

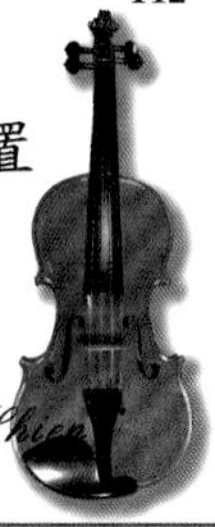

Lee Chyi Shien

型板

軸線分割

I1 I I2

N Step3

E上角尖位置
Step3（A1為圓心B-B1為半徑）

C1 C2 C Step2

A1 D,E,N,點的圓心
Step2-1（A為圓心AC2為半徑）

A基本圖形中心
Step1

B1 B Step2

D下角與腹部弧線接點
Step3

H1 H H2

(The Golden Ratio)

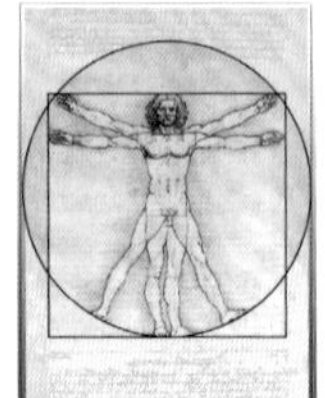

D-1：A為圓心，$\overline{A\text{-}C_2}$為半徑畫圓，
與過A點水平線相交於A_1點.

D-2：A_1為圓心，$\overline{B\text{-}B_1}$為半徑畫圓，
與中心軸線相交於D,E兩點，
與$\overline{H_1\text{-}I}$線相交於N點.

D-3：過D點 畫水平線，過E點 畫水平線.

定義－上角尖－的水平位置

在過E點的水平位置

Lee Chyi Shien

型板

軸線分割

D-4：I為圓心，$\overline{B\text{-}B_1}$為半徑畫圓，
與中心軸線相交於F點.

D-5：過F點 畫水平線.

D-6：E為圓心，$\overline{E\text{-}C_2}$為半徑畫圓，
與中心軸線相交於G點.

D-7：過G點 畫水平線.

定義－下角尖－的水平位置

在過G點的水平位置

Lee Chyi Shien

型板-01-01-06
設計-Page-06

型板

腹部圓心

I1 I I2

F E Step3 C Step2 A B G Step5 D C2 B1 O1

V腹部最寬點 Step6-1

L1 Step6-2

L腹部水平位置 Step6（G為圓心GO1為半徑）

H1 H H2

(The Golden Ratio)

E-1：G為圓心, $\overline{G\text{-}O_1}$為半徑畫圓,
與中心軸線相交於L點 （後續5-6弧 的圓心）.

E-2：過L點 畫水平線,與過B_1點垂直線相交於V點.

E-3：$\overline{C_2\text{-}H}$與$\overline{L\text{-}V}$線相交於L_1點. （後續6-7弧 的圓心）

E-4：連接$\overrightarrow{E\text{-}L_1}$射線.

畫出-下腹部弧形-圓心-的位置

L L1

Lee Chyi Shien

型板

胸部圓心

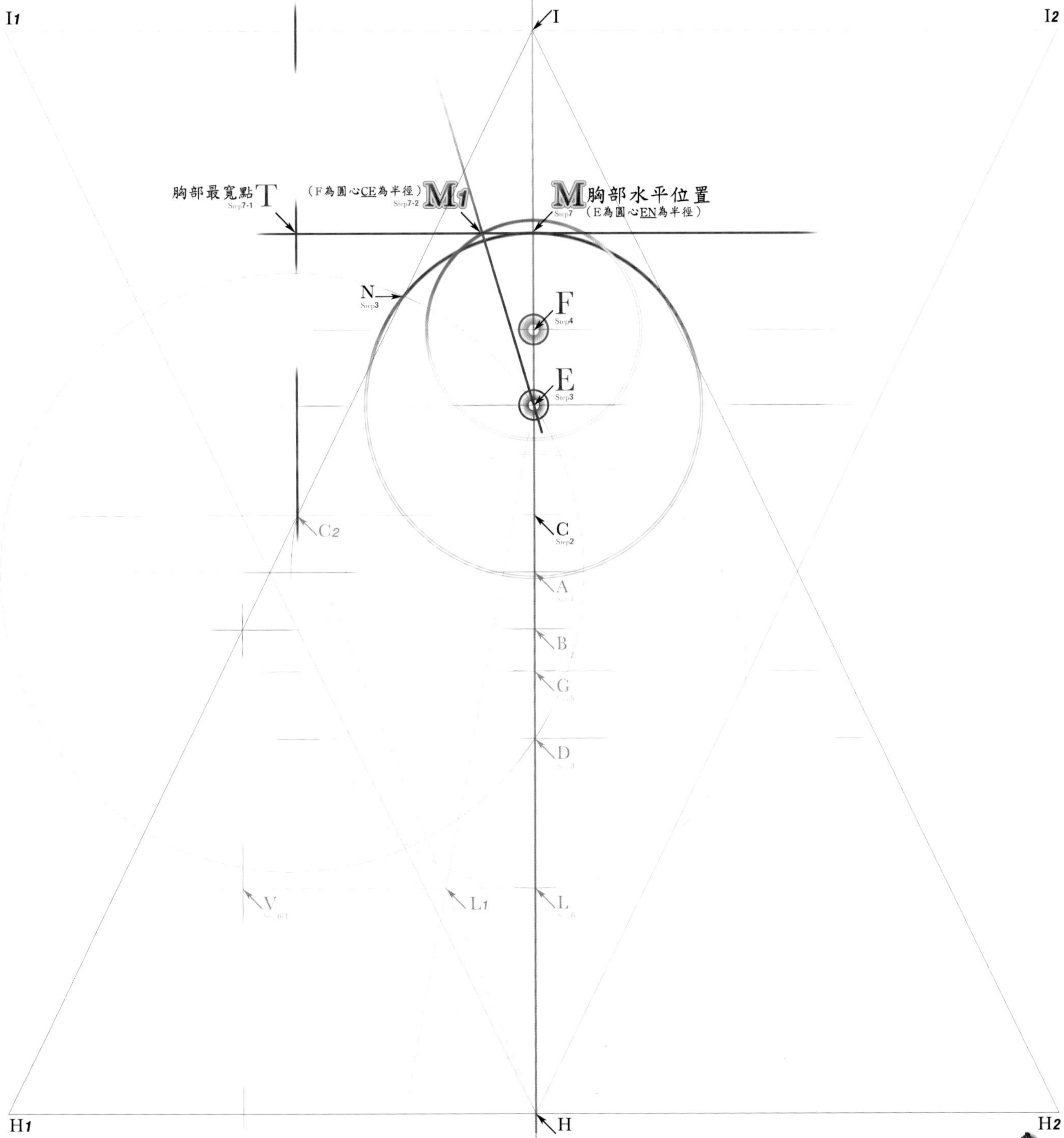

I1 I I2
胸部最寬點T Step7-1
（F為圓心CE為半徑）M1 Step7-2
M胸部水平位置 Step7（E為圓心EN為半徑）
N Step3
F Step4
E Step3
C2
C Step2
A
B
G
D
V
L1
L
H1 H H2

(The Golden Ratio)

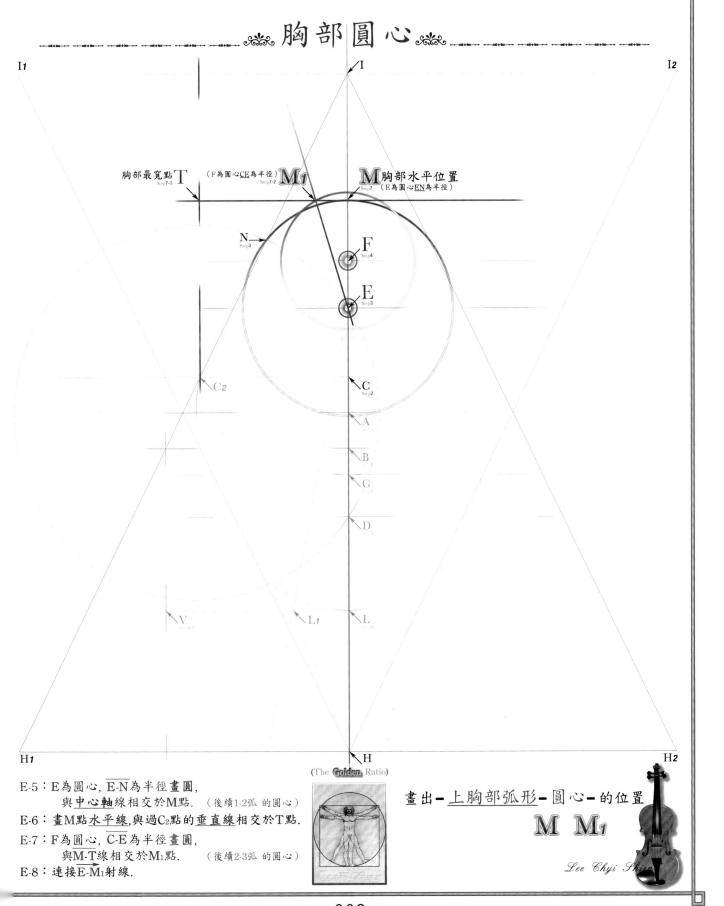

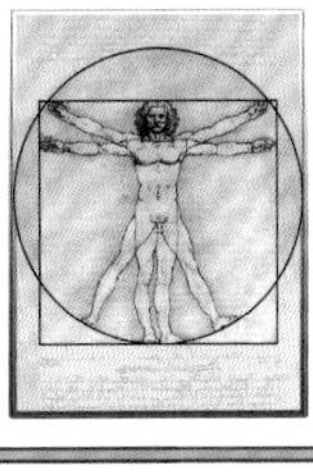

E-5：E為圓心, $\overline{E\text{-}N}$為半徑畫圓,
與中心軸線相交於M點. （後續1-2弧 的圓心）
E-6：畫M點水平線,與過C_2點的垂直線相交於T點.
E-7：F為圓心, $\overline{C\text{-}E}$為半徑畫圓,
與M-T線相交於M_1點. （後續2-3弧 的圓心）
E-8：連接$\overrightarrow{E\text{-}M_1}$射線.

畫出－上胸部弧形－圓心－的位置
M M_1

Lee Chyi Shien

型板

頭尾端點

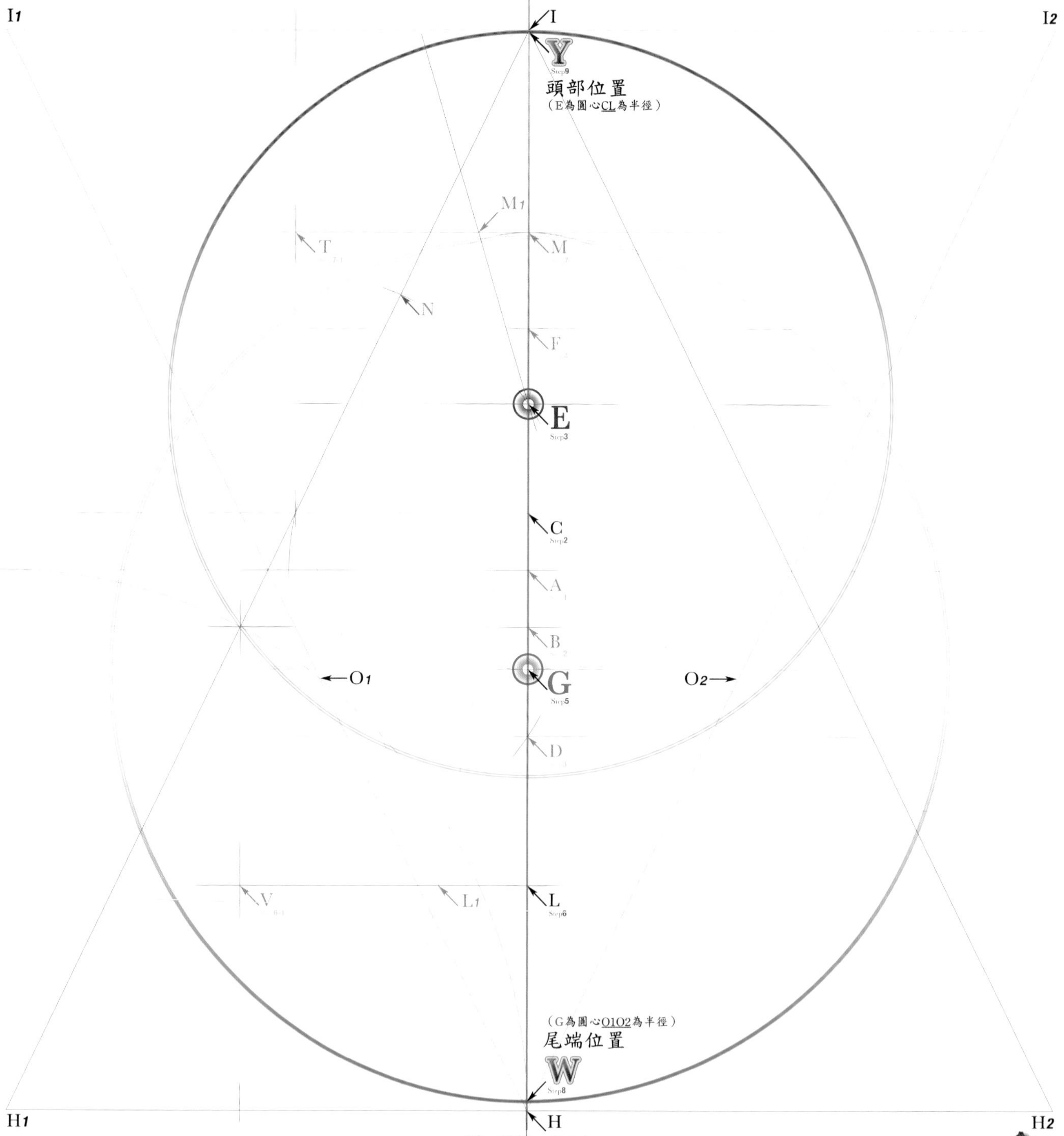

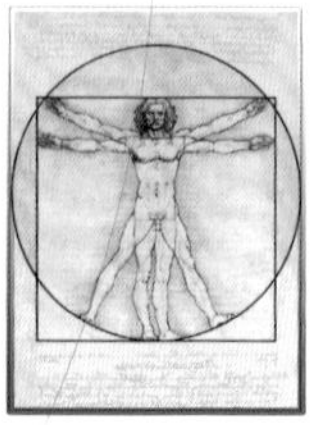

F-1：E為圓心，$\overline{\text{C-L}}$為半徑畫圓，
與中心軸線相交於Y點（頭端）.

F-2：G為圓心，**兩倍** $\overline{\text{G-O}_1}$線段為半徑畫圓，
與中心軸線相交於W點（尾端）.

畫出–頭端–尾端–的位置
Y W

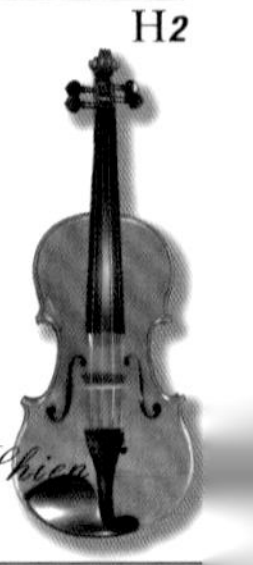

Lee Chyi Shien

型板

中腰圓心

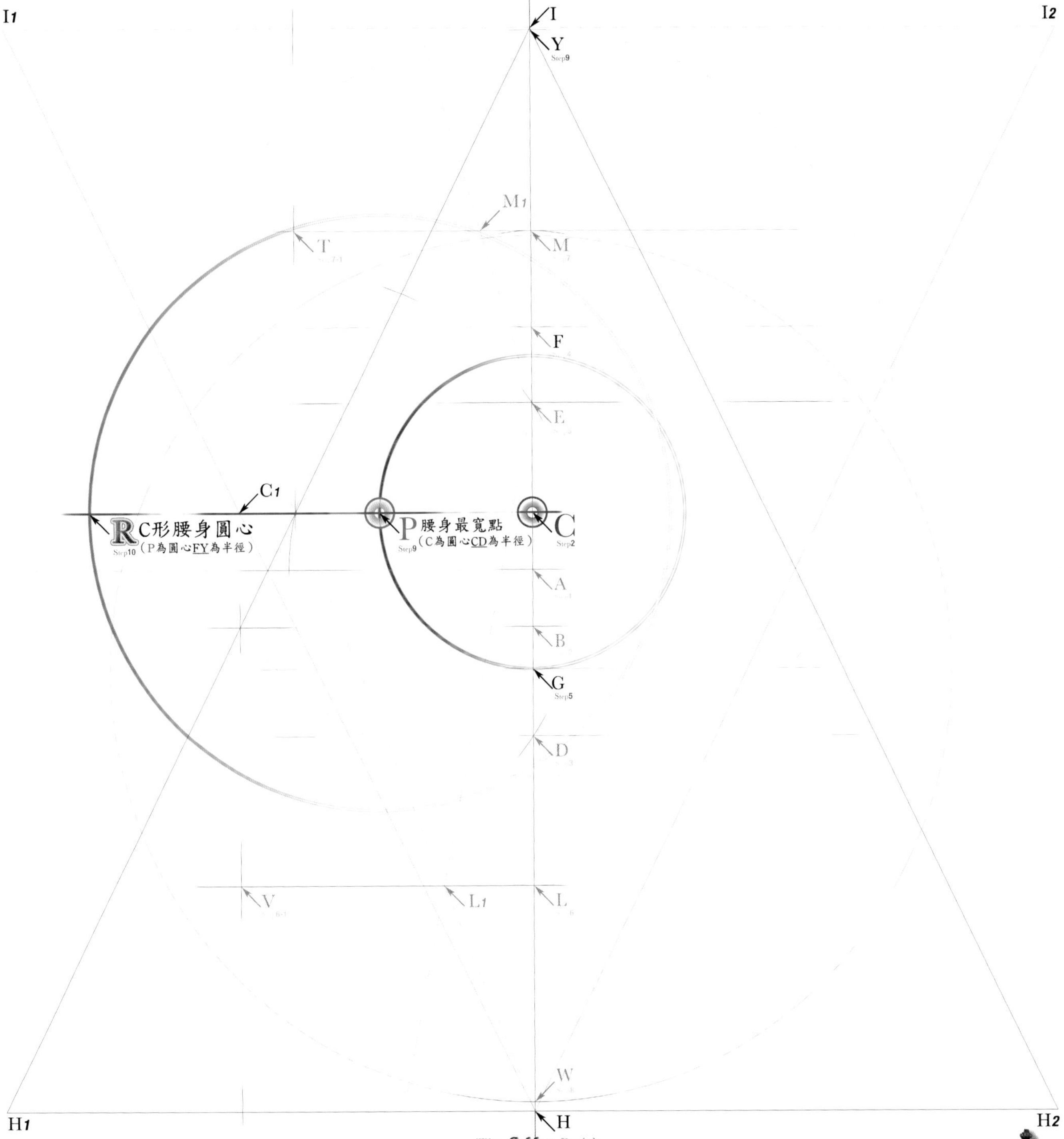

(The Golden Ratio)

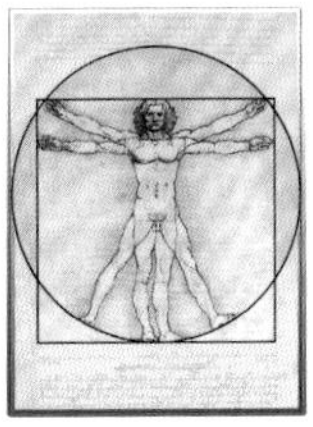

G-1：C為圓心，$\overline{C\text{-}G}$為半徑畫圓，
與$\overrightarrow{C\text{-}C_1}$射線相交於P點.

G-2：P為圓心，$\overline{F\text{-}Y}$為半徑畫圓，
與$\overline{C\text{-}C_1}$線相交於R點.（後續C腰弧形的圓心）

畫出－中間腰部－圓心－的位置

R

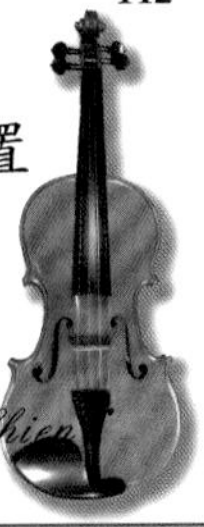

Lee Chyi Shien

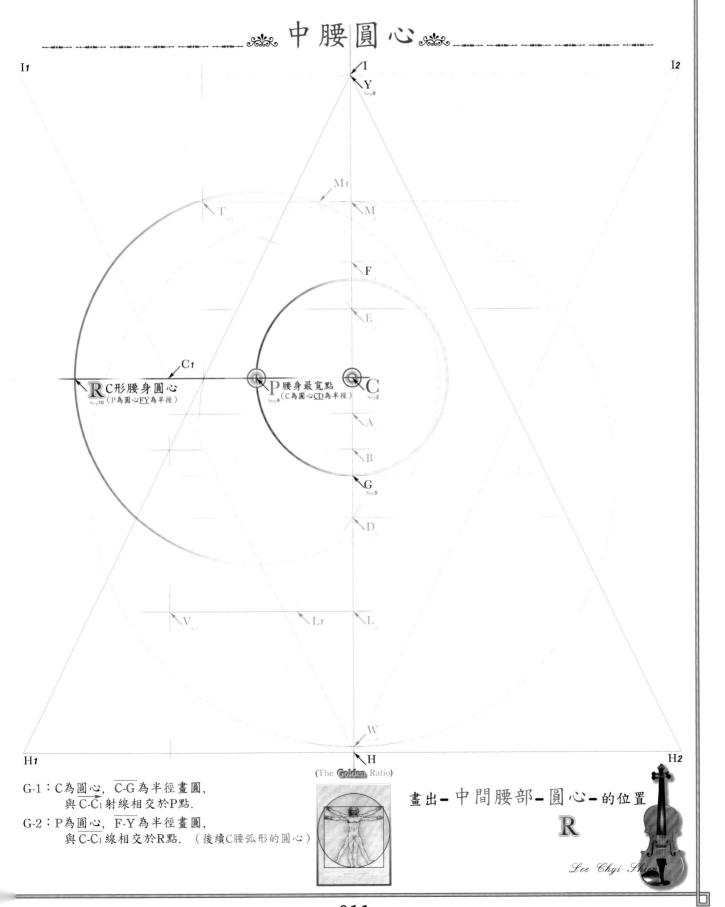

型板

胸部弧線

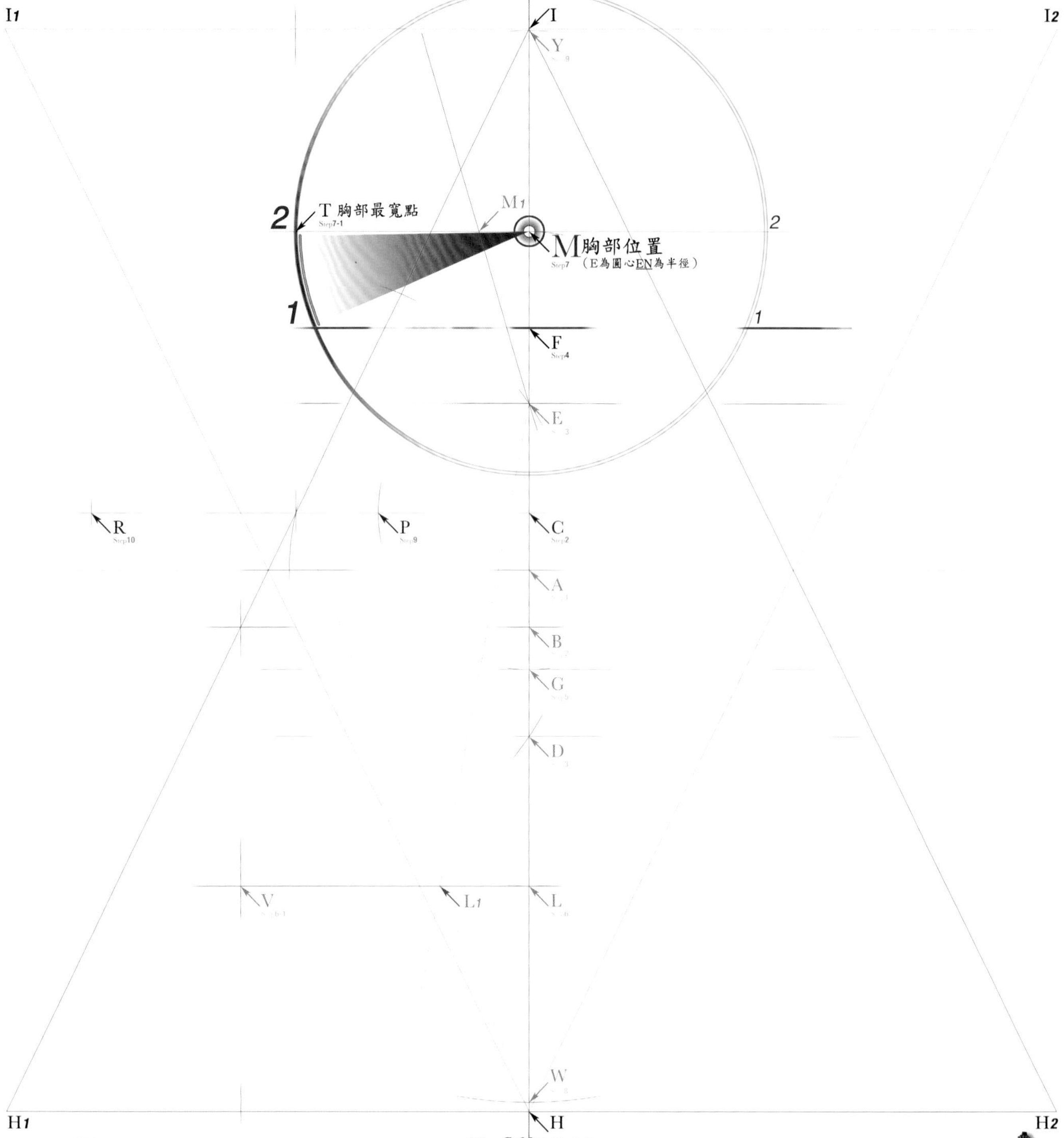

I1 I Y I2

2 T 胸部最寬點 Step7-1

M1

M胸部位置 Step7 （E為圓心EN為半徑）

2 1 1

F Step4

E

R Step10 P Step9 C Step2

A B G D

V L1 L

W

H1 H H2

(The Golden Ratio)

H-1：1-2弧

M為圓心，M-T為半徑畫圓，
與過F點 的水平線相交於點1.

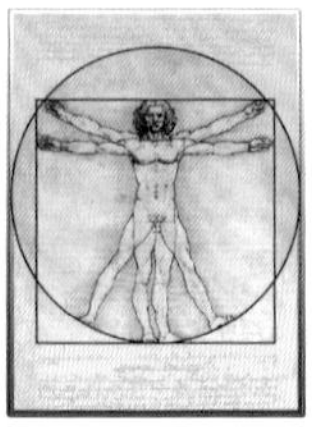

畫出－上方胸部1 - 2的弧線

Lee Chyi Shien

型板

胸部弧線

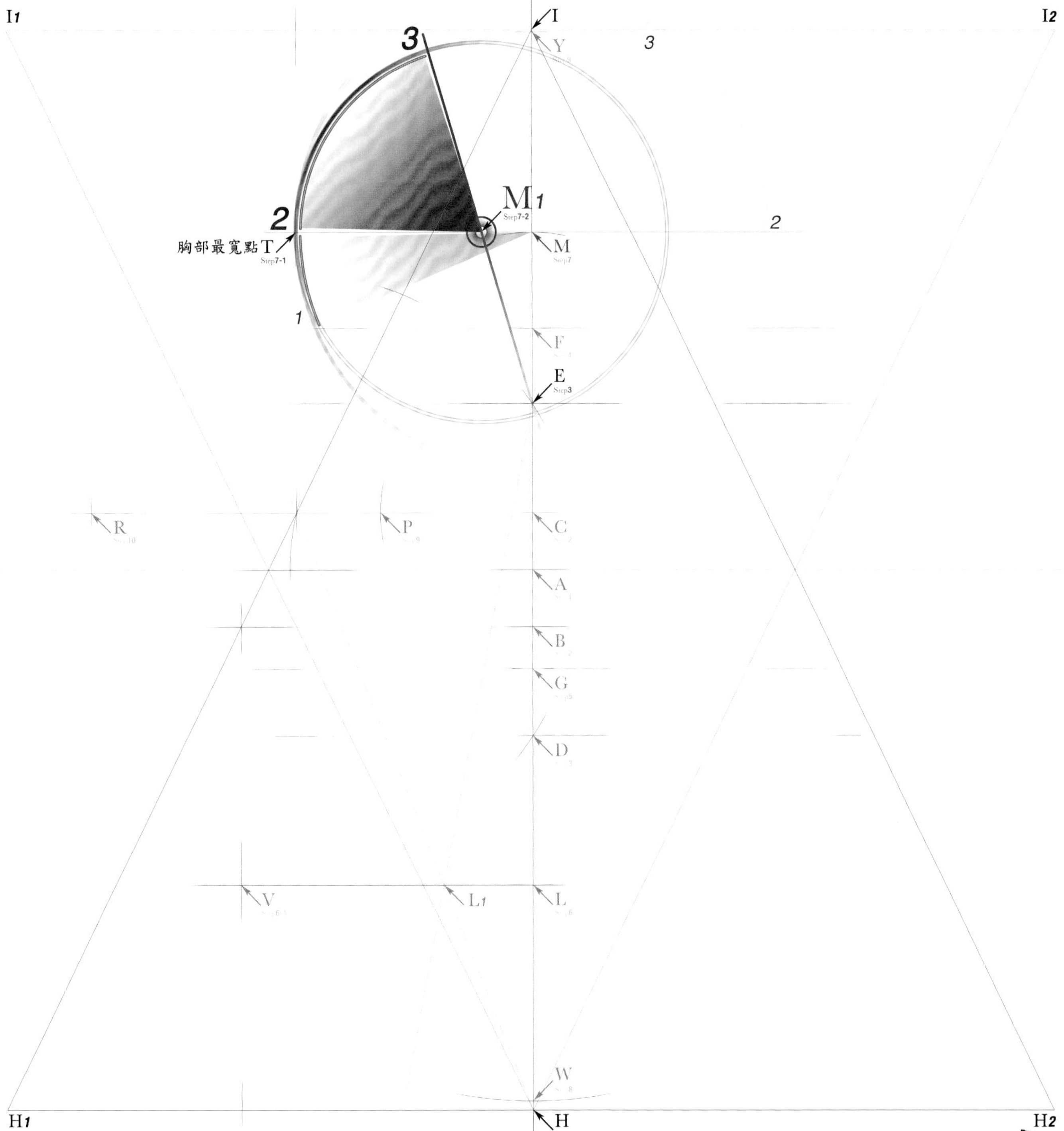

I1 I2 I Y 3 M1 2 胸部最寬點T M 1 F E R P C A B G D V L1 L W H1 H H2

(The Golden Ratio)

H-2：$\overset{\frown}{2\text{-}3}$弧

M1為圓心, $\overline{M_1\text{-}T}$為半徑畫圓,
與$\overrightarrow{E\text{-}M_1}$射線相交於點3.

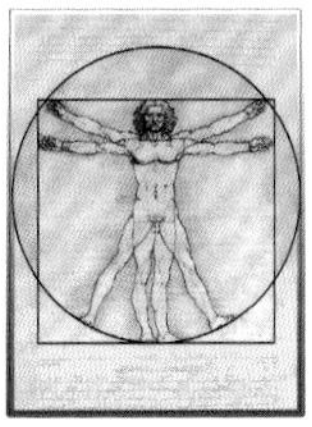

畫出-上方胸部$\overset{\frown}{2-3}$的弧線

Lee Chyi Shien

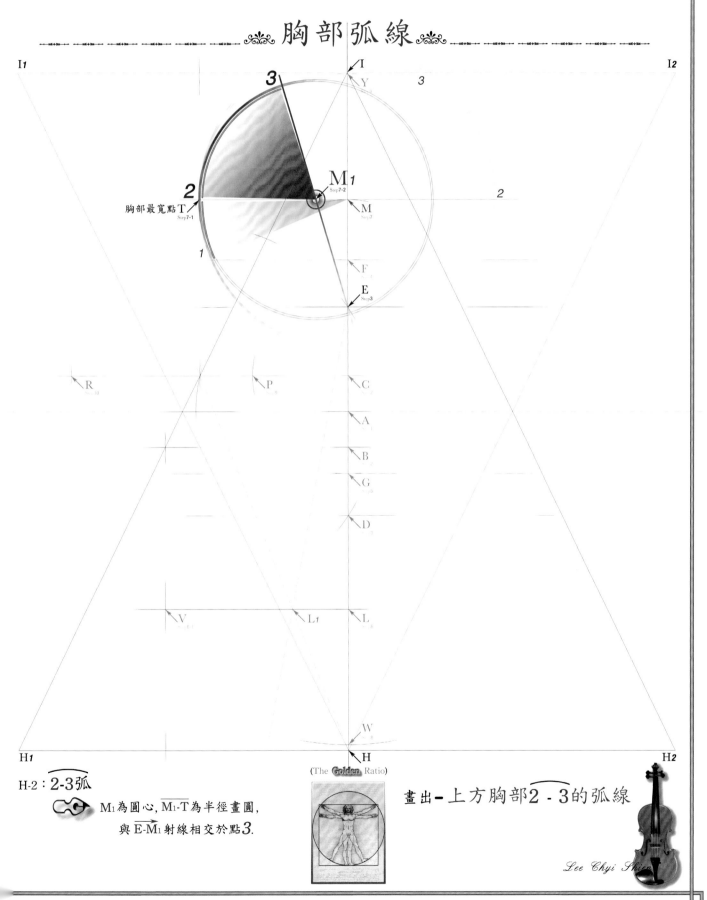

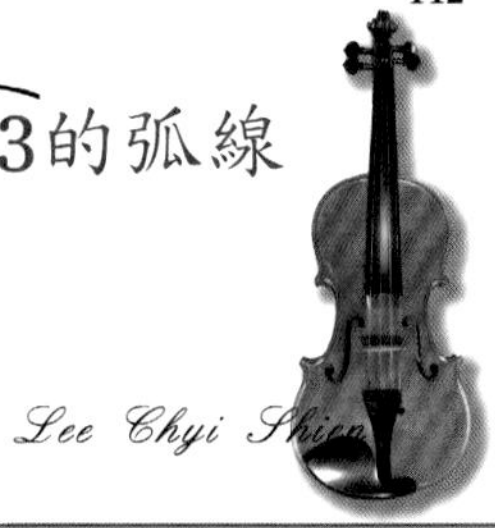

型板

胸部弧線

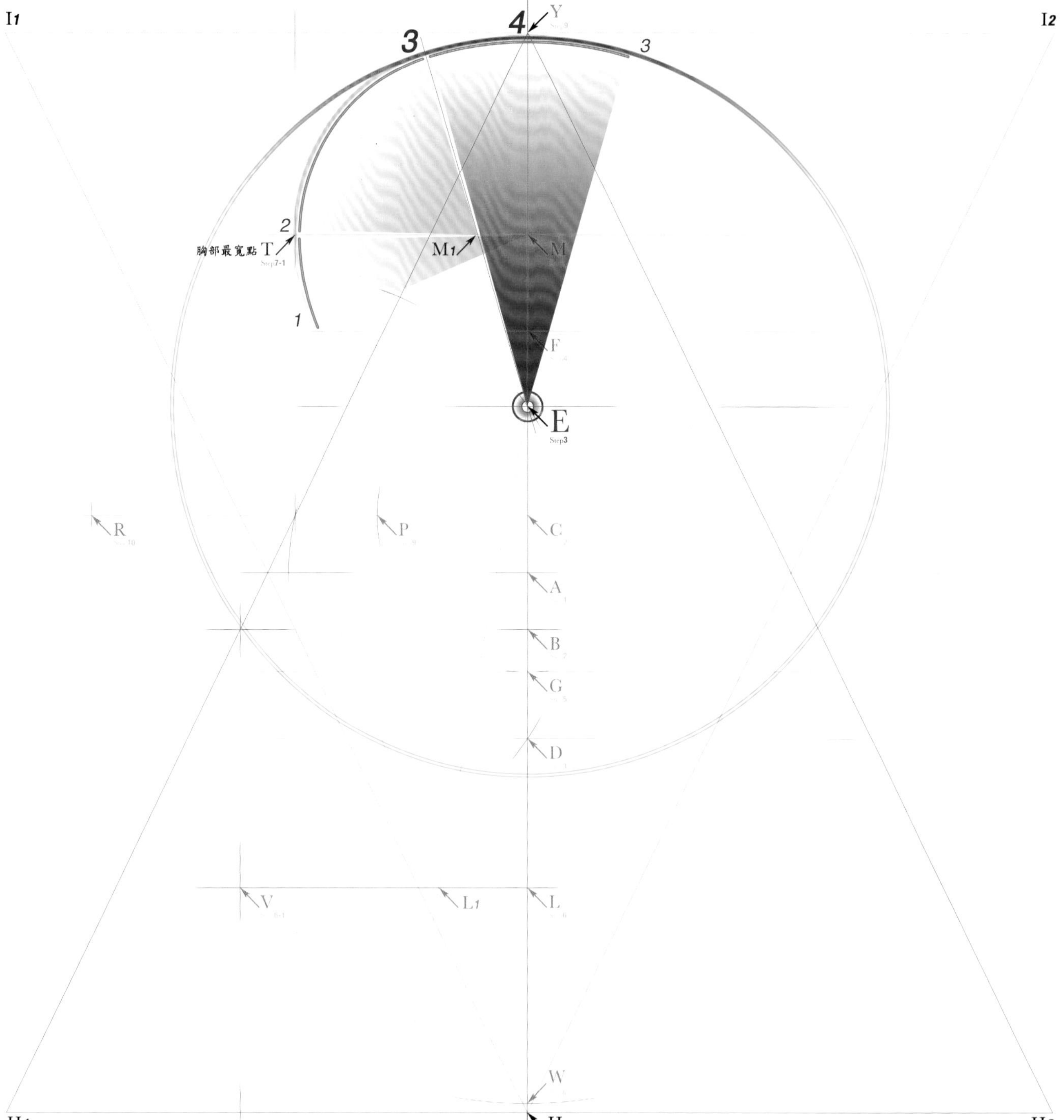

I1 I2 4 Y 3 3 2 胸部最寬點 T M1 M 1 F E R P C A B G D V L1 L W H1 H H2

(The Golden Ratio)

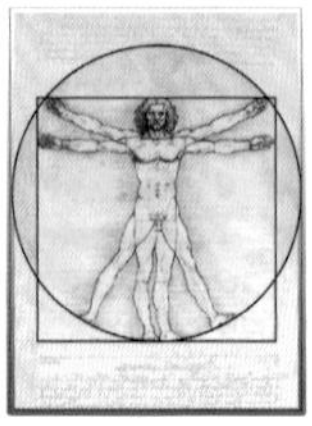

H-3：$\overset{\frown}{3\text{-}4}$弧

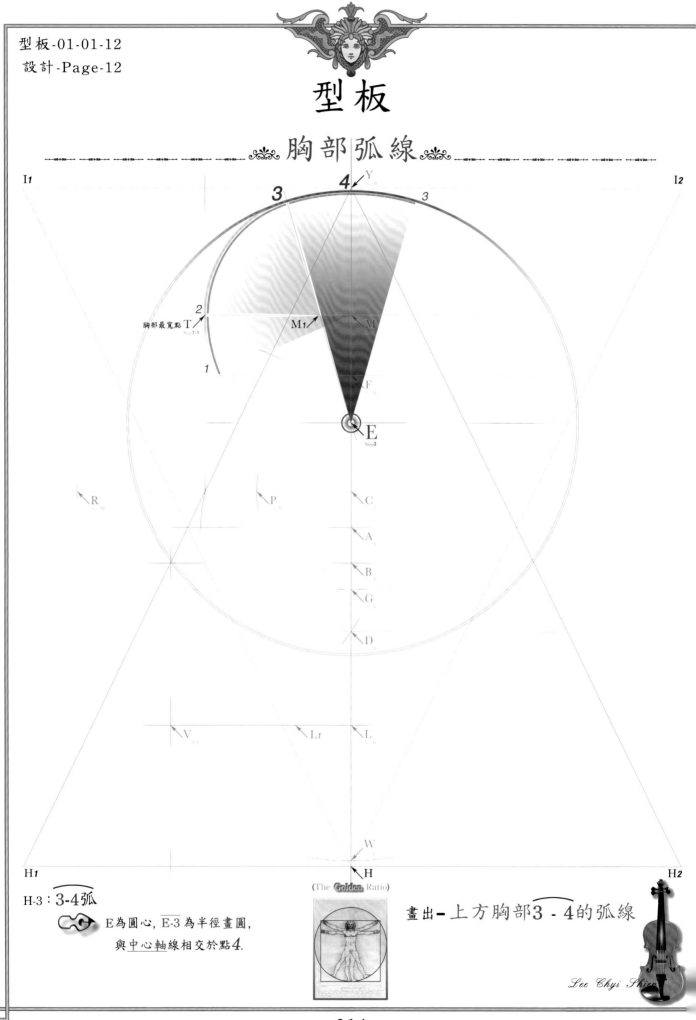

E為圓心，$\overline{E\text{-}3}$ 為半徑畫圓，
與中心軸線相交於點4.

畫出-上方胸部$\overset{\frown}{3-4}$的弧線

Lee Chyi Shien

型板

腹部弧線

(The Golden Ratio)

I-1：5-6弧

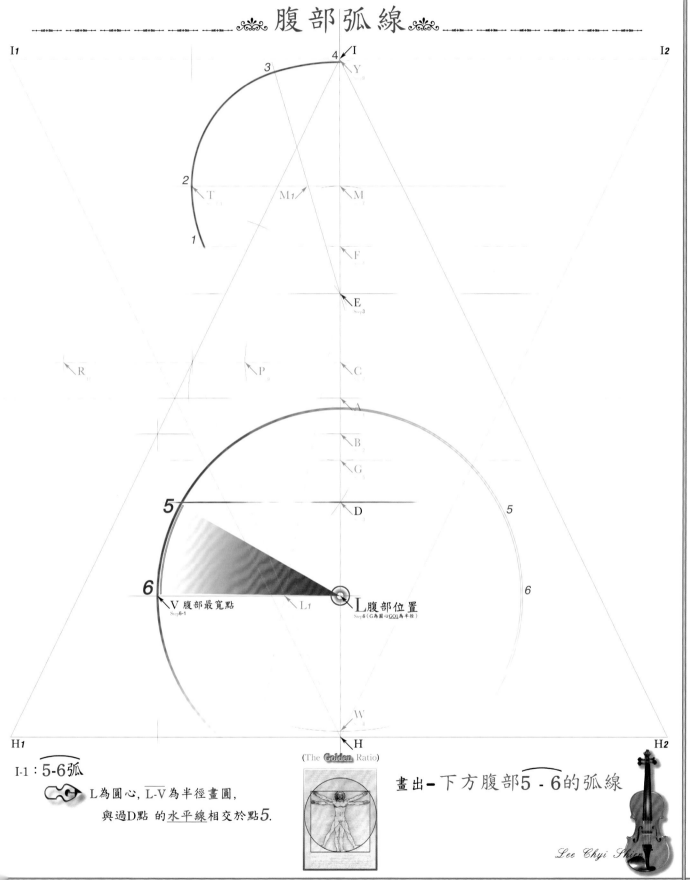

L為圓心, L-V為半徑畫圓,
與過D點 的水平線相交於點5.

畫出－下方腹部5 - 6的弧線

Lee Chyi Shien

型板

腹部弧線

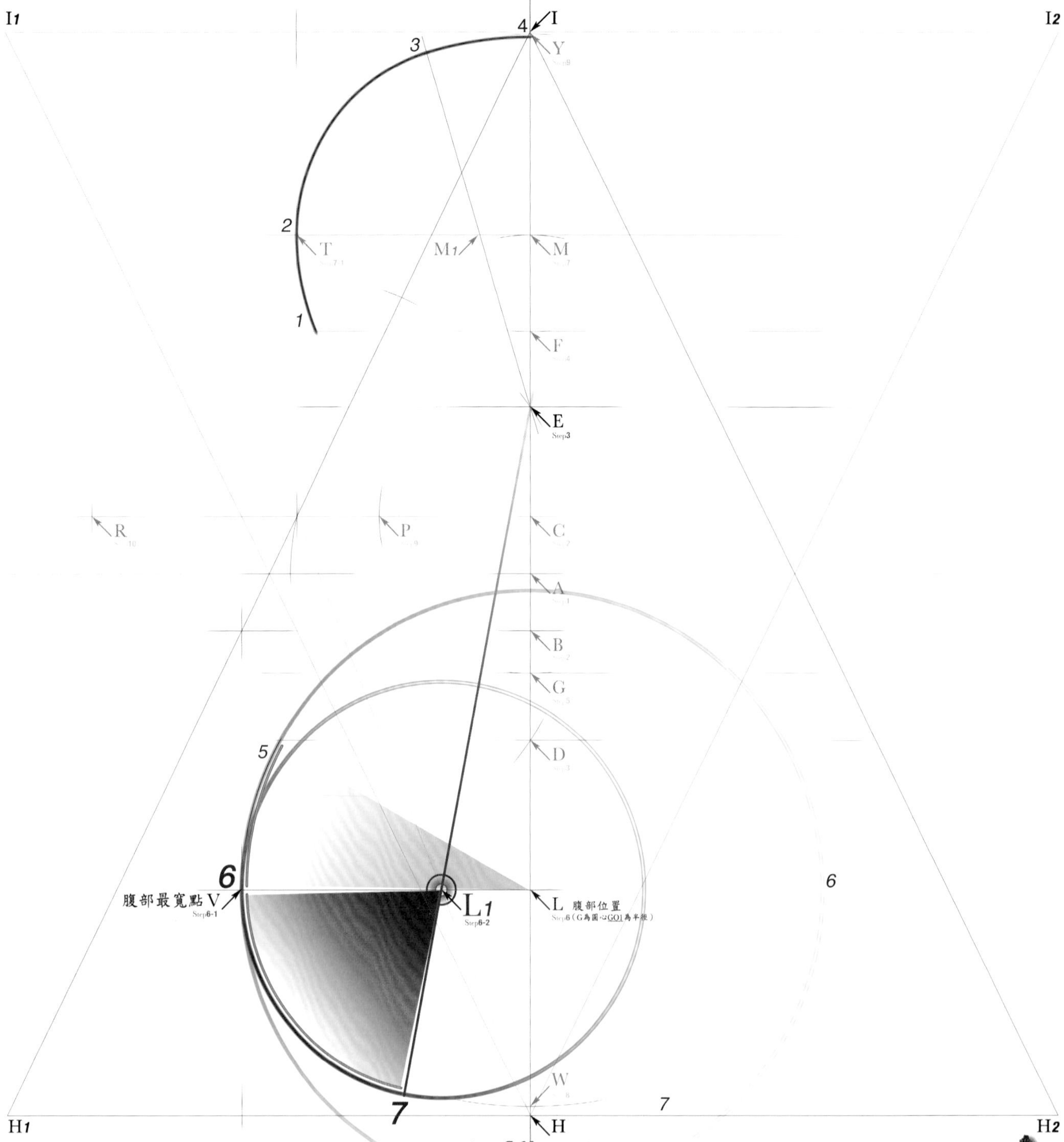

I1 I I2
4 3 Y
2 T M1 M
1 F
E Step3
R P C
A B G
5 D
6 6
腹部最寬點V Step6-1
L1 Step6-2
L 腹部位置 Step6（G為圓心GO1為半徑）
W
7 7
H1 H H2

(The Golden Ratio)

I-2：6-7弧

L1為圓心，L1-V為半徑畫圓，
與E-L1射線相交於點7.

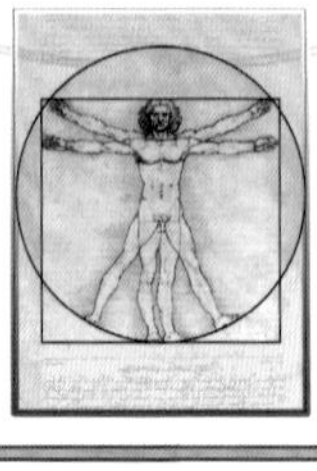

畫出－下方腹部6－7的弧線

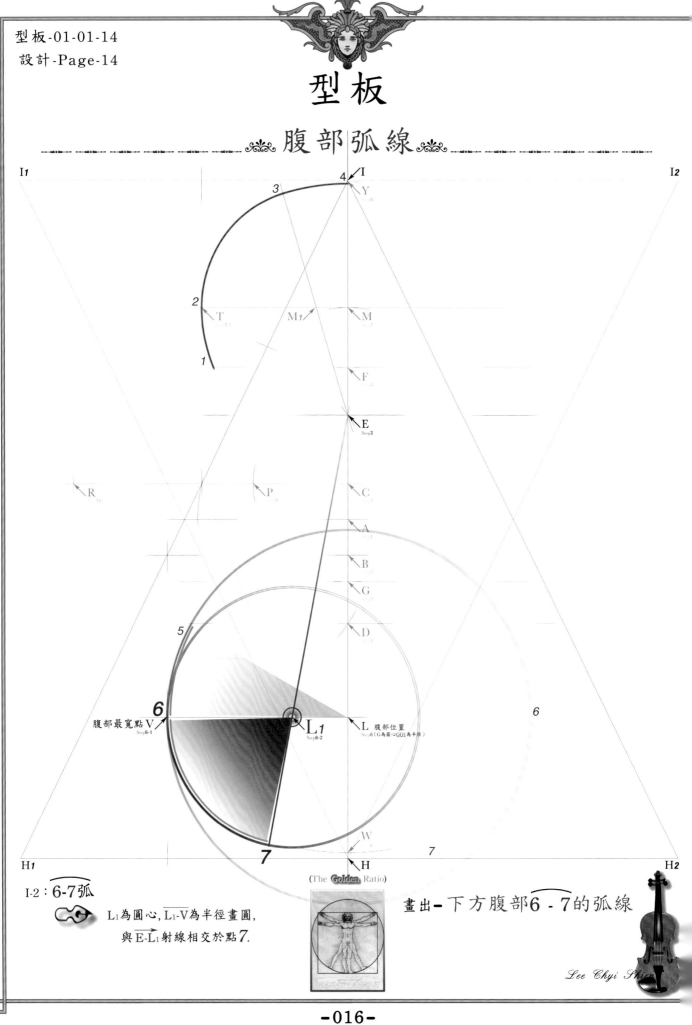

Lee Chyi Shien

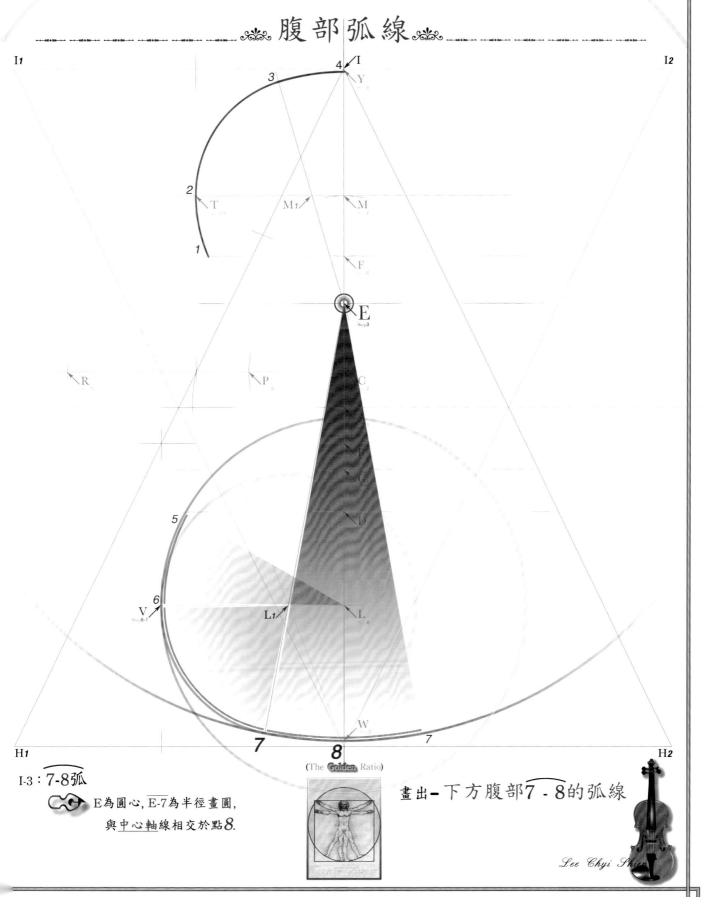

型板

腹部弧線

I-3：$\overset{\frown}{7\text{-}8}$弧

E為圓心，$\overline{E\text{-}7}$為半徑畫圓，
與中心軸線相交於點8.

畫出－下方腹部$\overset{\frown}{7 - 8}$的弧線

Lee Chyi Shien

型板

腰身弧線

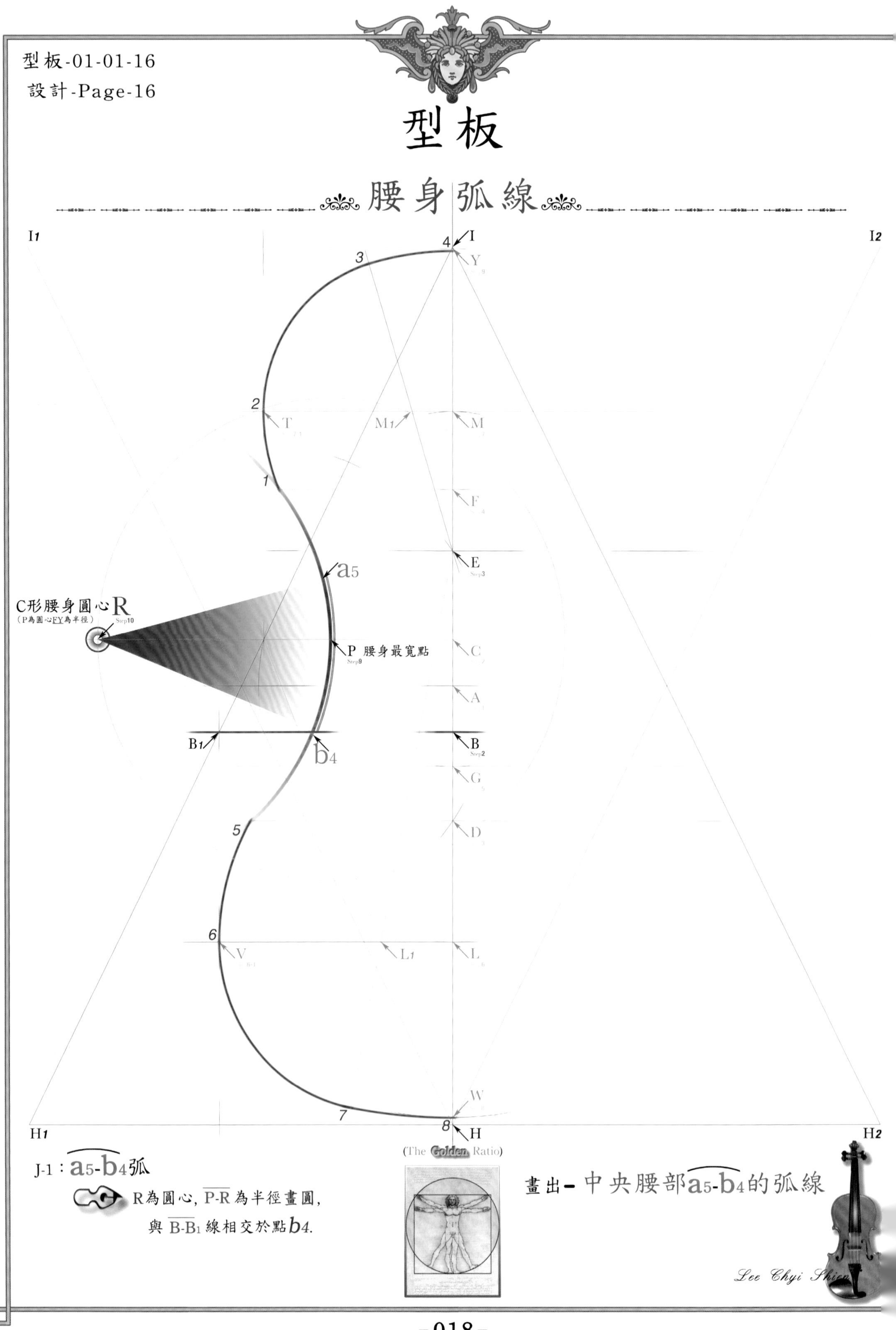

J-1：a5-b4弧

R為圓心，P-R為半徑畫圓，
與 B-B1 線相交於點b4.

畫出－中央腰部a5-b4的弧線

型板

上角上弧線

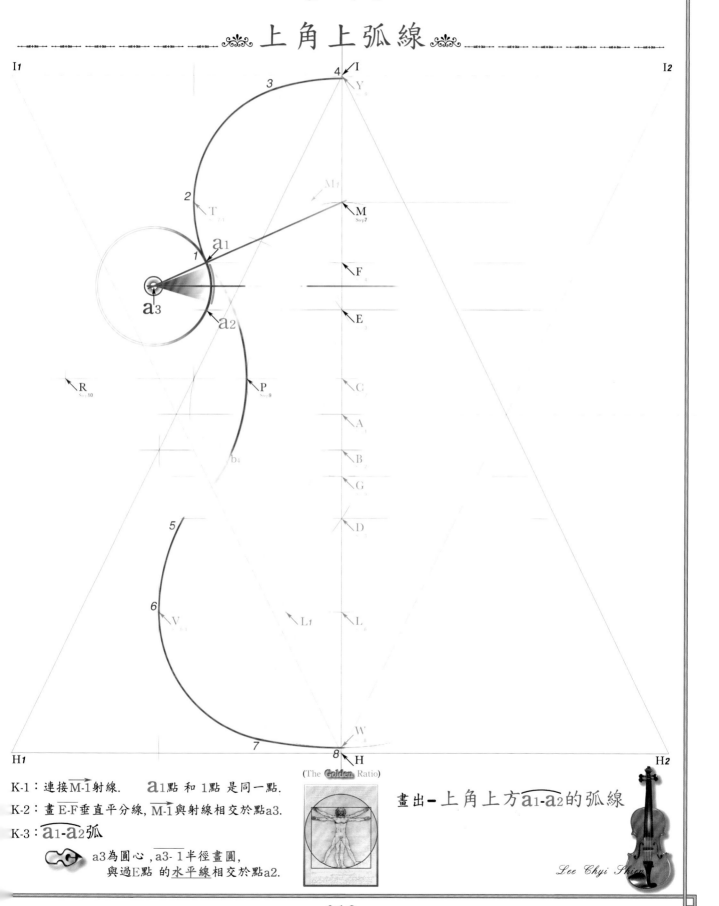

K-1：連接$\overrightarrow{M\text{-}1}$射線.　　a1點 和 1點 是同一點.

K-2：畫 $\overline{E\text{-}F}$垂直平分線, $\overrightarrow{M\text{-}1}$與射線相交於點a3.

K-3：$\widehat{a_1\text{-}a_2}$弧

a3為圓心 ,$\overline{a3\text{-}1}$半徑畫圓,
與過E點 的水平線相交於點a2.

(The Golden Ratio)

畫出－上角上方$\widehat{a_1\text{-}a_2}$的弧線

Lee Chyi Shien

型板

上角下弧線

L-1：連接$\overline{W\text{-}a2}$線，與$\overline{H_1\text{-}I}$相交於點a4.

L-2：連接$\overrightarrow{R\text{-}a4}$射線，與**a5-b4弧**相交於點a5.

L-3：作$\overline{a2\text{-}a5}$垂直平分線,與$\overrightarrow{R\text{-}a4}$射線相交於點a6.

L-4：$\overset{\frown}{a_2\text{-}a_5}$弧

a6為圓心，$\overline{a6\text{-}a5}$為半徑畫圓.

(The Golden Ratio)

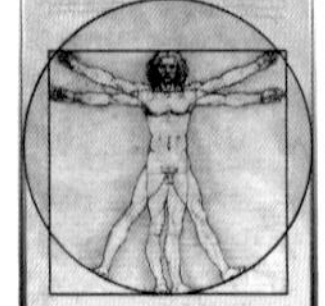

畫出-上角下方$\overset{\frown}{a_2\text{-}a_5}$的弧線

Lee Chyi Shien

型板

下角下弧線

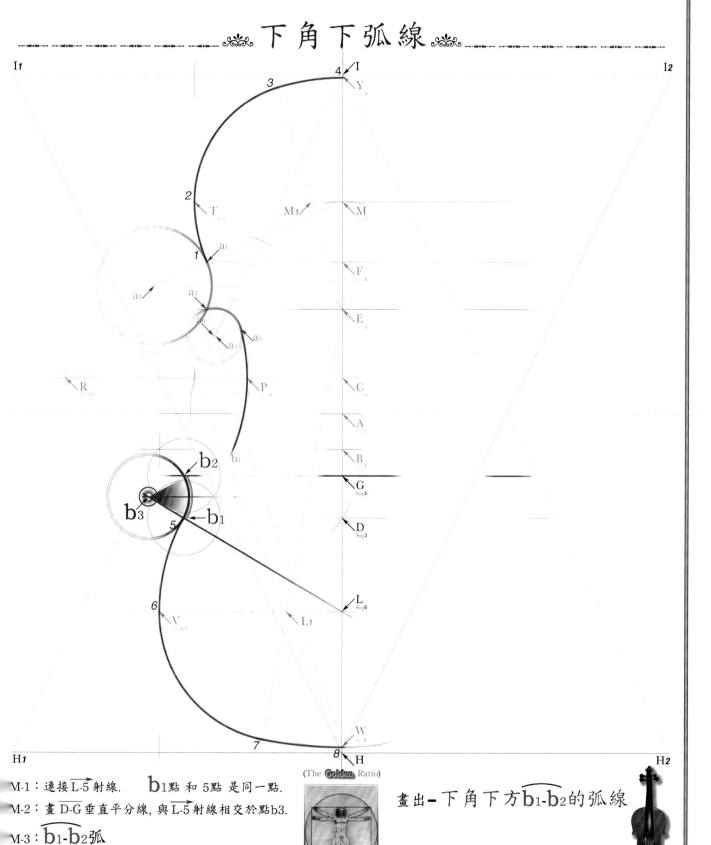

M-1：連接$\overrightarrow{L\text{-}5}$射線.　b_1點 和 5點 是同一點.

M-2：畫 $\overline{D\text{-}G}$垂直平分線, 與$\overrightarrow{L\text{-}5}$射線相交於點b3.

M-3：$\widehat{b_1\text{-}b_2}$弧

b3為圓心, $\overline{b3\text{-}b1}$為半徑畫圓,
與 過G點的水平線相交於b2點.

(The Golden Ratio)

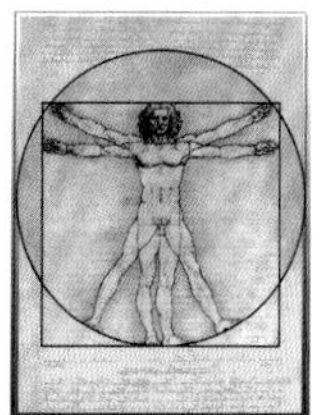

畫出－下角下方$\widehat{b_1\text{-}b_2}$的弧線

Lee Chyi Shiou

型板

下角上弧線

I1 4 I I2
3 Y
2 T M1 M
1 a1 F
a3 a2 E
a6 a5 a4 P
C形腰身圓心 (P為圓心FY為半徑) R Step10
C A
b5 b4 B
b2 G
b3 b1 5 D
6 V L1 L
7 W
H1 8 H H2

N-1：連接$\overrightarrow{R\text{-}b_4}$射線.

N-2：作$\overline{b_2\text{-}b_4}$垂直平分線,與$\overrightarrow{R\text{-}b_4}$射線相交於點$b_5$.

N-3：$\overset{\frown}{b_2\text{-}b_4}$弧

b_5為圓心, $\overline{b_5\text{-}b_4}$為半徑畫圓.

(The Golden Ratio)

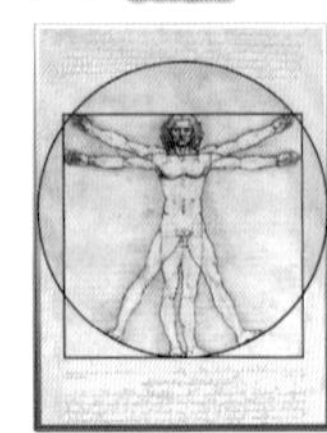

畫出-下角上方$\overset{\frown}{b_2\text{-}b_4}$的弧線

完成-**左半邊**-優美的弧線

Lee Chyi Shien

型板

完整弧線

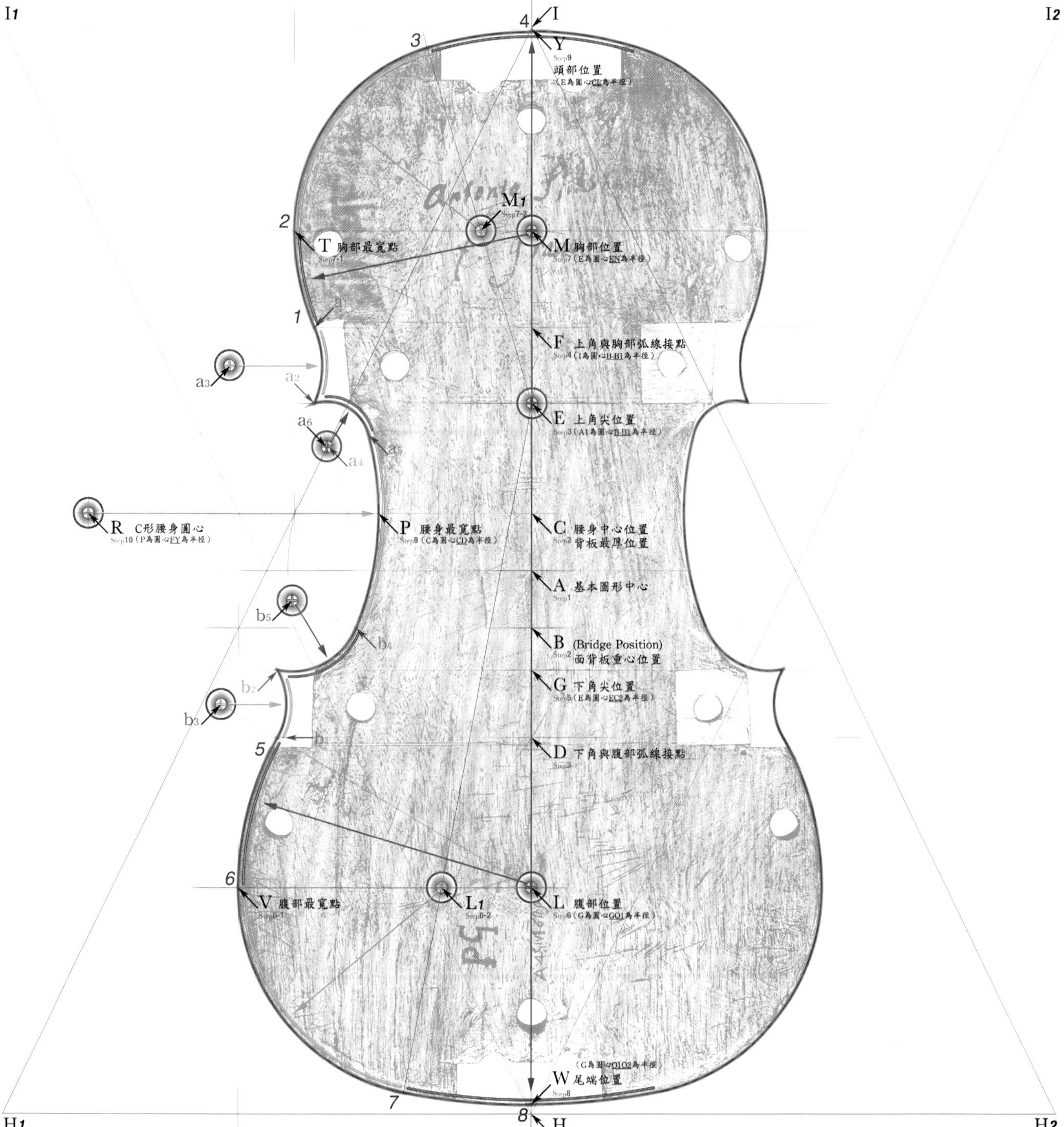

I1 I2

4 I

Y Step9 頭部位置 （E為圓心CL為半徑）

3

M1 Step7-2

M 胸部位置 Step7（E為圓心EN為半徑）

2

T 胸部最寬點 Step7-1

1 a1

F 上角與胸部弧線接點 Step4（1為圓心B-B1為半徑）

a3 a2

E 上角尖位置 Step3（A1為圓心B-B1為半徑）

a6 a4 a5

R C形腰身圓心 Step10（P為圓心FY為半徑）

P 腰身最寬點 Step9（C為圓心CD為半徑）

C 腰身中心位置 Step2 背板最厚位置

A 基本圖形中心 Step1

b5 b4

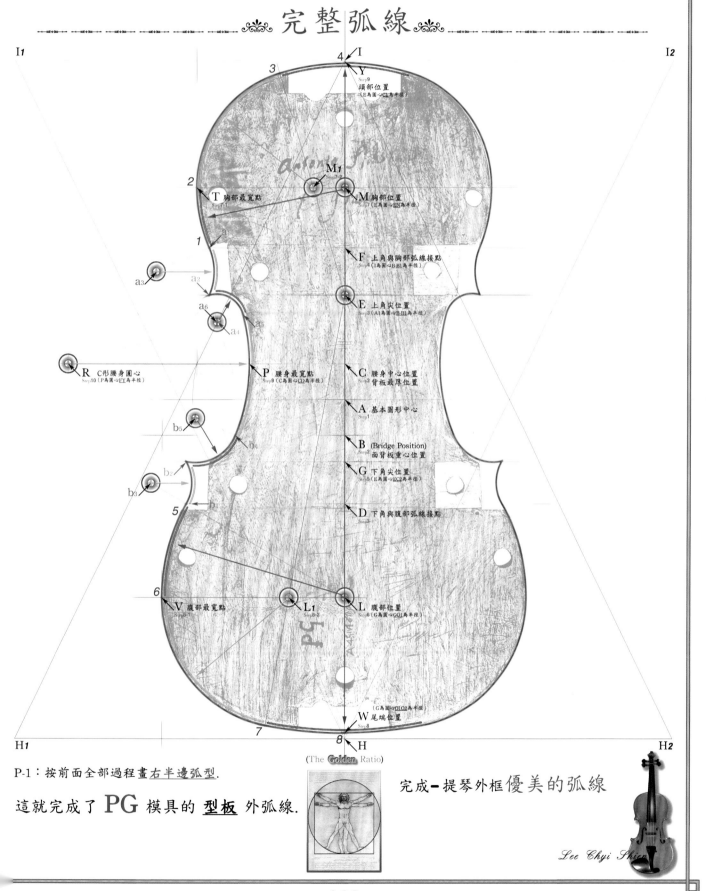

B (Bridge Position) Step2 面背板重心位置

b2 b3

G 下角尖位置 Step5（E為圓心EC2為半徑）

5 b1

D 下角與腹部弧線接點 Step3

6

V 腹部最寬點 Step6-1

L1 Step6-2

L 腹部位置 Step6（G為圓心GO1為半徑）

（G為圓心O1O2為半徑）

W 尾端位置 Step8

7

8 H

H1 H2

(The Golden Ratio)

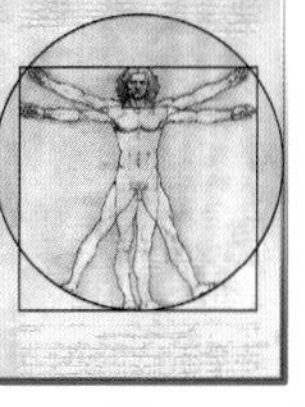

P-1：按前面全部過程畫右半邊弧型.

這就完成了 PG 模具的 **型板** 外弧線.

完成–提琴外框優美的弧線

Lee Chyi Shien

型板

外型處理

step 步驟名稱	tool 線鋸,鋼銼刀(平,半圓),劃線刀,砂紙,鑽頭(3mm),帶鋸...

1 step 半面樣板
data 外線邊線須90°垂直表面.

- detail 用**古琴**,**新琴**的Model或自設的圖形,依樣將其外邊畫在紙上.
- detail 把紙圖黏在0.3~1mm厚的硬材質上.(紙板,鋁片,銅片,壓克力)
- detail 用刀具切割至**線條外**,再將邊緣-**銼垂直**-銼順-至線條消失.
- note 樣板做**半邊**,翻模時左右沿**中線對準**,就能左右完全對稱.

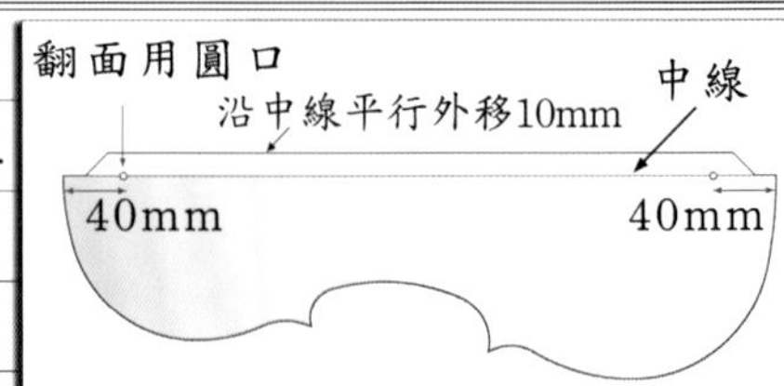

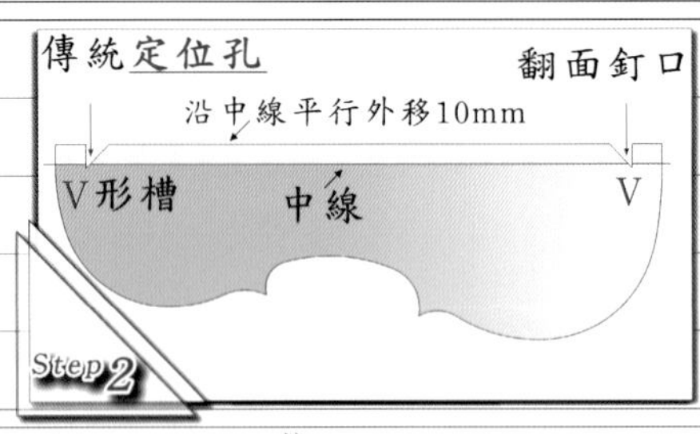

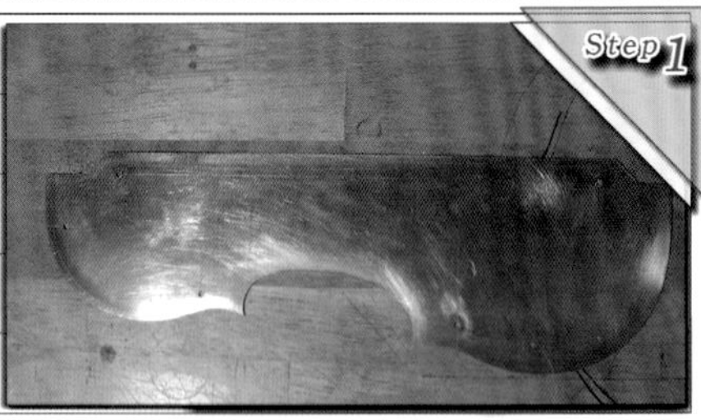

2 step 定位釘孔
data

- detail 中線邊外要多留10mm左右.
- detail 翻面用的定位孔在中線上離頭,尾40mm左右.(距離可自定)
- detail 用3mm鑽頭鑽定位孔之位置.
- note 傳統定位孔做成V槽　優點:免鑽孔簡單好操做, 缺點:中心點有誤差.

3 step 角木位置
data 角木槽之長,寬數據 **僅供參考**,無一定標準.

- detail 在樣板上畫首木槽的切割線寬25mm,深15mm.
- detail 在樣板上畫尾木槽的切割線寬23mm,深12mm.
- detail 在樣板畫上,下角木槽的切割線寬26mm,深13mm.
- note 在垂直,水平交接處鑽3mm孔.(在切割模具的角木槽時有幫助)

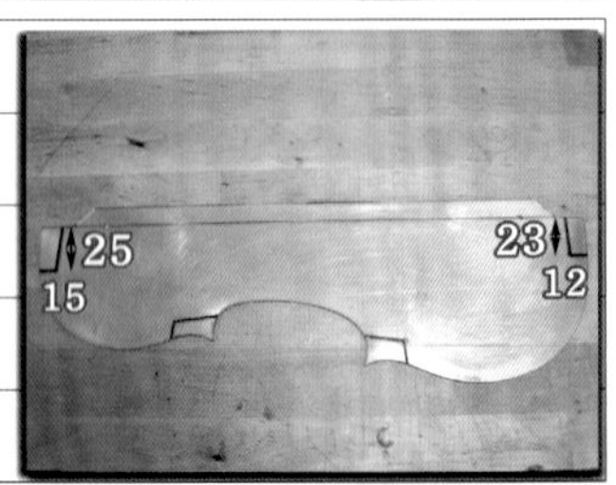

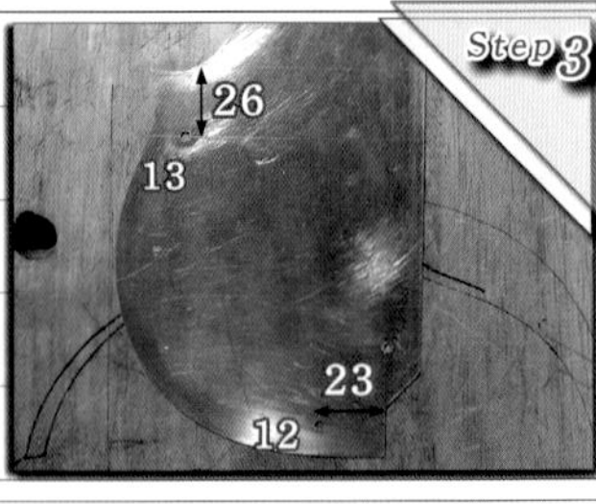

Special step

Copy古琴**最外邊的線條**,內縮約3.5mm(翻邊2.5+側板1.0)即為樣板外線.(側板厚度若是1.2就內縮3.7)

樣板　如果是太厚的材質製作時邊緣難切割至垂直.

內模> 依鑲線外側亦可當內模樣板外線.(離琴邊約4.0mm距離)

外模> 離琴邊3mm距離是外模樣板外線.(法式製琴用)

Take a rest

Lee Chyi Shien

Chapter 02

模具

The Stradivari Family

Antonio Stradivari
(1644~1737)

Francesco II
(1671~1743)

Omobono
(1679~1742)

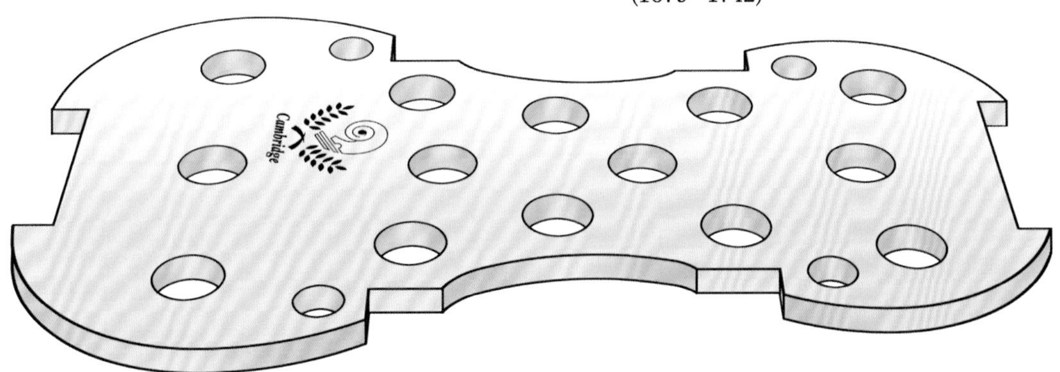

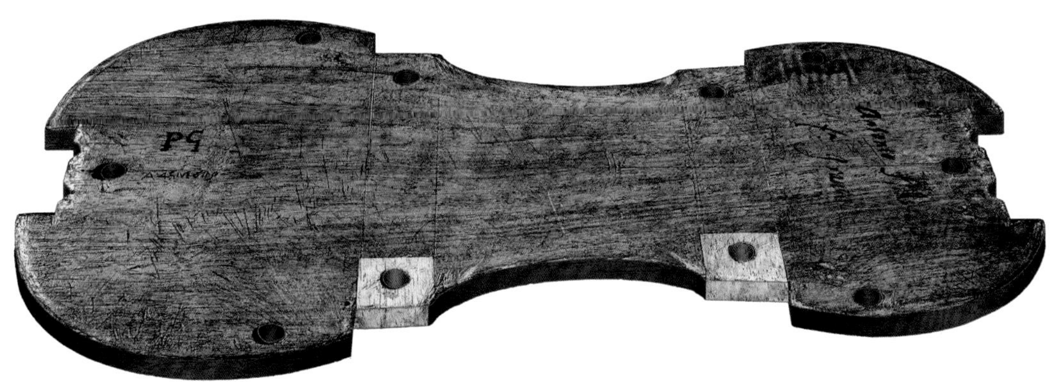

Chapter 02

Mould

模具

外型翻製

step 步驟名稱 tool 鋼銼刀（平,半圓）,鑿刀（平,圓）,鑽頭（3,20~24mm）,修邊機...

1 step 材料尺寸 data 厚14mm.

detail 夾板厚度約14mm左右.（現代用的材料比較不會變形）

detail 粗胚材積約 380mm X 220mm.

detail

note 材料無一定的限制.（傳統用實木板,注意乾燥度不夠的話比較會變形）

380
220

2 step 精鑽孔位 data 鑽頭3mm.

detail 大約在模材上的中央處畫**中央線**.

detail 將樣板放在上面,**中央線**互相對準（旁邊用膠帶黏好並固定）.

detail 在鑽台上用3mm鑽頭鑽各個**孔位**（翻面用定位孔,角木切割用的**邊角孔**）

note 鑽好1個定位孔,就塞上1根**圓棒**（樣板不易晃動,模具完成比較準）

定位孔
邊角孔

3 step 外形切削 data 外緣邊線須90°垂直表面.

detail 用兩根3mm圓棒插入**中央**定位孔固定樣板,並撕掉膠布.

detail 鉛筆沿著樣板邊描繪外形在模具上.（另一半,反面都要畫）

detail 用線鋸將外形粗鋸至線外,

note 再用 平鑿-圓鑿-木銼刀 將外形切削至線上.

detail 接著用 鋼銼刀 銼到線消失,邊緣要**磨順**並**垂直**表面.

detail 最後可用沙紙將邊緣**輕磨**至**滑順**.（邊緣須繼續保持垂直）

detail 現代用帶鋸-修邊機沿著樣板切割快速成形.（型板須厚1mm以上才好用）

detail 用雷射切割機切割及雕刻快又方便.

note 電腦畫圖,向量曲線要畫的很準,否則雷射切的再快也沒有用.

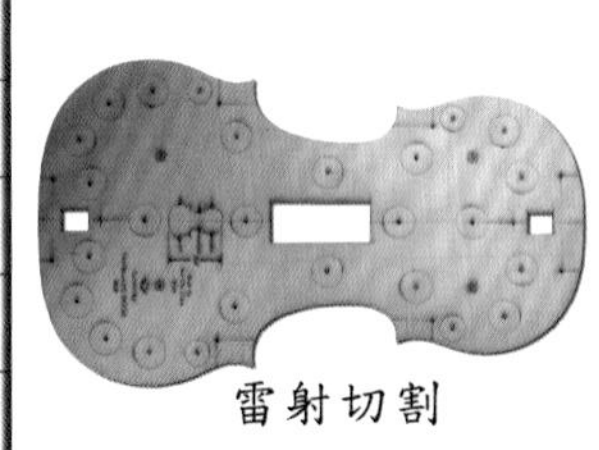
雷射切割

Picture

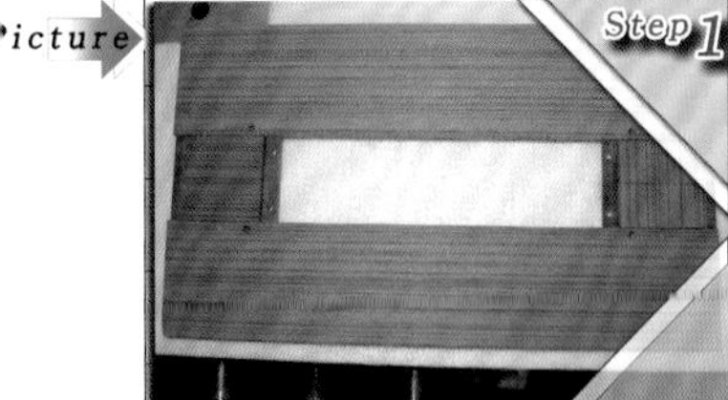

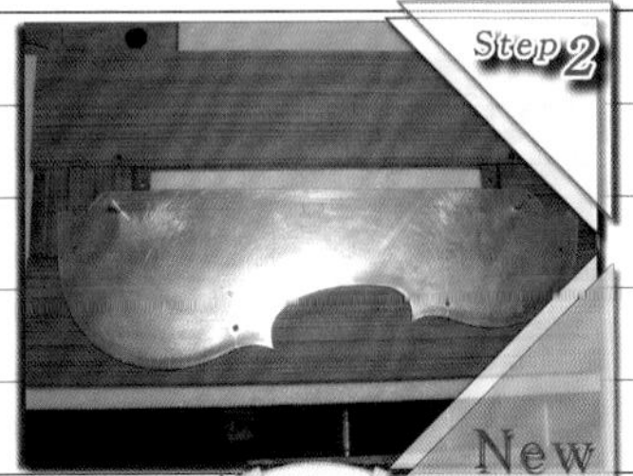

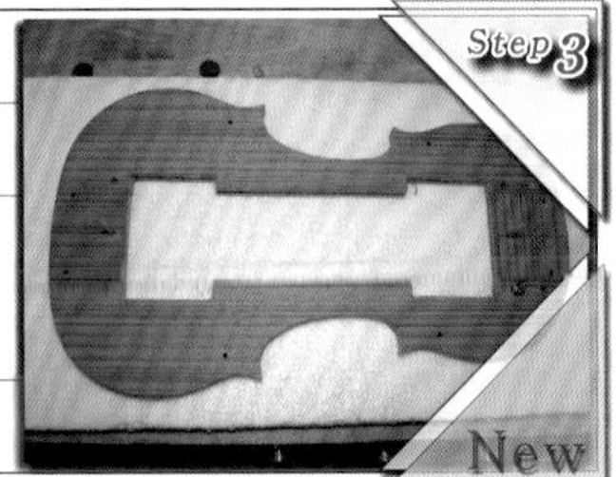

Special step

琴框頭部高29.5 減襯條高8mmX2 剩13.5的空間可以放模具,所以用14mm厚的板材做內模比較適當.

傳統上義大利製琴以內模為主. 法國式以外模為主（適合大量生產）.

製琴程序> 義大利傳統上是 琴框 先黏背板 再黏面板 最後黏琴頭.

Take a rest

Lee Chyi Shien

模具

功能鑽切

step 步驟名稱	tool 鋼銼刀（平,半圓）,鑿刀（平,圓）,鑽頭（3,20~24mm）,修邊機...
1 step 切角木槽	data 外緣邊線須90°垂直表面.
detail	將樣板的首--尾--上--下角木位置畫在模具上.
detail	用帶鋸或其他工具將角木槽切削掉,再將角木槽邊磨平磨垂直.
detail	
note	

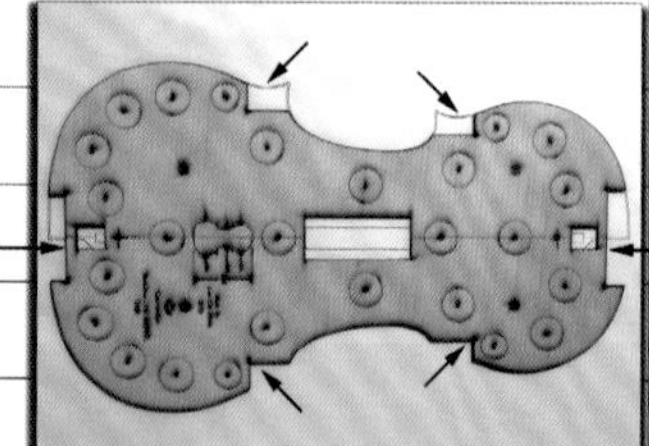

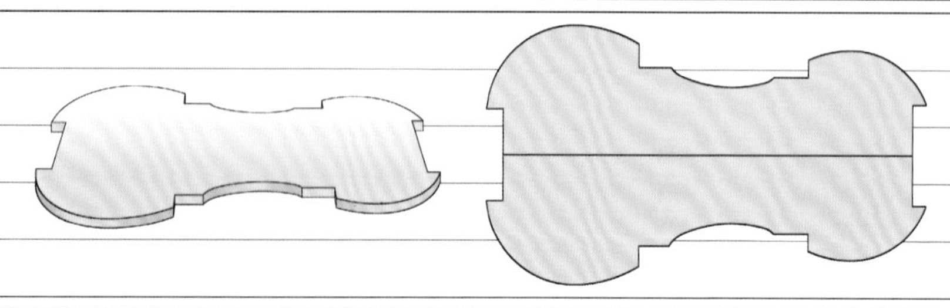

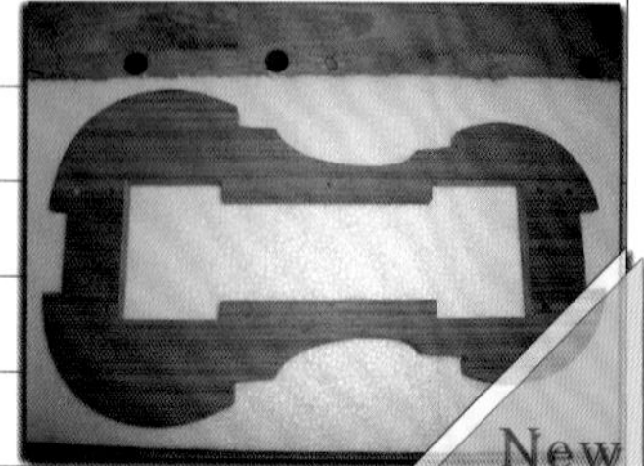

2 step 夾孔鑽切	data
detail	畫各個角木要黏著並靠夾具固定之相對應夾具孔位置.（無一定標準）
detail	用大鑽頭（16~24）鑽夾具孔,或切成矩形狀.（位置對即可不須很準）
detail	
note	

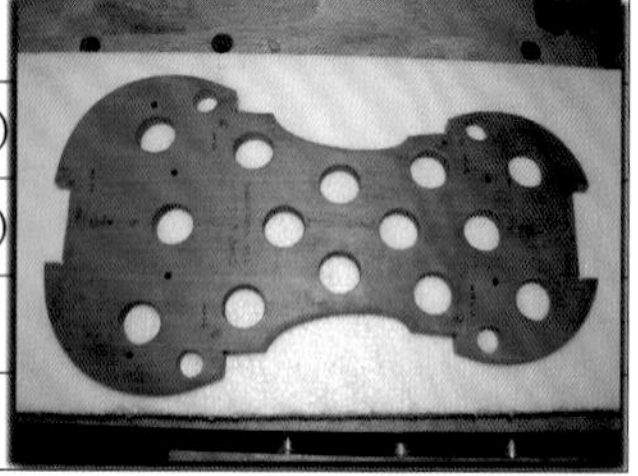

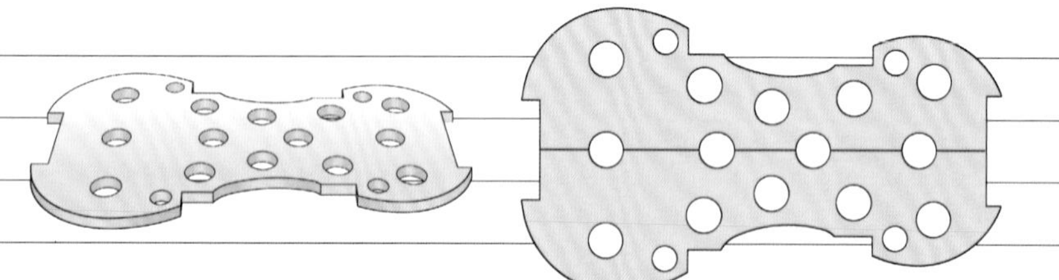

不同型式
電腦切削 A
自由型式 B
拆解組合 C

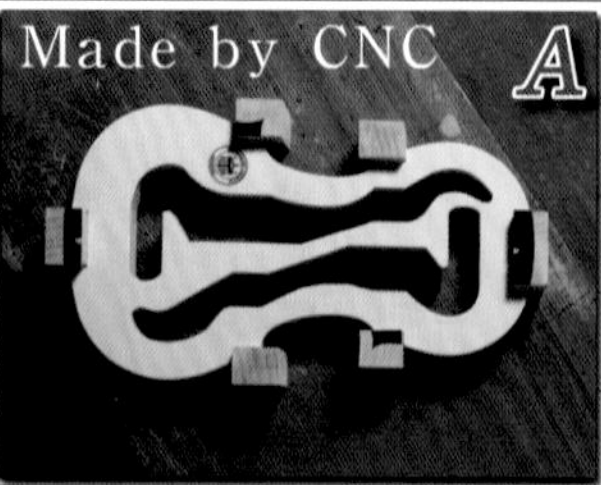

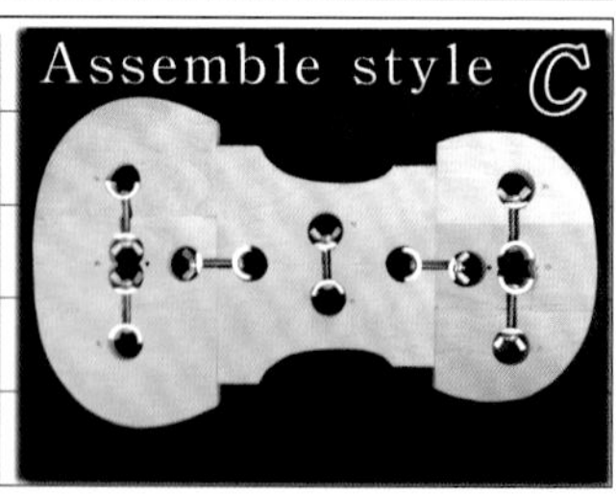

Special step

琴模做好後,在模具--上--下--面做標誌.

模具的--**周邊**--**表面角木槽黏合面的鄰邊**--, 上蠟 或 肥皂 ,以免黏 角木, 側板, 襯條 時會黏住.

Take a rest

Lee Chyi Shien

Chapter 03

角木

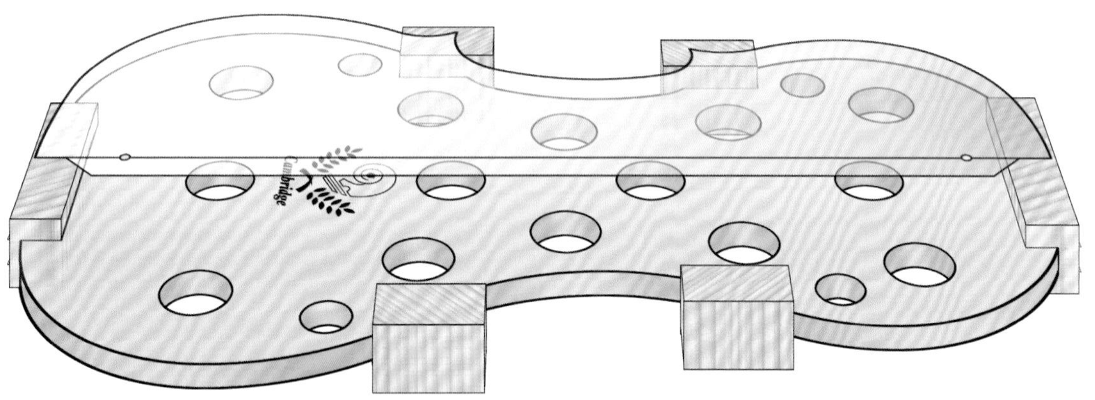

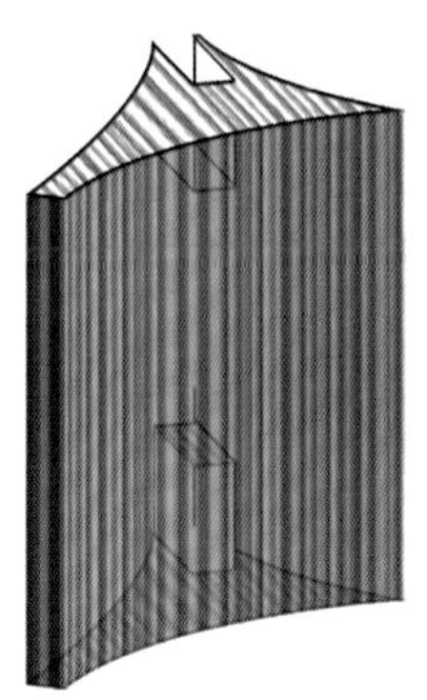

Chapter 03

Block

角木

粗胚處理

step 步驟名稱	tool 鉋刀（小）,鑿刀（平,圓）,圓鋸...
1 材料處理	data
detail	劈料>用大平鑿或長刀從樹木年輪方向垂直往下劈開
detail	劈開的木纖維走向一致而且與琴板面垂直（抗壓強度最強）
detail	劈開比較浪費,取料需比較大塊,所以大部份用鋸料比較省.
note	

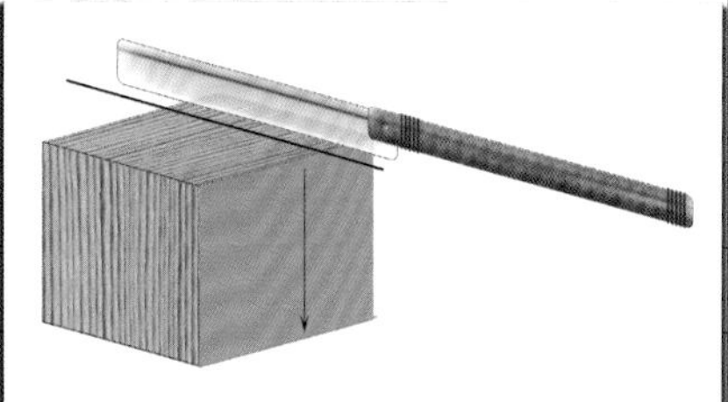

2 粗胚高度	data 35mm.
detail	木料橫斷面用機器鋸出粗胚高度35mm以上.
detail	鋸完後選一個橫斷面當標準面.
detail	鉋刀底面朝上反放,用工作台的夾具夾緊.
note	雙手抓緊角木大約刨平標準面.

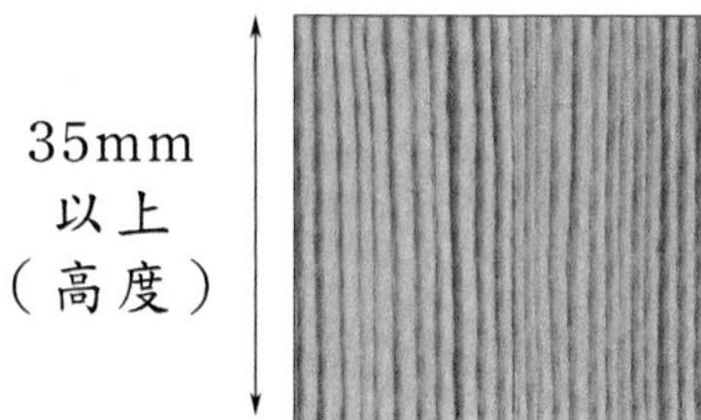

3 首木大小	data 55mm X 20mm（以下數據僅供參考）
detail	粗胚寬約50mm以上, 深約16mm以上.
detail	首木安裝在琴頸,完成後不可以低於45mm.（頸根最寬處33）
detail	琴頸要支撐弦的張力,所以深度不可低於15mm.
note	首木扣除琴頸榫接面積,如果黏著面積太淺太少,比較會脫膠.

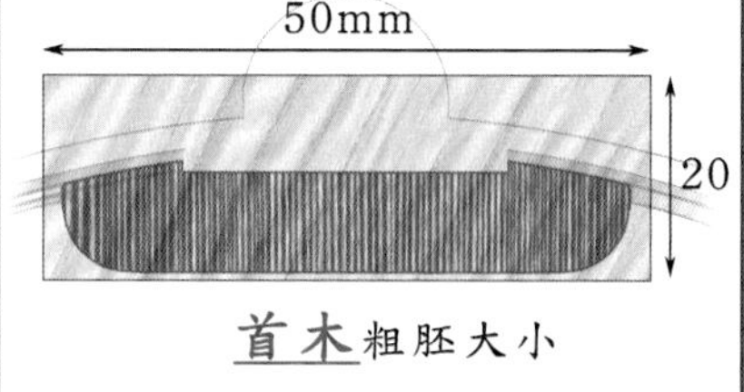

首木粗胚大小

4 上下角木	data 28mm X 20mm.
detail	粗胚長約30mm以上,寬約22mm以上.
detail	
detail	
note	

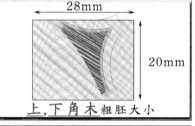

上,下角木粗胚大小

5 尾木大小	data 52mm X 20mm.
detail	粗胚長約52mm以上,寬約20mm以上.
detail	琴尾寬度越寬支撐弦的拉力越強,
detail	所以寬度不可低於45mm. 深度不可低於13mm.
note	

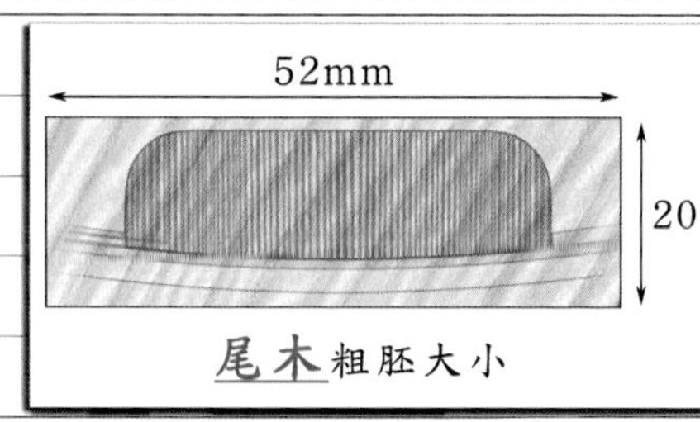

尾木粗胚大小

special step
木塊選料：雲杉Spruce,柳木Willow或萊姆Lime（雲杉比較好）（同一塊面板材料更好）
同一塊材料有同樣的 年份-含水率-膨脹係數-密度-比重 所以穩定性會一致.
年輪密度（D=0.42^{g}/cm^{2}）：不要過密（太硬）1mm以下 或過稀（太軟）年輪距離約2~5mm.
角木材料也可以從比較大塊的面板材,如果仔細規劃-切割-還可以取出部份的角木塊或襯條.

Take a rest

Lee Chyi Shien

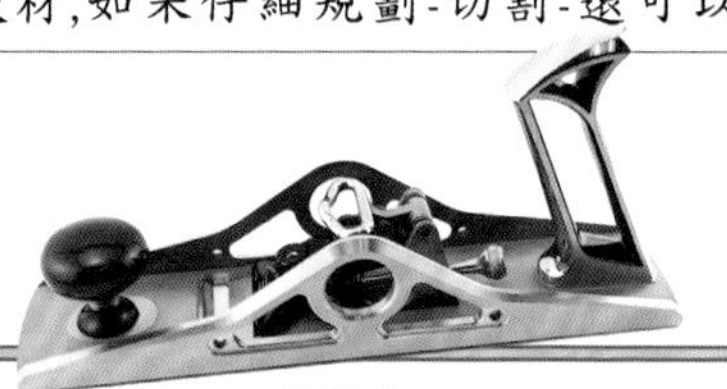

角木

端面高度

step 步驟名稱 tool 鉋刀（小）,鑿刀（平,圓）,劃線刀...

1 step 底面刨平 data 這個章節依個人製琴習慣可做或不做.

- detail 劈開角木並刨平劈開面當基準面.（就是黏合面）
- detail 微刨平並垂直劈開面底部端木的下端面.
- detail
- note 把鉋刀刀面朝上,夾在夾具上,手持角木以木就刀反刨端面.

劈開面刨平（基準面）黏合面

刨平 底部端木

2 step 高度粗切 data 約32.2mm~32.5mm（以下數據僅供參考）

- detail 用劃線刀刻劃33mm高度.
- detail 用圓鋸-圓盤-鉋刀把各角木粗略切削頂端至33mm高度.
- detail
- note

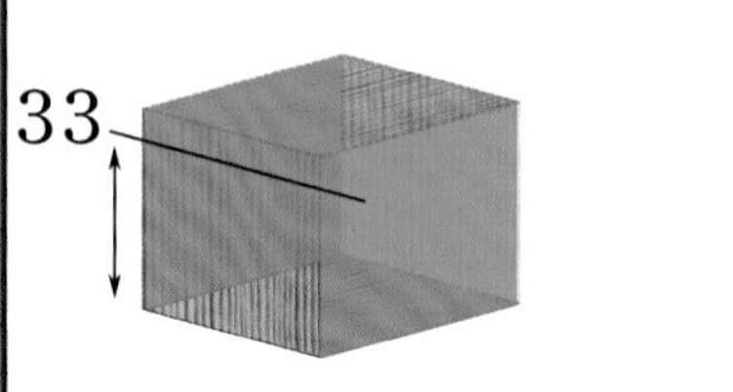

3 step 刨接觸面 data

- detail 刨平上-下角木的接觸面.（與底部約垂直）
- detail 刨平首-尾角木兩側的接觸面.（與底部-黏合面約垂直）
- detail
- note 角木黏合至模具時,接觸面僅靠在模具上,不上膠.

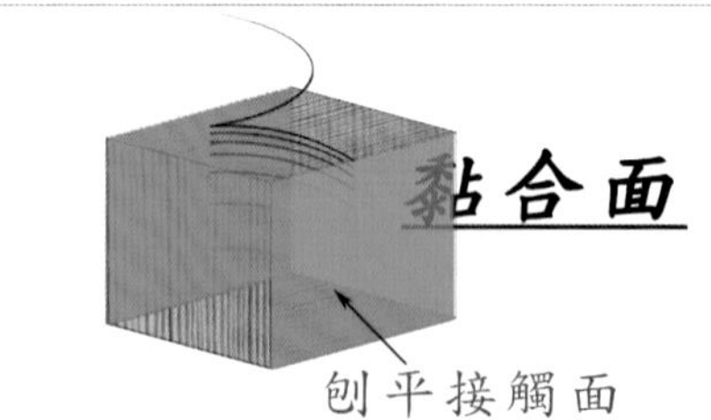

After step 後續處理 約29.5mm~32mm.

- detail 右上角木--31.5mm　右下角木--32mm.
- detail 首木--29.5mm　尾木--32 mm.
- detail 左上角木--31.5mm　左下角木--32mm.
- note 完成面高度 誤差約±0.1mm為容許值.

31.5　32
29.5　32
31.5　32
After

Special step

這個做法是角木高度個別做到**接近完成面**後才黏上去,最後全體琴框稍加整平即可,精準又漂亮.

這樣做前面程序比傳統直接黏來得慢,但是後續會比傳統快.

傳統方法是角木**全部直接黏**上模具,最後用鉋刀一起調高及整平,功夫好的才做的漂亮.

傳統方法前面程序比較快,後續操作要小心角木會脫離模具之問題.

Take a rest

Lee Chyi Shien

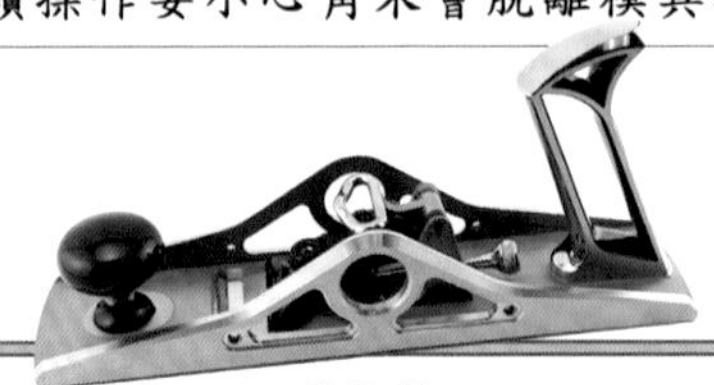

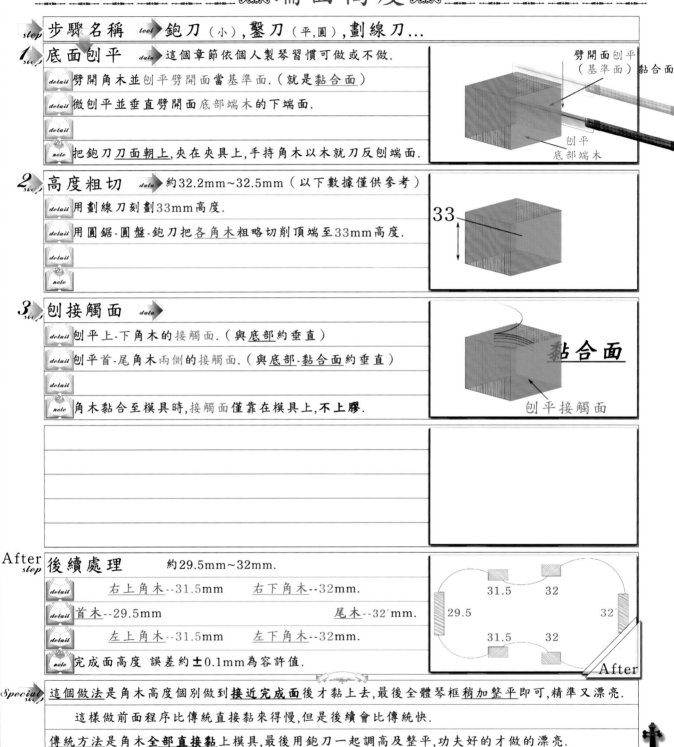

角木

黏合處理

步驟名稱 tool 鉋刀（小）,鑿刀（平,圓）,圓棒砂紙...

墊高數據（此過程的數據-非最後數據）（這個步驟依個人製琴習慣可做或不做.） Skip

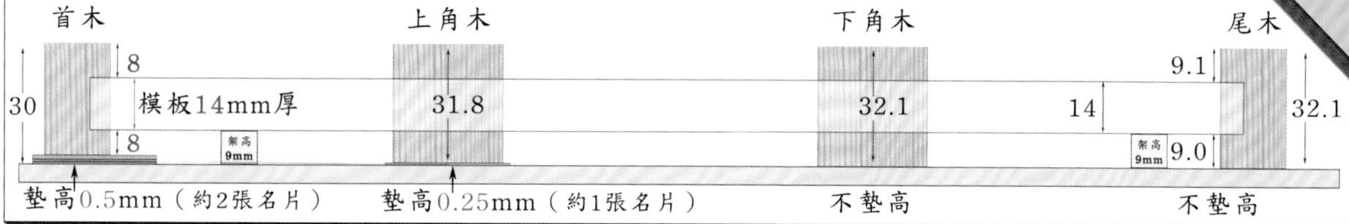

首木 上角木 下角木 尾木
8 / 30 / 模板14mm厚 / 8 / 墊高 9mm / 31.8 / 32.1 / 14 / 9.1 / 9.0 / 墊高 9mm / 32.1
墊高0.5mm（約2張名片） 墊高0.25mm（約1張名片） 不墊高 不墊高

1 step 墊高黏合 data 模具升高9mm（模板如果是14mm厚）

- detail 模板撐高9mm,各個角木滴1~2滴的薄膠,黏合至模板上.
- detail 首木墊高0.5mm（約2張名片厚）黏合. （傳統做法不必墊高）
- detail 上角木墊高0.25mm（約1張名片厚）黏合.（傳統做法不必墊高）
- note 有墊高黏合,後續整平刨削比較省時省力.

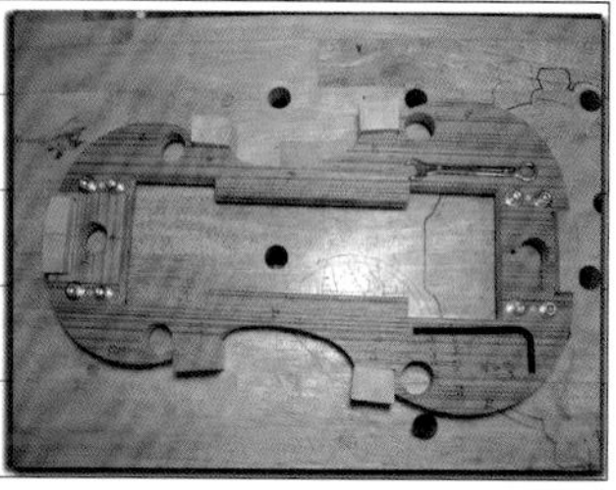

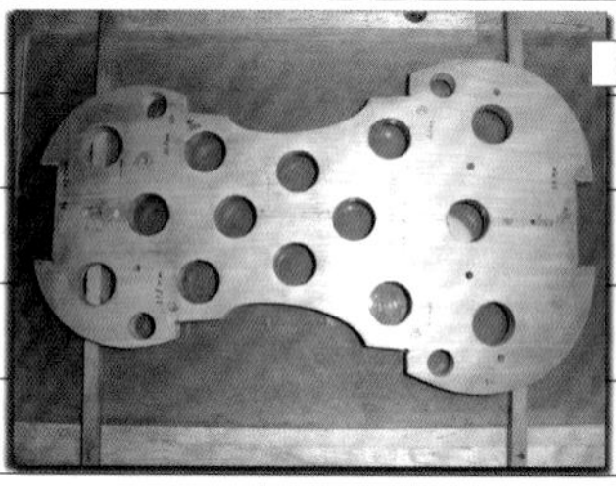

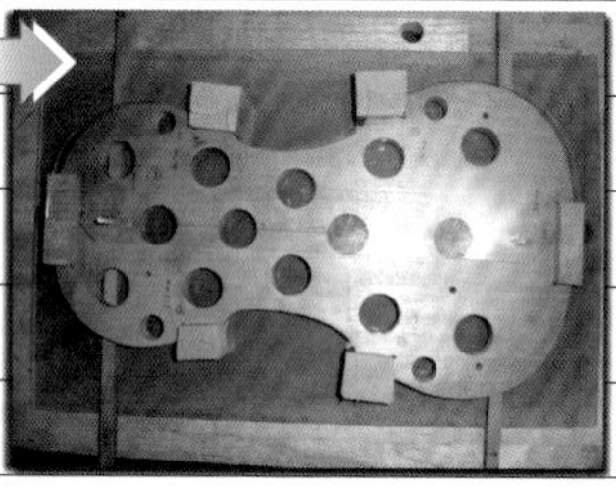

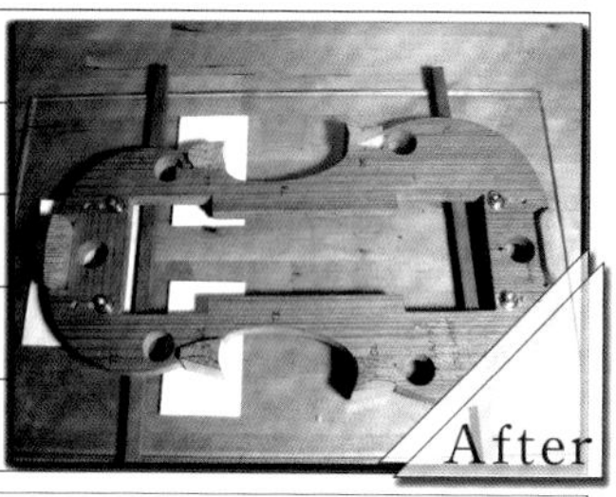

After

完成高度

29.5 31.5 32 32

After

After step 後續處理

- detail 待後續的側板與下方襯條黏合後,用鉋刀,砂紙刨平,磨順底面.
- detail 上方襯條黏合後,用同樣方式再一齊刨平,磨順頂端至完成面之高度與斜度.

After

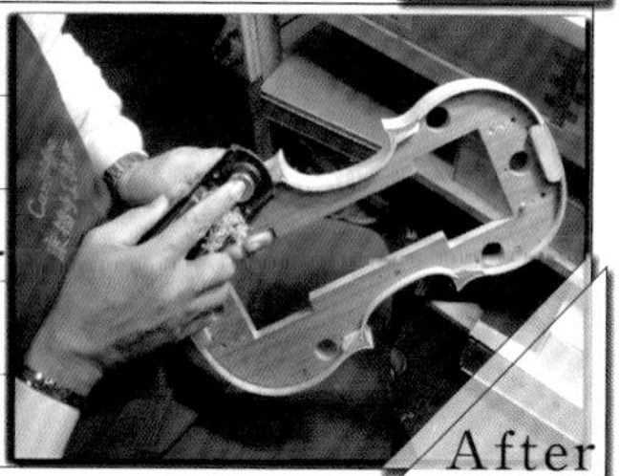

Special step

- 墊高作用>橫斷面高度減少,可減少琴框整平的次數,及刨平的困難度.（傳統不用墊高,直接黏即可）
- 用兩條9mm方形木棒,或用4根螺絲拴在模具上,將模具撐高至9mm.（是依模具14mm厚計算出來的）
- 最後全部的角木,可以用平面玻璃黏砂紙粗磨角木底面之斜度與平整.
- 角木黏合時不可黏的太緊,以後才好拆,用手指捏緊1分鐘左右即可.

Take a rest

Lee Chyi Shien

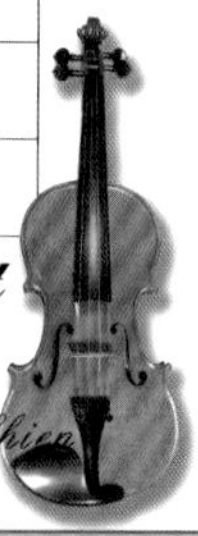

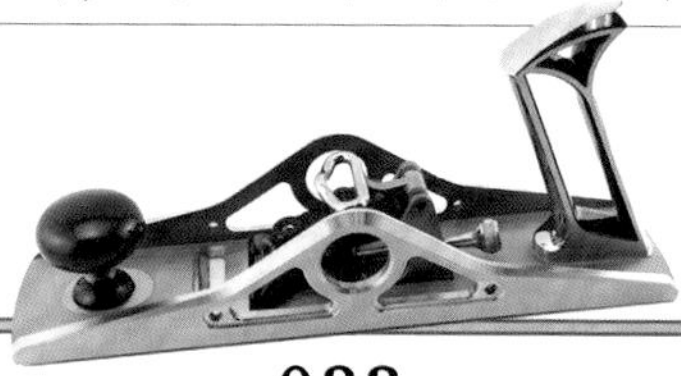

角木

弧面雕琢

step 步驟名稱 tool 鉋刀(小),鑿刀(平,圓),圓鋸,圓盤機...

1 step 外凹粗切 data

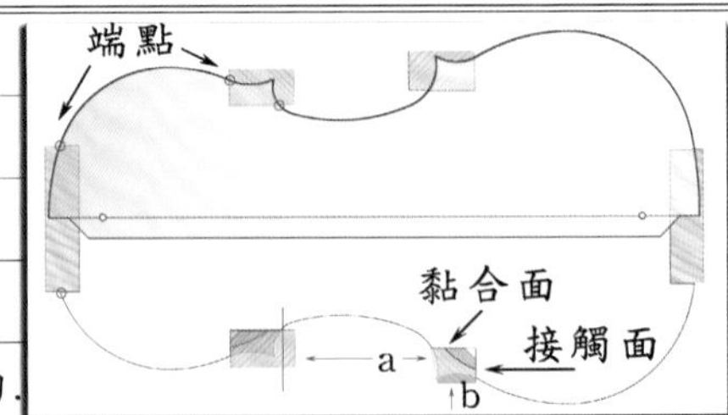

detail 角木上-下面依型板畫弧線,將上-下端點連線(如右圖示)

detail 粗略鑿平內凹面(圖-a).

detail 在尖角外凹處畫黏合面的平行線,粗略鑿平此面(圖-b)

note 尖角外凹延長4至5mm,預留給側板黏合後及切削外凹用的.

2 step 內凹切削 data

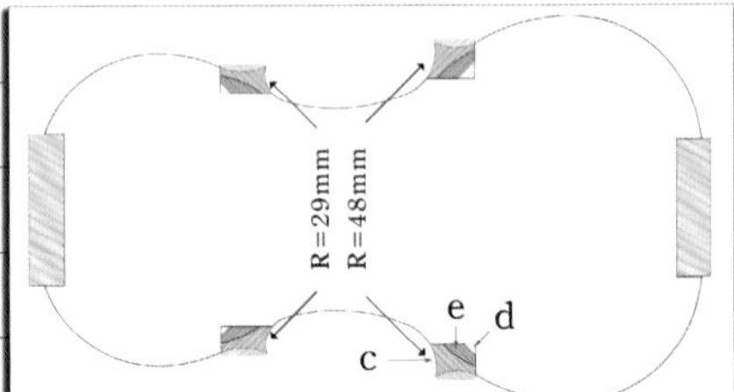

detail 下尖角用圓鑿(R<25mm)粗雕內凹面至凹線外.(圖-c)

detail 用內斜圓鑿(R<48mm)細雕內凹面至凹線上.

detail 用半圓銼刀--圓沙紙棒磨至凹線消失並垂直底部.

note 上尖角同下尖角步驟,圓鑿大小皆小於29mm.(R=29mm)

3 step 端面切削 data 此步驟可做或不做.(有做後續比較輕鬆)

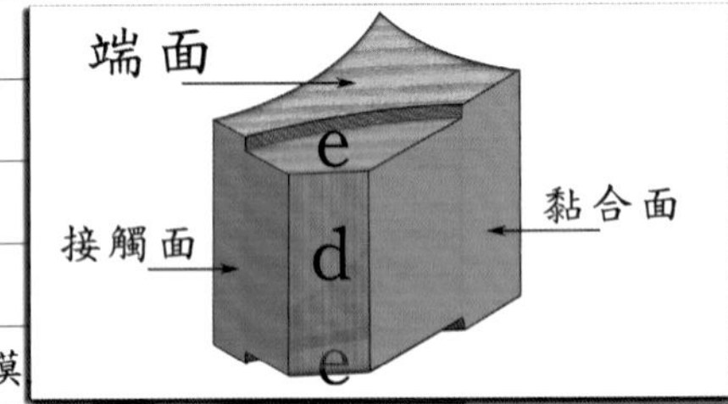

detail 切掉黏合面與另一側接觸面之小尖角(圖-d)

detail 將上,下角木的上,下端面的一半,切掉約2mm厚(圖-e)

detail 橫斷面的面積減少,琴框全體整平時可減少鉋刀的阻力.

note 小尖角切掉,黏合時阻斷膠水溢至另一側,拆琴模時琴框容易脫模

4 step 雕首尾木 data

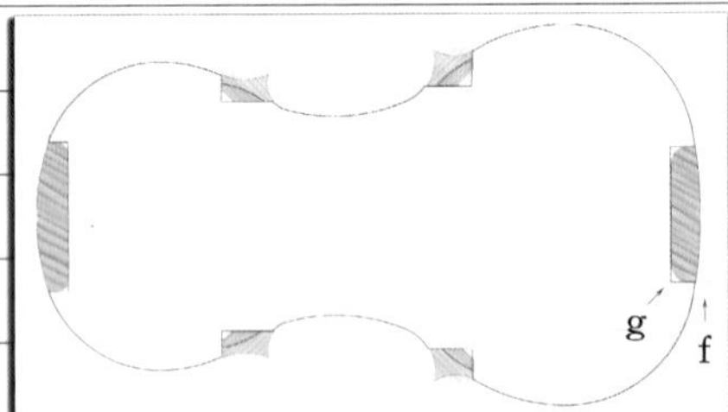

detail 用平鑿粗雕首,尾木的凸面至弧線外(圖-f).

detail 用平鉋刀細刨首,尾木的凸面至弧線上.

detail 用銼刀及沙紙細磨凸面至弧線消失並垂直底部.

note 將內側兩角倒圓磨順(圖-g).效果上可減輕琴框之重量.

Picture 照片補充

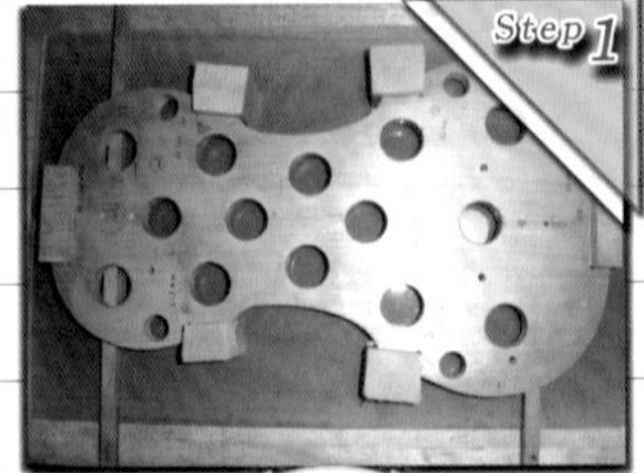

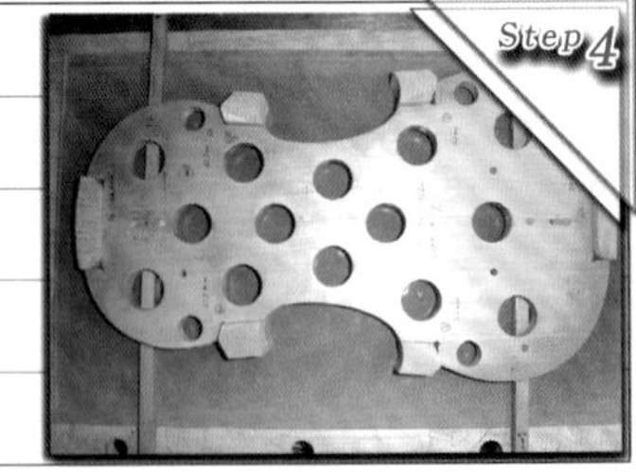

Special step

傳統上角木雕刻內凹面是直接黏在模具後,在模具上雕刻內凹面.(刀工不好者,比較傷模具)

角木上,下都畫好外輪廓線後,在弧線端點再畫垂直線,應連到另一面的端點,若沒連上,仔細檢查那裡錯誤.

現代新方法>首尾木如果用圓盤機粗磨至線上,就節省很多時間及力氣.

Take a rest

Lee Chyi Shien

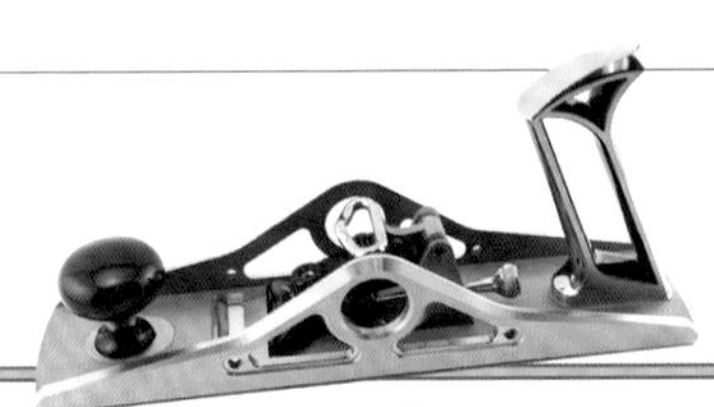

Chapter

04

側板

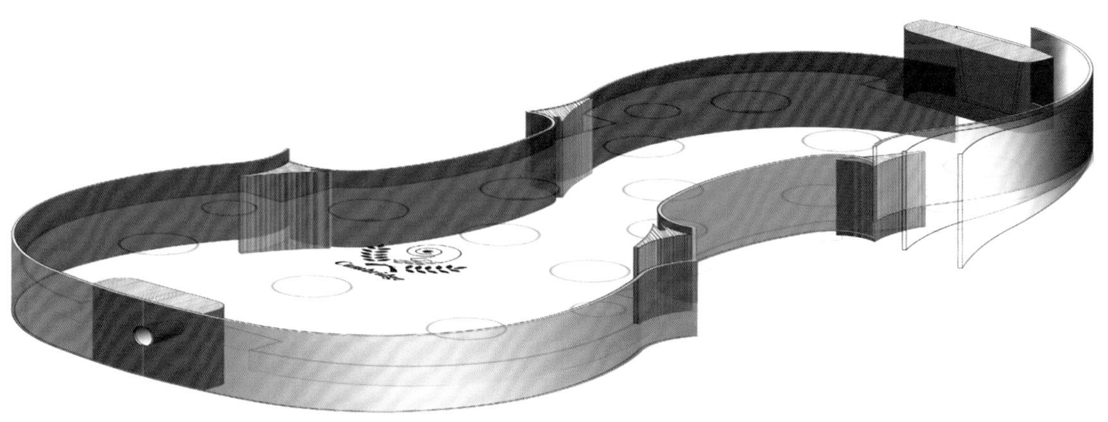

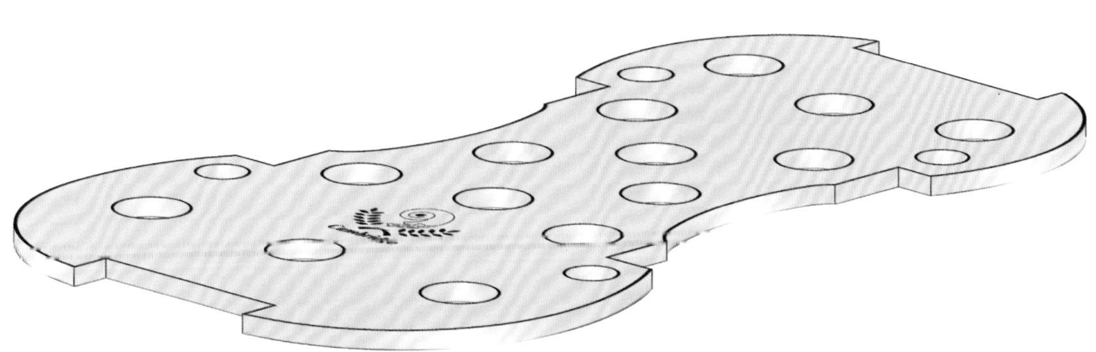

Lee Chyi Shien

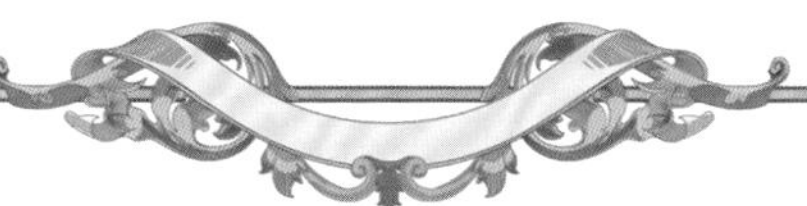

Chapter 04

Rib

側板

長度數據

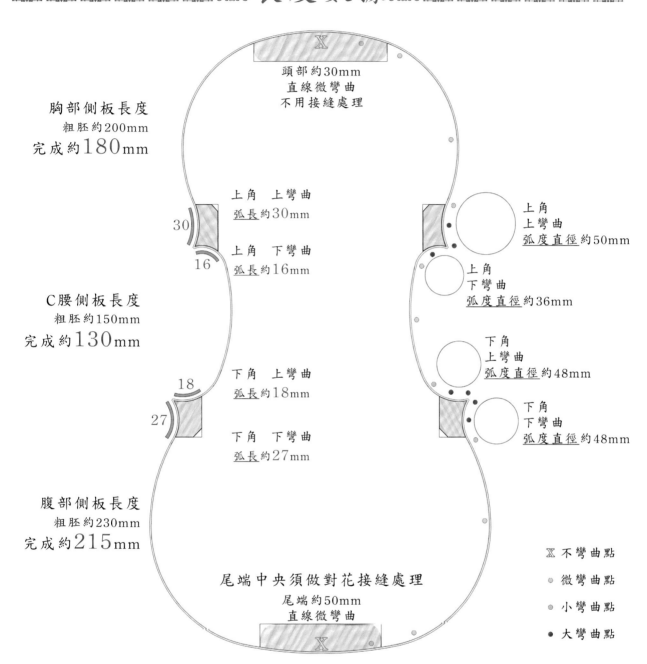

頭部約30mm
直線微彎曲
不用接縫處理

胸部側板長度
粗胚約200mm
完成約180mm

上角　上彎曲
弧長約30mm

上角　下彎曲
弧長約16mm

30
16

上角
上彎曲
弧度直徑約50mm

上角
下彎曲
弧度直徑約36mm

C腰側板長度
粗胚約150mm
完成約130mm

下角
上彎曲
弧度直徑約48mm

下角　上彎曲
弧長約18mm

下角　下彎曲
弧長約27mm

18
27

下角
下彎曲
弧度直徑約48mm

腹部側板長度
粗胚約230mm
完成約215mm

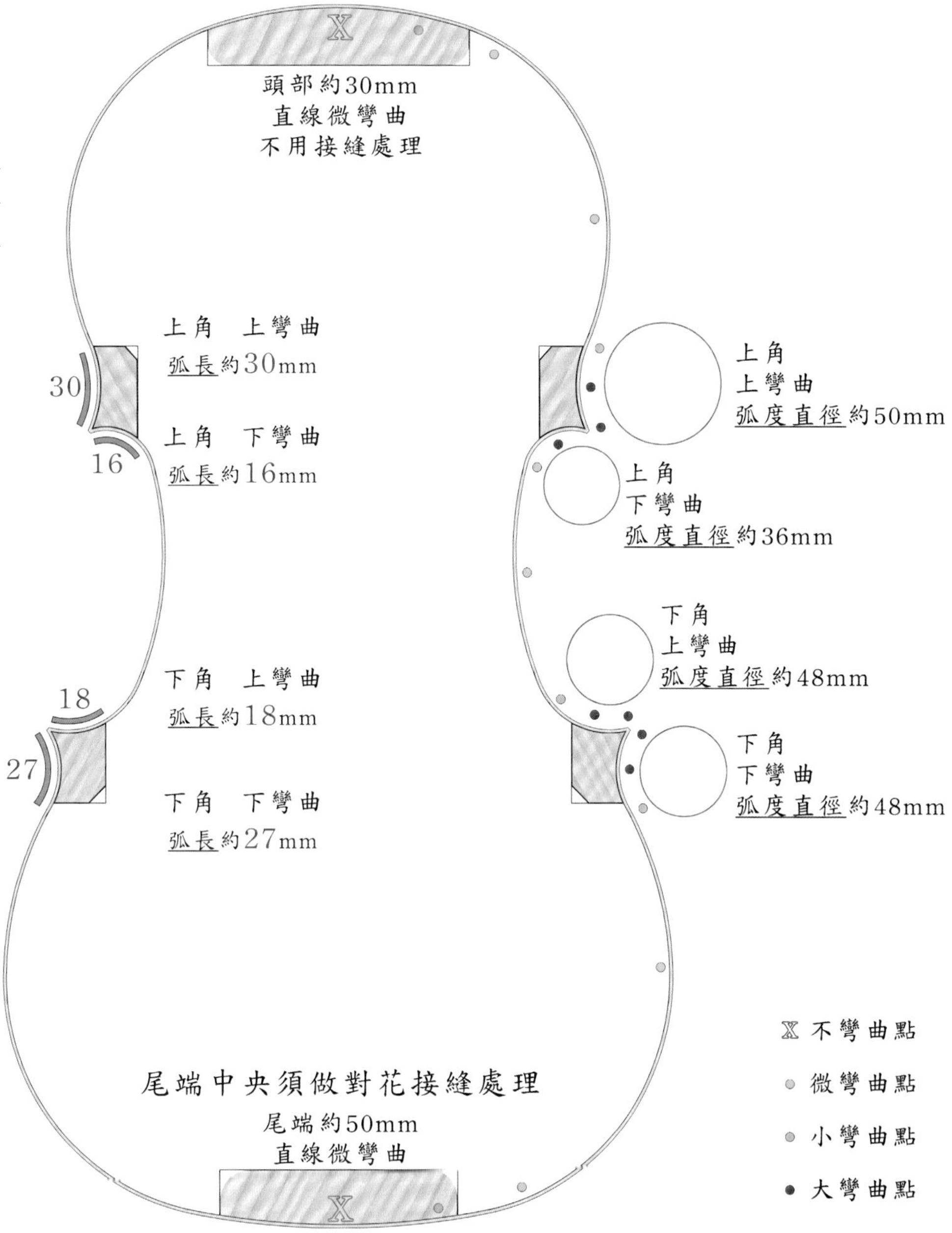

X 不彎曲點
微彎曲點
小彎曲點
大彎曲點

尾端中央須做對花接縫處理
尾端約50mm
直線微彎曲

尾端接縫處做好對花或對紋路位置確定後,切出接縫處,再切出中腰的側板長度（頭端不必對花）

胸部側板中線不須銜接黏合.

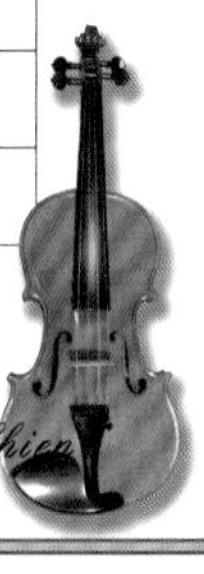

Lee Chyi Shien

上數據僅供參考.

側板

刨光刨平

step 步驟名稱 tool 鉋刀(45度),刮刀,百分厚度計...

1 step 外側整平 data 粗刨厚度至1.5mm~1.2mm左右

detail 側板後端用夾具夾緊,用45°超銳利的鉋刀將兩面凸出點刨平.

detail 選一**比較好**的面當**外側面**,用鉋刀斜刨至表面平整光滑並發光.

detail 此階段是以**整平為主**,厚度次之(厚度在1.5mm~1.2mm左右).

note 鉋刀和虎班紋方向不要平行刨,將鉋刀斜30°**斜刨**比較不會跳動.

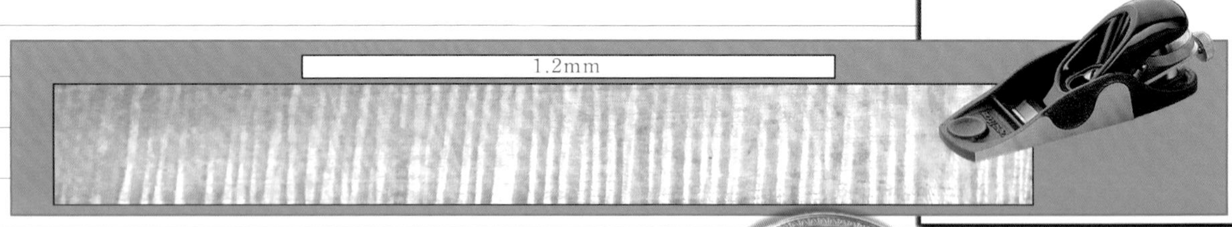

2 step 內側定厚 data 1.0mm

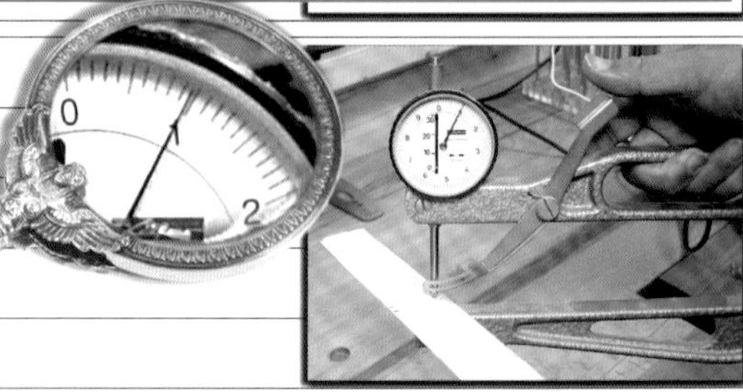

detail 側板反轉夾緊,用鉋刀斜刨至表面約1.1mm左右.

detail 用百分厚度計量測厚度,

detail 將數據寫在量測點,1行3個,越多行越準

note 將厚度超過1.0的區域刨除,

再按上述過程操作至全體厚度至1.0mm.

1.0mm

3 step 刮平刮順 data

detail 用平刮刀,微微刮平微凸或不順滑之區域.

detail 外側面若尚有刀痕,可用刮刀刮除刮痕.

detail

note

Special step 粗胚寬度35mm左右. 上胸部約200mm長,中腰部約150mm長,下腹部約230mm長. 厚度2至3mm.

刨側板也要注意木質的紋理,尤其是逆紋一定要用非常銳利的刀片處理否則**跳刀-吃刀-拉絲**就更慘.

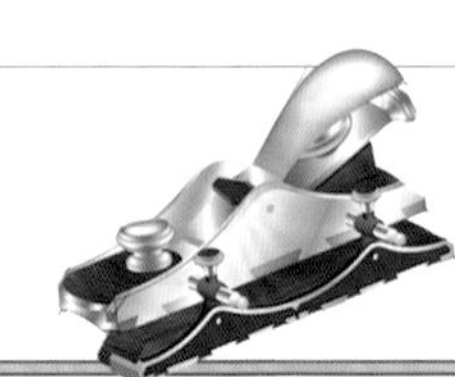

Take a rest

Lee Chyi Shien

側板

高溫成型

step 步驟名稱 tool 烙鐵,彎曲板,模具...

1 step 烙鐵溫度 data 175^{0}C~185^{0}C

- detail 175^{0}C以上時,水滴碰觸烙鐵立即變水珠彈開.
- detail 烙鐵溫度若太低木質不易彎曲.
- detail 溫度太高木質好彎但容易烤焦-變硬-變脆.
- note 顯示器的數字會比烙鐵**表面溫度**高.

2 step 彎曲方法 data

- detail 側板靠在邊弧預熱5~7秒,再徐徐前進加壓彎曲(非直接彎曲).
- detail 第一次彎**不沾水**直接用彎曲板在大彎弧處加熱加壓,曲率大又漂亮.
- detail 續彎時**依狀況微沾水**修正彎曲位置,及彎曲弧度至95% 以上之彎曲度.
- note 角尖兩旁之弧度用琴模加熱定形,可改善側板與角木弧形之吻合度.

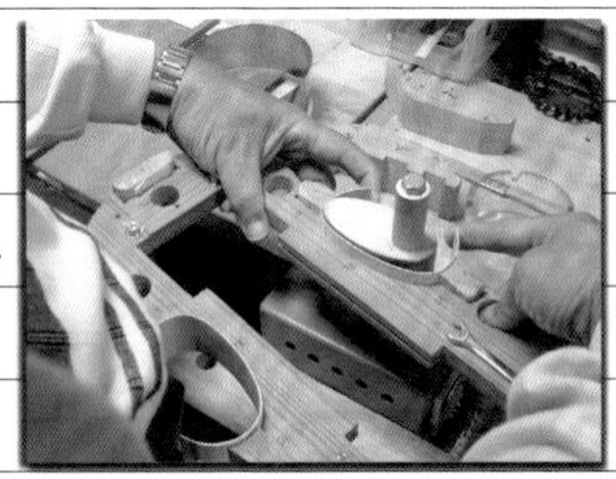

- detail 表面層沾水會往外伸展膨漲,
- detail 遇熱面則往內收縮,一縮一漲就會彎曲了.

3 step 模夾固型 data

- detail 側板彎曲後,隔天還會變化彎曲度,會稍微回復20% 左右.
- detail 彎曲後夾在琴模上,隔天後可稍微釋放木質內應力,也比較不會變形.
- detail 彎曲時若將曲度稍微過彎,有助回復後之穩定及定型.
- note 下圖>經夾具固定數天後,放開夾具後形狀依然十分漂亮及自然吻合.

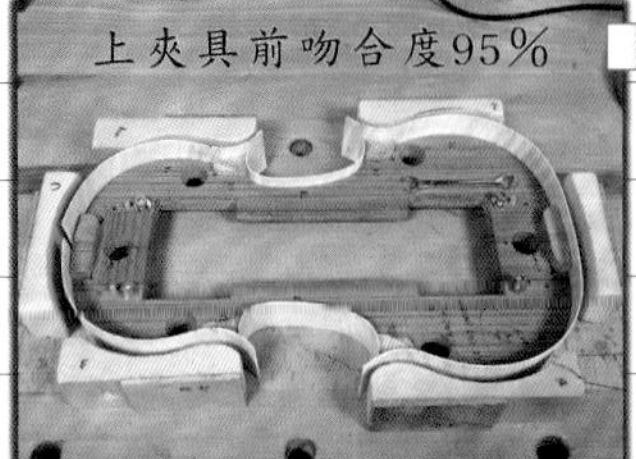

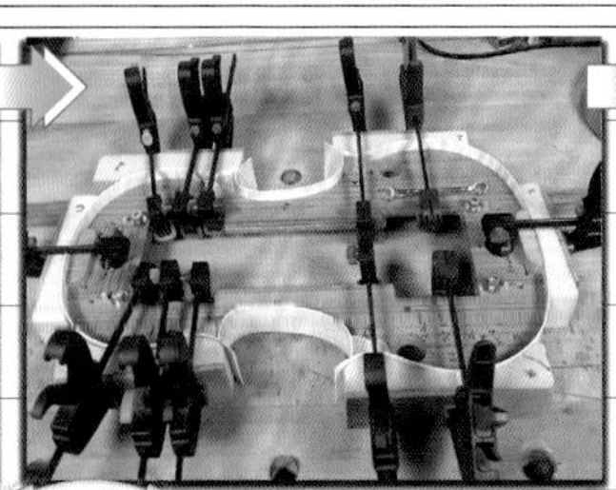

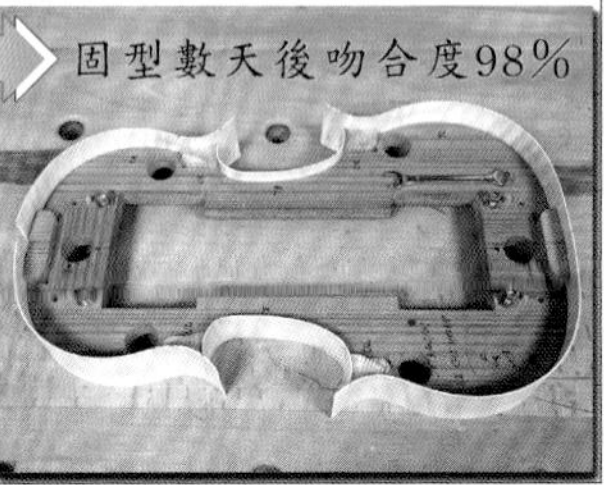

special step

側板彎曲不沾水處理> 不易彎曲會烤焦-斷裂, 但表面有光澤度, 而且垂直度不易扭曲.

側板彎曲 沾水處理> 易彎曲不易烤焦-斷裂, 但表面無光澤度,而且垂直度易扭曲.

加熱過久或多次, 易造成木質纖維硬化而很快脆裂.

加熱後勿立即沾水以免收縮過快扭曲變形木纖維也容易斷裂.

Take a rest

Lee Chyi Shien

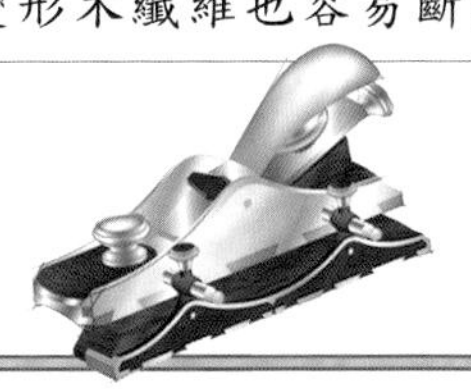

側板

各區彎曲

step 步驟名稱 tool 烙鐵,彎曲板,模具...

1 step 腰部彎曲 data 粗胚約150mm,完成長約130mm,大彎曲弧長約17mm

detail 取130mm長作端點記號,從兩端點處取17mm長度左右作彎曲記號.

detail 上-下端用彎曲板一次大彎至90% 以上的彎度.(上端彎度最難彎)

detail 中央區用模具快速加熱展平至正確形狀.

note 用琴模的角木弧度,上端--下端 的弧度靠著熱燙來定形快又漂亮.

2 step 胸部彎曲 data 粗胚約200mm,完成長約180mm,大彎曲弧長約30mm

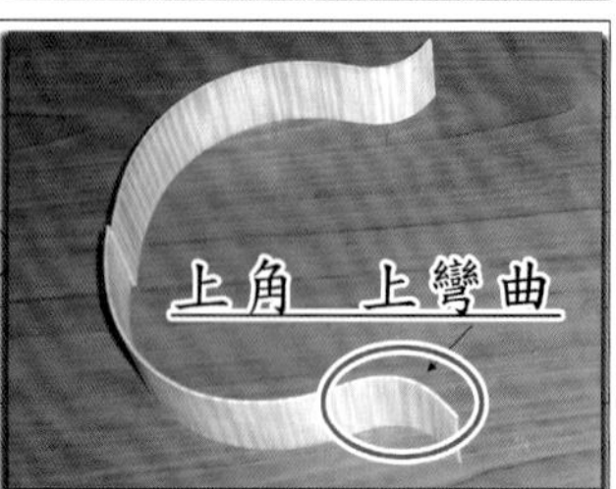

detail 取180mm長作端點記號,從尖端點處取30mm長度左右作彎曲記號.

detail 上角 上彎曲用彎曲板一次大彎至95% 以上的彎度.(不好彎要小心)

detail 把胸部區的其他區域的彎度,用手快速彎曲至60% 以上之彎曲度.

note 把側板背面,多次靠模彎曲可彎曲至95% 以上之彎曲度.

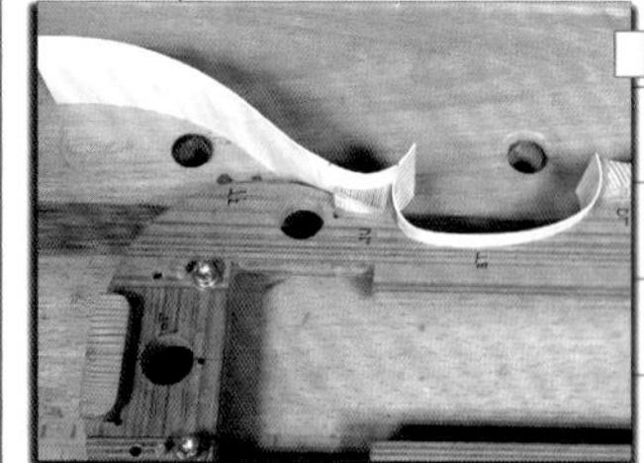
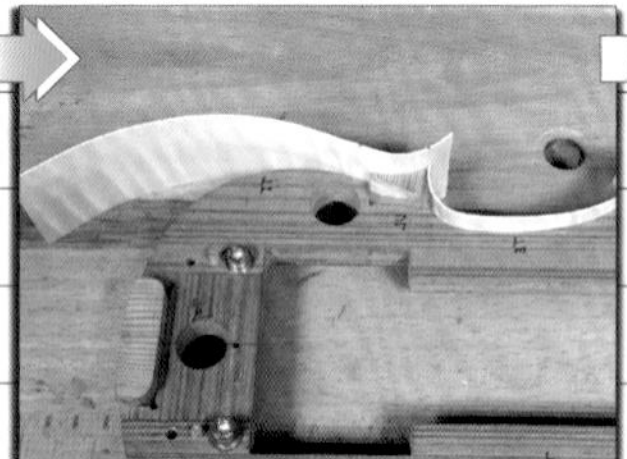
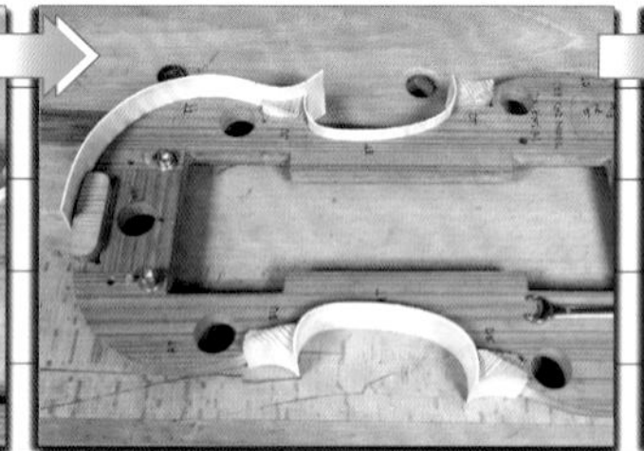
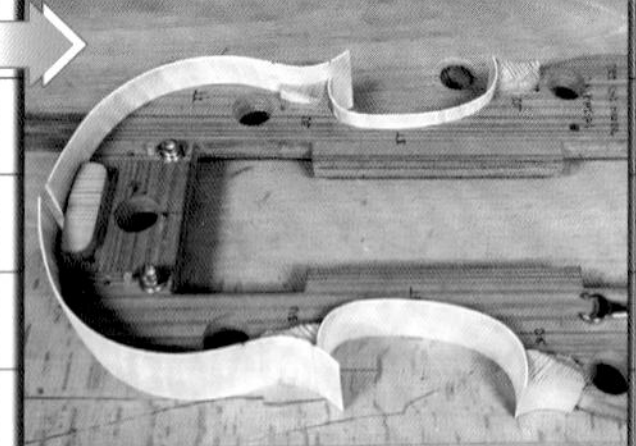

3 step 腹部彎曲 data 粗胚約230mm,完成長約215mm,大彎曲弧長約30mm

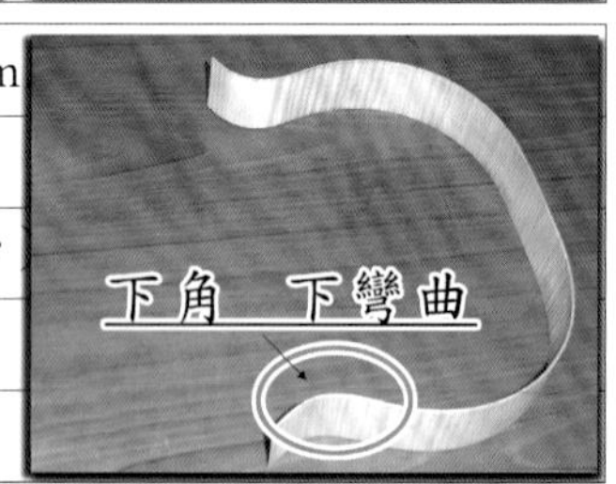

detail 取215mm長作端點記號,從尖端點處取30mm長度左右作彎曲記號.

detail 下角 下彎曲用彎曲板一次大彎至95% 以上的彎度.(不好彎要小心)

detail 把腹部區的其他區域的彎度,用手快速彎曲至60% 以上之彎曲度.

note 接縫處如果已經先膠合,把接縫中線處對準尾木中央,用夾具夾緊,

角尖弧度靠琴模熱燙定型.

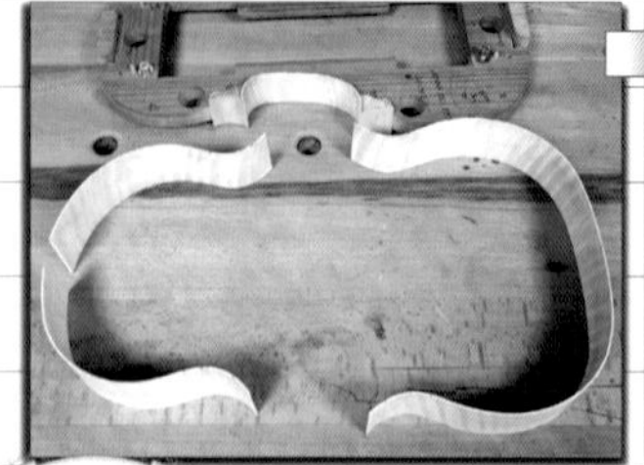
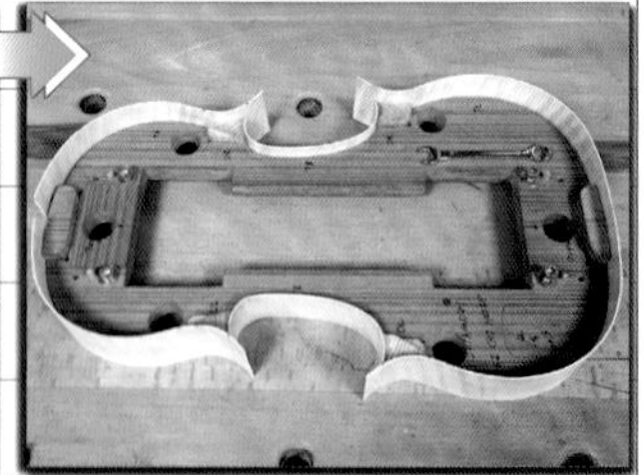

Special step 多次靠模彎曲至彎曲度95% 左右時.將角尖彎曲位置微沾水再彎曲,彎曲度可達95% 以上之彎曲度.

用琴模的角木弧度來定型,可實際修正彎曲度至98% 以上.

尾端接縫處如果已經先膠合,那麼此**接縫處不可加熱**,否則膠質遇熱融化而開膠.

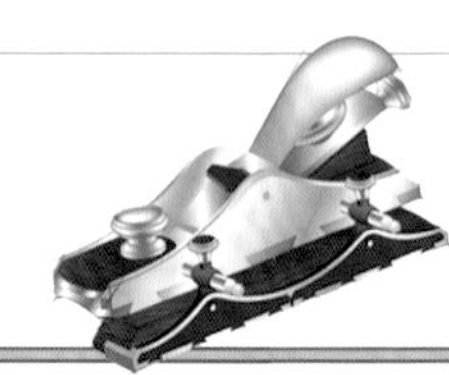

Take a rest

Lee Chyi Shiou

側板

中腰處理

step 步驟名稱	tool 夾具...

1 step C 腰黏合 data

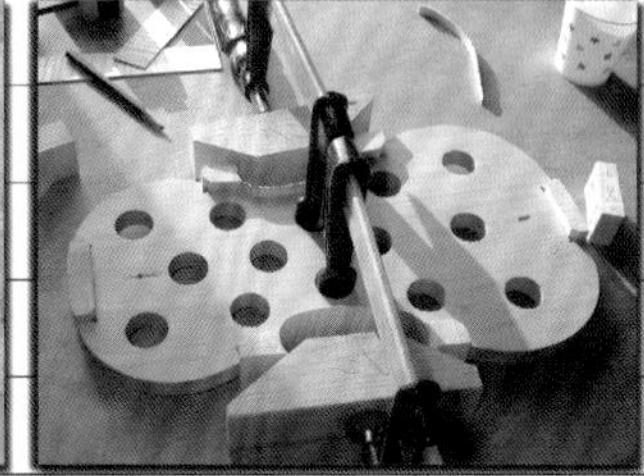

- detail C腰**角木內側**,及**側板**要黏合處**均上膠**.
- detail 將彎好之中腰側板置於模具中腰位置上.
- detail 用梯形木塊夾具將C腰側板夾緊.
- note

2 step 加強黏合 data

- detail 梯形木塊夾具不要拆
- detail 現代夾具用螺絲將側板與角木夾緊
- detail 側板與角木之間必須無縫隙.
- note 夾具上黏軟木,

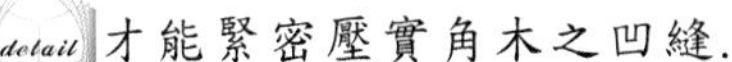

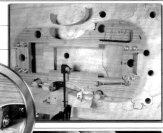

- detail 才能緊密壓實角木之凹縫.
- detail 傳統夾具用綿線捆綁,
- detail 比較扎實,但動作要快.
- detail
- note

現代夾具A
傳統夾具B

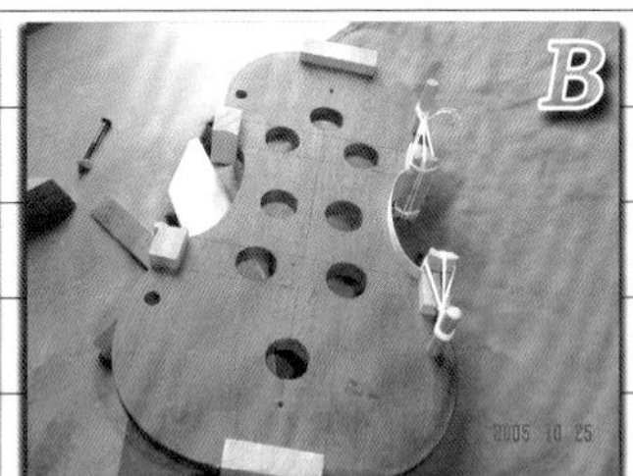
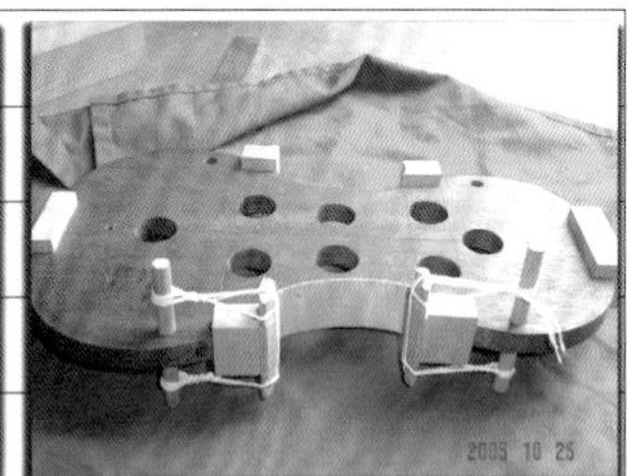

3 step 邊料粗削 data

- detail 側板黏合後將伸出角木的餘料,用適當的刀具切削掉.
- detail 用小鉋切削高出角木的餘料（比角木高1mm）.
- detail 刨側板尾端時不要過頭,否則有開裂之可能,
- note 鉋刀雙頭相互掉頭起刀 尾端安全不開裂.

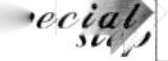
special step

Take a rest
Lee Chyi Shien

側板

胸側黏合

step 步驟名稱 tool 內斜圓鑿刀,銼刀,砂紙,夾具,煮膠鍋具,刷子,滴管...

1 step 外凹雕琢 data

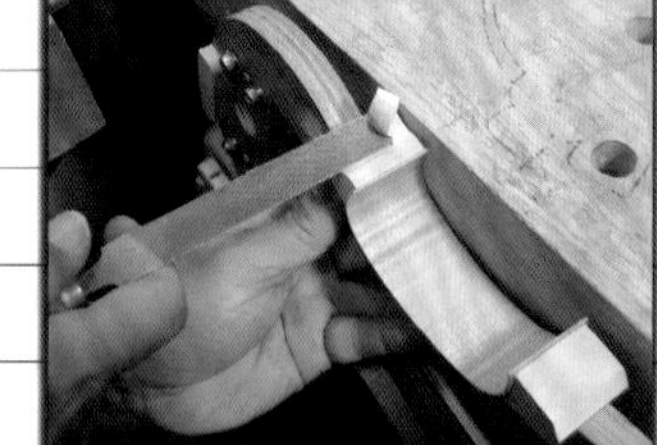

detail 將模具靠在工作台邊,用圓鑿刀將角木外凹處切削至線外.

detail 用圓鑿刀切削至線上,

detail 再用銼刀及沙紙細磨至線消失,並與地面垂直.

note 靠近側板切削時量要少,以免側板撕裂,(要隨時掉頭切削).

2 step 上凹彎曲 data 長180mm,彎曲弧長30mm.

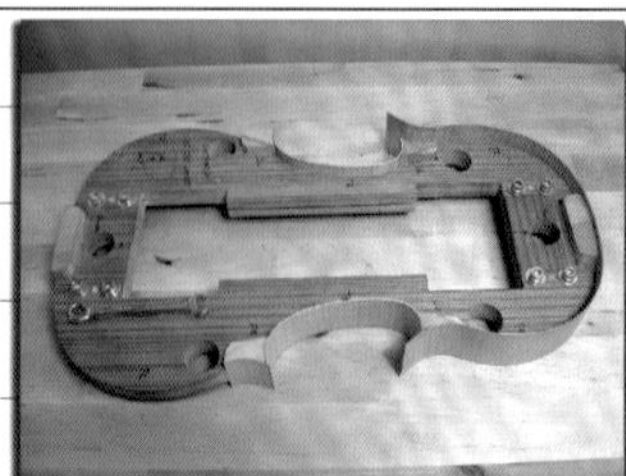

detail 將胸部側板在上角木上凹處的位置做記號,按彎曲方法將側板彎好.

detail 側板尾端對準頭部角木中線並夾緊,再將上凹處位置的側板夾緊成形.

detail 固定形狀後靜待1天以上,隔天後再修正弧形會比較穩定漂亮.

note

3 step 黏合順序 data 先黏頭部再黏上凹處.

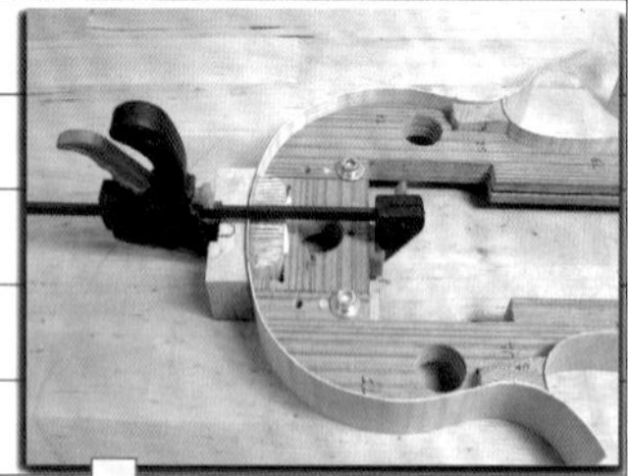

detail 將頭部**角木**,及頭部**側板**要黏合在角木處均**上膠**,再用夾具夾緊.

detail C腰上角木的上凹處,及側板要黏合處上膠,再用夾具夾緊.

detail 上凹黏合時,拉動側板尾端至整個側板緊靠在模具上.

note 胸部側板靠頂端中央處不須接合.(如要練習接合,可在此處練習)

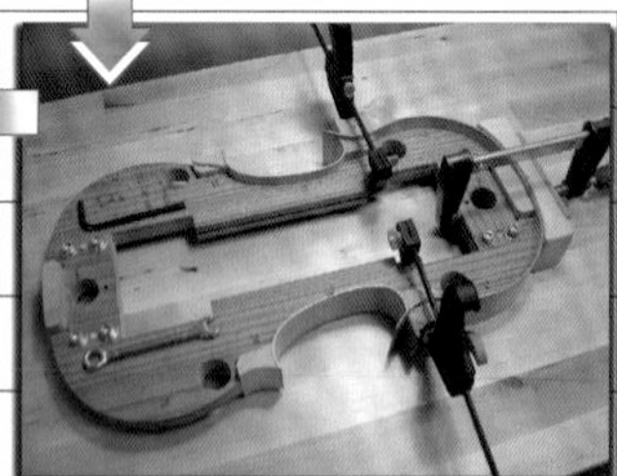

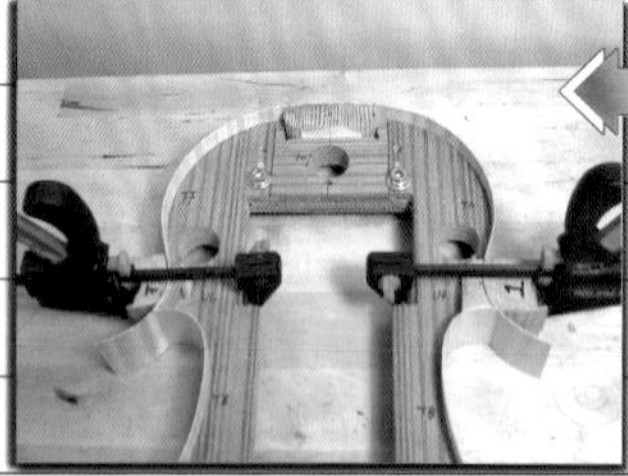

4 step 縫隙填膠 data 膠水(1:5)

detail 黏合時側板與角木間不能有縫隙.

detail 如果有縫隙,把膠水調稀注入縫隙中直至縫隙填滿為止.

detail

note 有縫隙可能會產生雜音,將來也容易開膠.

Special step

角木專用夾具,內墊1mm厚紙或軟木片.

頭端角木,上角木同時上膠黏合比較快,但中央接合處也許會有小縫隙.(頭部有縫隙無所謂)

尾端角木,下角木分段上膠黏合比較慢,但中央接合處比較不會有縫隙.

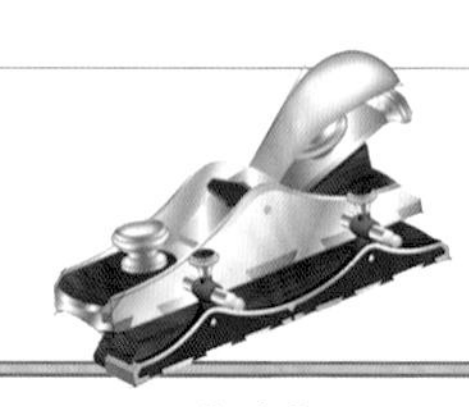

Take a rest

Lee Chyi Shien

側板

腹側黏合

step 步驟名稱 tool 夾具,煮膠鍋具,刷子,滴管...

1 step 接合切削 data (90⁰)或(45⁰).

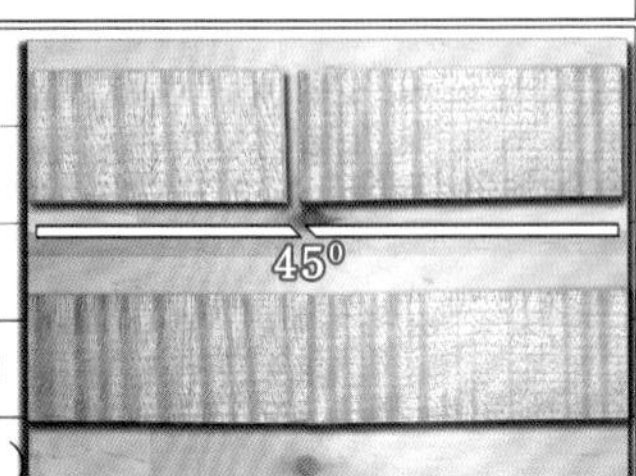

detail 左-右側板尾端的中央接合處的及尾木中央,用鉛筆畫中央接合線.

detail 接合線處用刀具切斷,左-右側板均刨成90⁰.(處理簡單,但接著力弱)

detail 或左側板刨成正45⁰, 右側板刨成反45⁰.

note (45⁰比較難,但接著力強縫隙不易看到,接著面比90⁰多1.4倍的面積)

2 step 下凹彎曲 data

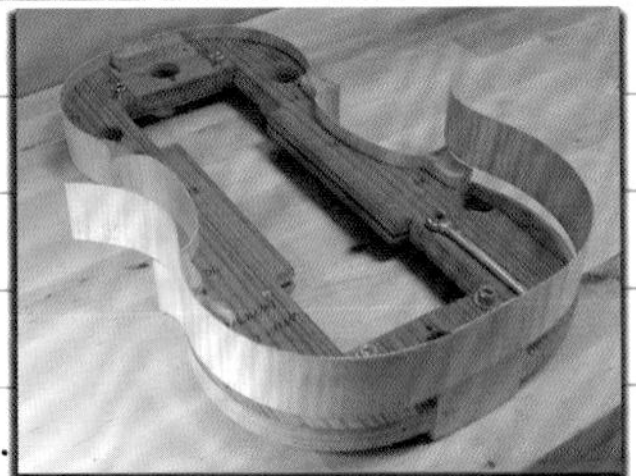
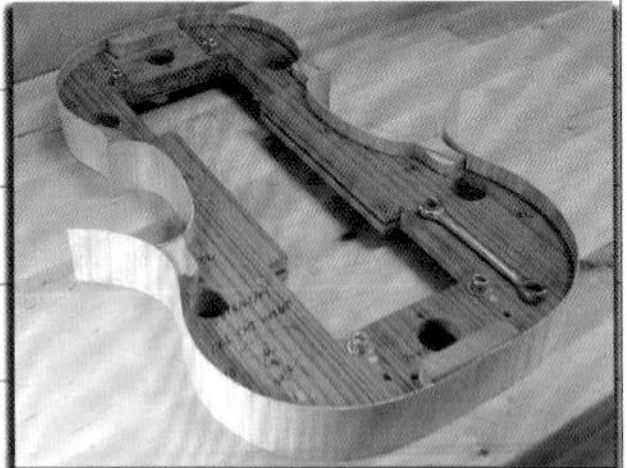

detail 腹部側板在下角木下凹處的位置做記號.

detail 按彎曲方法將腹部凹處的側板彎好.

detail 將側板尾端對準尾木中線並用夾具夾緊.

note 再將腹部凹處的弧形對著內模細修彎漂亮.

3 step 黏合順序 data 先黏尾端,再黏下角木下凹處.

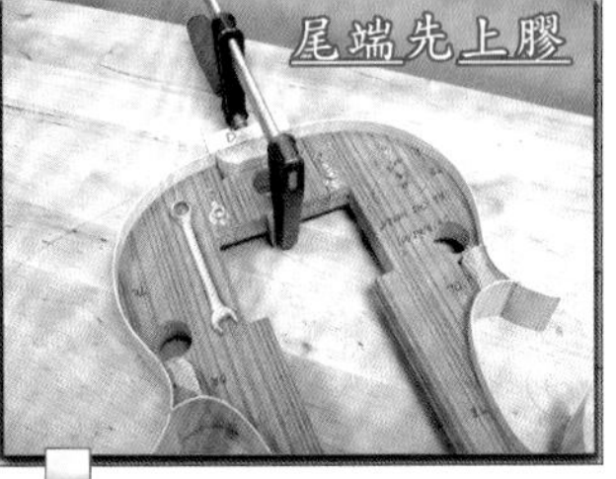

detail 尾端角木,及尾端側板要黏合在尾木處的地方均上膠,再用夾具夾緊.

detail 尾端固定不會滑動後,(沒固定就黏下角木,處理不當側板水平恐怕會歪掉)

detail C腰下角木的下凹處,及側板要黏合處均上膠,再用夾具夾緊.

note 下凹黏合時,拉動側板尾端至整個側板緊靠在模具上.

腹部側板靠尾端中央處須接合漂亮.

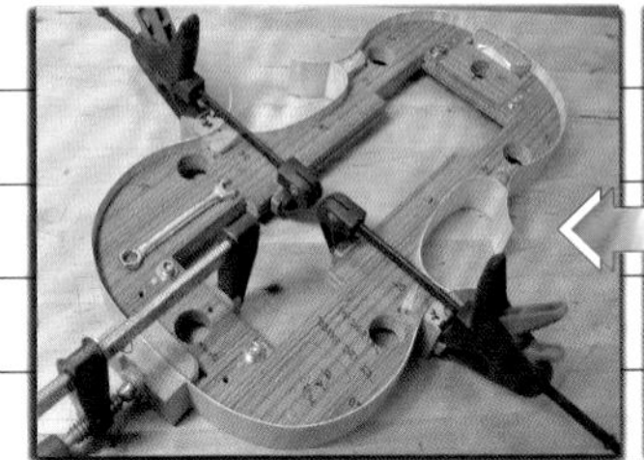
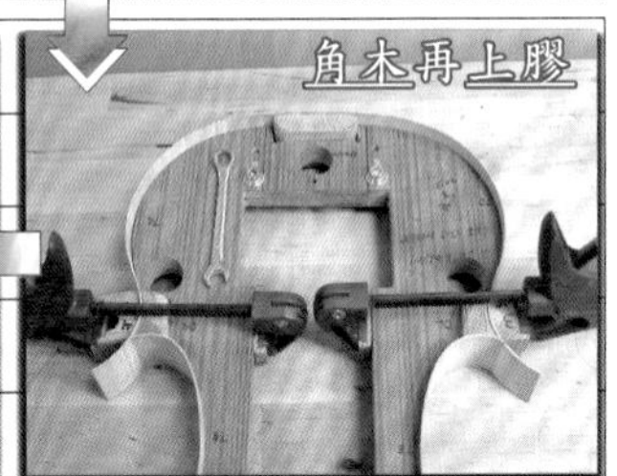

4 step 縫隙填膠 data 膠水(1:5)

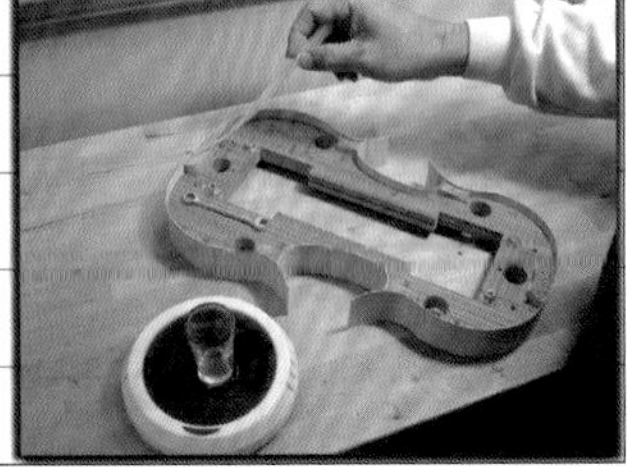

detail 黏合時側板與角木間不能有縫隙.

detail 如果有縫隙,把膠水調稀注入縫隙中直至縫隙填滿為止.

detail

note 有縫隙可能會產生雜音,將來也容易開膠.

special step

腹部側板中線接合處未彎曲前如果先膠合,那麼此接合處不可加熱,否則膠質遇熱融化接合處會開膠.

傳統的做法是側板尾端在尾木上直角拼接,--快-- 但沒做好,很容易就會看到縫隙就不漂亮了.

琴框整個底面之完全平整,須待襯條黏合後,才可以做完全整平之程序.

側板固定形狀後靜待1天以上,再修正弧形會比較穩定漂亮.

Take a rest

Lee Chyi Shien

側板

角尖刨削

step	步驟名稱	tool 鉋刀（小）,小平銼刀...
1	粗切粗刨	data
detail	尾端的伸出量用鋸子切掉至多出1至2mm.	
detail	用銳利的鉋刀, 正刨-反刨 相互掉頭刨.	
detail		
note	尾端不要刨出頭,否則尾端有裂開之可能.	

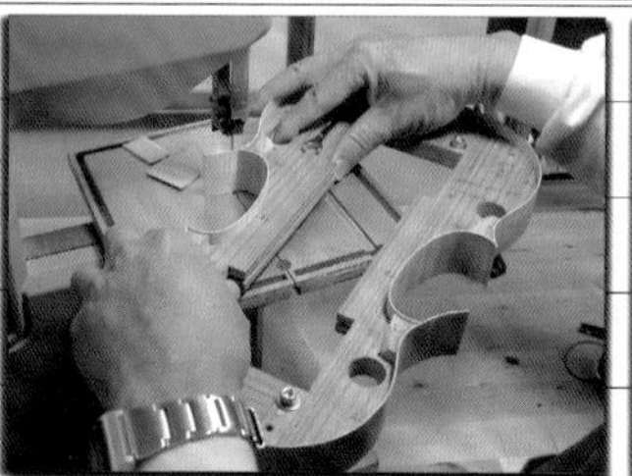

step		
2	刨上角尖	data 邊緣90°.
detail	上角尖處的**側板尾端**,平放成**水平狀**.	
detail	鉋刀的**刀面垂直地面**,刨上角尖的側板成直角.	
detail	刨至胸部側板角尖與腰部側板角尖之交接處.	
note		

step		
3	刨下角尖	data 邊緣90°.
detail	下角尖處的**側板尾端**,平放成**水平狀**.	
detail	鉋刀的**刀面垂直地面**,刨下角尖的側板成直角.	
detail	刨至腹部側板角尖與腰部側板角尖之交接處.	
note		

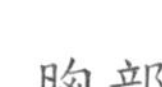

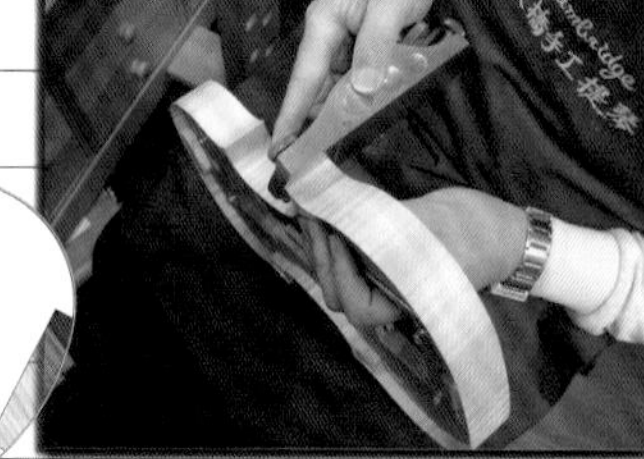

step		
4	平行調整	data
detail	從尾端看上-下兩角尖的平行度.	
detail	用小平銼刀或適當的刀具切削不平行處至平行.	
detail	交接處C腰側板如冒出餘料,（餘料應該只有微量,技術做的好應該沒有）	
note	用小刮刀在餘料上刮順至不易看出交接縫.	

step		
5	垂直調整	data 邊緣90°.
detail	將琴框放在平整的平面上檢查（玻璃為主）,用直角尺檢查垂直度.	
detail	不垂直處用小平銼刀,小心細銼角尖至垂直且方正.	
detail		
note		

Special step
角尖交接處的接合線,以肉眼不易看見為佳.
交接縫如有溢出之膠質在C腰側板時,也用小圓刮刀一併刮除溢出之膠質.
此階段也可以先擱著待襯條做好再做也可以.
如果已經做好了,角尖是很脆弱的要小心保護,不要碰壞了.

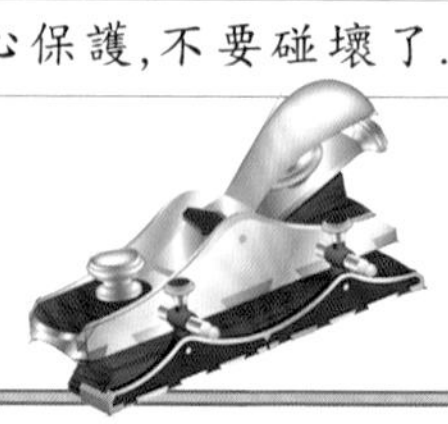

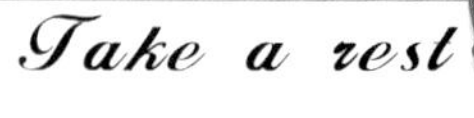

Take a rest

Lee Chyi Shien

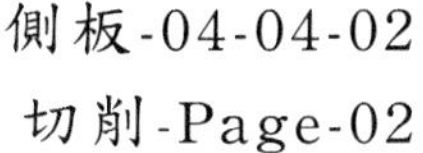

側板

厚度粗刨

step 步驟名稱 tool 鋸子,帶鋸,鉋刀(小),小平銼刀,砂紙...

1 step 胸底粗整 data

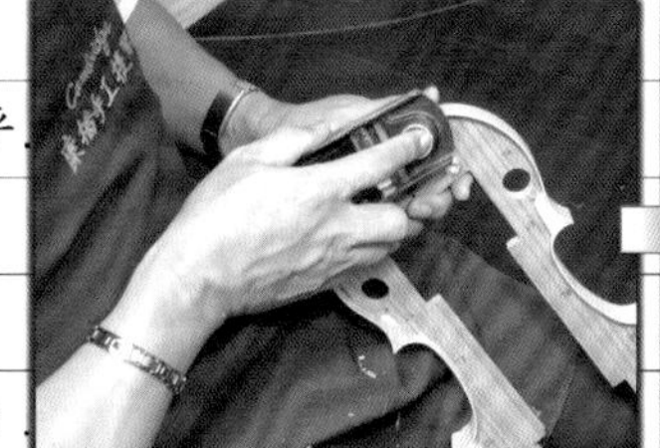

detail 將胸部側板刨至比角木高1mm並大約水平.

detail 用手輕壓頭部,

detail 胸部底面的接觸面不要有大縫.

note 放在完全平整的平面上檢查(玻璃,大理石).

2 step 腰底粗整 data

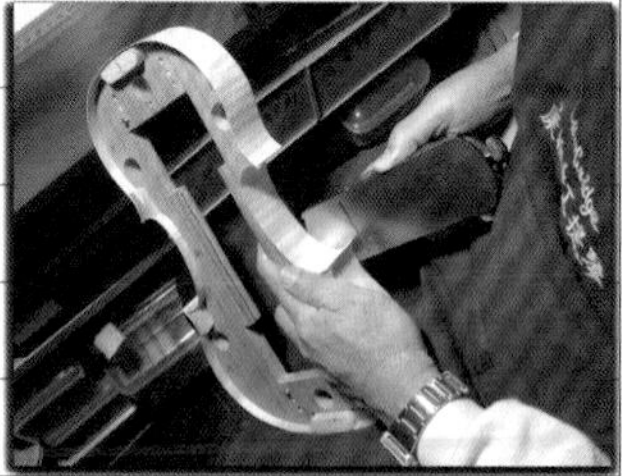

detail 用鉋刀將腰部側板的高度刨至比角木高1mm,並大約水平即可.

detail 用手輕壓中央腰部, 腰部底面的接觸面不要有大縫即可.

3 step 腹底粗整 data

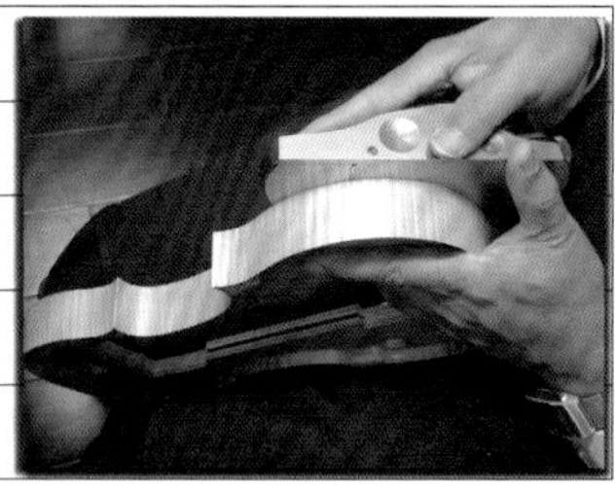

detail 用鉋刀刨至腹部側板比角木高1mm,並大約水平即可.

detail 用手輕壓尾端, 腹部底面的接觸面不要有大縫即可.

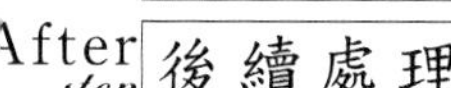

After step 後續處理

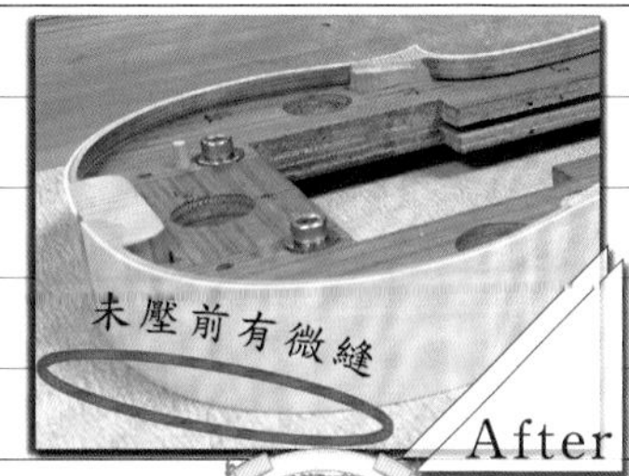

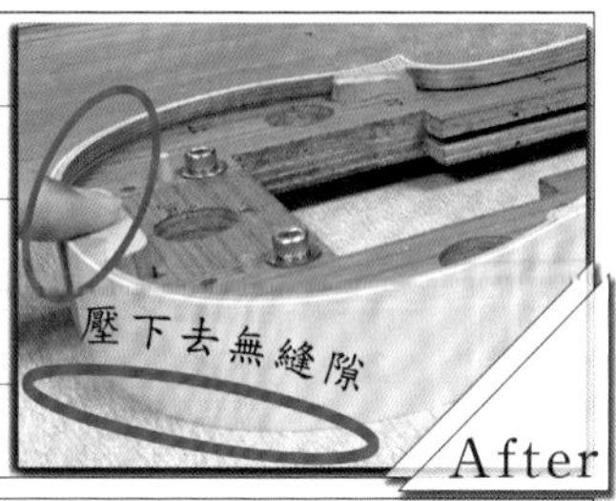

Special step 真正的整個底面之完全平整,須待襯條黏合後,才可以做完全整平之程序.

刨側板尾端,鉋刀用銳利的刀片及微出刀量, 正刨-反刨 相互掉頭使用可預防尾端開裂.

以上待後續襯條黏合後才精刨也可以.

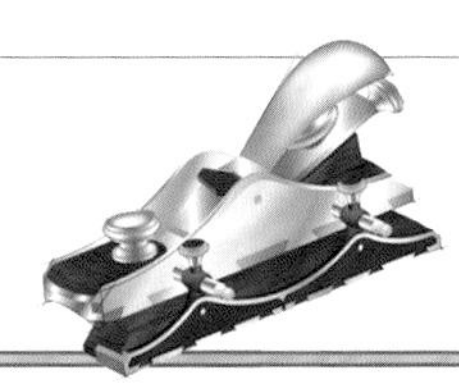

Take a rest

Lee Chyi Shien

Fontana di Trevi

Cremona

Chapter

05

襯條

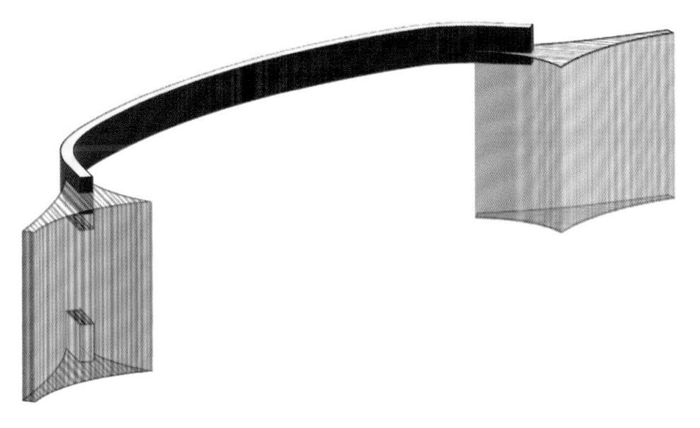

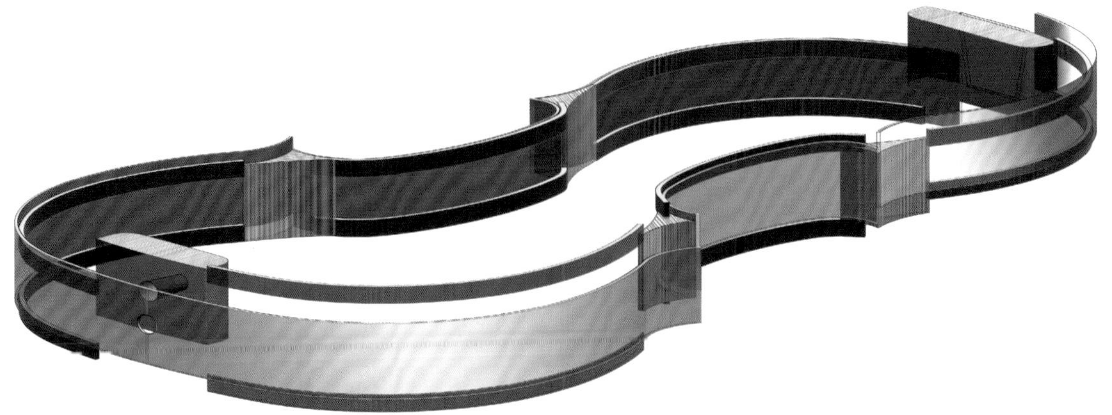

Chapter 05

Lining

襯條

長度數據

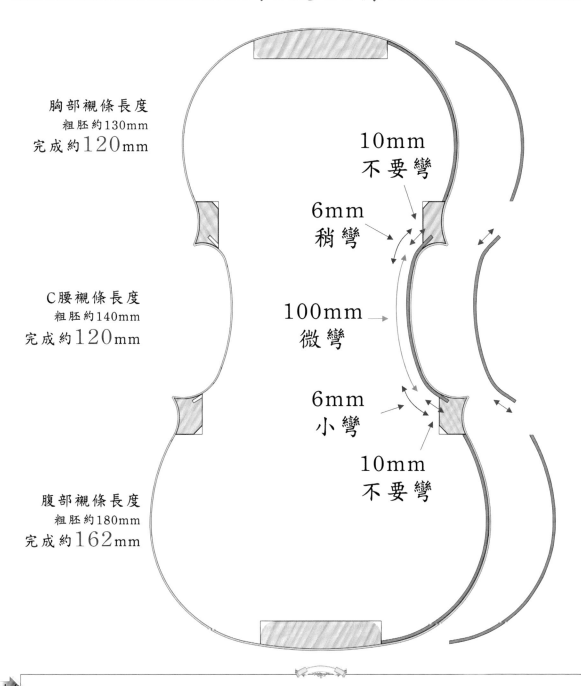

胸部襯條長度
粗胚約130mm
完成約120mm

C腰襯條長度
粗胚約140mm
完成約120mm

腹部襯條長度
粗胚約180mm
完成約162mm

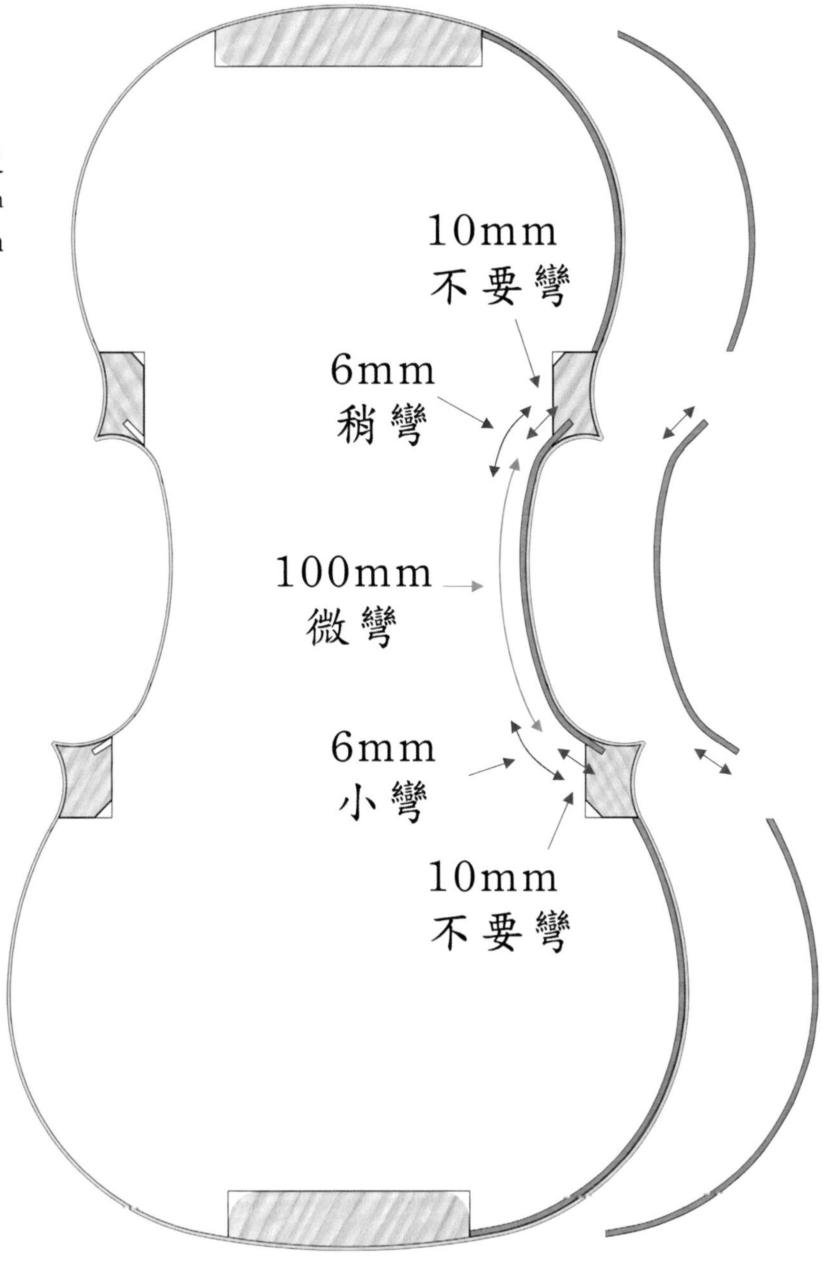

10mm
不要彎

6mm
稍彎

100mm
微彎

6mm
小彎

10mm
不要彎

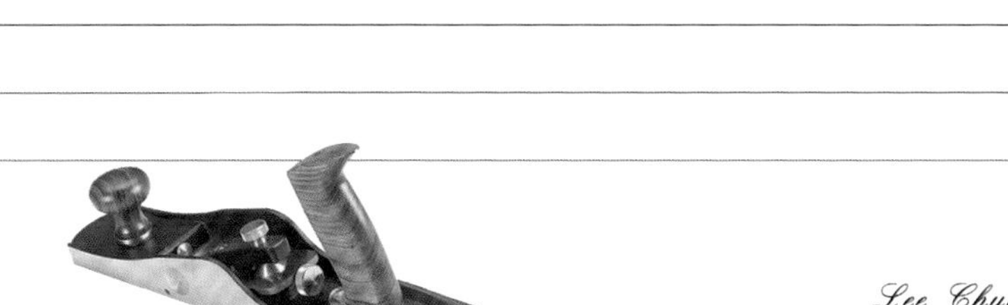

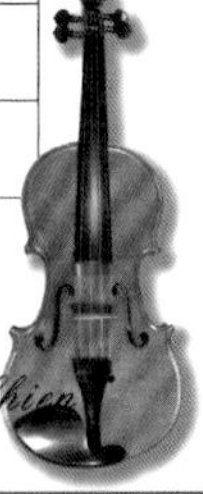

Lee Chyi Shien

襯條

基本處理

step 步驟名稱 tool 烙鐵,彎曲板,鋸子...

1 step 厚度長度 data 厚2mm X 寬8.5mm

detail 粗胚用帶鋸粗切至 厚約3mm,寬約10mm.

detail 用鉋刀先 **刨平**-刨光 1面至2.5mm厚.

detail 再刨另一面至2mm厚.

note 粗胚長度 胸部約130,腰部約140,腹部180.

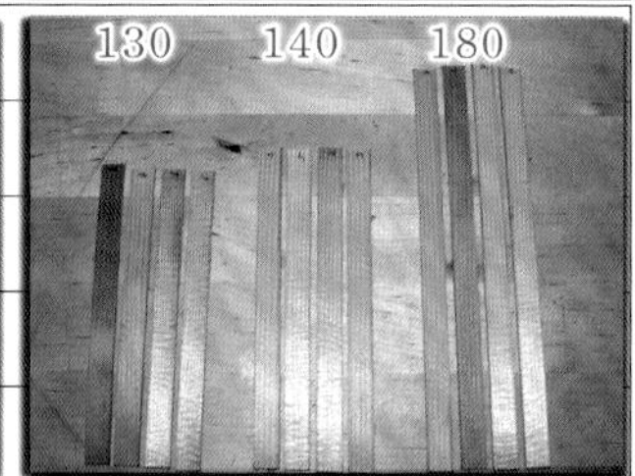

2 step 烙鐵溫度 data

detail 烙鐵攝氏170⁰C~215⁰C左右,易彎曲且不易烤焦木料.

note 170⁰C以上水珠遇熱立即四散彈開,即可乾碾熱壓彎曲木料.

3 step 沾水軟化 data

detail 沾水5分鐘左右讓水份浸潤至木纖維內彎曲時比較不易斷裂.

detail 彎曲烤乾後須再沾水一下讓水份再浸潤至木纖維內.

note 襯條表面層沾水往外伸展,遇熱面會往內收縮.

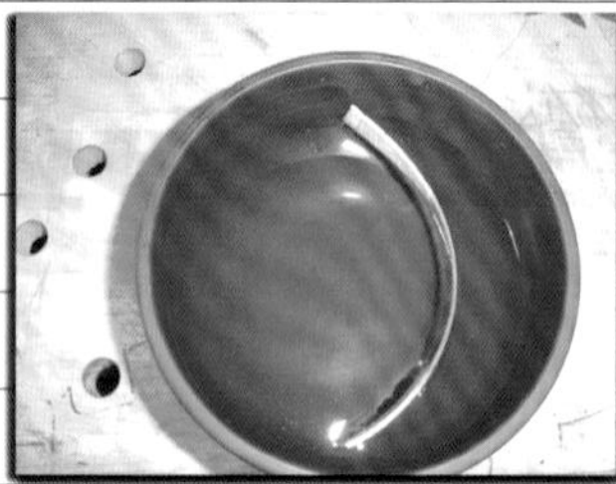

4 step 熱彎成形 data

detail 第一次彎曲用彎曲板大彎曲成圓捲形.

detail 胸部-腹部區域的弧度只須稍加再調整弧度即可.

detail C腰區域的頭-尾的弧度須稍微再彎曲點.

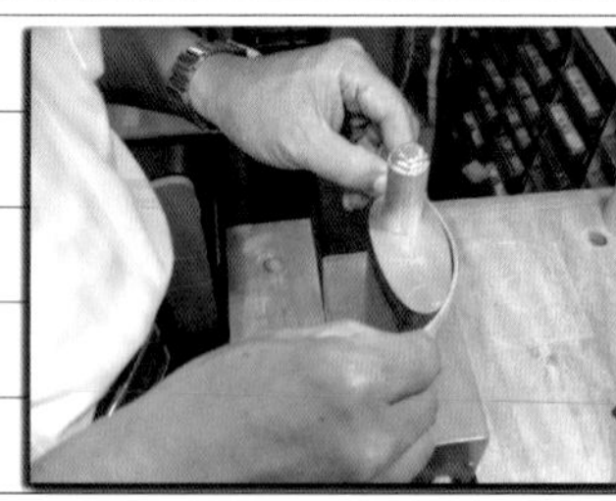

5 step 長度粗裁 data

detail 目測大約長度做記號,再用角尺畫出直角線.

detail 用鑿刀快速切除多餘之木料(比最後長度多2mm左右)

detail 乾燥號待後續程序仔細裁切.

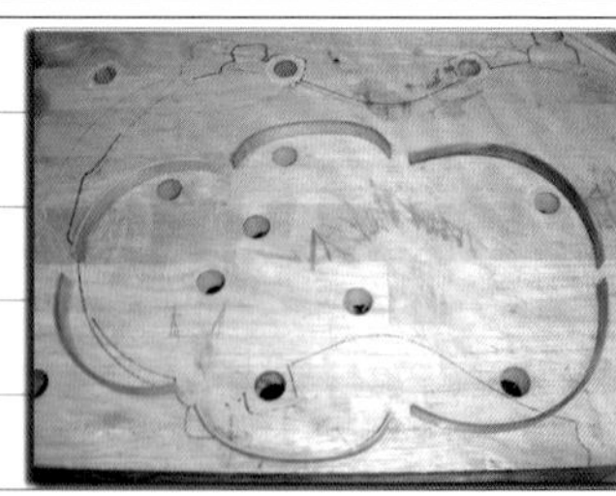

Special step 襯條的材料可以用松木或柳木.

襯條厚度的平整度,不須像側板的高要求,只要2mm左右即可.(最後內方下邊會斜削成刀刃的樣式)

Take a rest

Lee Chyi Shien

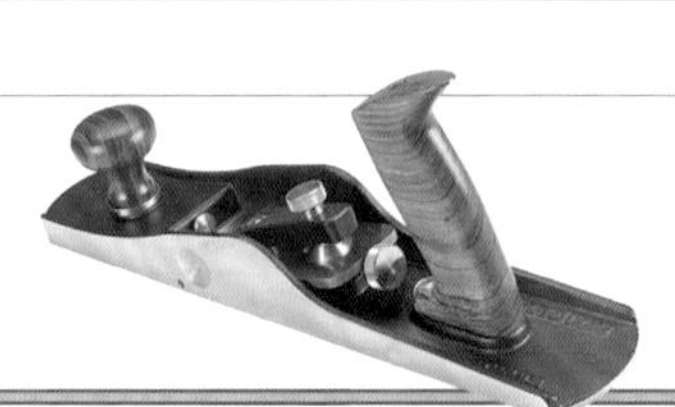

襯條

各區彎曲

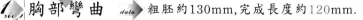

step 步驟名稱 tool 烙鐵,彎曲板,模具...

1 step 胸部彎曲 data 粗胚約130mm,完成長度約120mm.

detail 襯條粗胚取約130mm長度.並浸入水中約5分鐘.

detail 第一次用彎曲板大彎,用力加壓大彎成圓形.

detail 襯條再浸入水中約1分鐘.

note 比對琴框徒手修正錯誤之弧形,或用模板快速彎曲弧度成形.

2 step 腰部彎曲 data 粗胚約140mm,完成長度約120mm.

detail 襯條粗胚取長約140mm,如下圖做彎曲記號點,並浸入水中約5分鐘.

detail 用彎曲板用力加壓只彎曲兩端（B~C）成弧形.

detail 將中央區快速加熱微展平至正確之形狀.

note 再用外模具將兩端（B~C）加熱彎曲修正至正確形狀.（多次處理）

1>襯條取約140mm長度,在上下端約25mm處作記號（藍色點A是彎曲的中心點）.

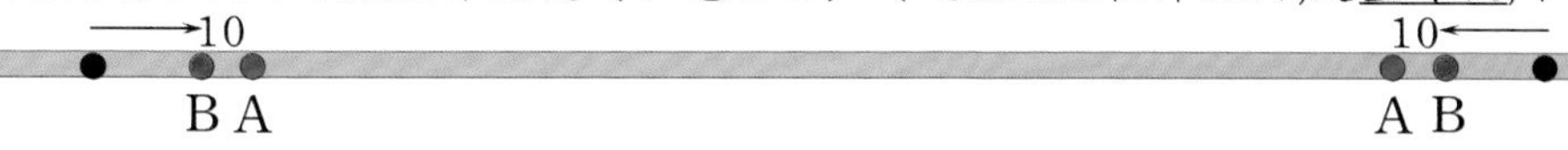

2>藍色點A往外兩端取13mm作**黑色**記號（黑色兩點間的長度120mm大約是完成的總長度）.

3>黑色點從兩端往內取10mm作記號（紅色點B）（這10mm在榫孔內,是直線段,不用彎曲）.

4>點B作彎曲對稱結束紅色記號點C（B~C段6mm是彎曲弧,上端的弧度比較彎,比下端不好彎）

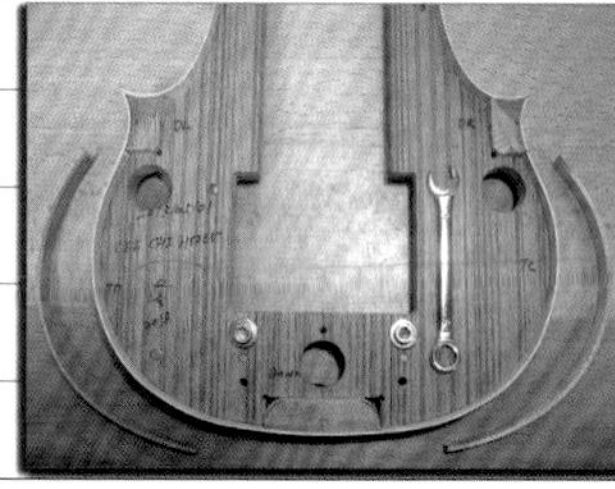

3 step 腹部彎曲 data 粗胚約180mm,完成長度約162mm.

detail 襯條粗胚取約180mm長度,並浸入水中約3~5分鐘.

detail 第一次用彎曲板大彎,用力加壓大彎成圓形.

detail 襯條再浸入水中約1分鐘.

note 比對琴框徒手修正錯誤之弧形,或用模板快速彎曲弧度成形.

special step 以上長度依各型模具而略有不同.

彎曲完成後,各個襯條要編號以免混亂.（按順時針方向上方從1編至6,下方從7編至12）

彎曲達95% 以上後,用琴模夾住固定一晚穩定定形（可達98% 之完成度）.

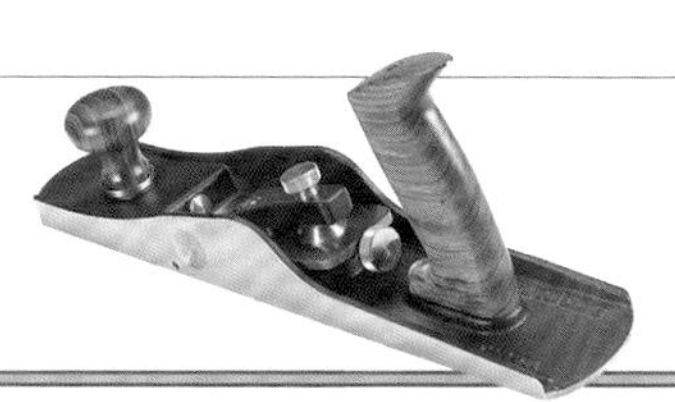

Take a rest

Lee Chyi Shien

襯條

襯榫切挖

step 步驟名稱 tool 平鑿刀...

1 step 角木榫槽 data 寬2mm X 高7mm X 深7mm.

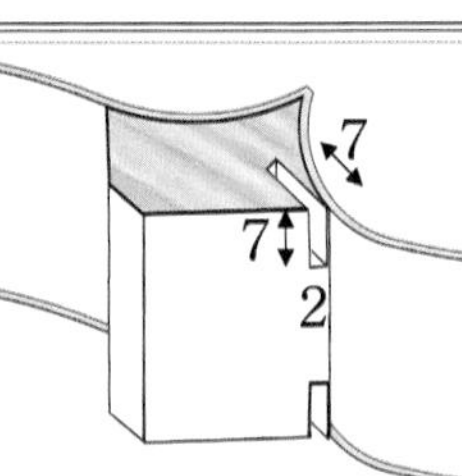

detail C腰角木內邊用小平鑿靠著側板邊,在襯槽尾端先鑿個小導引斜道.

detail 鑿刀慢慢的筆直後退鑿出最上槽道,陸續鑿出深7mm,寬2mm的榫槽.

detail 用襯條試插看看是否有沒有不易插入之位置,不順的話再仔細鑿順.

note 各面槽壁必須比直平整,否則襯條會不易置入.

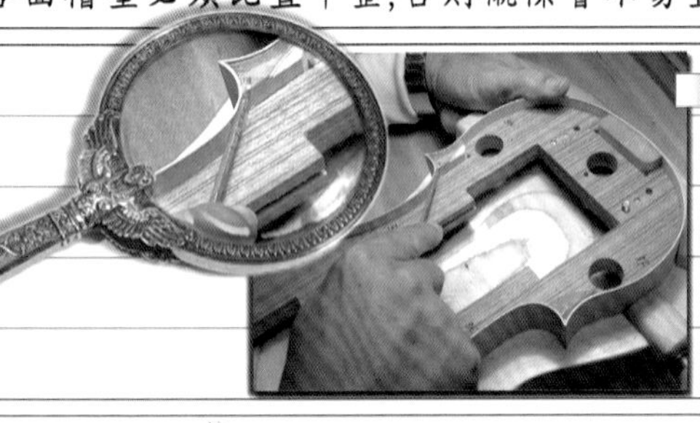

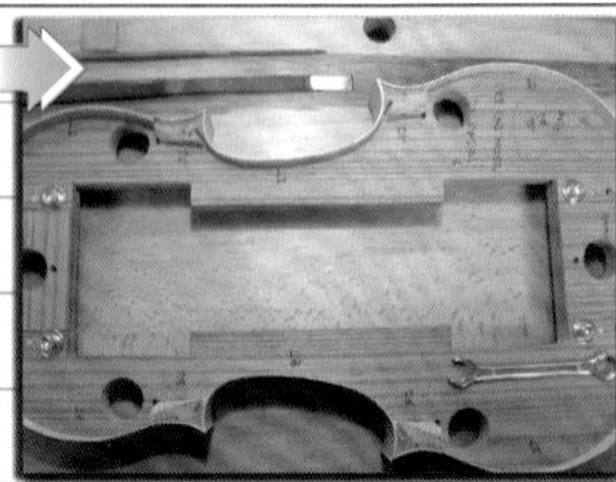

2 step 襯端切削 data 胸部約120mm, 腰部約120mm, 腹部約162mm

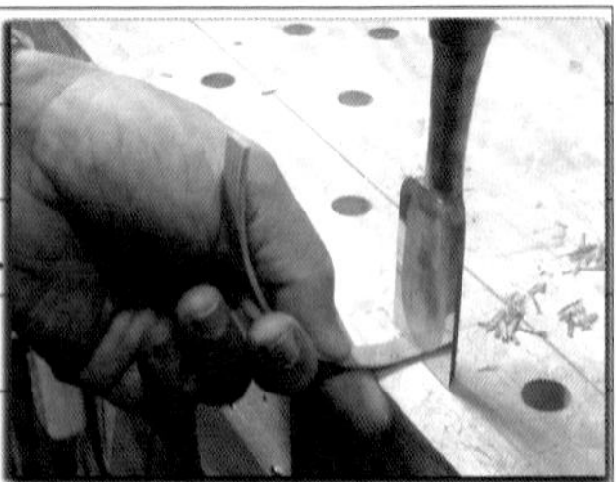

detail 襯條有泡水,所以會微膨脹,因此切斷時要比正常長度多1~0.5mm.

detail 胸-腹襯條兩端與上-下角木銜接處非直角接觸,都必須微斜切至吻合.

detail 先切削吻合上-下角木接觸區後,再切削吻合頭-尾角木接觸區.

note 襯條待乾燥後再仔細切削至吻合,長度比較不會有收縮變短之問題.

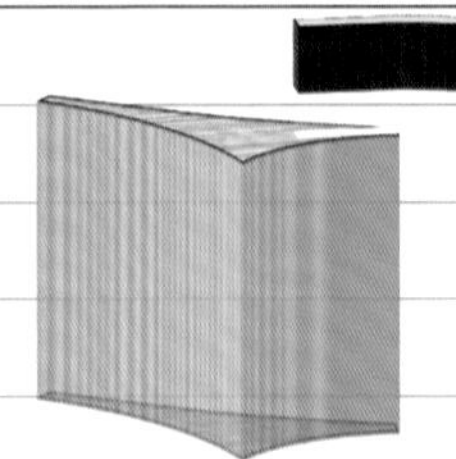
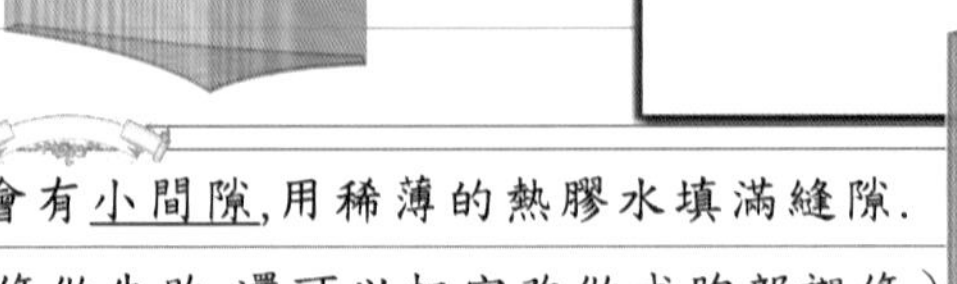

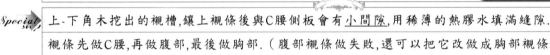

Special step 上-下角木挖出的襯槽,鑲上襯條後與C腰側板會有小間隙,用稀薄的熱膠水填滿縫隙.

襯條先做C腰,再做腹部,最後做胸部.(腹部襯條做失敗,還可以把它改做成胸部襯條)

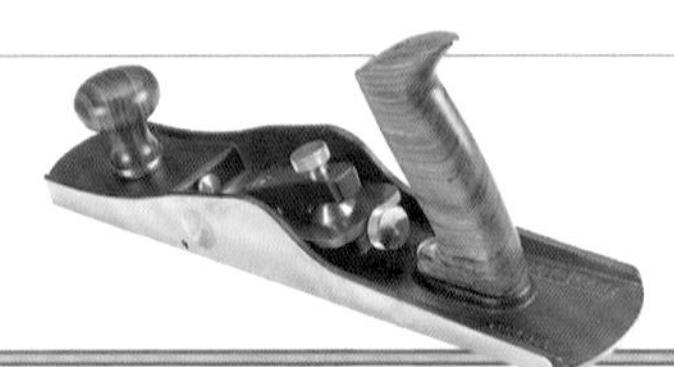

Take a rest

Lee Chyi Shien

襯條

襯側膠合

step 步驟名稱 tool 夾具,膠水,毛刷,夾具,軟墊,吸管,清潔布...

1 step 工具備妥 data

- detail 膠水-毛刷-夾具-軟墊-清潔布-墊木片等工具完全準備妥當放在旁邊.
- detail 將胸部-腹部襯條中央微微往上提,兩端頂住角木.
- detail C腰襯條移出榫槽外面.(一切就緒準備上膠黏合)
- note 準備工具沒備好,會手忙腳亂,搞不好會黏的不順手品質不理想.

2 step 膠合處理 data 膠水濃度1:3

- detail 將襯條背面與側板要膠合處均上膠,角木榫槽內也少許的上膠.
- detail 用夾具將側板與襯條--**夾合**--膠合在一起.
- detail 上小木夾具前,**側板外**用**軟墊**圍在外側,可保護側板不被夾具夾傷.
- note 襯條底與模具不可以太接近,兩者間墊1塊1mm或2mm隔離片,

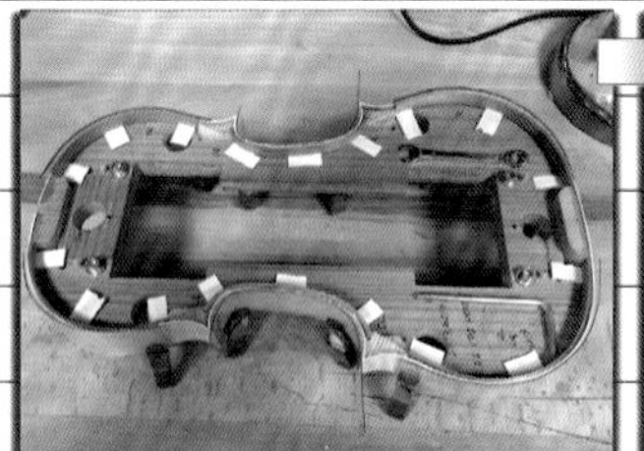

- detail 可避免膠水滲入模具,
- detail 造成模具與側板膠合在一起.
- detail (黏住了,後續拆模時會很困難)
- detail
- note

3 step 縫隙填膠 data 膠水濃度1:5

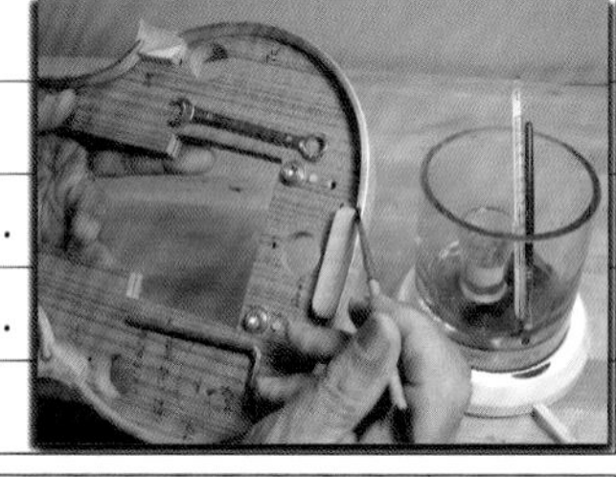

- detail 襯條與側板間如有縫隙,用比較稀薄的熱膠水注入填補填滿縫隙.
- detail 襯條與側板一起刨平後,填滿的孔隙也許會再露出,再填補膠水一次.
- detail 後續模具拆除後,檢查襯條底端與側板間的縫隙,有的話再填補一次.
- note 襯條與側板間如有縫隙存在沒處理好,將來拉琴也許會有雜音.

After step 後續處理

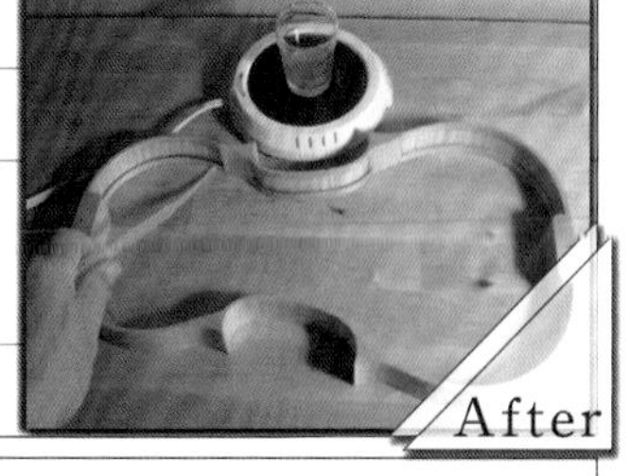

Special step

- 膠合時溢出的膠質,要趁在果凍狀態用木片挖除比較容易(10分鐘左右),否則乾燥後更難去除.
- 襯條先黏妥一面,待拆除夾具後,再做另一面(比較慢,但比較好操作).
- 兩面同時黏比較快,但不好操作.

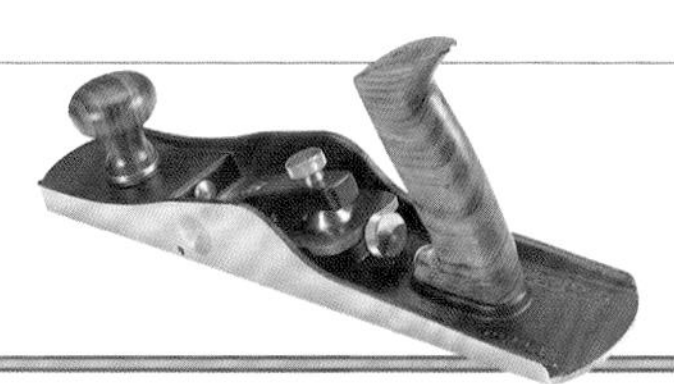

Take a rest

Lee Chyi Shien

襯條

框厚平整

step 步驟名稱 tool 鉋刀(小),尖刀,毛玻璃,砂紙,遊標卡尺...

1 step 凸出粗刨 data

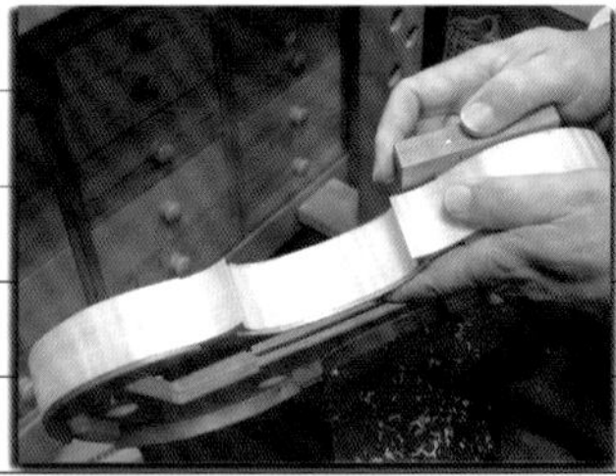

- detail 用粗刨的小平鉋刀迅速刨除凸出之襯條.
- detail 再將超出各角木的部份餘料刨除刨平.
- detail 從角木尖端處起刨整平,尖端處不會裂開.
- note **胸-腹最寬處** 鉋刀**勿用力**,否則會凹陷.

2 step 整平細刨 data

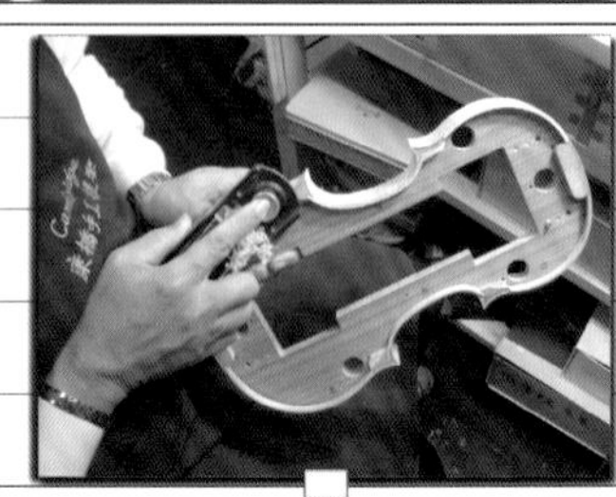

- detail 琴框的頭-中-尾區域各自放在平整的大沙紙上稍稍磨擦.
- detail 凸出之磨痕用鉋刀刨掉,直到頭-中-尾區域的各個平面間都無縫隙.
- detail 琴框放在平整的玻璃平面上檢測,頭-尾略成**微斜狀**,非整體水平.
- 底框整平後,再用同樣的方法,整平琴框與面板膠合的膠合處.

3 step 厚度控制 data 頭部角木29.5, 上角木31.5, 下角木32, 尾端角木32

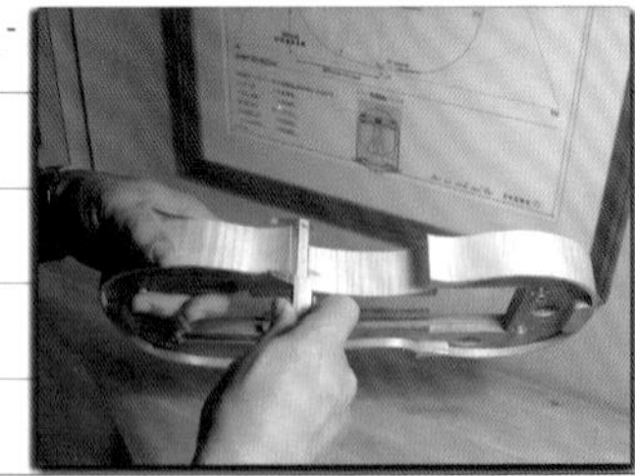

- detail 側板依需求之高度,用鉋刀仔細將側板-襯條-角木一起整平到定位.
- detail 琴框與面板-背板的膠合處先上一層**薄膠水**,
- detail 膠水乾燥後用銼刀,磨平膠質面.
- note 角木端頭不易切削,可沾水軟化木質以便切削整平.

Special step

- 琴框厚度調整時,如果厚度數據與平整度有矛盾時,應當以平整度為優先考慮.
- 用4B鉛筆在毛玻璃,大理石或其他完全平整的平面上,塗抹以檢測琴框大面積的平整度.
- 鋼製小鉋刀底部可快速邊刨邊檢測局部小面積的平整度.(琴框與**面**-**背**板膠合不得有縫).
- 面板微彎,有應力,有彈性,共鳴也許比較好.

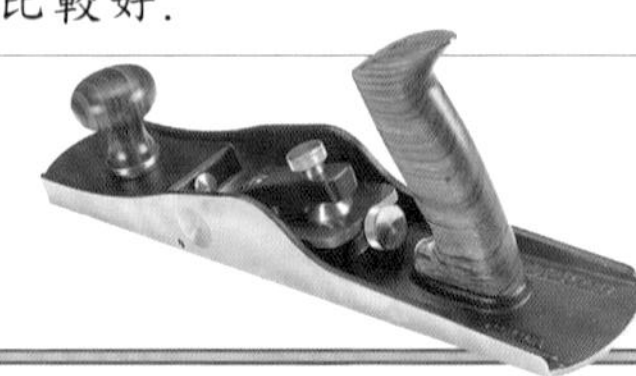

Take a rest

Lee Chyi Shien

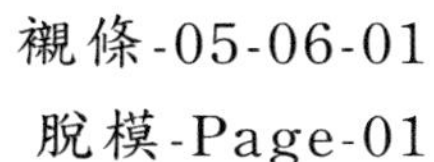

襯條

琴框脫模

step 步驟名稱 tool 小鎚子,平鑿刀,圓鑿刀,尖刀,銼刀,刮刀,砂紙...

1 step 襯內斜削 data

detail 用斜尖刀將襯條斜度削至靠近側板.

detail 脫模後的襯條斜度比較好削,再度刮削至平順.

detail 襯條削得越斜越容易脫模.(不要傷到側板)

note 襯條 與 面板-背板 膠合處不可以切削.(膠合力 會變差)

2 step 角木敲離 data

detail 用小鎚子敲角木內側將角木敲離內模.

detail 用平鑿將4個內側多餘的角木切除.

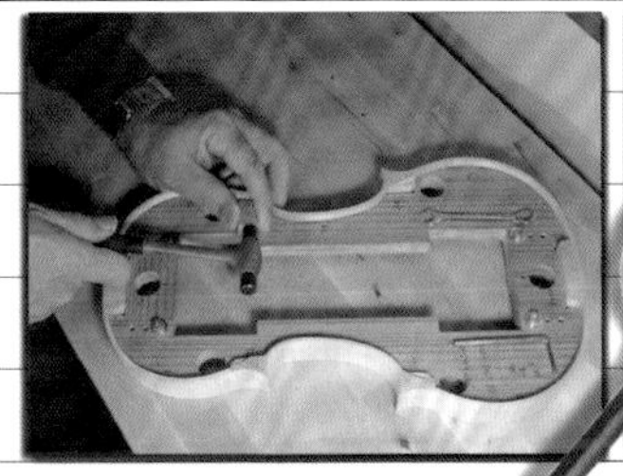

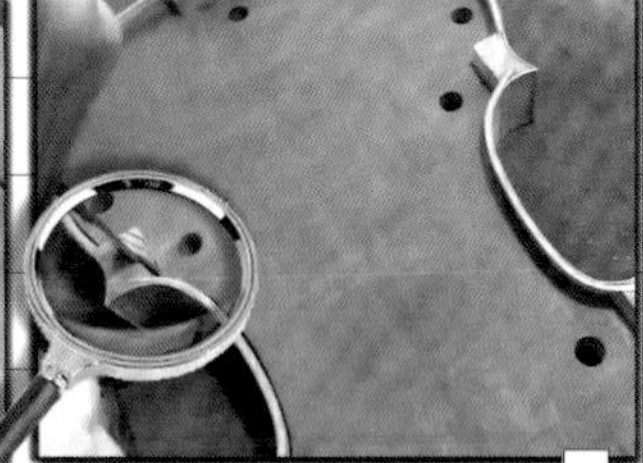

3 step 內模脫離 data

detail 小心地用力撐開腹部琴框,將內模底部慢慢地往上頂.

detail 直到內模頂面通過襯條的上緣,後續處理腹部區可以安全地脫離琴框.

detail 再慢慢地往前移,撐開腰部琴框,(腹部琴框要撐著不要掉下去)

note 再往前移至胸部區,將胸部區頂高,琴框自然而然地就會脫離內模了.

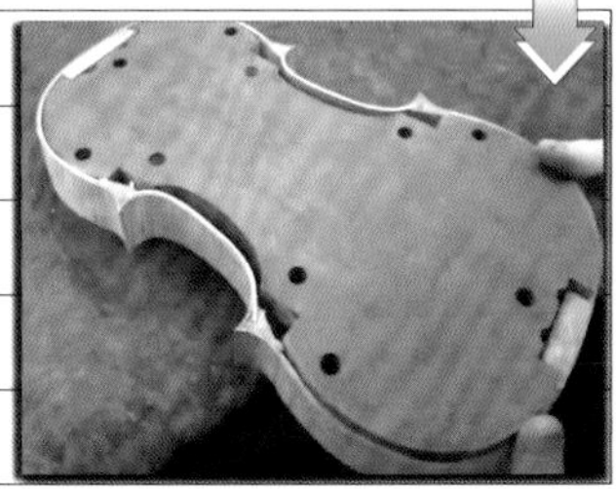

4 step 縫隙補膠 data

detail 琴框脫模後檢查角木-襯條與側板間的密合狀態,是否完全膠合在一起.

detail 如果有縫隙,用吸管將稀薄的膠水注入其中,把縫隙填滿.

note 如果有縫隙未補,將來拉琴時恐怕會有震動而產生雜音之困擾.

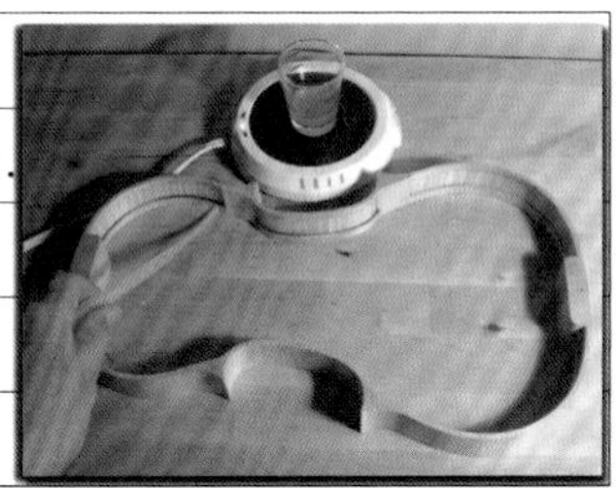

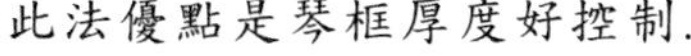

special step

此法優點是琴框厚度好控制.

缺點是不好脫模有點危險,襯條及角木要削掉多一點才好脫模.

撐開琴框用力要輕否則有可能弄壞琴框.

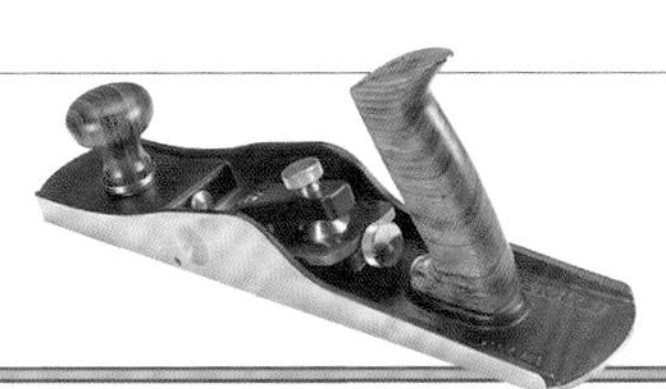

Take a rest

Lee Chyi Shien

襯條

切鑽預作

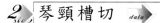

步驟名稱	tool 斜刀,鋸子,鉸刀,手搖鑽,電鑽,鑽頭(3mm,5mm),軟尺..

1 step 榫槽畫線 data

- detail 用鉛筆畫出中央線.
- detail 用圓規半徑15m,在側板與面板接合處的**左右畫兩點**.
- detail 用圓規半徑10m,在側板與背板接合處的**左右畫兩點**.
- note 將上下兩點連線.

2 step 琴頭槽切 data

- detail 將頭部中央線,用薄鋸粗鋸約2mm深.
- detail 琴頭邊線內1mm,用薄鋸粗鋸約2mm深.
- detail
- note 傳統上是在最後安裝琴頭時才仔細做,此時做比後續做好鋸開.

3 step 尾孔鑽洞 data 5mm

- detail 尾端的側板及內側中央,標出中心鑽孔點,再用中心錐刺中心點.
- detail 先用2mm鑽頭引孔(比較好鑽),用括孔鑽頭將小孔括大至5mm.
- detail 用鉸刀開至比尾柱大小稍小一點(約7mm左右).
- note 如果怕尾柱經強大的拉力,導致上翹無力,

可將尾孔角度 微微斜下 開孔.

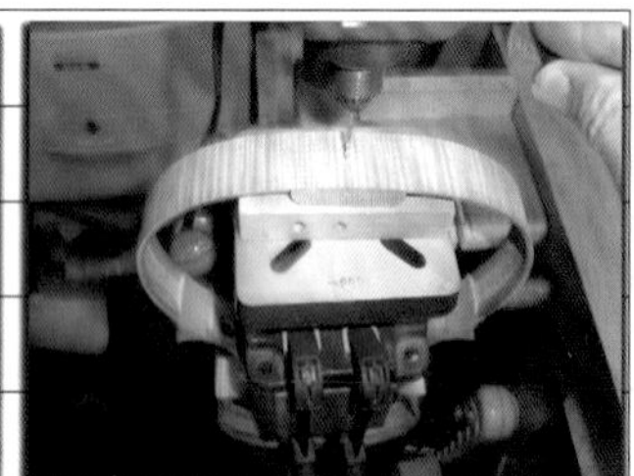

此頁可先做或不做,先做的話,鑽尾孔比較好鑽,琴框內比較乾淨.
並且在後續琴頭與琴身榫接作業時,開挖榫槽也比較好切.
鑽尾孔時沒有電鑽,用手搖鑽也可以.

Take a rest

Lee Chyi Shien

襯條

襯底切削

步驟名稱 tool 斜尖刀,平鑿刀,刮刀...

1 step 角木修整 data

detail C腰處的**上-下角木**內側多餘的木料用圓鑿刀快速切削鏟除餘料.

detail 用平鑿刀切削至上-下角木內側與,胸-腹部的襯條平.

detail 頭-尾角木的小圓角切削鑿磨成稍大的圓角（R=18mm左右）.

note 用鋼銼刀銼平內側面,再用刮刀刮除刀痕-刮順,

最後用砂紙大約磨順即可.

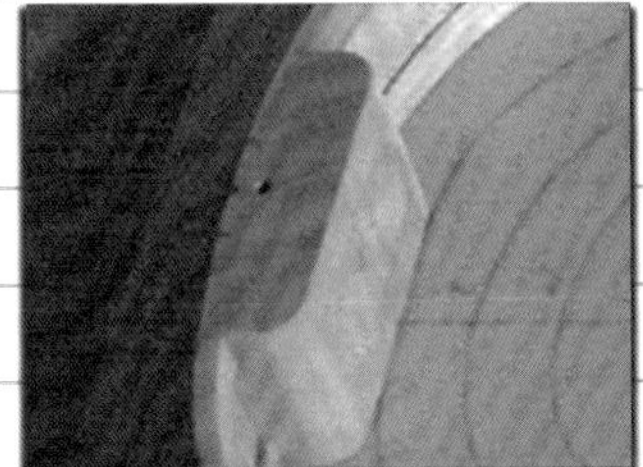

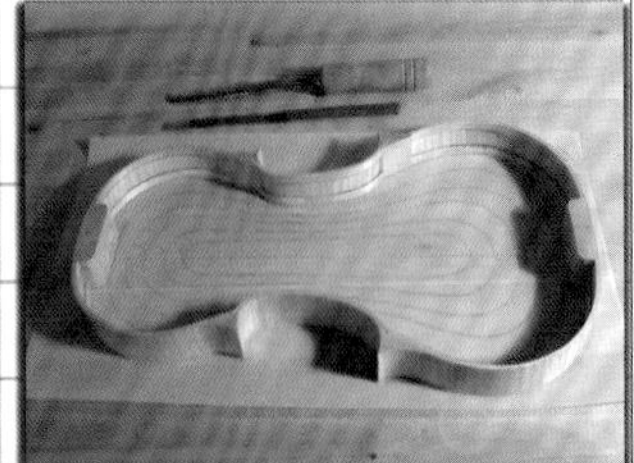

2 step 內底粗切 data

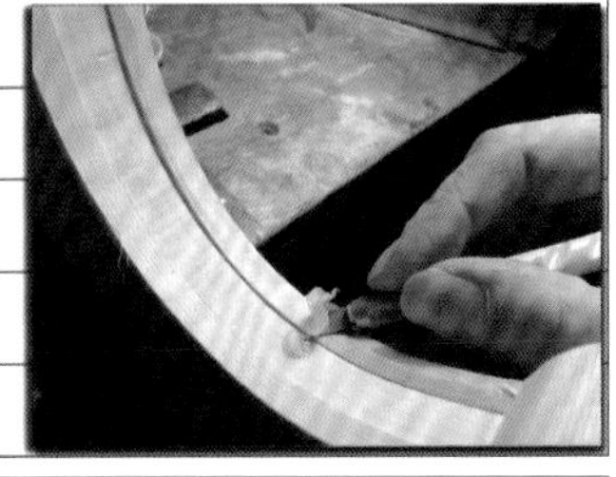

detail 小心地用斜刀切削襯條內端成外凸弧面.

detail

detail

note

3 step 圓滑修順 data

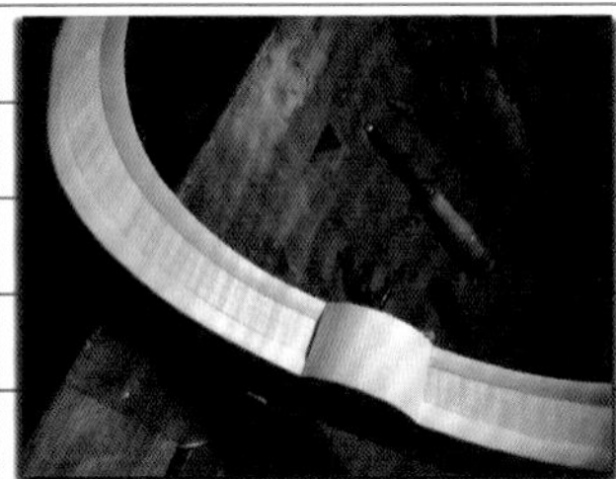

detail 用刮刀刮順襯條內端成外凸圓斜面.

detail 用刮刀將襯條內側刮順.

detail 面板-背板膠合處的厚度（2mm）不要削.

note

special step 以上作業都完成後,待後續 面板-背板 都完成後再一起合琴.

襯條外端2mm的厚度不可切削到,否則膠合面減少會影響膠合強度.

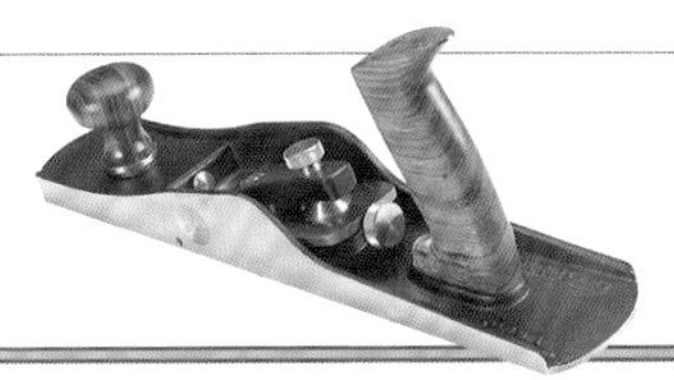

Take a rest

Lee Chyi Shien

Fontana di Trevi

Cremona

Chapter

06

面板

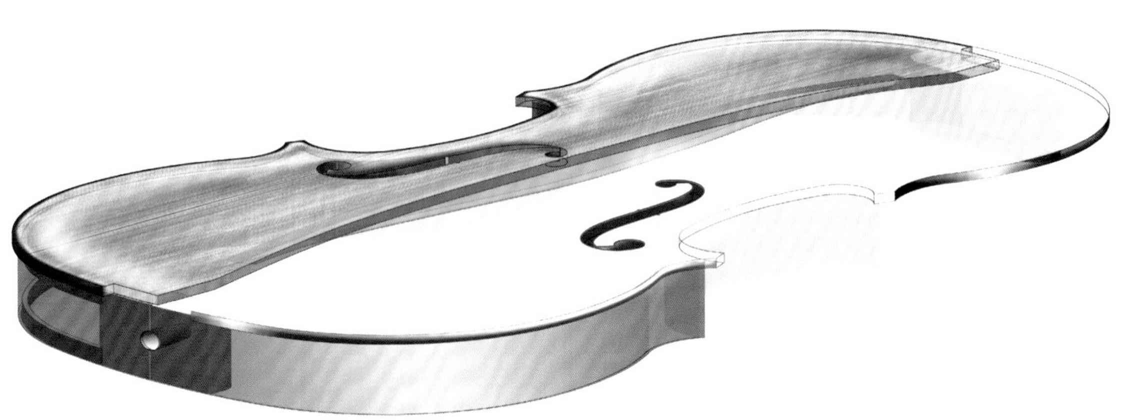

Chapter 06

Belly

面板

底面處理

step 步驟名稱 tool 鉋刀(大,小),夾具,平整規,直角規,圓鋸,帶鋸...

1 step 底端整平 data 平整度80%

detail 劈料或楔形原木料底端如果不平整,用鉋刀大約刨平底端的平面.

detail 對剖線如果不在年輪中央垂直處,應調整底端的斜度.

detail 從末端看年輪是傘形排列.

note 年輪垂直地面,抗壓強度最強,可以刨的很薄.

2 step 面板對剖 data 平整度80% 以上

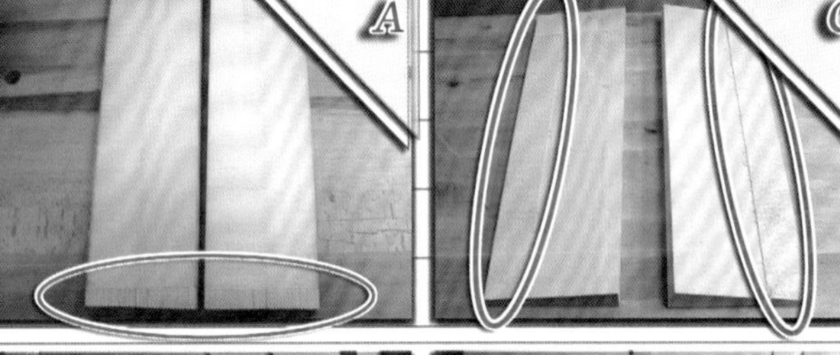

detail A>原木料已切開90% ,用雙手扳開即可.

detail B>用帶鋸直接鋸開(會歪,要盡量筆直).

detail C>或用圓鋸切60% ,剩頂端再用帶鋸切開.

note

3 step 底面整平 data 平整度80~90%

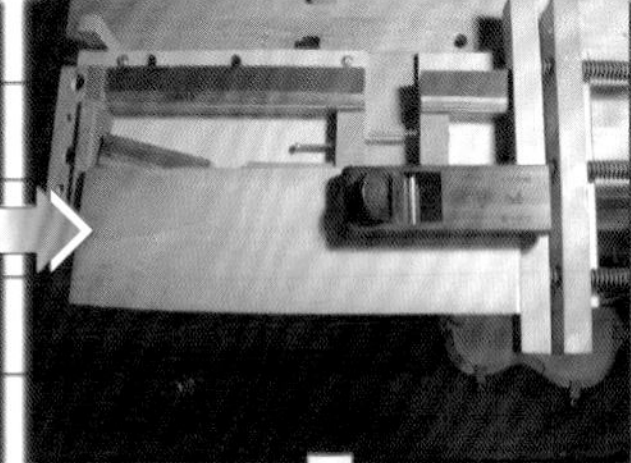

detail 刨平整個平面至80~90%的平整度.

detail 近接縫處之底面須平整.(用平整規檢查)

detail 如果不夠平整,會影響下一步驟的垂直度.

note

special step 木料有瑕疵時,要更精準的畫出切割線模擬切割狀態,先將底部的斜度算準,並注意對剖線的安排.

木料出現樹脂,那處理程序就很複雜,要先測出樹脂的深度-大小-位置,再重新規劃如何避開樹脂.

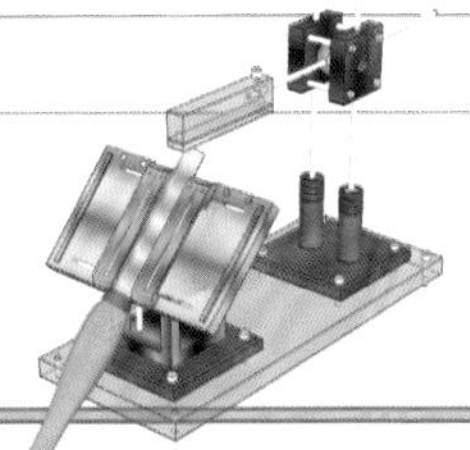

Take a rest

Lee Chyi Shien

面板

精密接縫

step 步驟名稱 tool 鉋刀（大,90°）,刮刀,平整規,直角規...

1 step 垂直整平 data 平整度99% 垂直度99%.

detail 用垂直鉋刀快速刨出垂直度.

detail 再用大鉋刀細刨平整度.

detail 用平整規確定出一片接縫面的平整度.

note 中央接縫處如果有比較深色的年輪,

粗刨時要先刨掉.（接合後會比較好看）

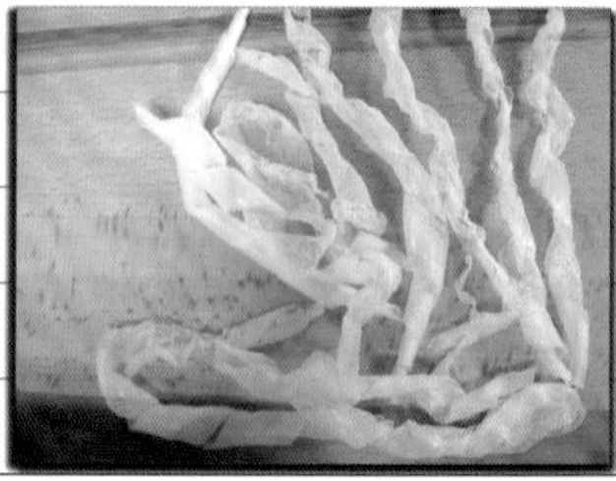

2 step 微縫判斷

左右下壓法>檢查 左右邊 的縫隙

壓左端會翹右端的話,左端有縫隙.

壓右端會翹左端的話,右端有縫隙.

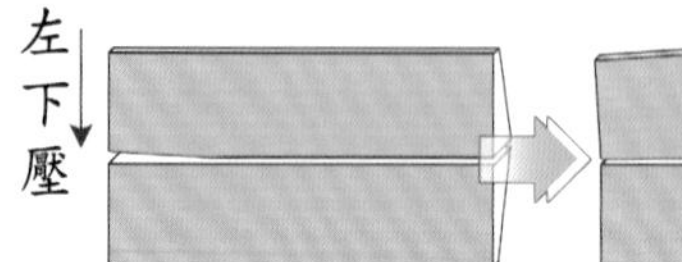

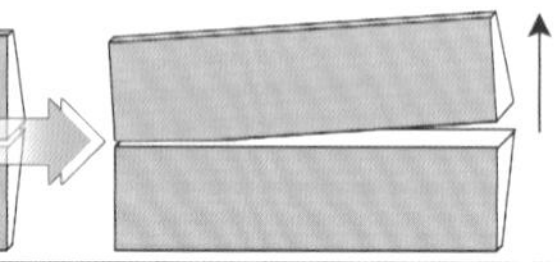

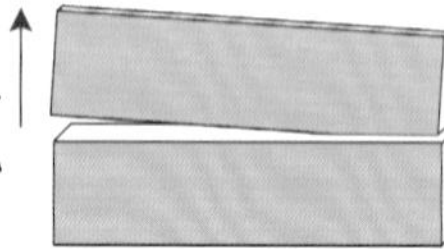

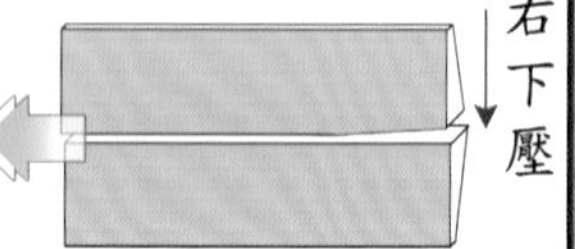

左右推拉法>檢查 上下板 的縫隙

上板往右推縫隙變消失時,下板的左端有微縫.

上板往右推縫隙沒消失時,上板的左端有微縫.

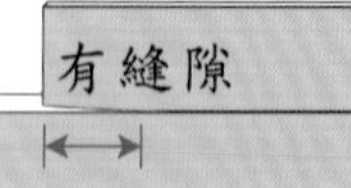

3 step 微縫精刨 data 平整度99.9%.（30°刀刃）

detail 目視檢查吻合度,不可以有黑色微縫.（如細細頭髮絲的感覺）

detail 用30°精刨用刀刃再次精刨,直到吻合為止.

detail 用超銳刀片精刨平整度,鉋花須一刀完整不斷.

note 鉋花微透明厚度0.01mm.（越薄越好,越困難）

Special step 刨中縫時能做到完整的無縫是最好,拼接強度最強.

如果底面中央有細小的微縫而相對的在中央頂面無縫的話,勉強也是能拼接的.（比較不好）

吻合後盡快當天膠合,否則隔天木料會微變形要重刨.

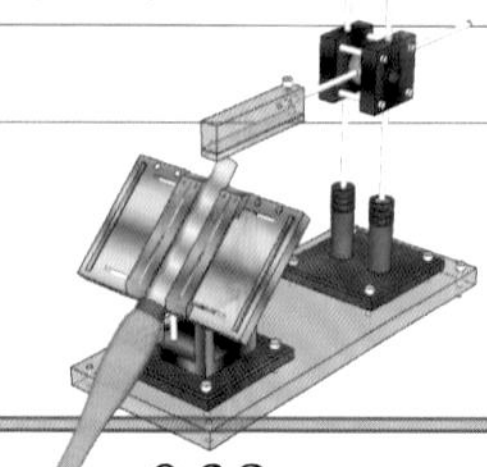

面板

膠合處理

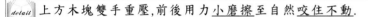

step 步驟名稱 tool 煮膠鍋,膠水刷,夾具...

1 step 摩擦膠合 data 動物膠5g, 水20g.

detail 兩塊面板的接縫面皆朝上, 一塊夾住,

detail 另一塊接縫面朝上不要夾住靠在旁邊,

detail 用寬平的毛刷,將兩塊的接合面迅速大量上膠.

note 上完膠立即將旁邊未固定的一塊放在固定塊的上方.

detail 上方木塊雙手重壓,前後用力小磨擦至自然咬住不動.

detail 此法不用夾具,所以無擠壓內應力不易開膠.

detail 膠合時底面盡量對齊,否則後續底面整平會浪費工時.

note 膠合沒密合,須重新摩擦或移開.（沒經驗或技術不好者容易失敗）

2 step 夾具膠合 data

detail 兩塊的接合面迅速大量上膠.

detail 用夾具左右硬夾,所以有擠壓內應力,時間一久比較有開膠之餘慮.

detail 用夾具夾緊時頂端須防翹裝置,否則頂端會有開縫之狀況.

note 此方法之優點就是技術比較簡單不易失敗.

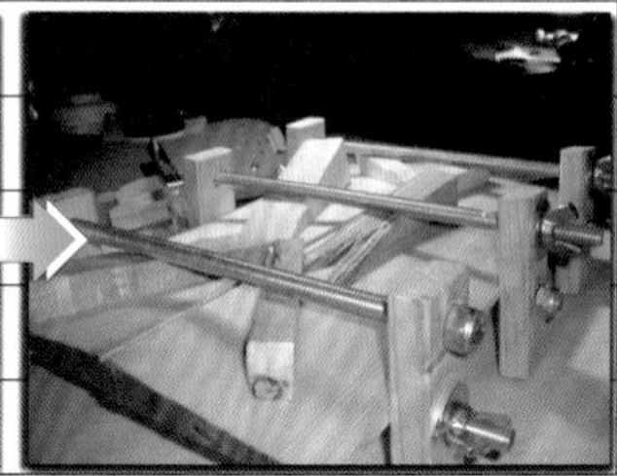

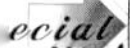

special step

膠合後靜待15分至20分,溢出之膠質呈果凍狀,用廢木片或名片刮除.

未刮乾淨的膠質硬化後有點硬,鉋刀行進時碰到有可能會損傷刀刃的鋒利.

完美的膠合,在正常肉眼目視下是看不到黃色膠質的膠合線（用放大鏡也不易察覺）.

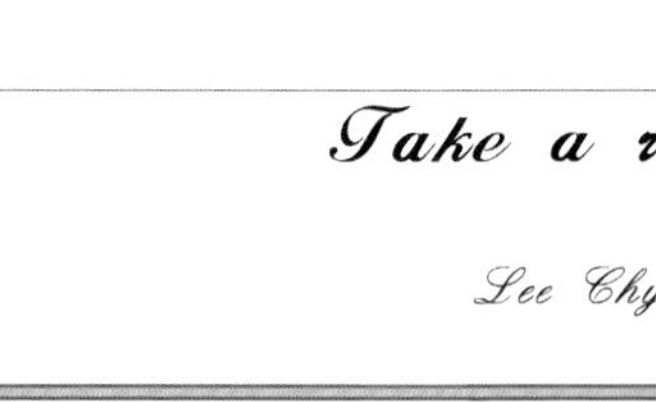

Take a rest

Lee Chyi Shien

面板

底面整平

step 步驟名稱 tool 鉋刀,刮刀,平整規,夾具,毛玻璃...

1 step 凹凸粗刨 data 平整度90% 以上

- detail 面板左右膠合後,接縫處不對齊或不平整.
- detail 用毛玻璃上塗4B鉛筆,
- detail 面板底面摩擦毛玻璃可顯示出不平整處.
- note 用小鉋刀將凸出區迅速刨平.

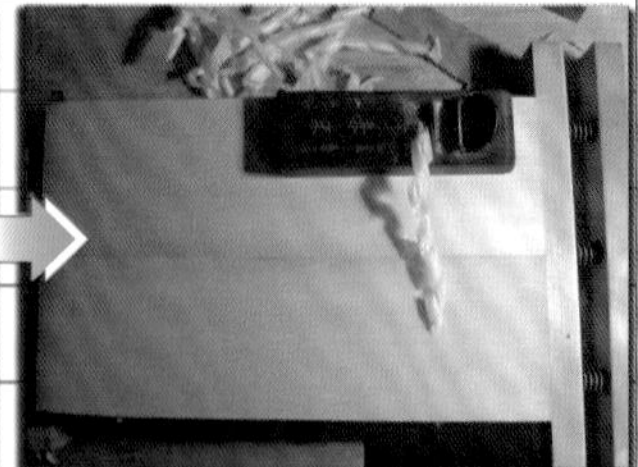

2 step 平整細刨 data 平整度95% 以上.

- detail 用平整規檢查整體的平整度,
- detail 頭-尾兩端, 左-右兩邊, 中央接縫區, 對角
- detail 在凸面區用鉛筆標示出凸面區.
- note 用大鉋刀將凸面標示區粗略刨平.

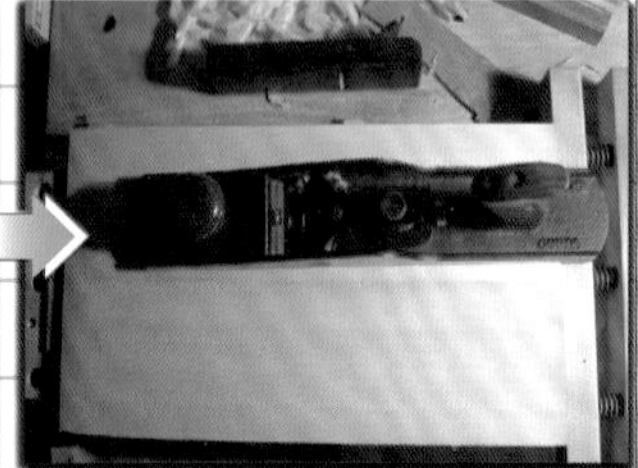

3 step 扭曲調整 data 平整度98% 以上.

- detail 用平整規2支可檢查平面的扭曲度.
- detail 先用小鉋刀快速刨除扭曲的微翹面.
- detail 再用大鉋刀細刨扭曲的微凸面.
- note

4 step 整體精刨 data 平整度99% 以上.

- detail 大鉋刀的鉋刀出刀量調細（用精刨用的鉋刀）.
- detail 用大鉋刀再精刨整個平面.（鉋花如果有完整一條的鉋花最好）
- detail 與琴框邊緣處膠合的面板底面,如有微小階梯的刀痕,用刮刀刮掉刀痕.
- note 微小的階梯刀痕,接琴框時或許會產生微細的縫隙.

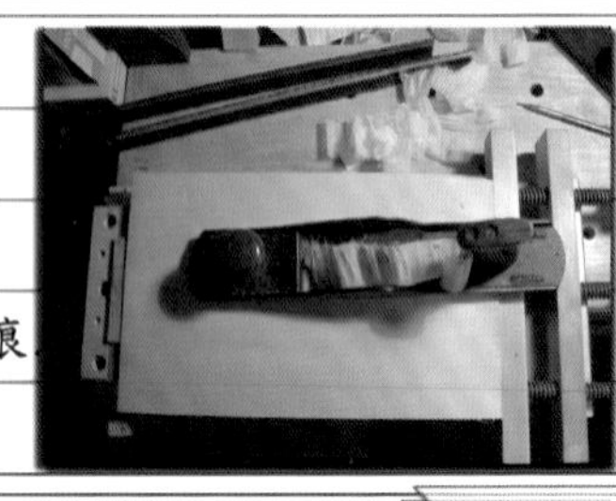

Picture

Special step

- 玻璃上黏沙紙,摩擦面板底面同樣可以顯示出凸出區.（顏色痕跡比較不易觀察,但不會弄髒木料）
- 刨松木的鉋刀角度用30^0的刀刃,行進會比較順暢,刨出的平面也極為光亮.
- 25^0的刀刃刨起來快也漂亮,但刀刃很快就鈍掉.
- 35^0的刀刃則比較不易鈍掉,但比較沒30^0的光亮.

Take a rest

Lee Chyi Shien

面板

鑽定位孔

step 步驟名稱 tool 鉋刀,劃線刀,厚度規,鑽頭(2mm),夾具...

1 step 中脊刨平 data 中間平台厚16mm

detail 劃線刀調至約16mm,在**頭**-**尾**兩端的垂直端木區畫出**水平刻痕記號**.

detail 用鉋刀將屋頂形的頂端,刨成平面 刨至16mm刻痕處左右.

detail 再用大鉋刀細刨至中央平台的厚度都一樣.(這樣後續鑽孔時比較直)

note 15.5至16mm皆可,但都要同樣的數字,這樣底面平放時才不會傾斜.

detail 中心線比較不平行或比較黑的區域當頭部

detail (被指板蓋到比較不易看到缺點).

note 琴完成時中心接縫的厚度約15mm左右.

2 step 底面鑽孔 data 中線上離琴框線內5mm處

detail 將**琴框中線**,對準**面板中線**.

detail 用鉛筆在面板上的頭-尾畫一小段琴框線.

detail 琴框線內5mm處,用中心錐定鑽孔中心點.

note 底面朝上,從底面往頂面用2mm鑽頭鑽穿.

3 step 角木鑽孔 data 角木邊4mm.

detail 頭端**角木**邊4mm處鑽定位孔深5mm.

detail 再與面板頭部的定位孔對準,插入定位銷.

detail **面板尾端**與**琴框尾端**的中心線對準夾緊.

note 從面板的定位孔,往下鑽入**尾端角木**5mm深.

special step

定位孔如果偏離中心線,應立即用適當木質圓棒補孔,再重新鑽孔.(面板定位孔最後不易看到)

面板隆起高,音色明亮柔和但過度的誇張拱形的高度,琴聲會缺乏力度,和音質不穩定等缺點.

面板平坦音量較大.但太平坦音色變差且外形也不立體不漂亮.

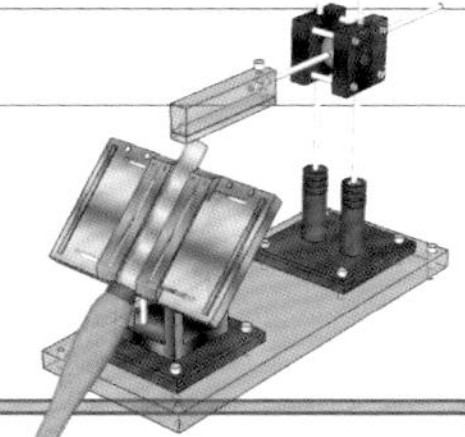

Take a rest

Lee Chyi Shien

面板

外輪廓線

step	步驟名稱	tool	解剖刀,鉛筆,色筆...

1 step 劃膠合線 data 與琴框距離0.0mm

- detail 將面板與琴框的定位孔對準,
- detail 用2mm金屬圓棒將面板與琴框插在一起.
- detail 側板與面板接合處用劃線刀劃出膠合線.
- note 用劃線刀劃線要**順紋劃線**才**不會走刀**.

2 step 畫粗切線 data 與琴框距離5mm

- detail 粗切線 用**黑色**筆靠著5mm墊圈繞著琴框外圍滾畫1圈.
- detail 粗切線 也可以是4mm,但粗切時要小心不要越線.
- detail
- note 粗切線 不用畫很準,但接著要畫的精切線及完成線要很準.

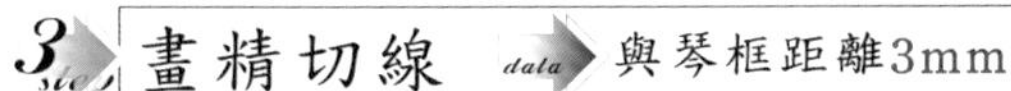

3 step 畫精切線 data 與琴框距離3mm

- detail 精切線 用紅色筆靠著3mm墊圈繞著琴框外圍滾畫1圈.
- detail 只能畫到角尖凹處左右的位置,不可平行畫到角尖處.
- detail 用解剖刀預切1次,有助後續切削邊緣時的完整且角尖不易缺角.
- note 預切可當成切割鑲線槽的摹擬練習.(鑲線時會碰到的問題都一樣)

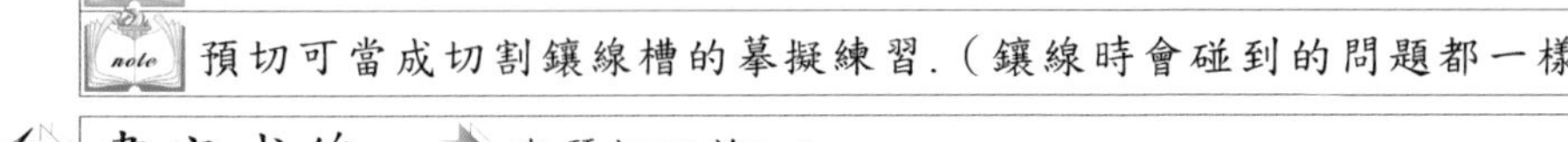

4 step 畫完成線 data 與琴框距離2.5mm

- detail 完成線 用藍色色筆靠著2.5mm墊圈繞著琴框外圍滾畫1圈.
- detail 只能畫到角尖凹處左右的位置,不可平行畫到角尖處.
- detail 暫時不能切到,後續在面板與背板合琴時再一併平行磨到位.
- note 最後翻邊時底面經倒圓, 銼-磨等步驟,完成線會消失掉.

Picture

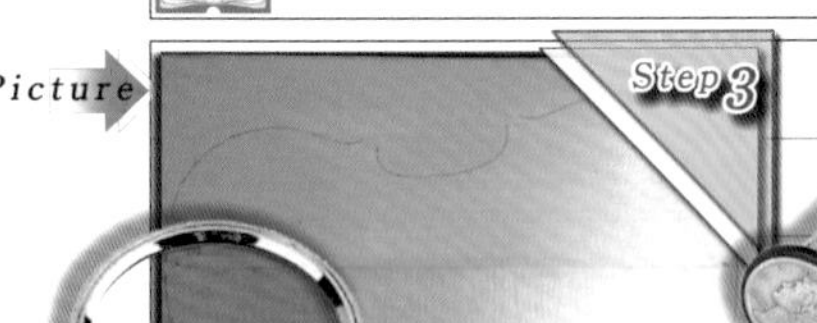

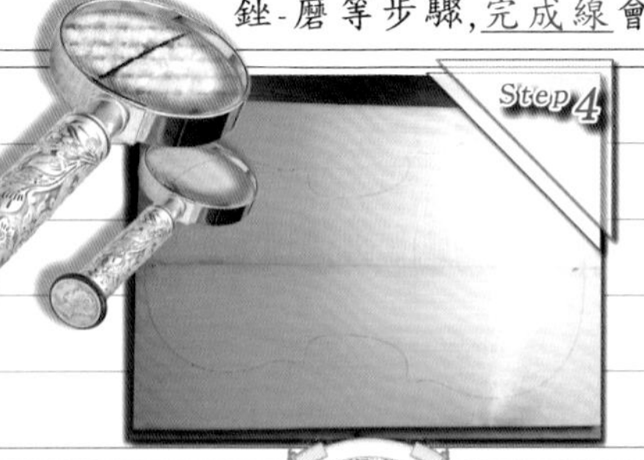

上下角尖處可用細的2B鉛筆輕畫,好讓琴框尖角與面板尖角處的位置好對位.

有色細字筆(0.5以下)比鉛筆畫的清楚,也比較不會消失,不會髒,但不易修改要小心畫.

墊圈滾畫輪廓線時不要一次畫太長,滾**畫一小段**就**停一下**,否則墊圈會升高,筆尖鑽進縫隙會失真.

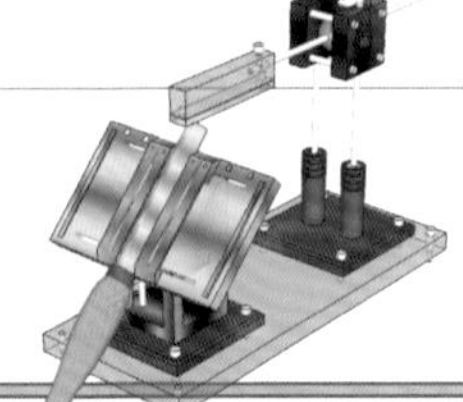

Take a rest

Lee Chyi Shien

面板

畫琴角線

step 步驟名稱 tool 直尺,圓形板,工程筆...

1 step 琴角直線 data 琴角透視點上40mm,下80mm.琴角短直線7.0~7.5mm

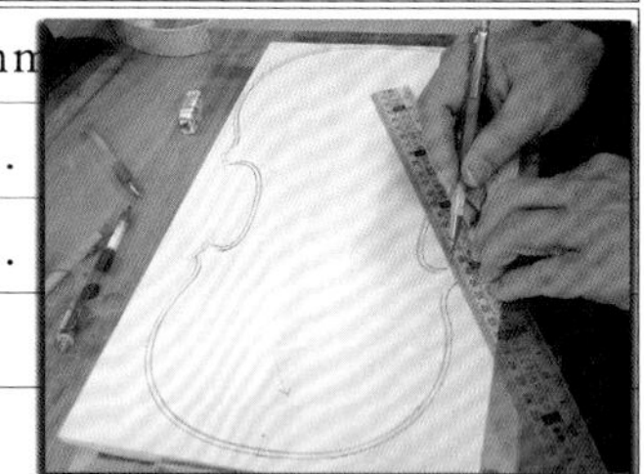

- detail 從頭部完成線中線下40mm,連線至下琴角完成線,畫下琴角透視線.
- detail 從尾端完成線中線上80mm,連線至上琴角完成線,畫上琴角透視線.
- detail 再補畫精切線,粗切線的平行線.
- note 琴角透視點的位置(上40 -- 下80)無一定標準,依個人感覺而定.

2 step 上琴角弧 data 圓弧的弧形變化,依各人美感而定.

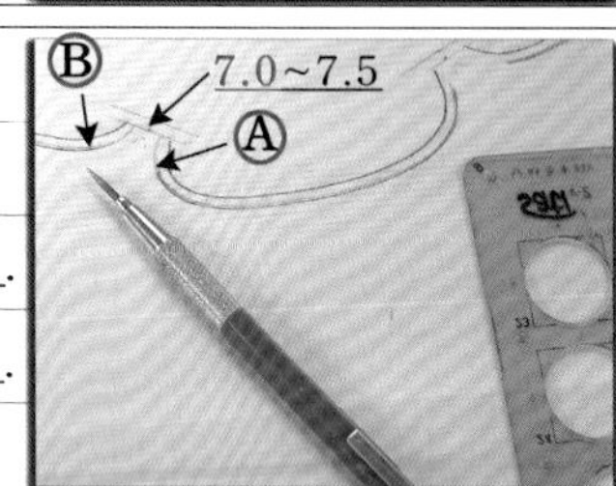

- detail Ⓐ在C腰上凹完成線,選 直徑(25~26)的圓 畫**C腰上凹圓弧線**.
- detail **C腰上凹弧線**與**上琴角直線**相交於一點,標出上琴角直線7.5的長度.
- detail Ⓑ上琴角上凹完成線,選 直徑(18~20)的圓 畫**上琴角上凹弧線**.
- note C腰上圓弧 Ⓐ 尾尖端微寬. 上琴角上圓弧 Ⓑ 尾尖端有外揚.

3 step 下琴角弧 data

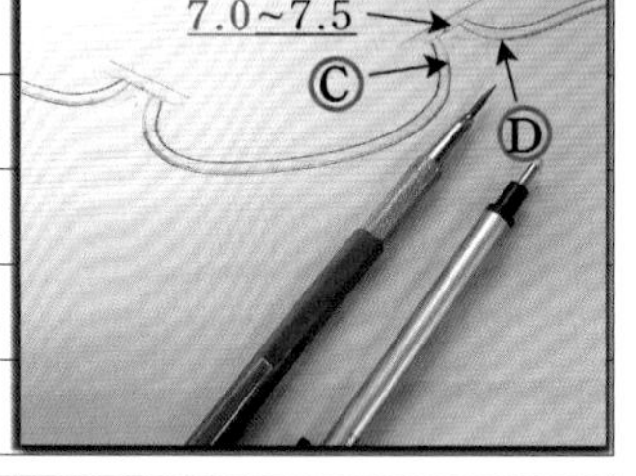

- detail Ⓒ在C腰下凹完成線,選 直徑(26~28)的圓 畫**C腰下凹圓弧線**.
- detail **C腰下凹弧線**與**下琴角直線**相交於一點,標出下琴角直線7.5的長度.
- detail Ⓓ下琴角下凹完成線,選 直徑(18~20)的圓 畫**下琴角下凹弧線**.
- note C腰下圓弧 Ⓒ 尾尖端微寬. 下琴角下圓弧 Ⓓ 尾尖端有外揚.

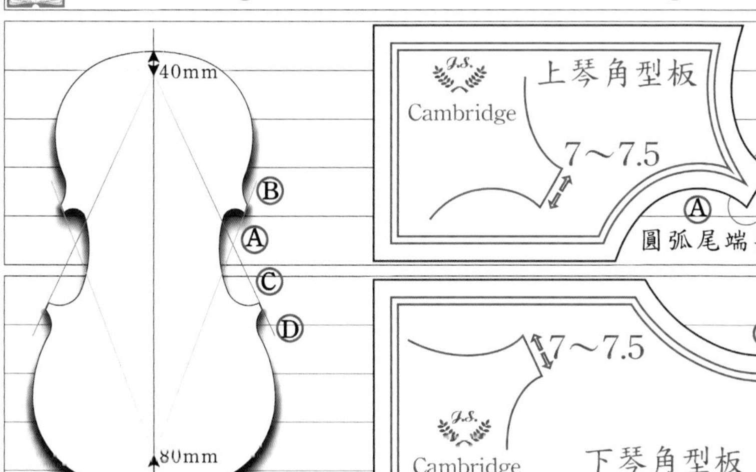

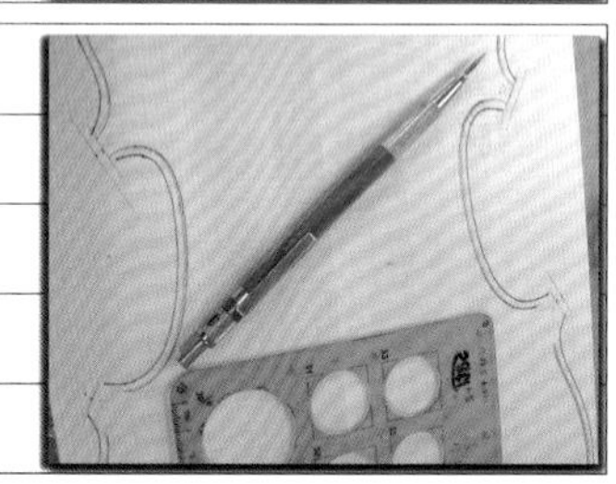

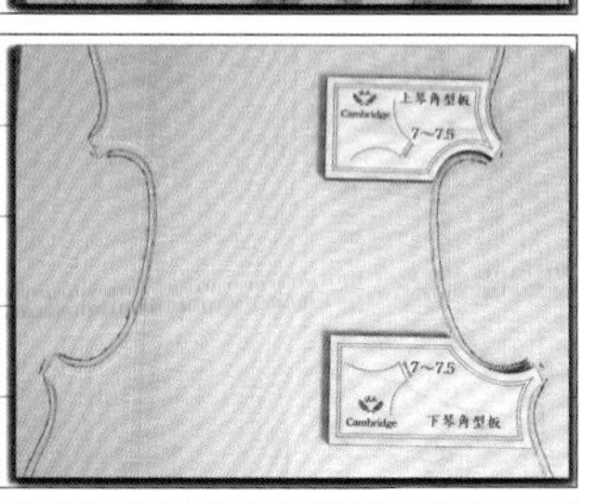

special step
- 琴角依實作及視覺而調整所需之圓弧大小-形狀,所有線條沒問題後,最後用紅,藍,黑色筆補畫清楚.
- 琴角圓弧尾端要做的有點微翹感會感覺比較好看(廟宇屋頂的尾端就是有點微翹感,看起來就是好看)
- 琴角弧線滿意後,用厚紙板做成型板,以後就可省再做圖的時間.(同樣的模具方可使用)
- 所有圓弧線條都畫好後,觀查胸部兩邊是否可規劃出 多餘的料可做襯條.

Take a rest

Lee Chyi Shien

面板

輪廓粗切

步驟名稱 tool 鉋刀,鑿刀,畫線刀,銼刀,線鋸,帶鋸...

1 step 邊料粗切 data 與琴框距離約6至7mm.

- detail 在黑色粗切線外用帶鋸先切成6角形.
- detail 再沿著粗切線用線鋸,帶鋸快速切成琴形.
- detail 下角至頂端的厚度如果8mm以上, 襯條
- note 小心鋸開尚可取出襯條料.（長度200mm）

2 step 邊厚劃線 data 粗胚厚5mm.（完成品厚4mm）

- detail 用 木銼刀-鋼銼刀 將邊緣的鋸痕大約磨平.
- detail 磨平後的垂直面,劃線刀比較好劃線,也比較清楚.
- detail 用劃線刀在邊緣劃粗胚厚度5mm記號.
- note 用砂輪盤機整邊比較快.（注意不要過頭）

3 step 四週斜刨 data 中央寬42mm處為平坦區.

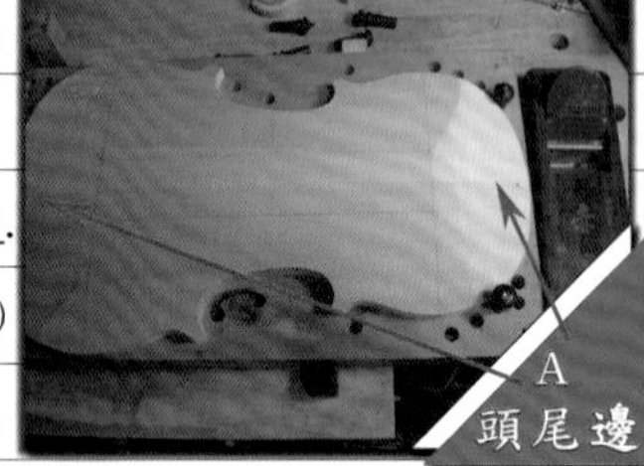

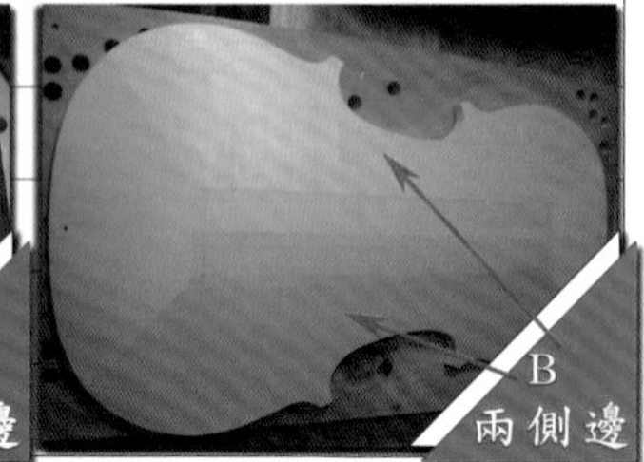

- detail Ⓐ用鉋刀將頭尾橫刨,刨成傘形斜坡.
- detail 胸-腹最寬處是最高點. 頭-尾是最低點.
- detail Ⓑ中央平台邊至弧邊刨成斜坡.（可不做）
- note 斜刨過的後續雕琢弧形比較不會走樣.

4 step 邊厚粗刨 data

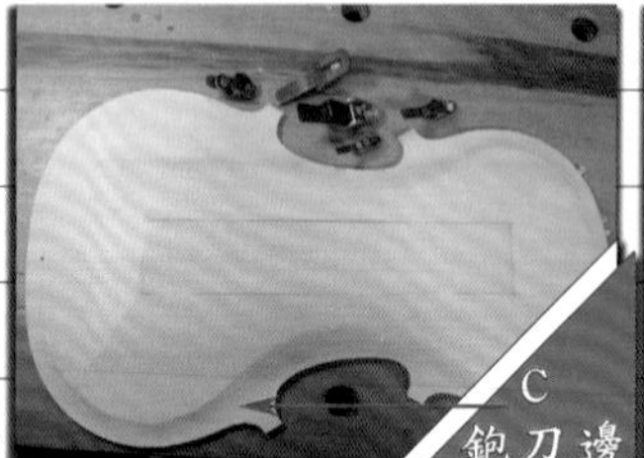

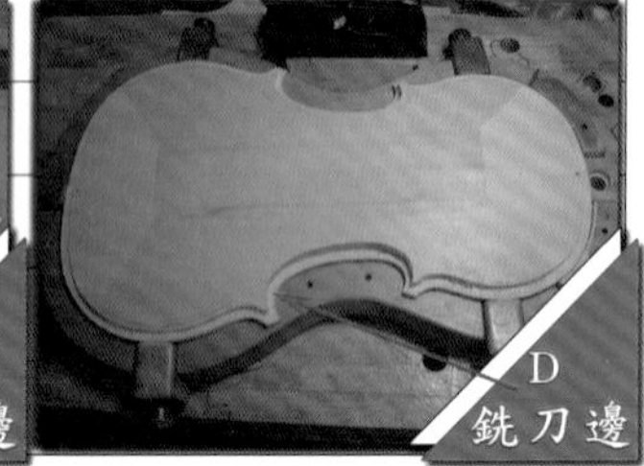

- detail Ⓒ用鉋刀刨邊緣平台至5mm.（慢--安全）
- detail C腰處用各種大小的拇指鉋刀慢慢刨.
- detail Ⓓ用銑床削薄邊緣至5mm處.（快--危險）
- note C腰處平台寬約7mm,胸-腹處9~10mm.

5 step 輪廓粗整 data 與琴框距離約3.2mm,尖角直線2.6mm.

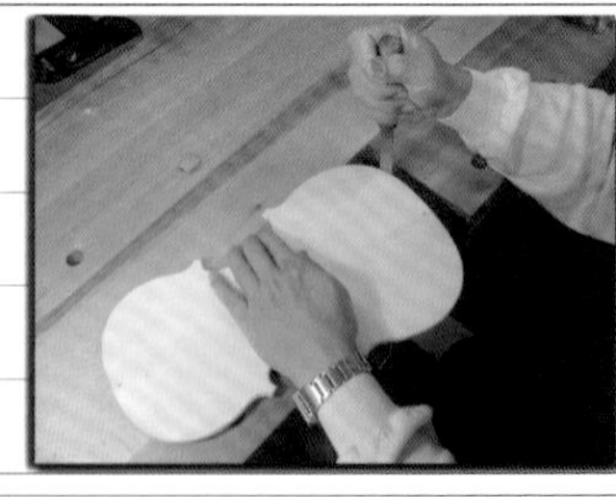

- detail 用木銼刀或斜長刀切削至精切線外（3.5mm）.
- detail 用木銼刀銼至精切線上,底面朝上由底面往頂面銼.
- detail 先斜銼再垂直下銼至精切線上.（這樣做底面比較不會破裂,比較漂亮）
- note 胸-腹部 用砂輪盤機可快速磨至精切線上.（C腰區域磨不到）

Special step

- 木銼刀比較快但比較會銼傷或撕裂木纖維,鋼銼刀比較慢但不易撕裂木纖維.（尤其是 邊邊 與 角尖處）
- 有時後將面板與背板 內對內 併在一起,粗修兩塊不對稱多餘之部份.
- 帶鋸轉彎處要 三進二退 慢慢前進,才不會弄斷鋸條.
- 銑床速度快要注意以免切削過薄.

Take a rest

Lee Chyi Shien

面板

輪廓整調

step 步驟名稱 tool 鉋刀,劃線刀,木銼刀,鋼銼刀,夾具...

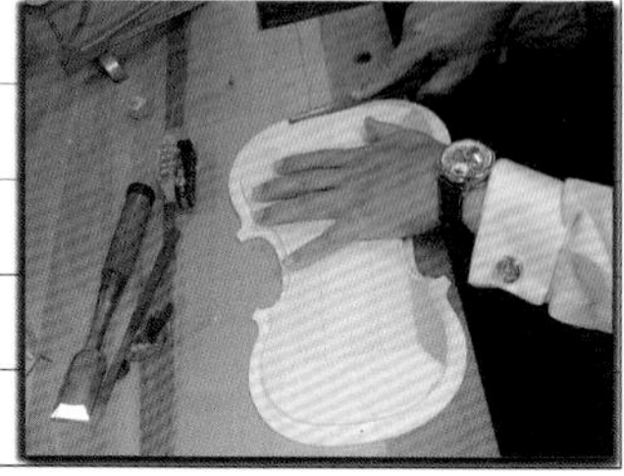

1 step 邊厚細整 data 邊緣厚4.1mm,角尖厚4.6mm.

detail 邊緣用劃線刀劃至規定厚度(完成品邊緣厚4mm,角尖厚4.5mm).

detail 用平鑿刀,小鉋刀削薄至刻痕處,不平處用平銼刀銼平.

detail

note

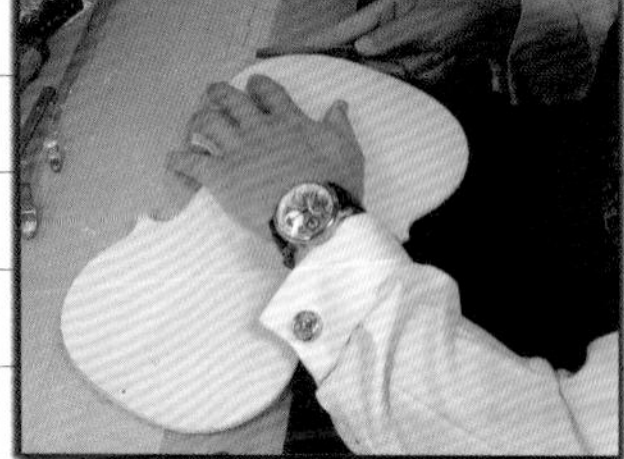

2 step 精銼細磨 data 琴框距離3, 尖角直線2.5

detail 用鋼銼刀小心銼到精切線消失.

detail 內凹處用半圓鋼銼刀銼.

detail

note 邊緣與底面要保持垂直90⁰.

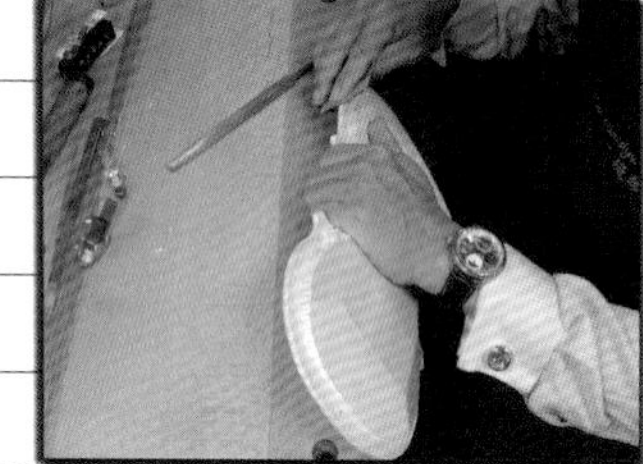

3 step 弧形順磨 data 琴邊緣與底面90⁰.

detail 面板圓弧邊緣用砂紙磨順.

detail

detail

note 四周圓弧順暢有助鑲線切挖之流暢.

special step

最後的邊緣厚度處理後,邊緣用砂紙再磨一次,邊緣會更順暢.

胸部-腹部邊邊的非內凹區域,如果用砂輪圓盤機磨會很快,但是要小心不要過頭.

4個尖角,C腰區域內凹處用砂輪圓棒機磨會很快.

傳統砂紙是用馬賊草的莖皮磨較光亮.

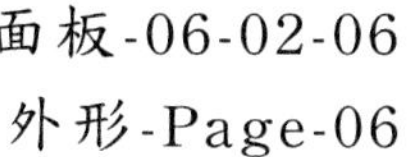

Take a rest

Lee Chyi Shien

面板

粗胚鑿刻

step 步驟名稱 tool 圓鑿刀,夾具,型板...

1 step 大鑿外弧 data

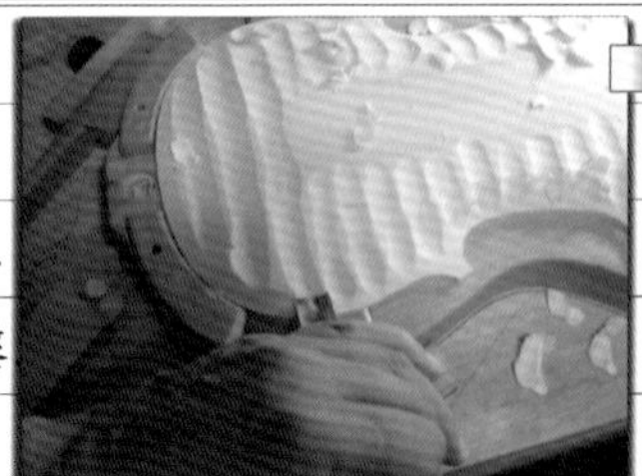

detail 用**外斜圓鑿**,橫鑿數條大約**平行**的凹槽.

detail **頭-尾**從兩側邊的**平台**往中央微斜上橫鑿.

detail C腰用**彎曲**外斜圓鑿往中央急速斜上昇橫鑿

note 用弧型 型板大約控制面板粗雕的弧形.

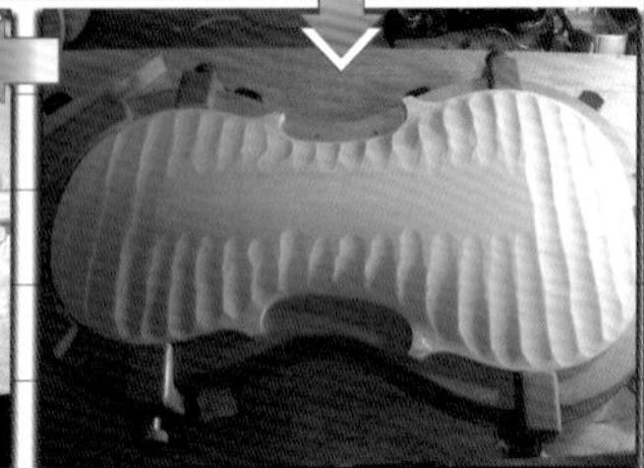
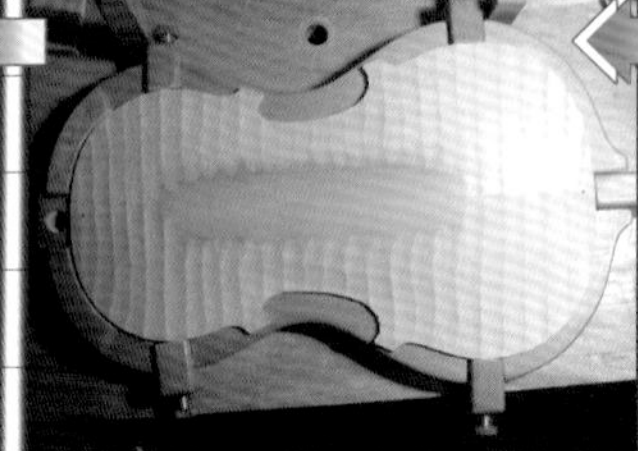

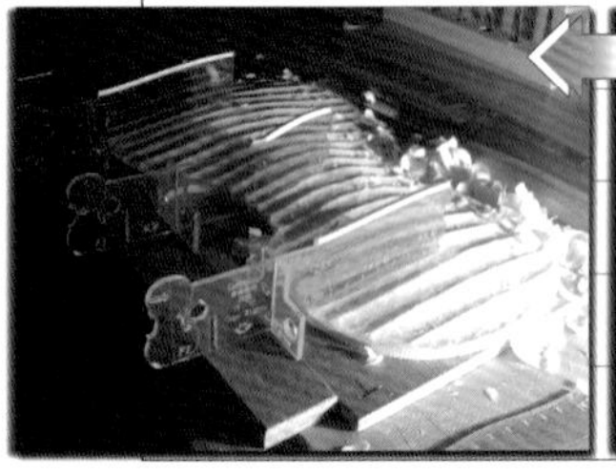

2 step 次削弧形 data

detail 用外斜圓鑿再將平行凹槽弧線大約修直.

detail 中央平台邊用外斜圓鑿微量輕鑿,

detail 將中央平台修到變窄-縮小-到微消失.

note 不平行的凹槽,小鑿稜線邊即可調整平行度

3 step 細修弧面 data

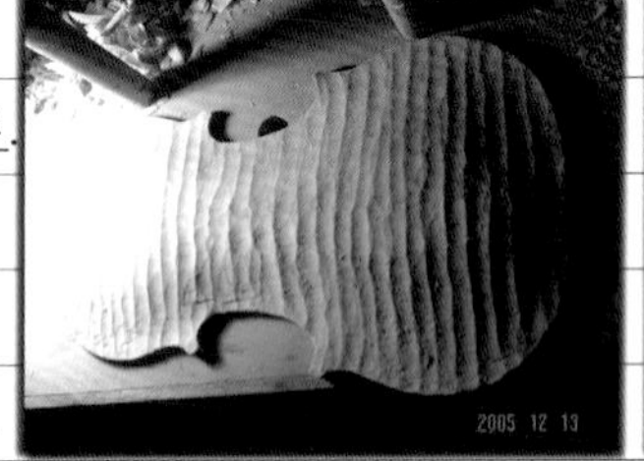

detail 用中型外斜圓鑿將平形凹槽間的**稜線鑿掉**.

detail 並同時修正弧形.

detail

note 也可以用大拇指鉋刀處理,速度快又平順.

Picture

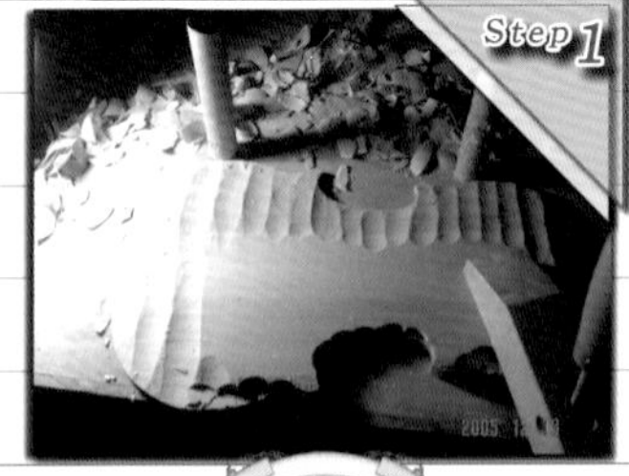

Special step 外斜圓鑿刀路徑較短可鑿微上昇的弧形. 彎曲外斜圓鑿路徑超短可鑿急速上昇的弧形.

把面板釘在四分夾板上,或固定在萬向雲板上,這有助刨-鑿-刮行進之穩定及手順.

有條理的**平行弧形凹槽**比較好觀察左右之間的**相對高低**感.

透過白熾燈泡的光源陰影,更容易觀察表面弧形變化.

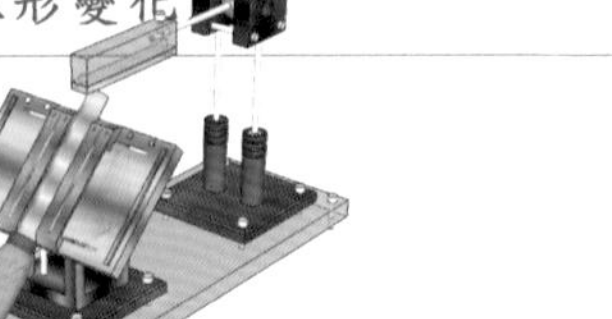

Take a rest

Lee Chyi Shien

面板

刻痕刨磨

step 步驟名稱 tool 鉋刀,夾具...

1 step 稜線粗刨 data

detail 用適當的中型拇指鉋刀將凹槽稜線刨除.

detail C腰附近用小拇指鉋刀.

detail

note 全體用型板粗檢查一遍,並刨除不對之區域.

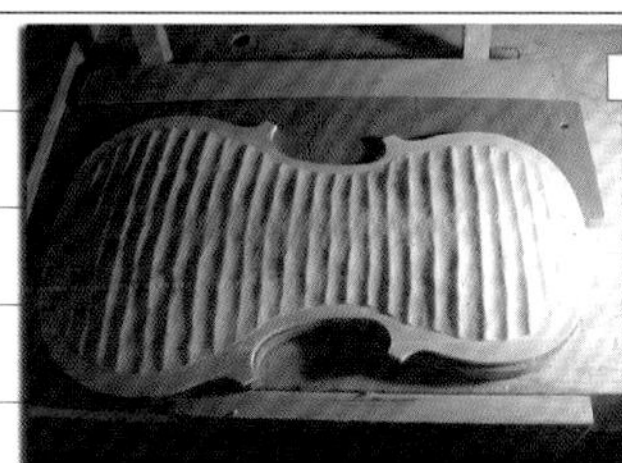
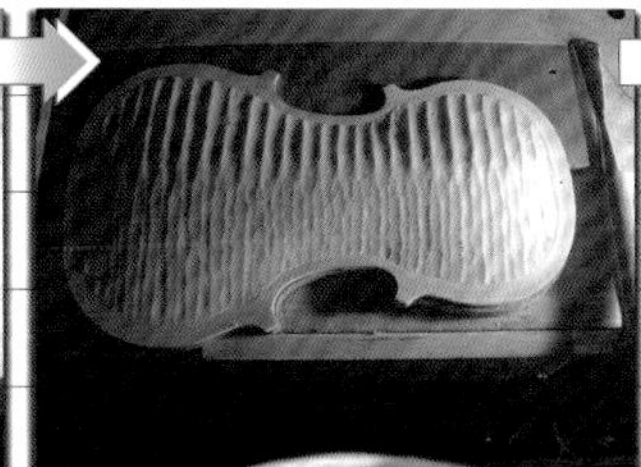
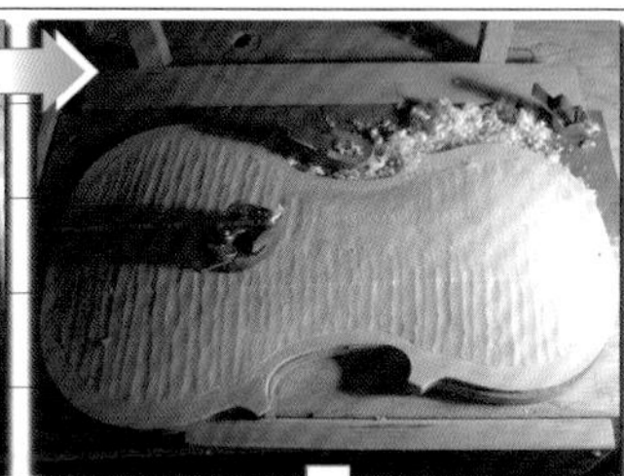
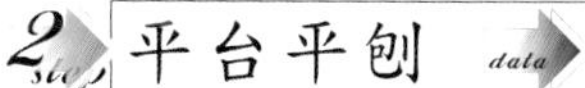

2 step 平台平刨 data

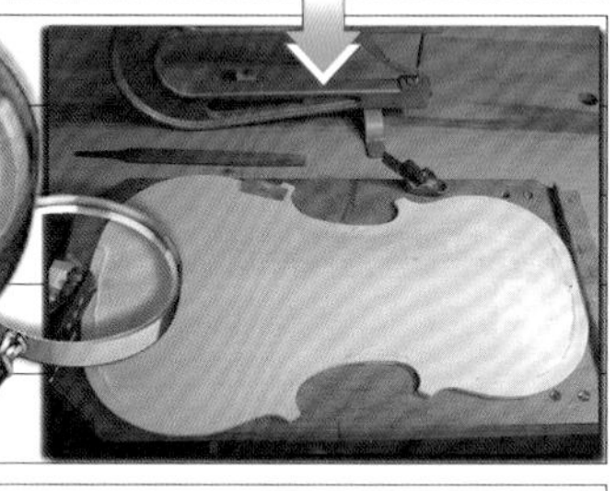

detail 用小支的平鉋刀將四周平台邊刨平刨順.

detail 這時邊坡與平台間會產生落差,

detail 再用鑿刀-鉋刀將落差痕跡刨除掉,

note 用圓刮刀將邊坡與平台間的落差稍微刮順.

3 step 邊坡磨順 data

detail 用木銼刀將邊坡與平台的弧形磨順.

detail 不順的邊緣用鉛筆畫平行斜線, 用木銼刀將斜線區磨順至消失

detail 須隨時用**燈照-目測**及**觸摸**觀察弧形的起伏將不順之處去除.

note 粗磨邊緣時須注意邊緣平台厚度,不可低於規定的厚度.

4 step 四角磨平 data 四個尖角厚度4.5mm.

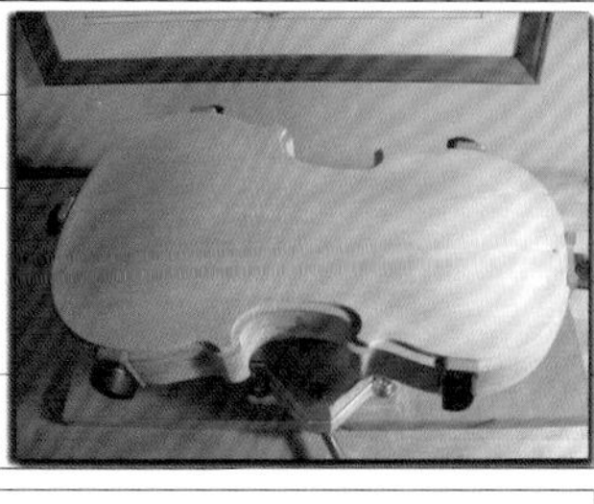

detail 四個**尖角**處的平台最厚約4.5mm, 其餘**胸**-**腹**四周的平台約4mm.

detail 這兩個平台間的落差,大致上是從尖角凹處開始緩緩上昇的.

detail 用適當的鋼銼將四個尖角磨平,並與其相連的平台磨順.

note

special step 長形大刮刀四角要磨圓(半徑10mm以上),才不會不小心邊緣刮出一條刮痕.

長形刮刀適用於刮除中央或大面積區域,半圓形刮刀適用於刮除平台內邊不順的地方.

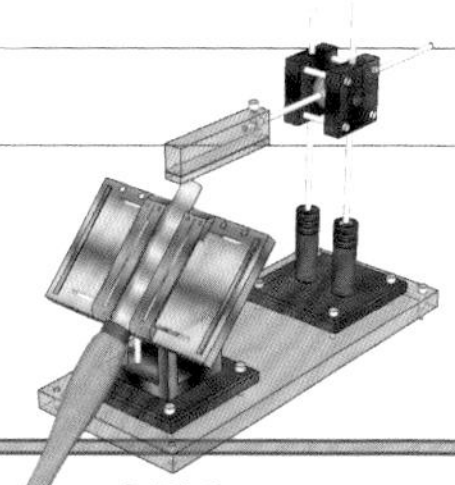

Take a rest

Lee Chyi Shien

面板

全形調整

step	步驟名稱	tool	姆指鉋刀,刮刀,厚度規,夾具,型板...

1 step 型板建形 data 將型板放置在規定的位置.

- detail 最長的放在中軸線.
- detail ①放在胸部最寬處.
- detail ②放在上尖角上凹最低處.
- note ③放在C腰中間處.(約略中間的位置)

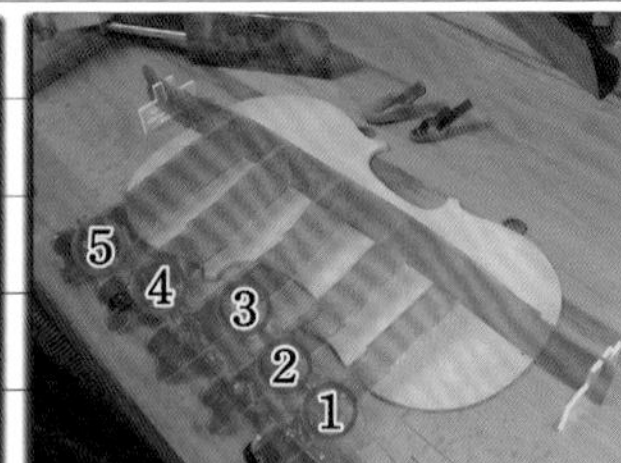

- detail ④放在下尖角下凹最低處.
- detail ⑤放在腹部最寬處.
- detail 畫出有隆起與型板接觸不順暢的凸出點.
- detail 用姆指鉋刨掉記號處,至接近型板樣式90%
- note **型板附近**有隆起不順暢的也一併**刨掉**.

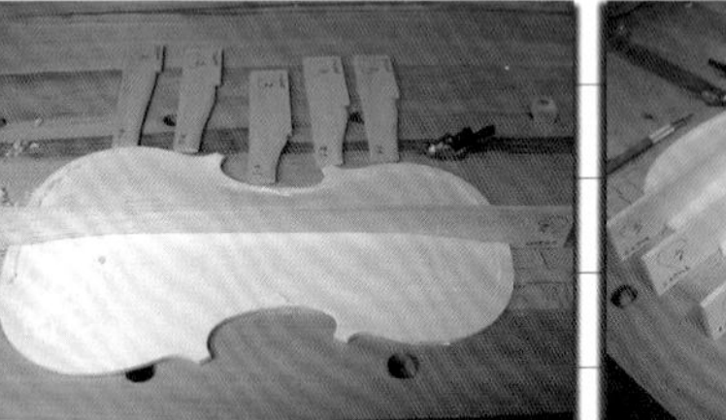
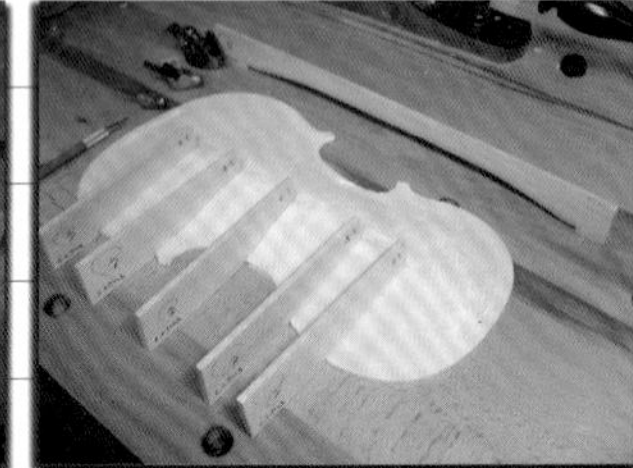

2 step 刮刀粗刮 data

- detail 用刮刀以反相快速刮削法,將先前凸出的鉋痕快速刮掉.
- detail
- detail
- note 用刮刀預先處理是為了讓後續畫等高線步驟好作業.

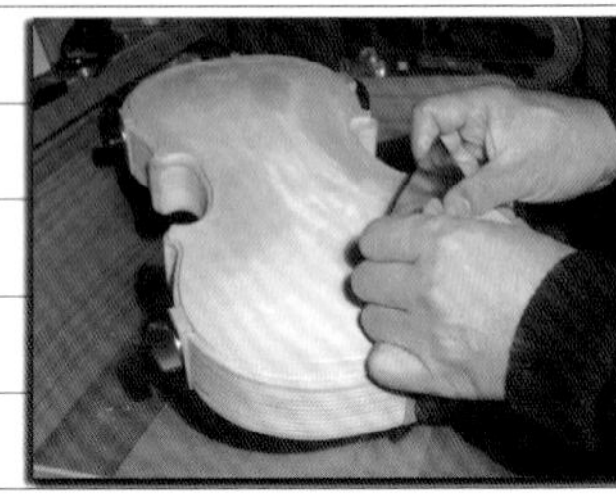

3 step 中央厚度 data 15.3mm以下.

- detail 不平處用平的鋼銼刀銼平.
- detail 中線兩側平行銼磨出圓順等寬的平坦區.
- detail 中央漸漸下降至15.3以下並保持圓棒式平坦.
- note

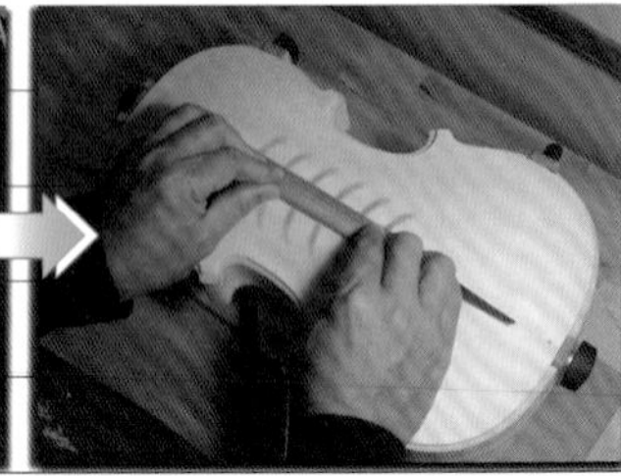

After step 後續處理

- detail 粗畫等高線,觀察中央最高區之形狀.
- detail 將形狀刮成熱狗圓棒狀.
- detail
- note

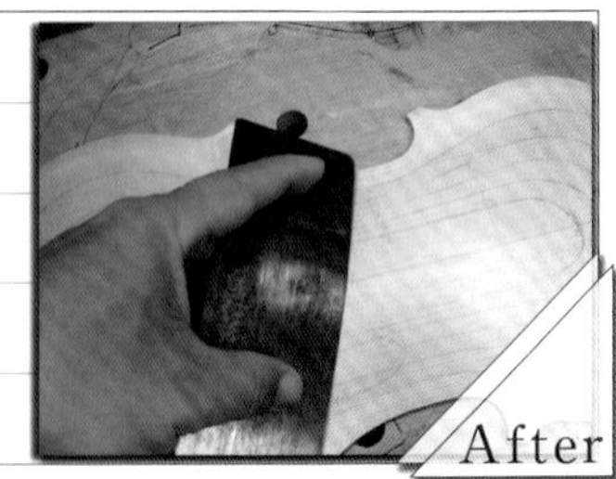

Special step

反相快速刮削法 > 刮刀內翻往外刮,刮的範圍比較小,比較有力比較快,但有局部凹陷之危險.

同相順暢刮削法 > 刮刀外翻往外刮,刮的範圍比較大,比較無力比較慢. 圓弧順暢不凹陷.

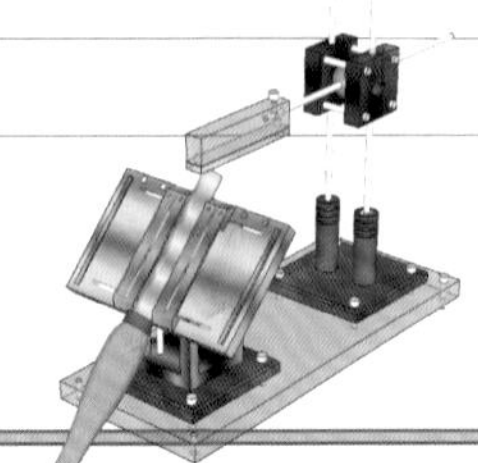

Take a rest

Lee Chyi Shien

面板

畫等高線

step 步驟名稱 tool 拇指鉋刀,刮刀,萬向雲台,平整規,U形等高器,夾具...

1 step 粗畫線條 data

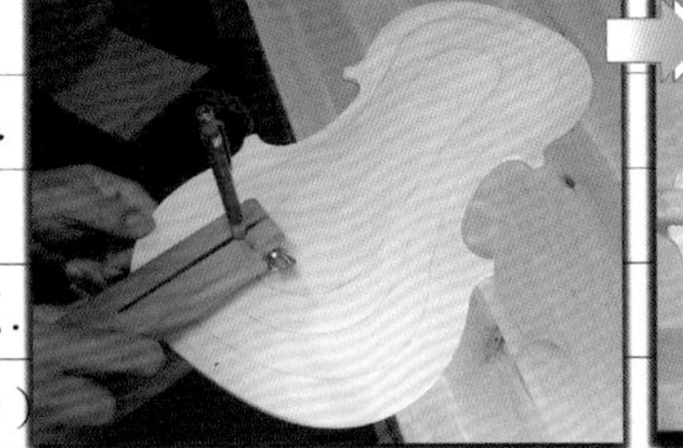

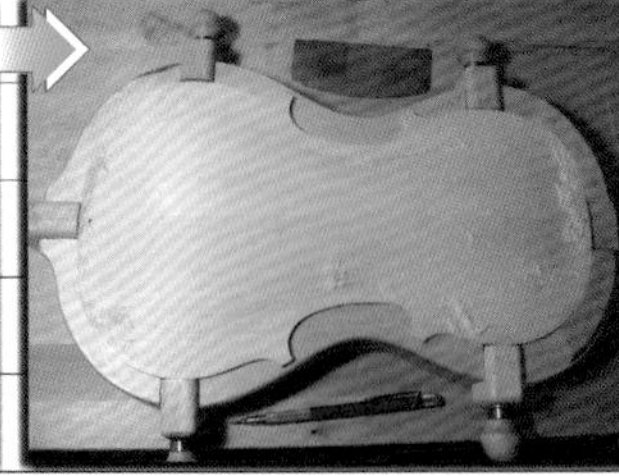

detail 用U形等高器畫等高線,間隔20mm畫3條.

detail 觀查弧形之形狀,**弧形太差**的做記號.

detail 用**拇指鉋刀**刨記號區,再用刮刀稍微刮順.

note 重畫被刮除的線條.(重覆做直到弧線順暢)

2 step 曲線厚度 data 數據僅供參考

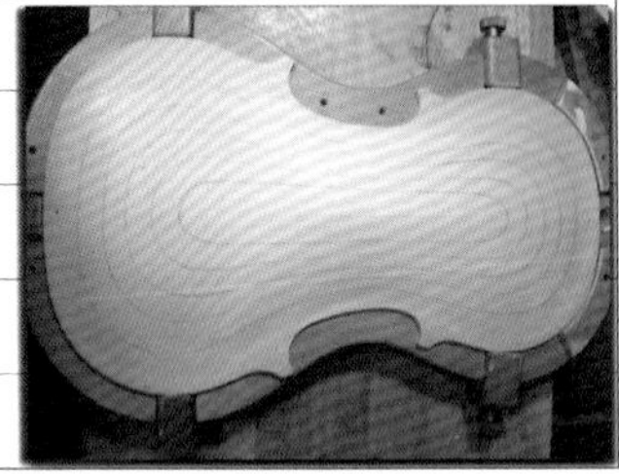

detail 粗胚曲線第1條離尾端20mm處, 厚5.0mm左右.

detail 第2條離尾端35mm,厚7.5mm. 第3條離尾端50mm,厚10mm.

detail 第4條離尾端65mm,厚12mm. 第5條離尾端80mm,厚13.5mm.

note 等高線有助肉眼之不足,但須協同燈光-眼睛-觸感-經驗-方能順暢.

3 step 對稱調整 data

detail 比對可信賴的等高線描圖紙樣本,刨掉曲線不對或不對稱之處.

detail 第五條曲線長條形狀似**熱狗**(用尺量曲線離中線距離是否左右等距)

detail 第二 三 四 五條曲線的 頭端-尾端 用**圓規畫弧**,(圓規放在中線上)

note 可觀察出 頭-尾 曲線相對弧形的對稱及圓滑度.

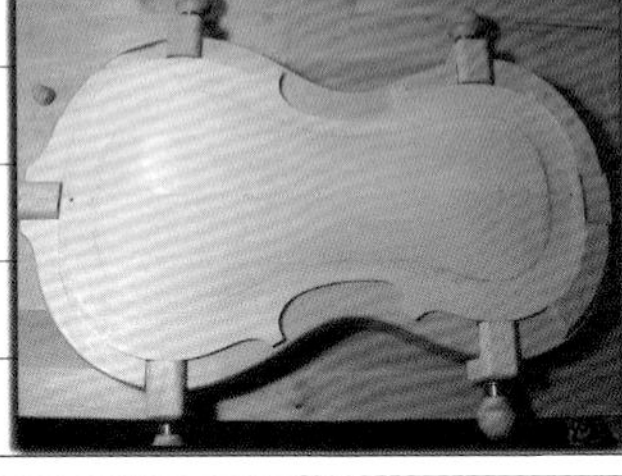

detail 用圓規畫,在面板上要放針尖透明保護墊,

detail 不僅針尖每次可放對位置外,

detail 更可以避免針刺面板產生小洞.

detail

note

4 step 弧面細刮 data 中央厚度15.3至15.1mm.

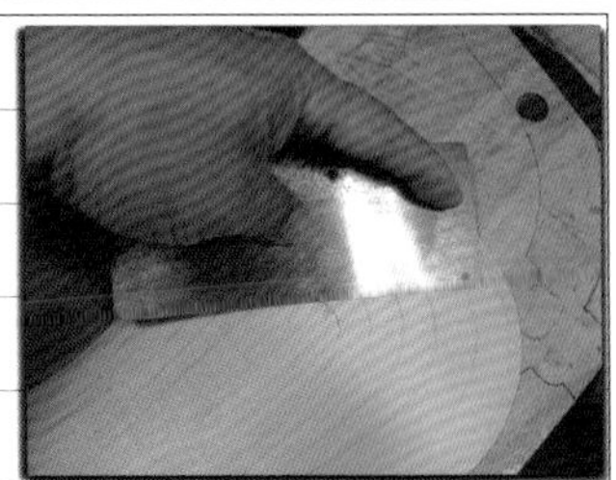

detail 用大刮刀以大面積彎曲服貼弧面同相順暢刮削法刮,直到圓弧順暢.

detail 頭-尾區用斜方向,從中間往邊緣刮,比較好刮,中央區刮刀慢慢彎刮.

detail 將鉛筆畫的等高線條全部刮除.

note **鉛筆線條 存在** 意味此區 **有凹陷**.

special step

等高線圖由於鉛筆筆尖長度,粗細會改變,所以圖形僅能提供80%~90%的可信度.

刨或刮不能只刮除線上區塊,必須連同附近相鄰區域一起刨或刮,才不會有局部凹下之危險.

曲線不對或不對稱之處用鉛筆做記號,用鉋刀刨掉記號 再畫再觀察再修正,來回調整要操作多次.

觀察弧形變化可調整燈光角度,距離, 或用手觸摸會有幫助.

Take a rest

Lee Chyi Shien

面板

弧面精整

step 步驟名稱 tool 刮刀,萬向雲台,U形等高器,夾具...

1 step 外弧總檢 data 中央厚15⁺mm　周邊厚4⁺mm　尖角厚4.5⁺mm.

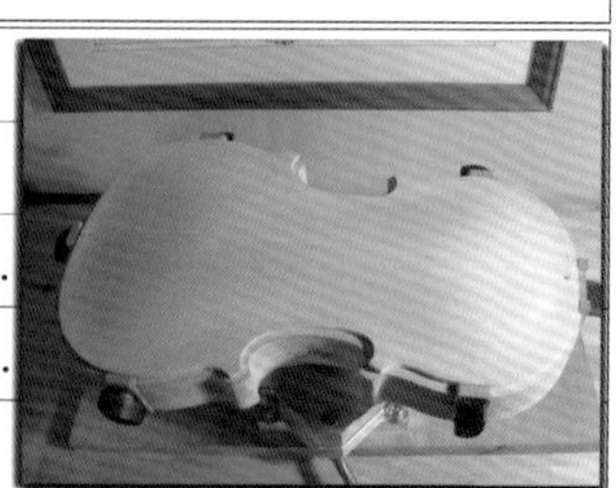

detail 用平形砂紙棒再整平中央線區並用厚度計量取控制至15.1mm.

detail 用刮刀刮除多餘之厚度,使中央厚度漸漸接近在15⁺mm並保持平坦.

detail 用燈光法發現不對的陰影時,輕刮陰影邊,直到陰影區**漸層式**的**變淡**.

note 大面積弧面要刮順用0.2mm很柔軟銳利的鋼片刮效果不錯.

2 step 曲線補畫 data

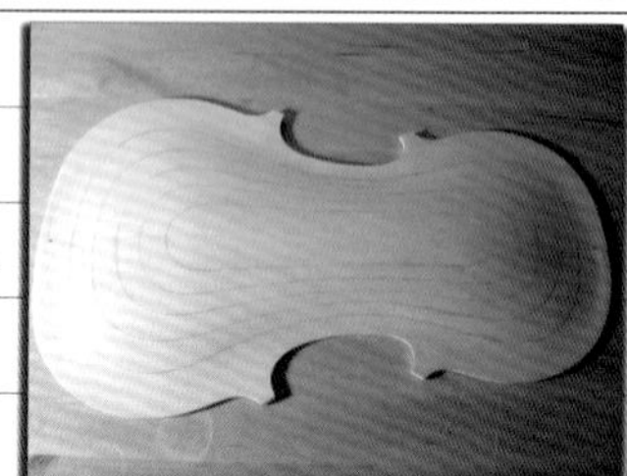

detail 邊距不對或不對稱之曲線處用鉛筆做記號,用刮刀刮掉記號.

detail 每刮完一次就**補畫**被刮除區域同高的等高線一次,並重覆上述程序.

detail 當曲線接近順暢時用刮刀大區域刮,再畫曲線觀查直到順暢為止.

note

3 step 圓滑順暢 data 重量約188g左右（數據僅供參考）.

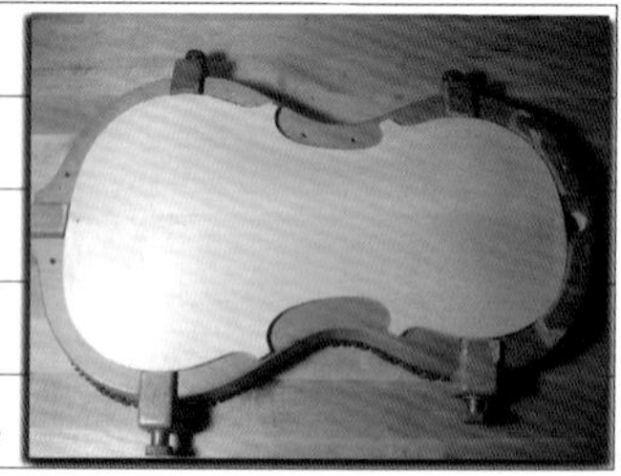

detail 用燈光再細查不順暢區域,用軟刮刀輕輕的刮除,並觸摸是否順暢.

detail 0.1mm**超軟刮刀**彎成弧形,沿著弧面**大面積刮**,

detail 可刮除各個刮痕間的微凸點.（眼力非常好才看得見微凸點）

note 重量如超重,用刮刀從平台內邊刮除部份弧形再稱重直到接近188g.

（重量數據僅供參考,實際上依木質密度及聲音之要求為主）

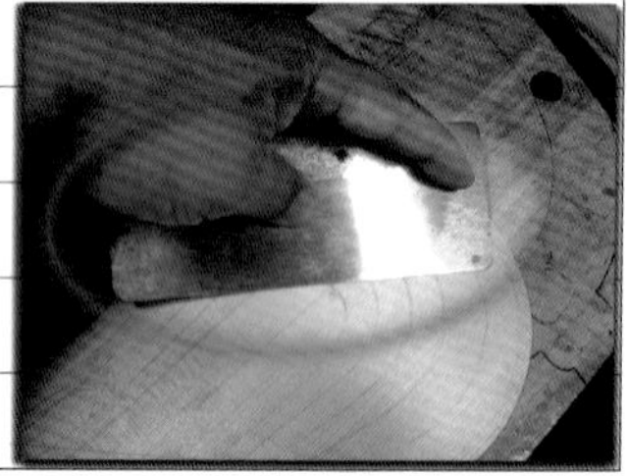

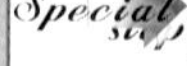

Special step F孔外側翼邊,鑲線凹槽,琴邊倒角等完成後還要處理一次弧面,才算外弧大功告成.

發現長條形陰影千萬不要和陰影平行刮,須斜著或垂直陰影刮,否則凹痕會越來越深,越來越大.

刮刀上殘留的木屑要經常抹去,以免再刮下一刀時木屑會在面板表面上拖拉而產生壓痕.

0.1~0.2mm超軟刮刀要用特殊研磨治具（***KS-400***）　才能磨成刀刃.

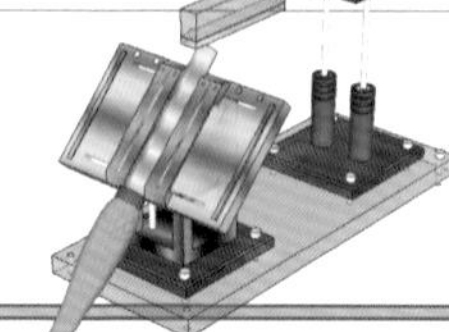

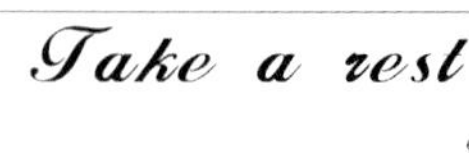

Take a rest

Lee Chyi Shien

面板

外弧高度

Height Of Level Contours

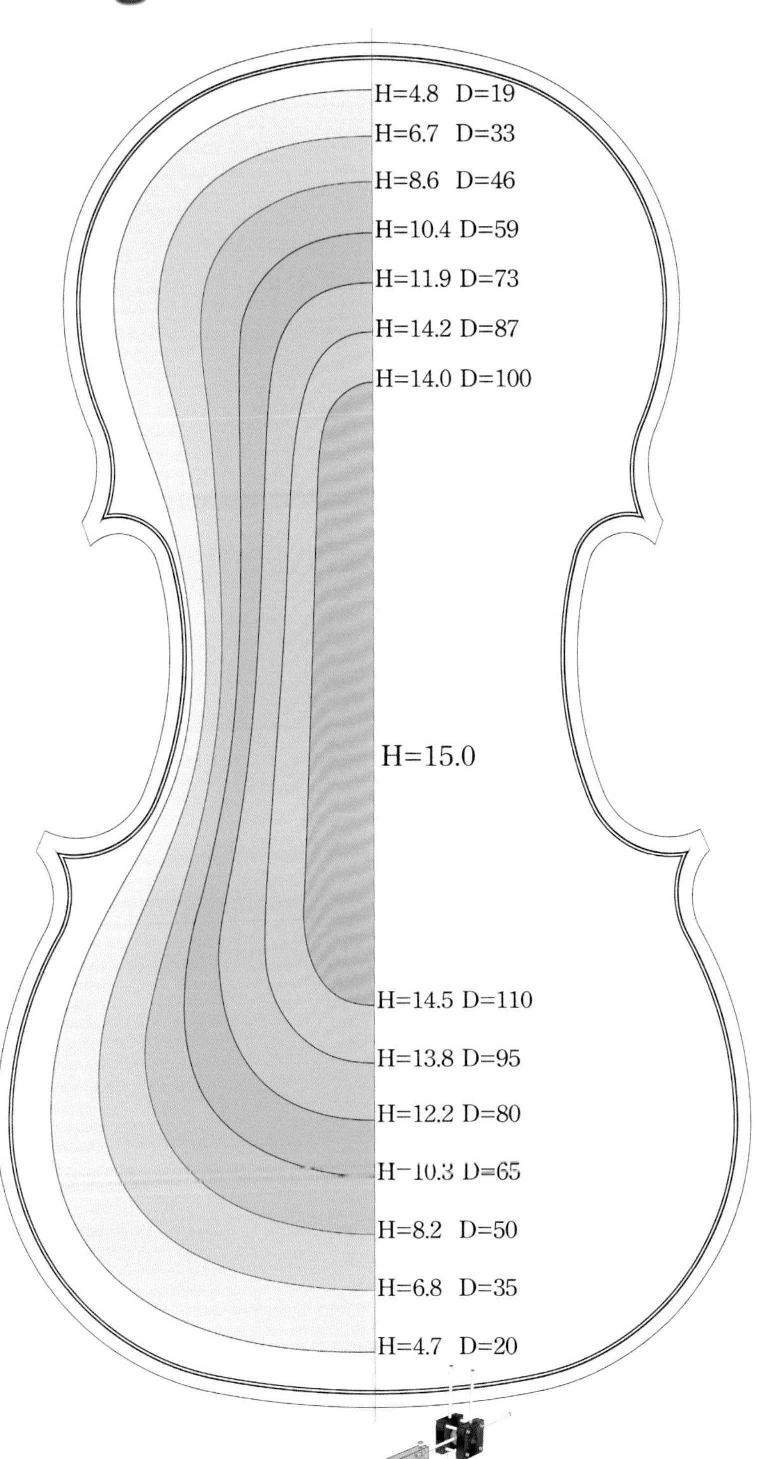

H=離面板底面的高度
D=離頭端 或 尾端的距離

以上數據僅供參考.

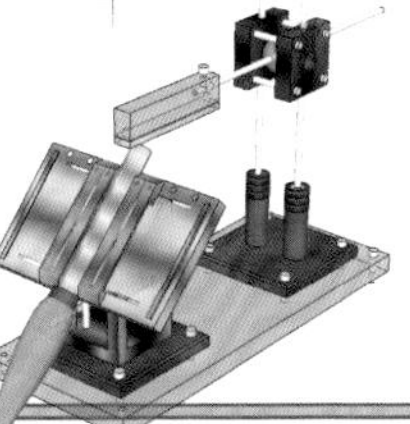

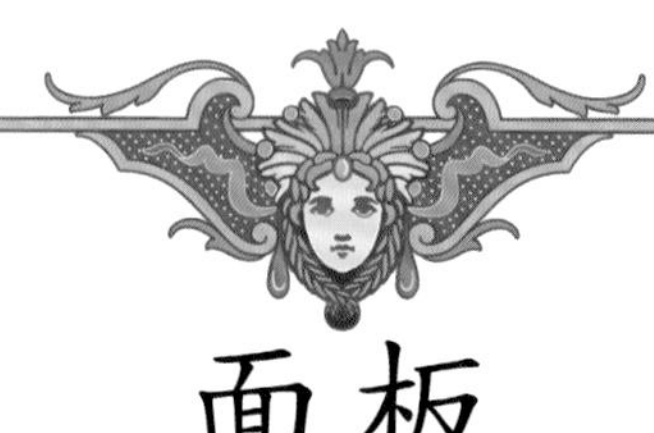

面板

等高線圖
Level Contours

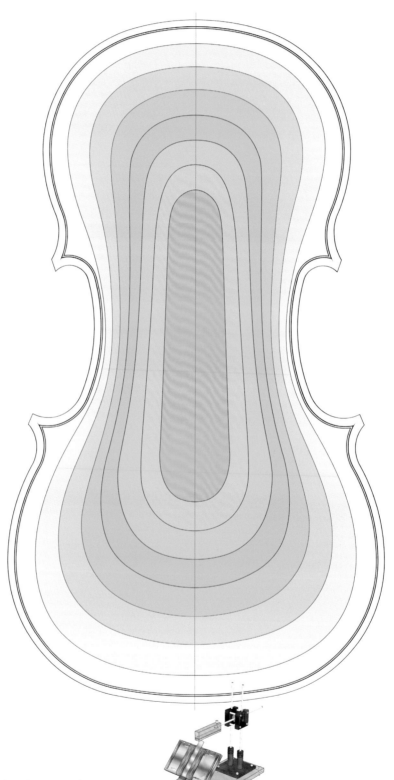

弧度弧形變化,因個人習慣及喜好而略有不同.

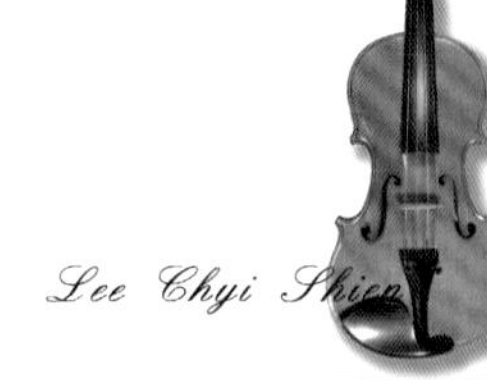

面板

鑲線試畫

step 步驟名稱 tool 圓規,直尺...

1 step 倒角稜線 data 2.5mm

detail 用圓規調整到半徑2.5mm.
detail 沿著精切線邊繞畫稜線(倒角最高點).
detail 稜線約在琴邊與鑲線外側線的中間.
note 最後完成時稜線會略往內側一點點.

2 step 蜜蜂針刺 data 1/3處約2.5mm.

detail 在琴角直線邊的內1/3作**記號**.(在C腰內方向,稜線上約2.5mm處)
detail 胸-腹部的**外鑲線尖角延伸線**會靠近**記號**點.
detail 蜂刺完成時,**蜂刺**比外鑲線交會**尖端**多1.5mm左右.
note 蜂刺的設計是為了讓琴角看起來有生命-有活力-有藝術-有技巧.

3 step 鑲線外線 data 鑲線外側線離琴邊4.5mm(沿著精切線畫).

detail 用圓規調整到4.5mm半徑,沿著琴的精切線邊繞畫鑲線外側邊.
detail 用橢圓型板(長軸40mm,短軸25mm),核對銜接至蜜蜂針刺的順弧.
detail 不順之處的弧形線條,把它擦掉,再用**徒手畫**修正**弧形**至**順暢**滿意.
note 漂亮鑲線外邊相交接處的尖端,離琴邊約5mm.

4 step 鑲線內線 data 鑲線內側線離琴邊5.7mm(沿著精切線畫).

detail 圓規調到5.7mm半徑,沿著琴的精切線邊繞畫鑲線內側邊.
detail 在尖角處用橢圓型板沿著鑲線外線平行畫弧.
detail 再用徒手畫稍微修正鑲線內尖端的弧形至順暢滿意.
note

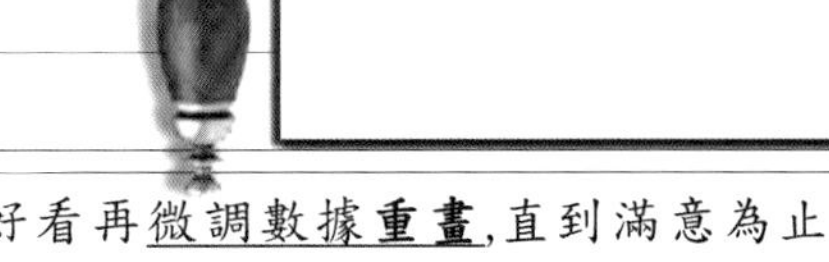

special step

此階段預畫,可以觀察依現在數據畫的鑲線好不好看,如果不好看再**微調數據重畫**,直到滿意為止.
此階段預畫,乃是為了預先觀查做鑲線時的順暢而做,更可以避免鑲線刀的走位,而壞了結果.
待後續的步驟鑲線埋好後,邊弧須再用小姆指鉋刀,刮刀 做最後一次的邊坡外弧調整就完成了.

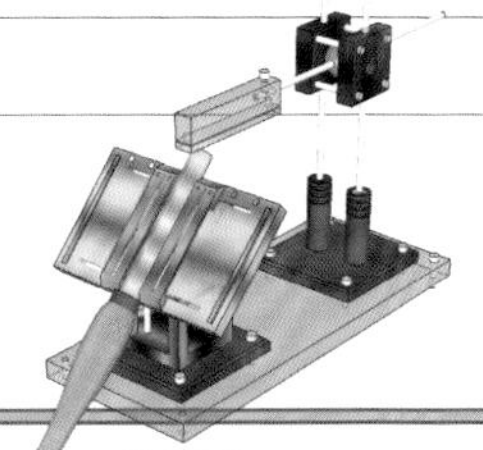

Take a rest

Lee Chyi Shien

面板

邊坡處理

step 步驟名稱 tool 外斜圓鑿刀,鉋刀,刮刀...

1 step 邊坡刮順 data

detail 沿著**鑲線外線邊的弧度**用小刮刀刮順.(不要刮到稜線)

detail 有斜度的坡,要順著順向坡往下刮比較好刮,比較順.

detail

note 頭-尾端不好刮要小心刮.

2 step 邊弧刮順 data

detail 沿著**鑲線內線邊的弧面**用小刮刀刮順.

detail 平坦的刀面要微貼著邊弧刮,才能刮順凸出點.

detail 邊弧刮出微凹之弧度是比較漂亮之感覺.

note

Special step 刮完後把鑲線,f孔線再補畫上去.

待鑲線理好後,邊弧再用小姆指鉋刀,刮刀做最後一次的調整,外弧就完成了.(邊弧有微凹之弧面)

Take a rest

Lee Chyi Shien

面板

深度規劃

step 步驟名稱 tool 圓規,直尺,定位釘...

1 step 畫膠合線 data 離琴邊約7mm.

detail 用定位釘將琴框與面板固定在一起.

detail 上-下角木按先前畫的記號用手捏住固定.

detail 沿著琴框**襯條**-**角木**在面板畫膠合線.

note

2 step 切削邊線 data 離琴邊8mm.

detail 琴邊用圓規畫出8mm最邊邊的切削線.

detail 或用1mm邊寬的墊片沿著琴框內邊滾畫1圈.

detail 在**頭**-**尾**角木水平線上畫延伸線.

note

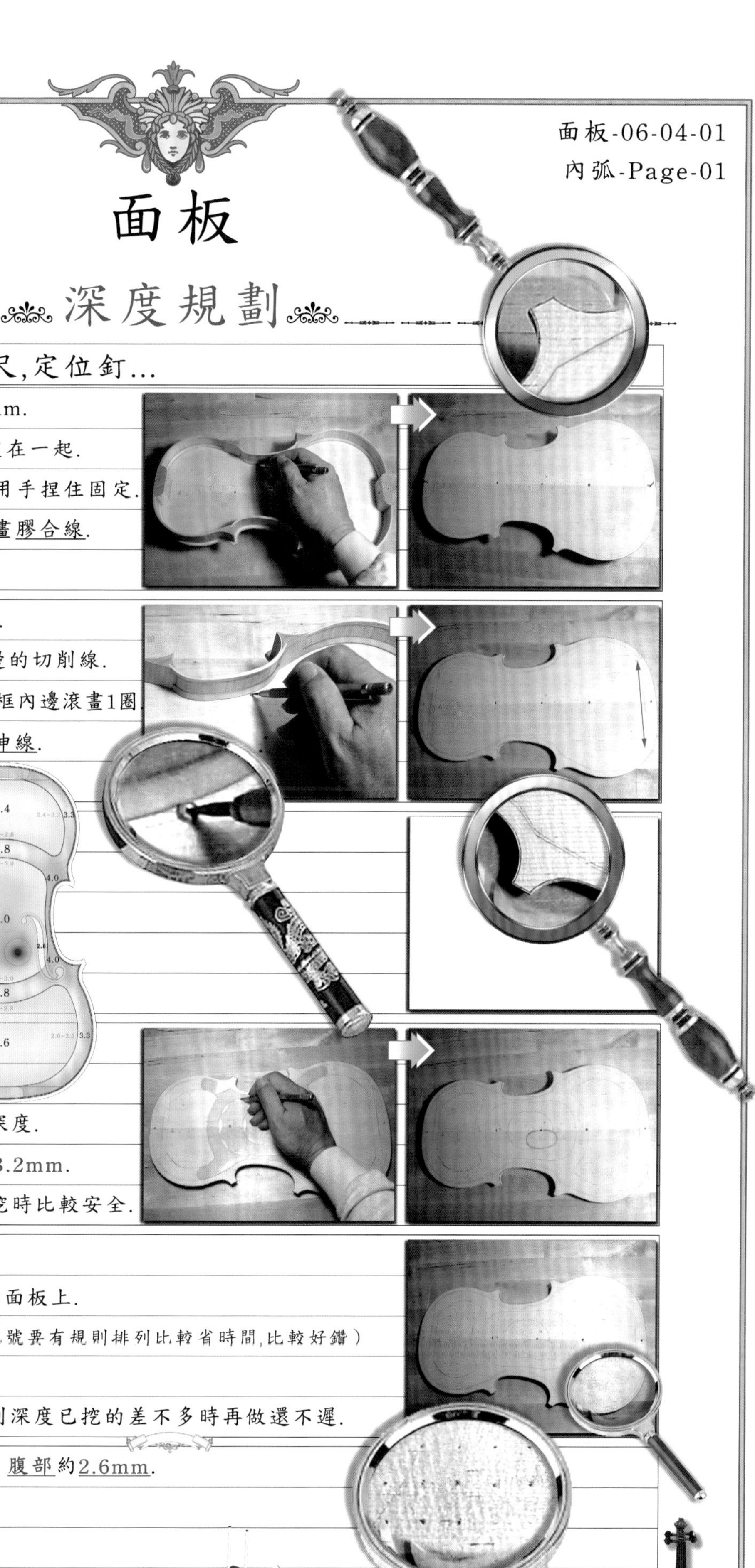

3 step 畫深度圈 data

detail 把區域厚度板放上.

detail 畫深度標誌線,並註解粗胚深度.

detail **音柱區最厚畫小橢圓**,厚度3.2mm.

note 粗胚可多加0.5左右後續刻挖時比較安全.

4 step 標深度點 data

detail 把挖鑽深度位置記號板放在面板上.

detail 將深度標註點上記號點.(記號要有規則排列比較省時間,比較好鑽)

detail

note 此步驟也可以省略不做,留到深度已挖的差不多時再做還不遲.

special step 最後完成厚度胸部約2.4mm, 腹部約2.6mm.

Take ... rest
Lee Chy... Chien

面板

傳統大鑿

step 步驟名稱 tool 外斜圓鑿刀,刮刀,鑽頭,厚度規...

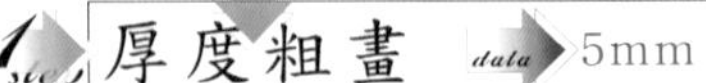

1 step 厚度粗畫 data 5mm

detail 把面板的底面朝上反放.

detail 等高器設定厚度在5mm.

detail 等高器在底面上畫線做記號.(約略像8字形)

note (每鑿完1次就要依樣再點畫1次記號點.)

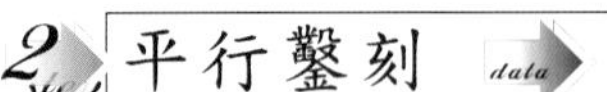

2 step 平行鑿刻 data

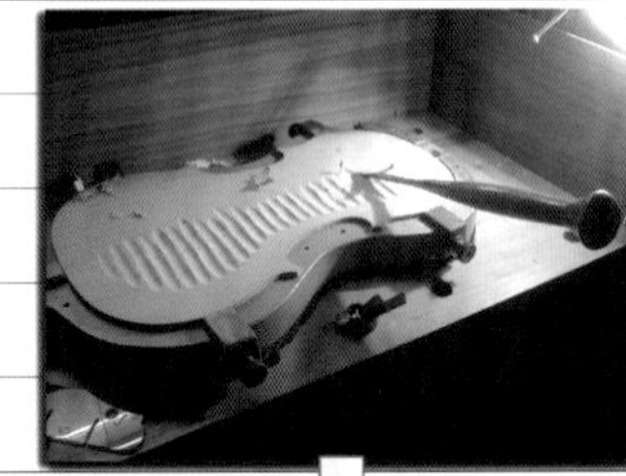

detail 用大鑿從**厚度**5mm記號線處開始挖,橫向往中線大鑿.

detail 從另一邊大鑿約略貫穿中央.

detail 約略調整各條刻痕的大小-平行-間距與平直.

note 大鑿力量大,衝過中線時要煞車以免傷到對面木料.

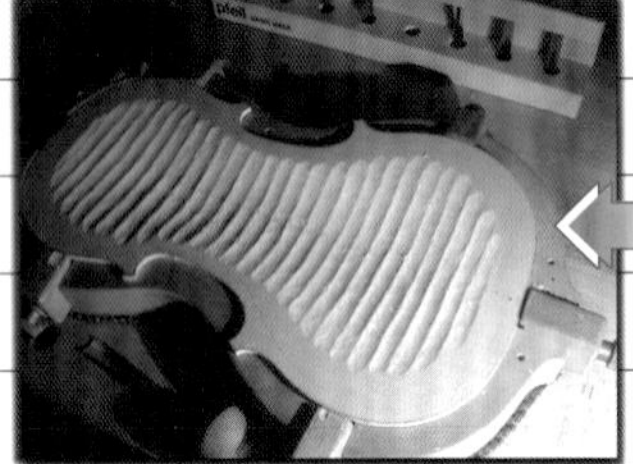

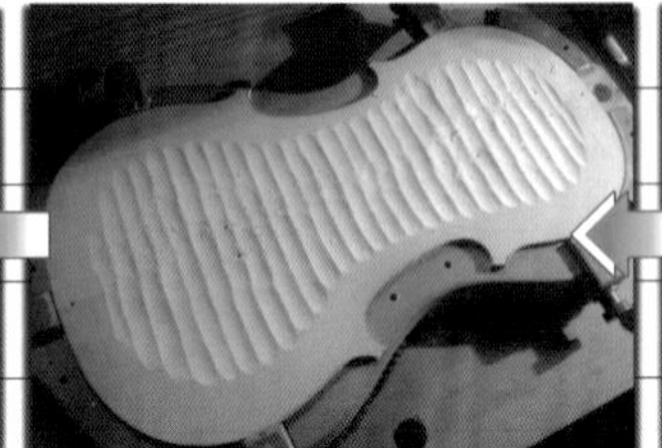

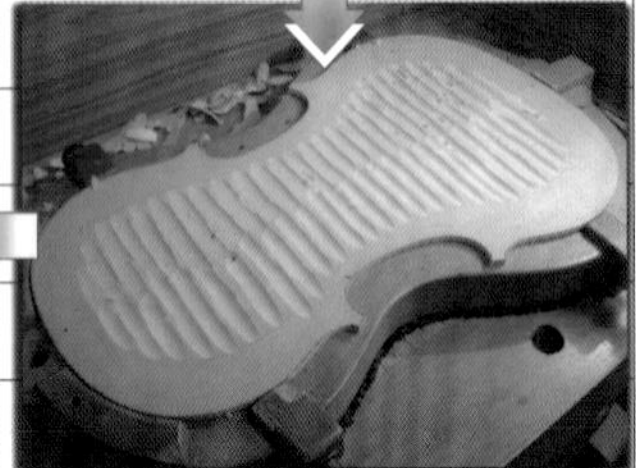

3 step 中脊隆起 data

detail 從**中線左右兩側**5mm處,鑿刀往下往中央鑿出2mm深的刀痕.

detail 起刀後退10mm,再往中央鑿,鑿出鑿刀的煞車壁.

detail 同樣的動作>後退10mm,再往中央鑿,**退到**厚度5mm記號點處結束.

note 大鑿後中央會留下隆起之山脊.

4 step 隆起剷除 data

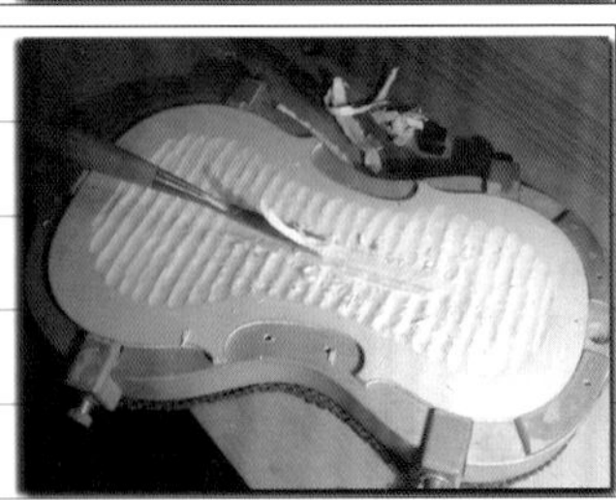

detail 用大鑿從頭端-尾端用左右搖擺法鑿掉中央山脊.

detail 用彎形圓鑿從橫向鑿除中脊隆起之小山脊.

detail 用圓鑿刀平行鏟除各處隆起之木料.

note 或是用步驟3同樣的動作> 在中央鑿刻,至厚度5mm記號點處結束.

Special step 每條鑿痕的寬度約略是鑿刀的寬度.

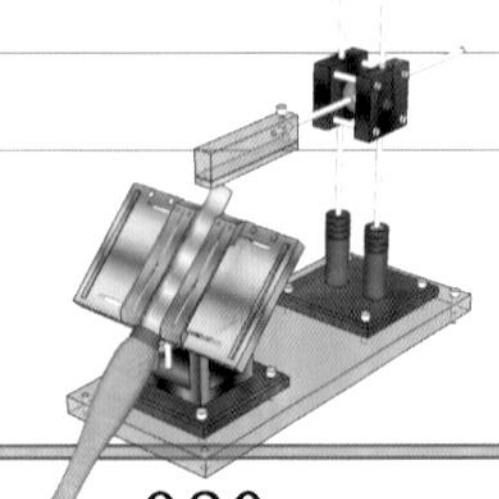

Take a rest

Lee Chyi Shien

面板

現代鑿刻

step 步驟名稱 tool 外斜圓鑿刀,刮刀,鑽頭,深度規...

1 step 粗胚深度 data 粗胚厚度--中央4mm, 胸-腹部3.0mm, 周邊3.5mm.

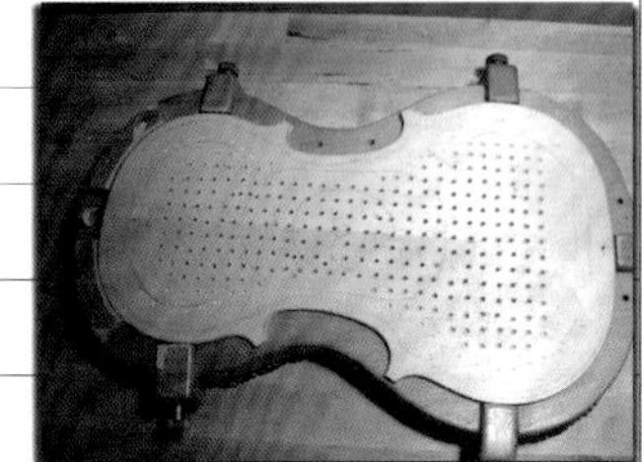

detail 電鑽從音柱區鑽至厚度剩4mm,往外遞減至胸-腹部交接處3.5mm.

detail 繼續在胸部-腹部區鑽3mm, 邊邊鑽3.5mm.

detail 或全部鑽4.2mm比較保守一點,也比較保險及快速.

note 有規則排列的鑽比較快. 接著繼續按傳統方式大鑿.

2 step 胸腹大鑿 data

detail 等高器控制厚度在5mm處做記號.

detail 從胸-腹部的記號點開始橫向挖往中線處大鑿.

detail 直到靠近深度控制記號處.

note 大鑿力量大,衝過中線時要煞車以免傷到對面木料.

3 step 中腰大鑿 data

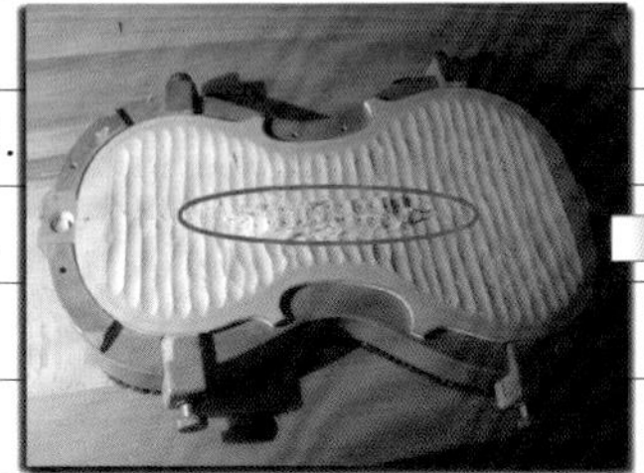

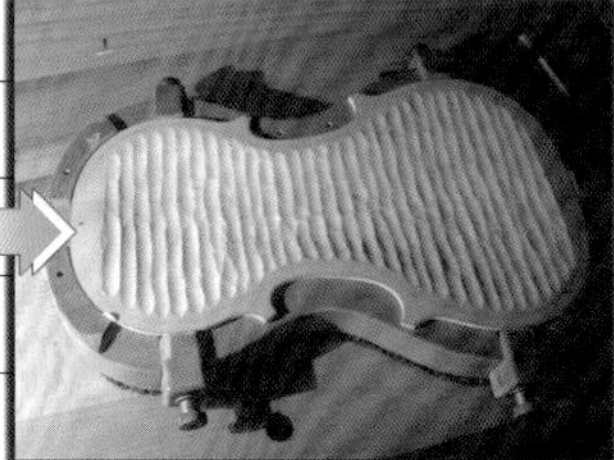

detail 從**中線左右兩側**5mm處,橫向往中線大鑿.

detail 起刀後退10mm,再往中央鑿,鑿出煞車壁.

detail 切勿衝過中線,否則會暴衝鑿到對面.

note 大鑿後中央會留下隆起之山脊.

4 step 隆起剷除 data

detail 用大鑿從隆起的頭端-尾端用左右搖擺法鑿掉中央山脊.

detail 用彎形圓鑿從橫向鑿除中脊隆起之小山脊.

detail 用圓鑿刀平行鏟除各處隆起之木料.

note 並讓各處之厚度已接近記號點.(記號點**不要挖掉**,留到後續處理)

5 step 靠近記號 data

detail 刨除各處隆起之木料,並讓各處之厚度很**接近記號點**.

detail

detail

note 記號點**不要挖掉**,留到後續處理

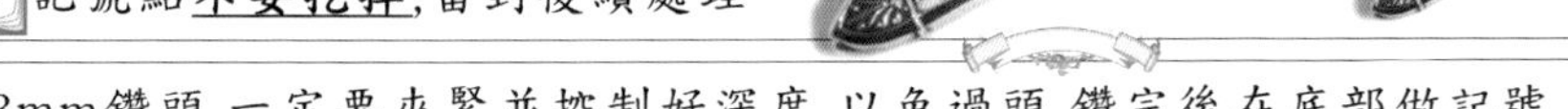

special step 用3mm鑽頭,一定要夾緊並控制好深度,以免過頭,鑽完後在底部做記號.

用電鑽時要比最後完成厚度多0.3mm的厚度鑽下去.(胸部約2.4鑽2.7mm, 腹部約2.6鑽2.9mm..)

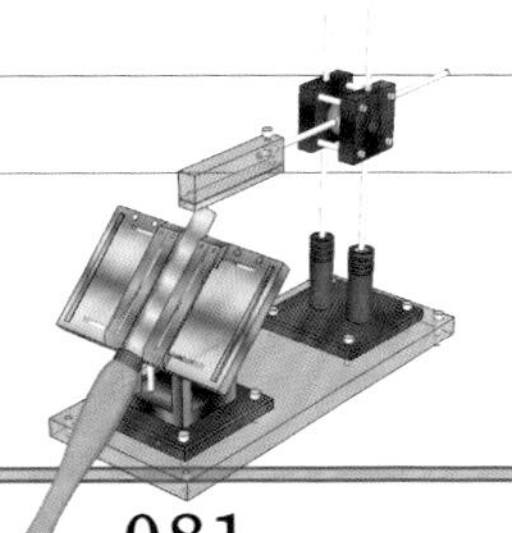

Take a rest

Lee Chyi Shien

面板

弧度成形

step 步驟名稱 tool 外斜圓鑿刀,刮刀,厚度規...

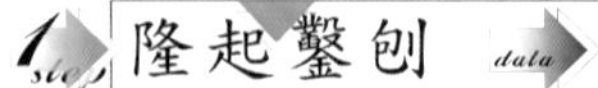

1 step 隆起鑿刨 data

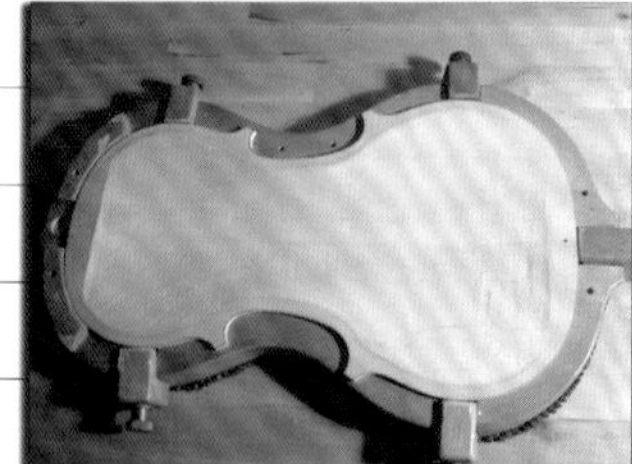

- detail 用鑿刀或大拇指鉋刀迅速刨順各個凸出或隆起之處.
- detail 深度記號點**不要刨掉**.邊界已靠近膠合區域線.（已快接近完成厚度）
- detail 鏟除記號點不能只挖記號處.
- note 須連記號處附近的凸出點一併刨除,否則有局部凹陷之可能.

2 step 定位厚度 data 藍色多0.3可以刨,綠色多0.2不要刨,紅色多0.1不要刨

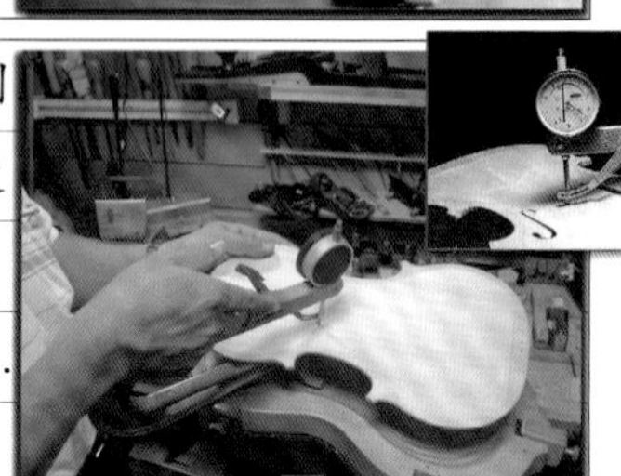

- detail 音柱區域3.5 中腰琴邊4.0 f孔四周2.8（待挖完F孔後再修到2.8的厚度
- detail 胸部區域2.4 腹部區域2.6 胸-腹部琴邊3.3.
- detail 用電鑽依區域規定厚度+0.3mm再鑽深度記號點,並點紅-藍-綠顏色.
- note 用拇指鉋刀將各個記號點刨到快消失.（已快接近完成厚度）

記號點快消失

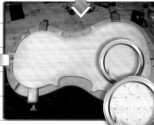

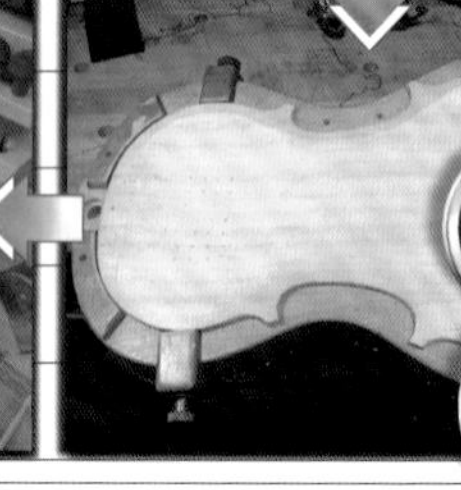

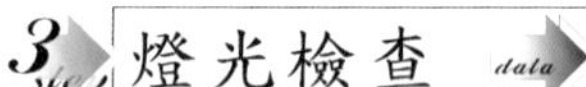

3 step 燈光檢查 data

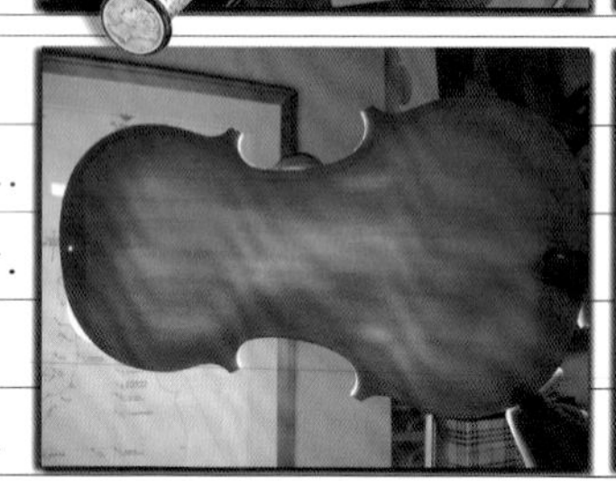

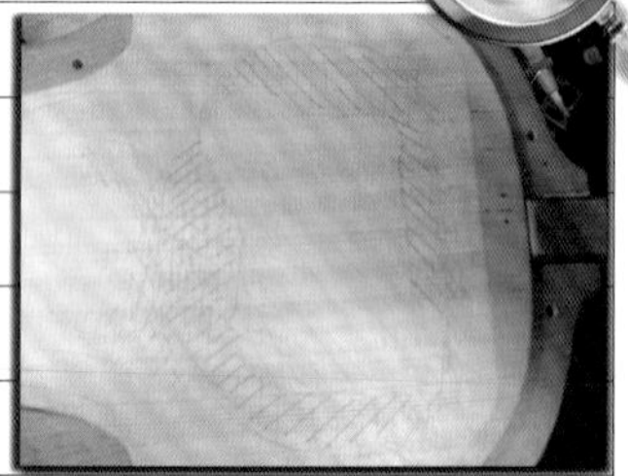

- detail 對著燈光,比較暗區域,做**記號** 內畫斜線.
- detail 用厚度計測量,太厚就用刮刀把斜線刮除.
- detail 依上多次操做直到厚度接近規定值.
- note 此方法厚薄僅供參考須配合厚度計使用.

4 step 弧度刮順 data

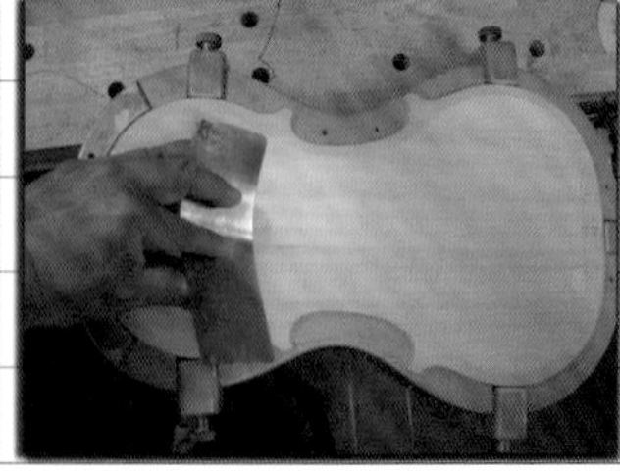

- detail 用 拇指鉋刀 - 刮刀 將記號**剷除掉**.
- detail 用刮刀刮除所有的刀痕.
- detail 用內外弧型板-手摸-燈光去感受弧度之順暢.
- note 內-外弧形雙用型板可快速觀察完成度.

Special step

內-外弧形雙用型板是我自創,精心量測製作.（市面上買不到,有需要的可訂做,面-背板2組共12片）

記號點標藍色多0.3mm還可以刨, 綠色點多0.2輕微刨或留到最後刮, 紅色點多0.1危險不要刨最後刮.

面板對著燈光,越透亮的部位越薄.（由於木料密度也會影響明-暗之顯示,所以此法僅供70%參考）

重量與音高（86g~82g>F 81g~78g>E 77g~74g>D#）.（數據僅共參考）

Take a rest

Lee Chyi Shien

面板

厚度分布

Thickness Of Belly

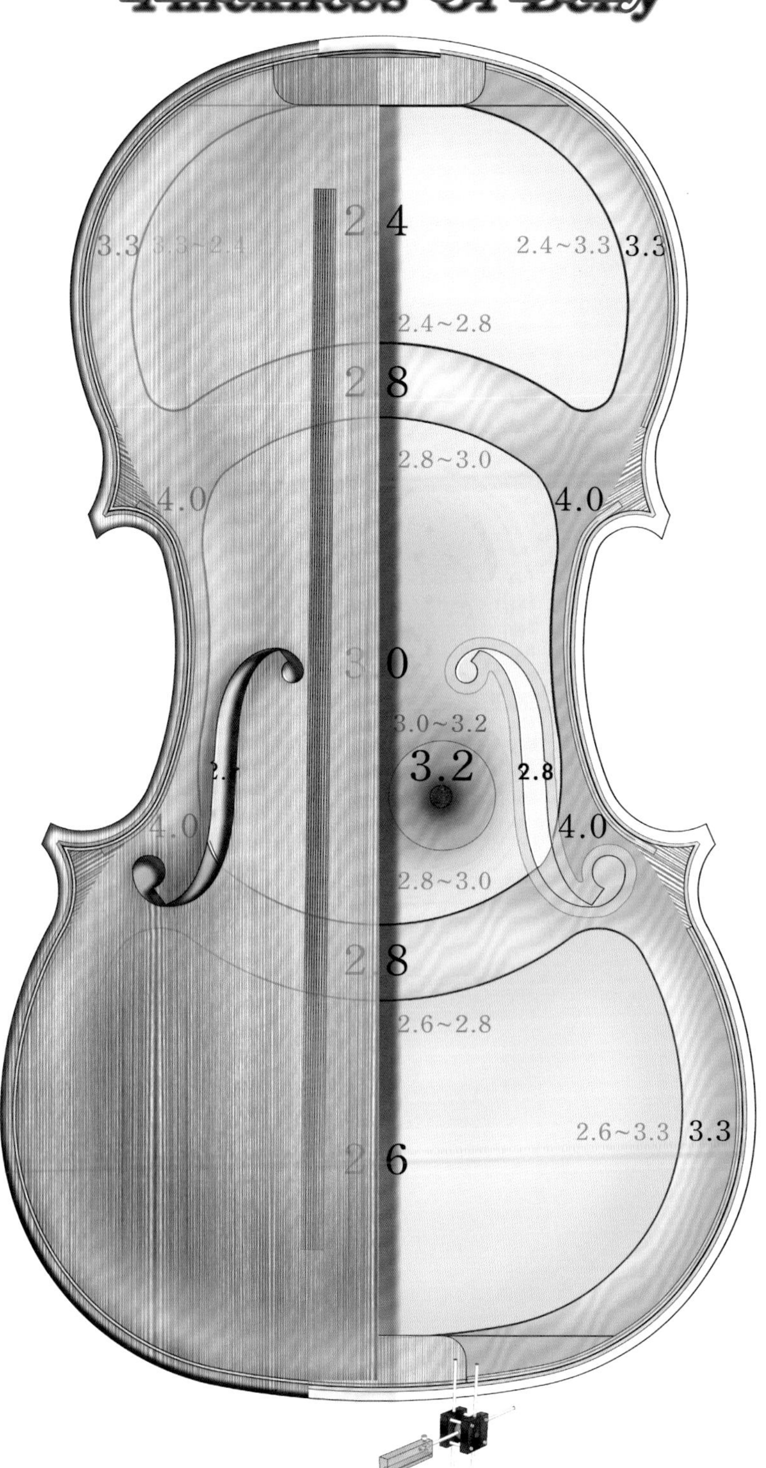

弧弧度的變化是緩緩的昇降
個人習慣及喜好而略有不同

面板

定音調整

step 步驟名稱 tool 刮刀,厚度規...

1 step 扣擊定音 data F#降至E

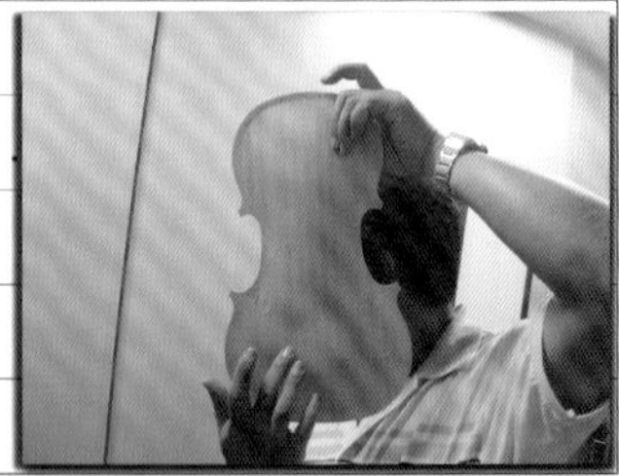

detail 左手輕抓胸部區,用右手中指扣擊面板腹部區聽其音高(F#降至E).

detail 音高太高就用刮刀刮除胸-腹部之厚度,直到音高到位.

detail (面板越薄音較低)

note

2 step 彈性調整 data

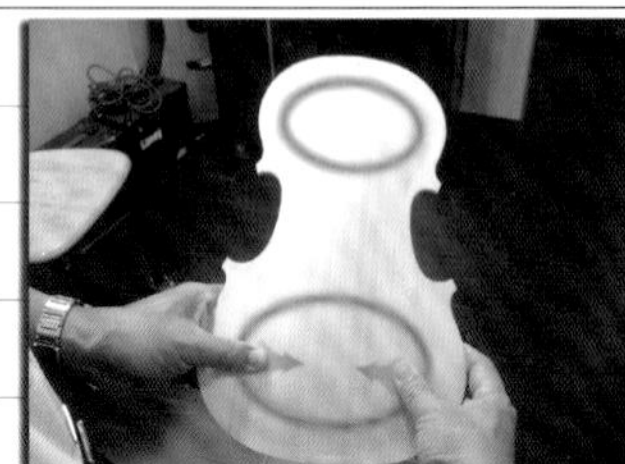

detail 用拇指輕壓面板胸-腹部區,去感受面板之彈性.

detail 彈性不足,用刮刀刮除捏壓區域之厚度,直到彈性OK.

detail (音高也要一併控制)

note 面板質地硬的可以刮薄一點.

3 step 扭轉調整 data

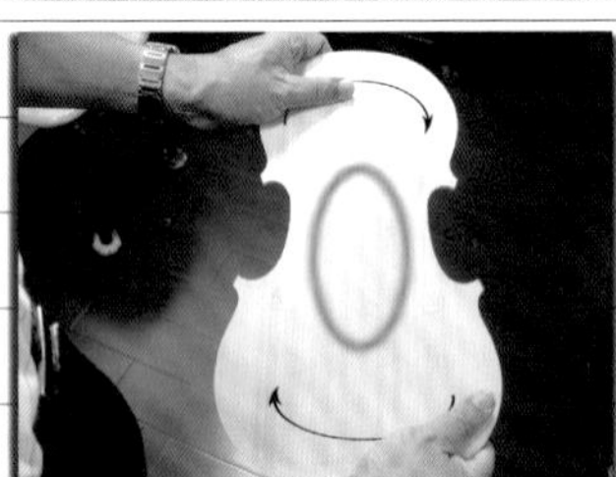

detail 扭轉整塊板面,不易扭動就刮除**中央外環**3.0mm處.

detail (音高也要一併控制).

detail

note

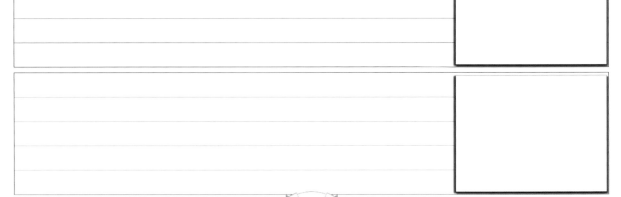

Special step 此階段因**個人經驗**而定,後續F孔挖完後重量約69g.(僅供參考)

F孔挖完後音高降低(音高D左右).

面板薄的琴,一開始共鳴較好,但時間一長纖維易受損,音質就變差.

面板與背板音高差半音至全音,音高一樣的話共鳴會很差.(背板音高要比面板高)

Take a rest

Lee Chyi Shien

面板

音孔描畫

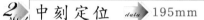

step 步驟名稱 tool F孔型板,圓規,軟直尺...

1 step 畫眼邊線 data 上眼內邊離中線21mm, 下眼內邊離中線55mm.

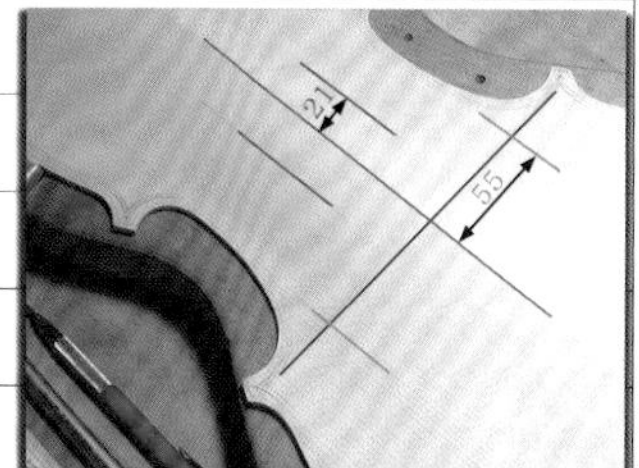

detail 從中央接縫上往兩側畫 21mm平行線(上眼內邊)

detail 從中央接縫上往兩側畫 55mm平行線(下眼內邊)

detail 將左右C腰鑲線最底端連線,輕輕畫水平線.

note 下眼最上端不超過上述水平線,並且下眼孔邊離琴邊不低於11mm.

2 step 中刻定位 data 195mm

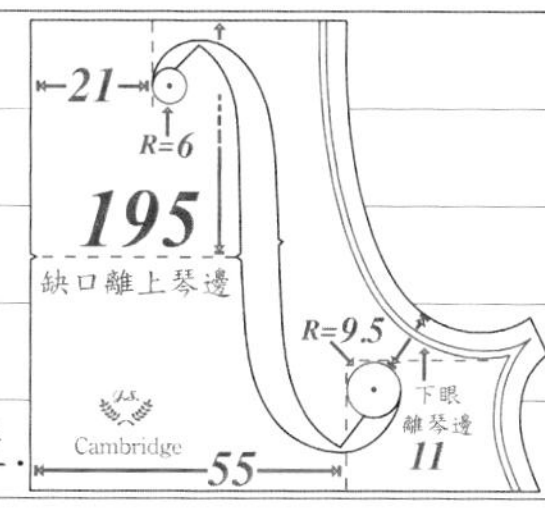

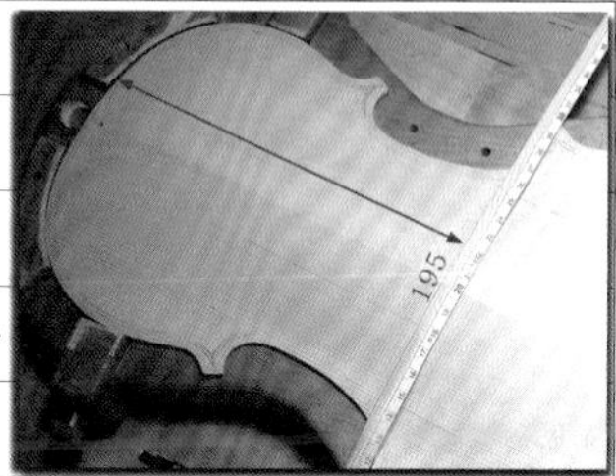

detail 上述平行線,從頭端往下量195mm做記號.

detail 將左-右兩邊的記號連線並與中線垂直.

detail 此連線就是F孔內側中央刻痕的尖端.

note 琴橋兩腳的橫向中央線,就站立在連線的位置.

3 step 型板描畫 data

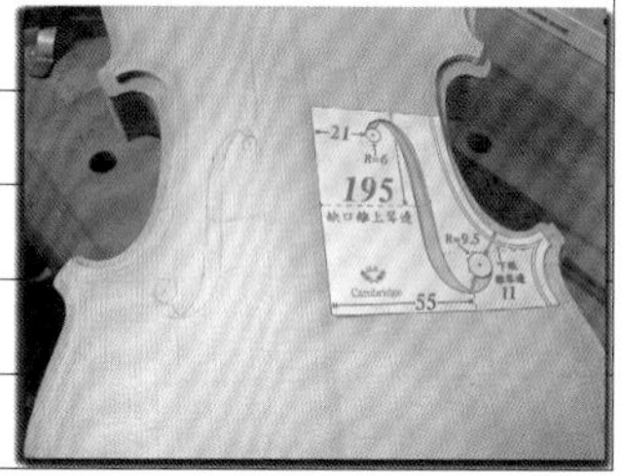

detail 樣板上眼內邊對準21mm線邊, 下眼內邊對準55mm線邊.

detail 樣板放在面板上依中刻-上眼-下眼等規定放定位後,描畫F孔形狀.

detail 依樣板畫邊,F孔形會縮小,因此須重新擴大F孔中央寬度的線條.

note 樣板F孔內側中央刻痕邊,調整成略微平行年輪線.

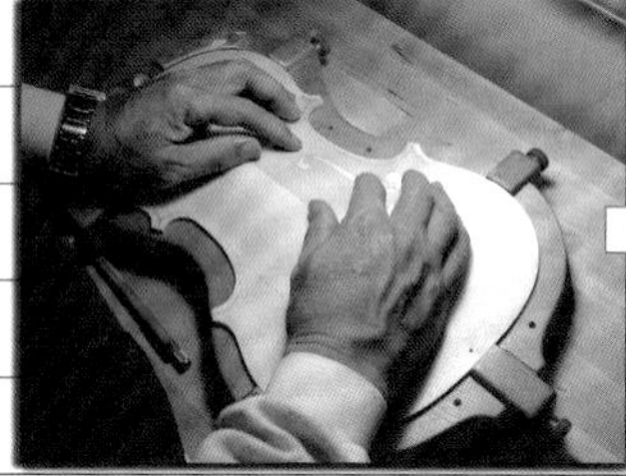

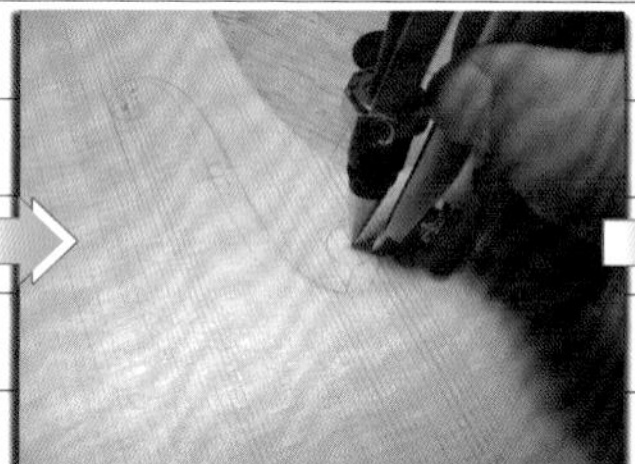

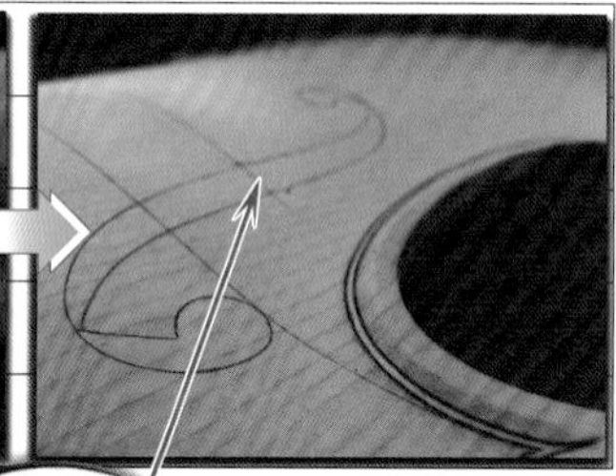

4 step 中刻寬度 data 6.5mm

detail 將F孔中央刻痕線上大約標出圓心位置,半徑3mm畫圓.

detail 圓心位置沒錯後,用中心錐刺上-下眼孔之圓心.

detail 重新擴大調整F孔中央寬度線條,以符合音柱入孔處之需求.

note 中央刻痕處間隔至少直徑6.5mm(音柱才好放)

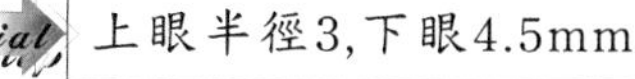

special step
上眼半徑3,下眼4.5mm.

用中心錐刺上-下眼孔之圓心, 此上-下眼心 即為F孔刀要削眼孔之圓心.

上眼孔距過寬的話(超過42mm)高音變弱.

相反過窄的話(小於42mm)高音變尖銳.

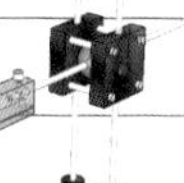

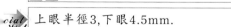

Take a rest

Lee Chyi Shien

面板

翼邊雕琢

step 步驟名稱 tool 外斜圓鑿刀,刮刀...

1 step 淺挖雕刮 data 淺挖1mm.

detail 用外斜圓鑿刀,

detail 從**下翼末端**隨著外側線往**中央刻痕**處淺挖

detail 用**刮刀**將刀痕邊隆起處刮順.

note

2 step 音孔重畫 data

detail 把F孔**外側線**條已被刮掉的部份**重畫**.

detail

detail

note

3 step 溝槽淺挖 data 此步驟可做或不做

detail 工法1>省略不做的話,最後挖鑲線時,深度比較好測,但深度須挖深（2mm）

detail 工法2>.此步驟有做的話,最後挖鑲線時,深度不須要挖深,只要挖1.5mm.

detail 用圓鑿刀-姆指鉋刀延著鑲線內線淺挖0.5mm左右,不要挖到稜線.

note 挖完後,鑲線邊的弧度再用刮刀刮順（處理完後鑲線要再畫1次）.

Special step

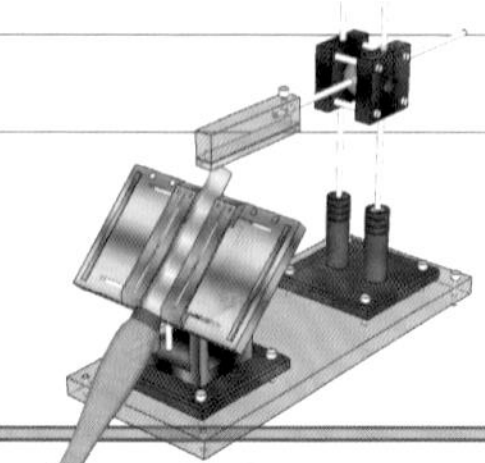

Take a rest

Lee Chyi Shien

面板

音孔處理

step 步驟名稱 tool F孔刀,鑽頭,斜長刀,鉸刀,小刮刀,銼刀...

1 step 眼孔鑽切 data 上眼6mm, 下眼9mm.

detail 用2.3mm鑽頭,按十字中心鑽引導孔.(引導孔偏掉下面步驟要更小心)

detail 用5.5mm及9mmF孔刀依引導孔,從**內面**及**外面**同時鑽出圓孔.

detail 孔如果有微偏的話,用弦軸孔絞刀-圓銼刀修整確定位置及正確大小.

note 逆紋邊緣如有碎裂,再用銳利尖頭的解剖刀細心修整.

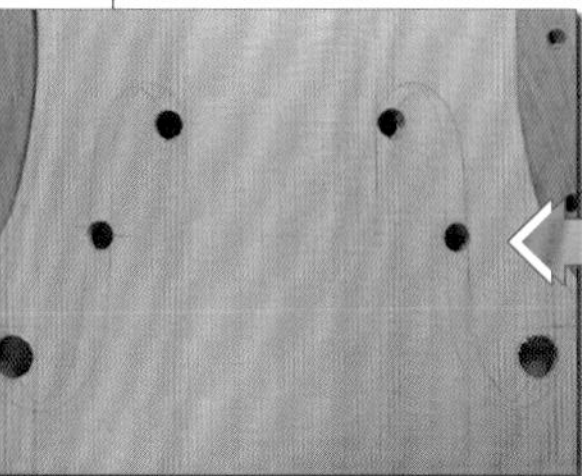

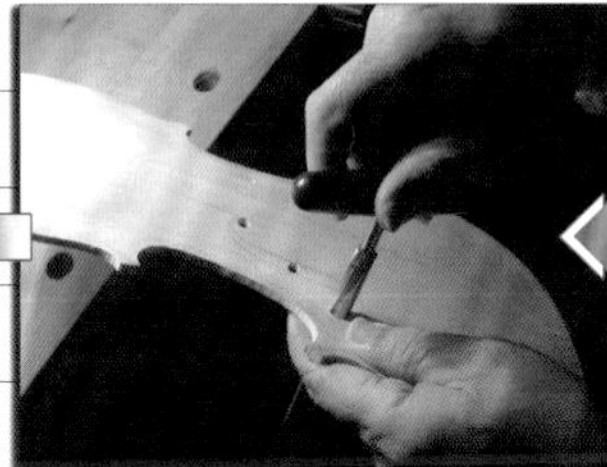

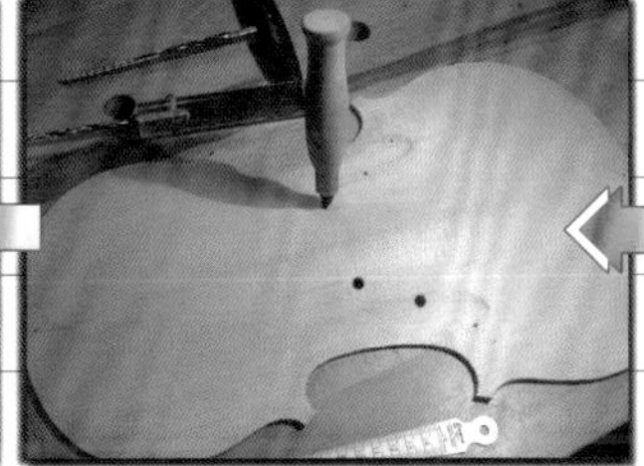

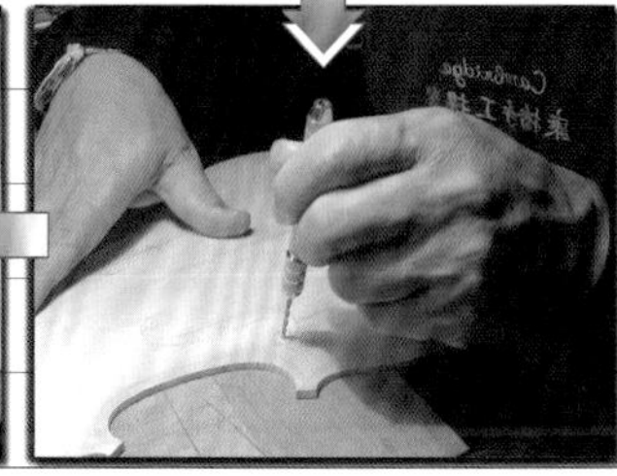

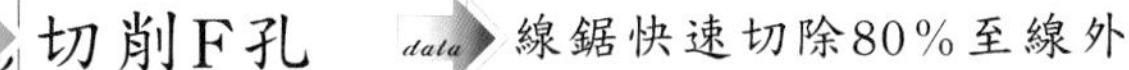

2 step 切削F孔 data 線鋸快速切除80%至線外

detail *1*>F孔下半部切削>從下眼孔的直線翼邊鋸至翼尖,再退回下眼孔

detail *2*>從外圓弧端鋸進,順著線外鋸至中間圓(中間缺口).

detail *3*>從中間圓外側回頭往翼尖鋸.(F孔上半部操作一樣)

note 此法比較慢但眼口完整(傳統>線鋸出眼口時鋸條易暴衝).

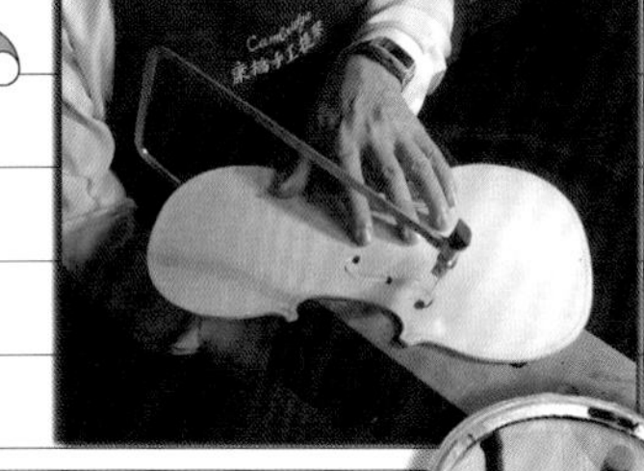

3 step 翼尖處理 data *眼孔翼尖*(眼孔與翼端之*尖角*)*頂端翼尖*(另一端之*尖角*)

detail 翼端直線部份先尖刀粗削,再小木工銼刀-鋼銼將翼端直線銼平-銼順.

detail 翼端直線整修後,整修*頂端翼尖*另一邊之弧形,最後整修相對應外側弧形.

detail *眼孔翼尖*易斷裂,用刀從*眼孔翼尖*往*頂端翼尖*方向切*眼孔翼尖*才不會斷裂

note 如果反方向從*頂端翼尖*切削到*眼孔翼尖*斷裂機率高達*95%*.

4 step 中央缺口 data 約似2mm邊的V形口.

detail 在中央線處用斜刀切壓出垂直面板的刀痕

detail 中央線邊1mm處用斜刀斜斜地粗切成V形狀

detail 用三角銼刀銼出V形缺口,缺口邊稍微再導順.

note 翼尖為圓心**翼尖至內缺口**為**半徑**畫弧畫外缺口

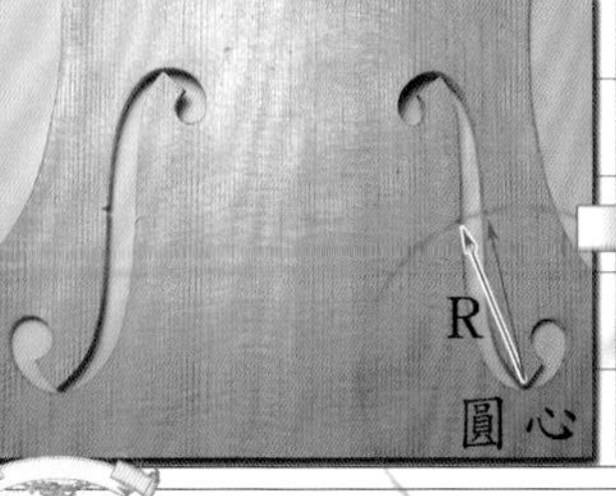

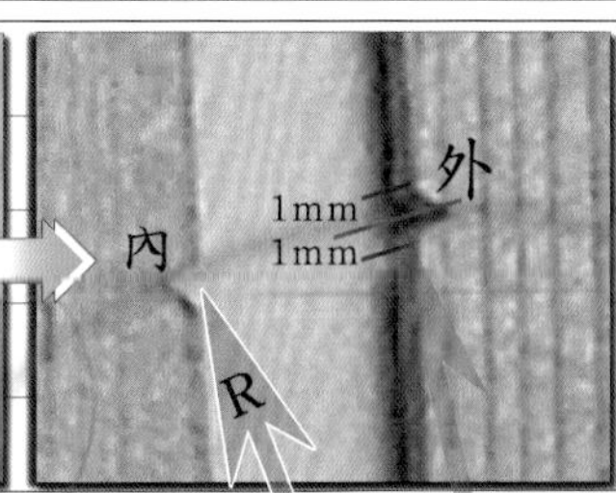

special step F孔切削後,F孔四周的厚度要刮到2.7~2.8mm左右的厚度.

感覺弧度不順暢的地方,用鉛筆在不順暢**邊畫黑**,然後用眼睛去感受是否順暢,OK了再用刮刀刮**除黑線**木料.

刮除F孔左右內垂直壁的直線部份之木料, 可用特製細小刮刀刮順,圓孔則用砂紙捲成圓棒或用圓銼刀磨順.

線鋸出上-下眼口時用大姆指的指甲擋住線鋸的暴衝,否則線鋸的暴衝會傷到眼孔邊產生鋸痕

Take a rest

Lee Chyi Shien

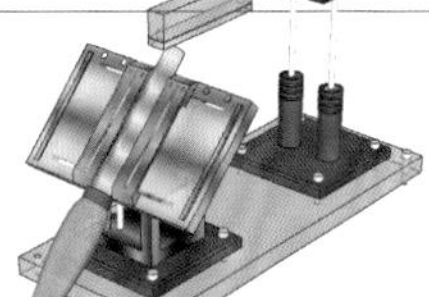

面板

基本規劃

step 步驟名稱 tool 姆指鉋刀,刮刀,厚度規,夾具...

1 step 製作規劃 data 粗胚厚度8mm X 高度20mm X 長度300mm.

detail 面板長度356mm減去40mmX2 再加4mm（安全餘量）長度約280mm.

detail 面板的外弧如果比較**低平或紋理比較寬**,低音樑厚度做寬一點6mm.

detail 面板的外弧如果比較**隆起或紋理比較密**,低音樑厚度就做5.5mm.

note 音樑左右兩側的上端每10mm標示1個記號, F孔中央刻痕處也標記號.

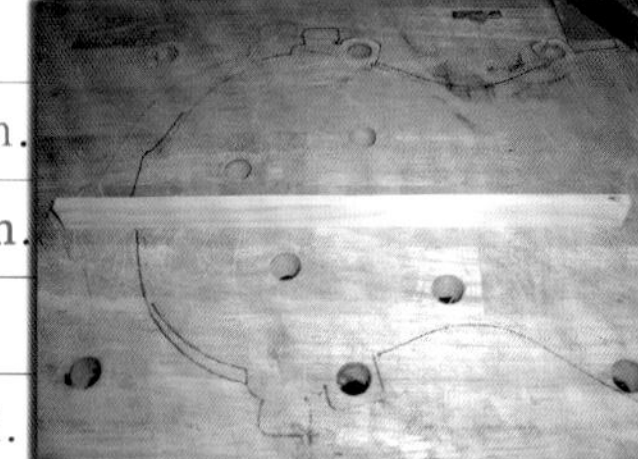

2 step 音樑位置 data 離頭-尾40mm, 離中央刻痕19mm.

detail 距頭端40mm處做記號. 距尾端40mm處做記號.

detail 左-右音孔的內缺口連線, 中線朝右方向處標出19mm點的位置.

detail 上方中線至胸部最寬處均分成7等份並做 上1/7記號.

note 下方中線至腹部最寬處均分成7等份並做 下1/7記號,上-下記號**連線**.

低音樑外邊沿線平行移動至19mm處 琴橋左腳處. (內面看在右邊)

低音樑外邊靠上眼處不可超過眼孔.

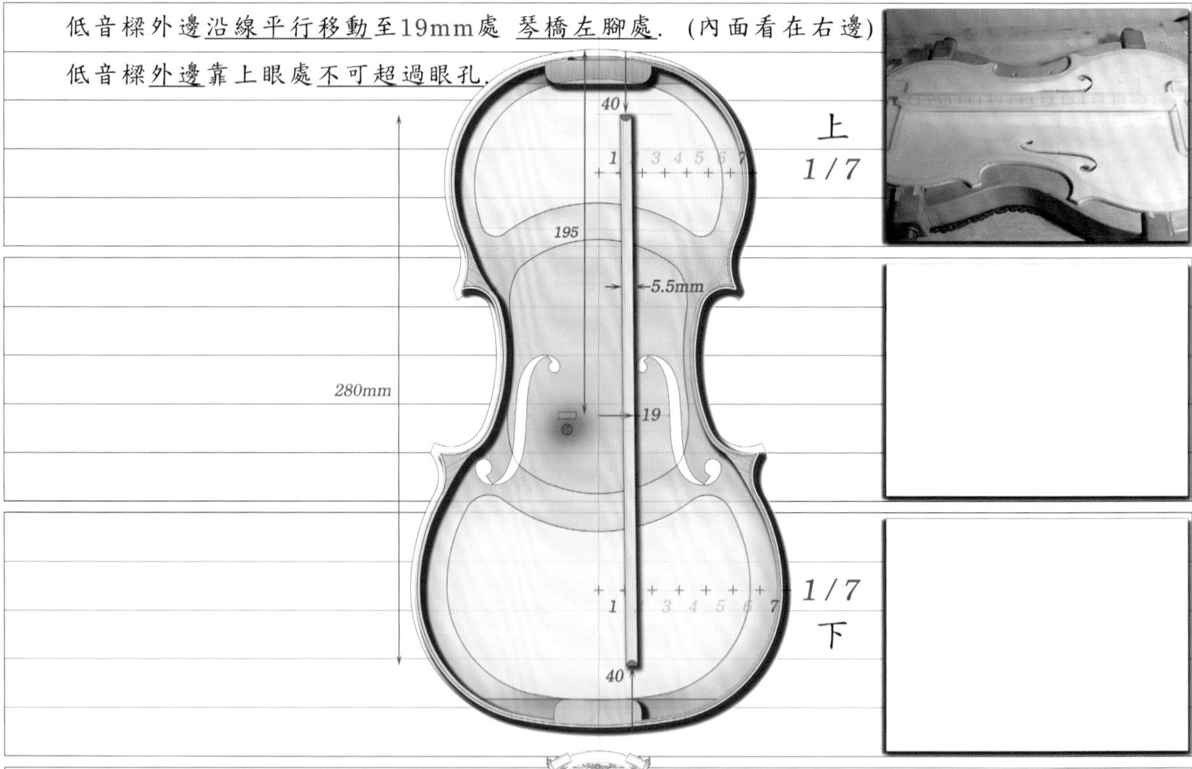

Special step 最後加裝力木後,重量大約再加4g的重量= 73g.（僅供參考）

F孔挖完後音高降低,裝了低音樑後音高上升（音高E左右）.

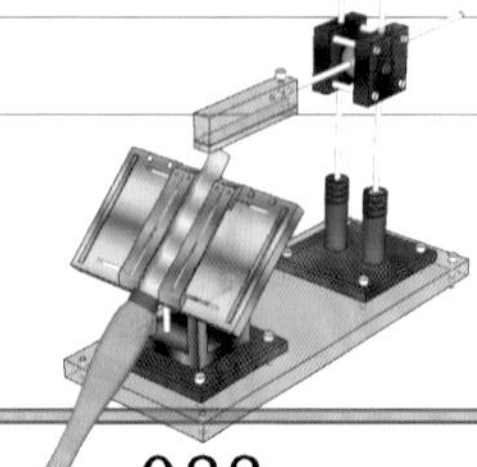

Take a rest

Lee Chyi Shien

面板

站立位置

Bass Bar Position

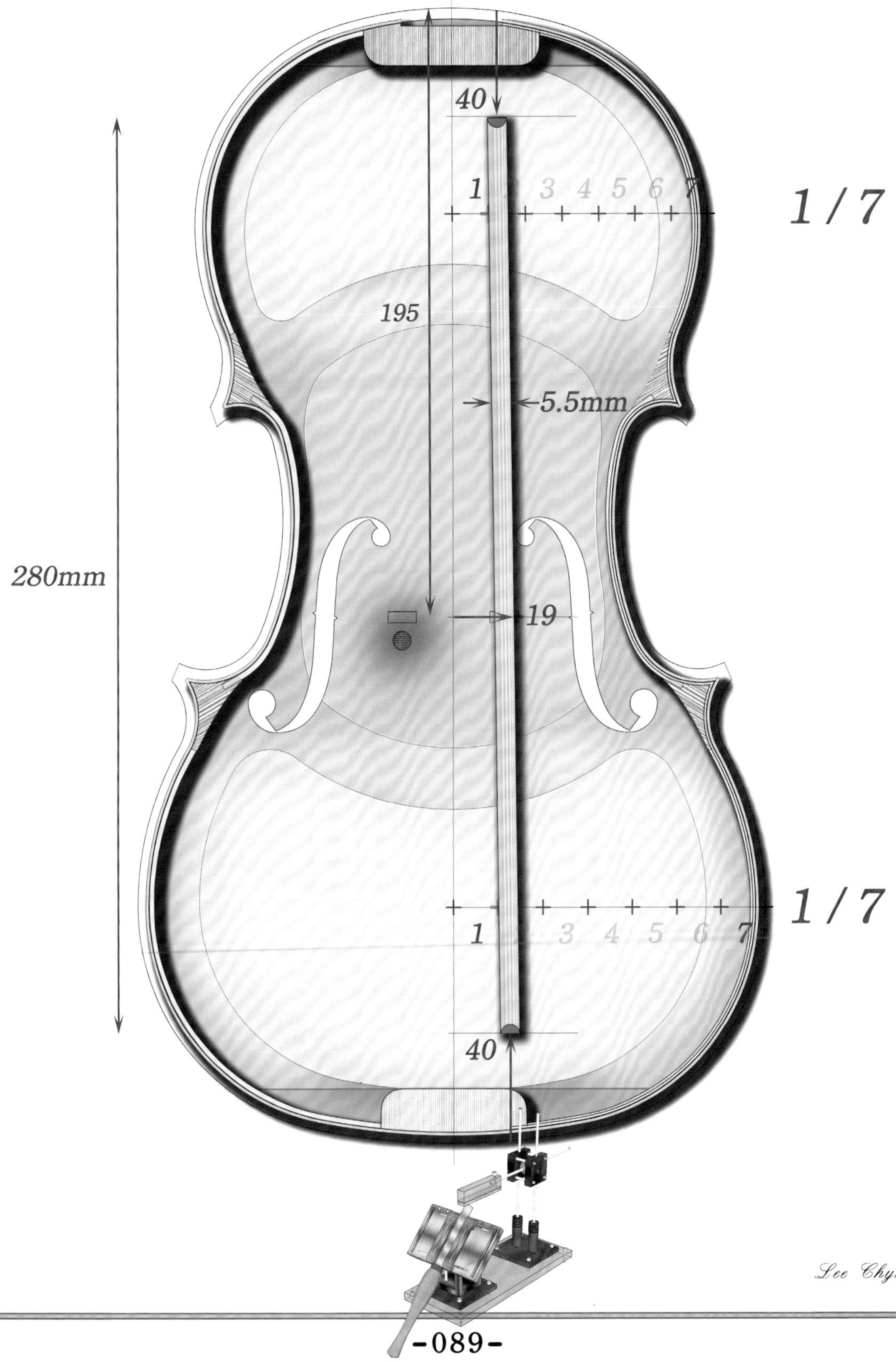

面板

精密吻合

step	步驟名稱	tool	姆指鉋刀,刮刀,厚度規,夾具...
1 step	內弧複製	data	適合粗配快速取形.
	detail		用弧形複製器,按壓複製面板低音樑位置左側的內弧形.
	detail		將複製器內弧形放在低音樑左側上,並畫面板內弧形在低音樑左側上
	detail		低音樑右側弧形方法同上,兩側都畫好後,用適當刀具快速切削餘料.
	note		或用**圓形墊圈**沿著低音樑左右兩邊滾畫內弧弧形在低音樑左右兩邊.
2 step	粉筆拓印	data	最傳統最簡便的方法,兩端會有些誤差.
	detail		面板上將白粉筆塗在低音樑位置,吹走粉末.
	detail		將低音樑放在低音樑位置,並左右橫向微量移動.(左右即頭尾方向)
	detail		用適當銳利的刀具削除附著在低音樑上粉末之木料.
	note		
3 step	沙紙磨擦	data	粗略弧度成形速度快,弧形誤差比較大.
	detail		#240號以下的沙紙黏上N次貼雙面膠,並黏在低音樑位置的面板上.
	detail		將低音樑放上,重壓並左右橫向磨擦微量磨擦移動.
	detail		用適當銳利的刀具將沙紙與低音樑磨擦產生的磨痕削除掉.
	note		磨擦產生痕跡時可順便消除輕微的突出點.
4 step	複寫紙法	data	突出點產生的印痕很容易觀查,兩端會誤差比較大.
	detail		將複寫紙黏上N次貼雙面膠,並黏在低音樑位置的面板上.
	detail		將低音樑放在複寫紙上輕壓,並左右橫向微量移動.
	detail		用適當銳利的刀具削除有轉印痕跡在低音樑上之木料.
	note		複寫紙極易弄髒雙手或面板.
5 step	目視調整	data	吻合速度極慢,不易觀查,但精準度高,兩端誤差極小.
	detail		透過雙眼觀查音樑與面板的接觸區,在密實接觸區的音樑上做記號.
	detail		刮除記號區一側後,再按上述方式操作數次,直到全部密合.
	detail		刮完一側後出現縫隙,就要停止刮除,再觀查另一側狀況,再進行刮除.
	note		兩側如果都出現一致高度的微縫隙,就要刮除兩側間的中脊處.

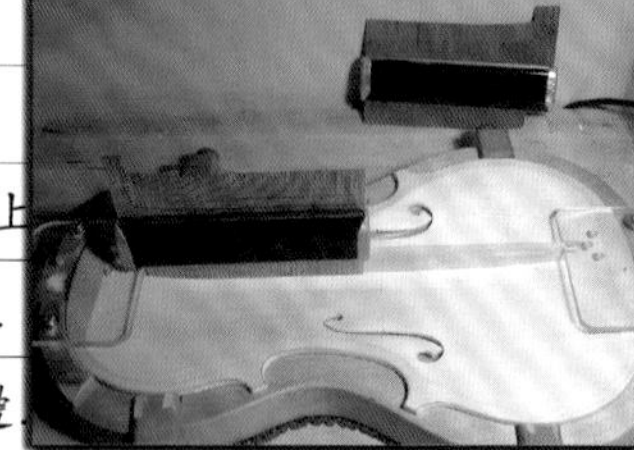

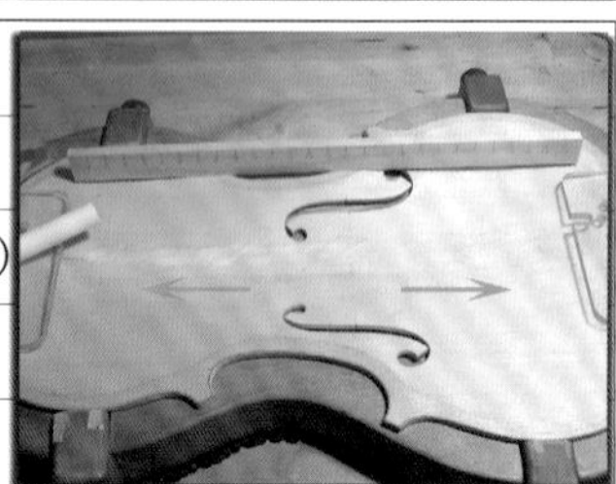

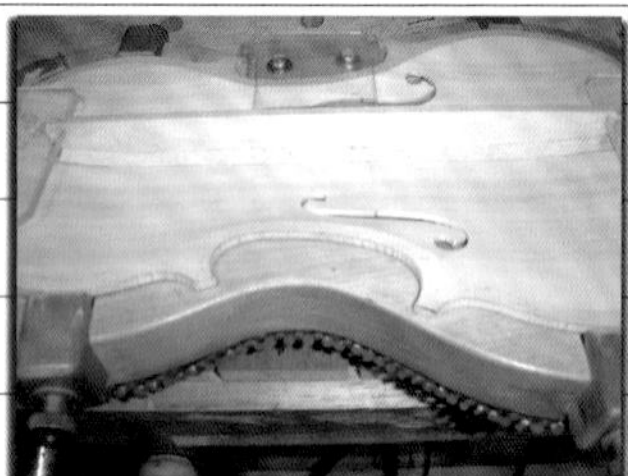

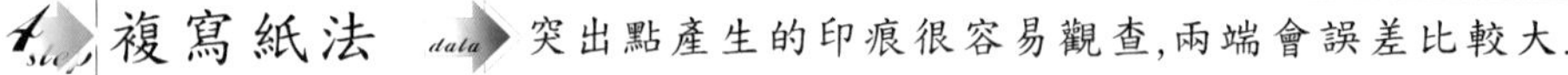

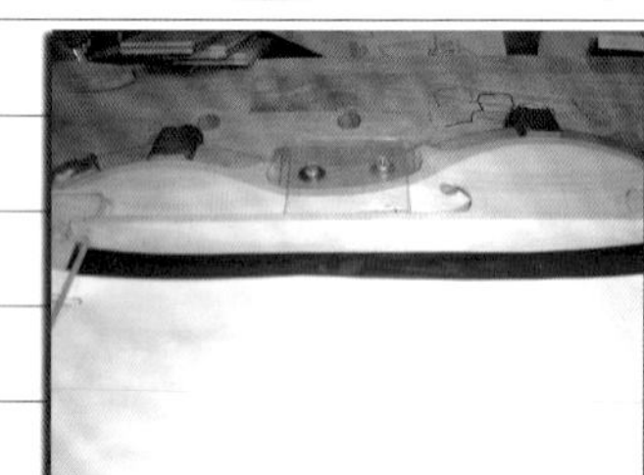

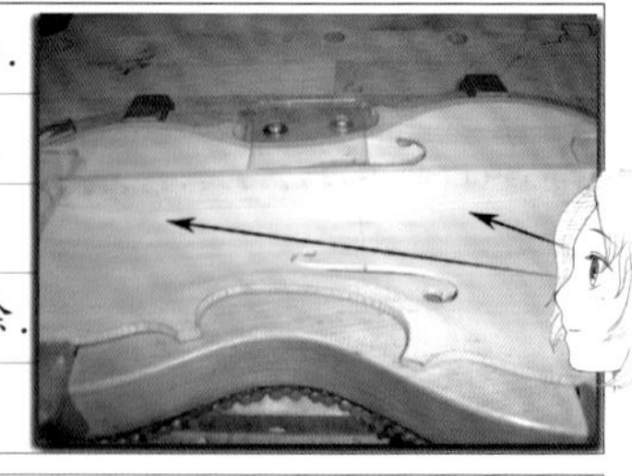

Special step	
	有些製琴師會將低音樑的外弧做的比面板內弧弧度小,兩端會有微空隙(黏合後會帶著張力增加彈性).
	弧形變化極大,須有耐心及時間慢慢作業,方能漂亮精準.(各種方法適當時機混合使用會比較快)
	在音樑兩側的底線弧形向上延伸3mm畫平行弧形控制線,切-削-刮多次後還超過控制線就是處理不當.

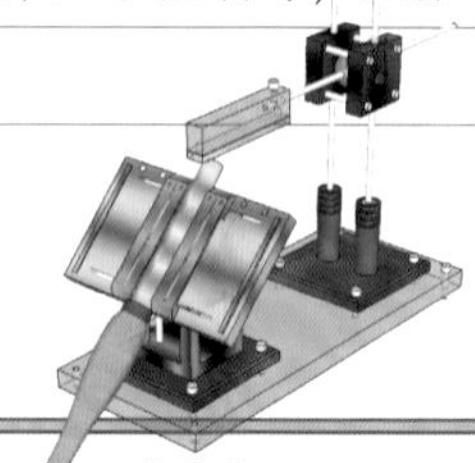

Take a rest

Lee Chyi Shien

面板

黏合處理

step 步驟名稱 tool 姆指鉋刀,刮刀,厚度規,夾具...

1 step 吻合確認 data

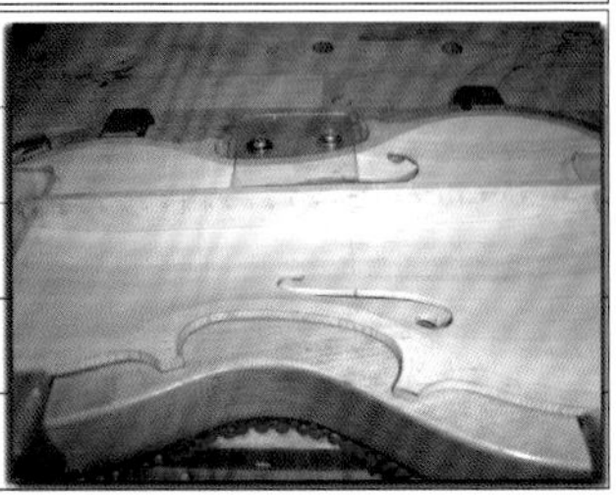

detail 低音樑架在適當位址,並垂直水平面（地面）.

detail 低音樑的外弧與面板內弧處理至吻合度99.9% 左右.

detail

note

2 step 音樑黏合 data 剛黏好音高升至F音.

detail 用專用夾具或治具將低音樑固定.

detail 低音樑固定上膠黏合（夾具不要過度用力,否則面板外弧會有壓痕）

detail

note

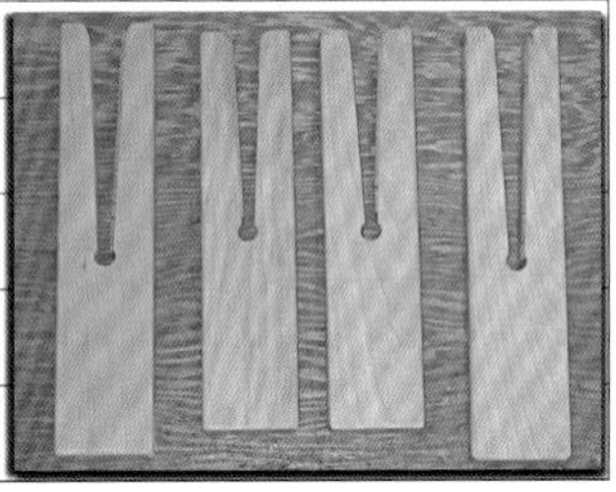

special step

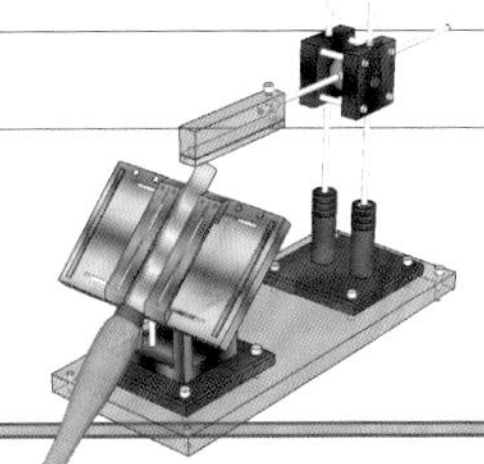

Take a rest

Lee Chyi Shien

面板

音樑切削

步驟名稱 tool 姆指鉋刀,尖刀,刮刀,直尺...

1 step 粗胚高度 data 頭端3 ,5 ,10, （中央13mm） 10, 5, 3尾端.

detail 中央琴橋處約13mm高.

detail 胸部-腹部最寬處約10mm高, 頭端-尾端約3mm高.

detail 依照粗胚高度連成順暢弧線,用圓鉋刀刨至線上,再用姆指鉋刀刨順.

note 最後弧度須連成一貫.

2 step 彈性強度 data

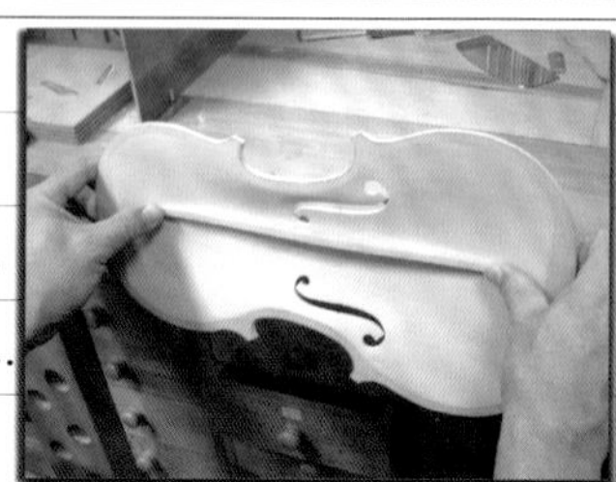

detail 如右圖,將面板琴橋處頂住桌邊.

detail 雙手輕壓面板兩邊,如果彎曲時所需之力量過大,就要平均削減高度.

detail 如果左邊不易彎曲就削左邊,反之則削右邊,直到兩邊的壓力均等即可停止.

note 中央琴橋處不可低於11mm高.

3 step 弧面切削 data

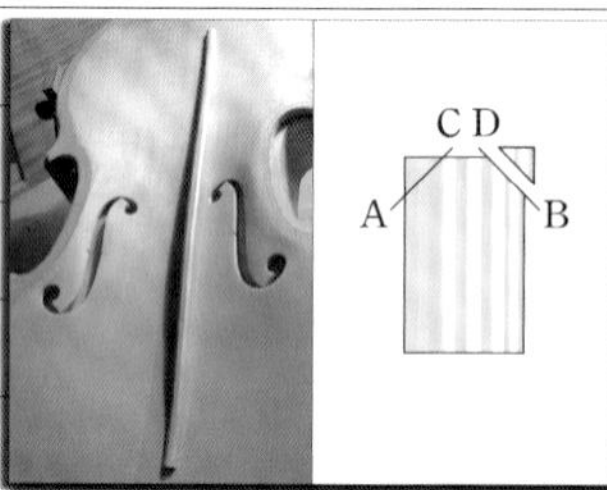

detail 用鉛筆在頂端的左,右兩側（A,B）畫2mm弧形的平行線.

detail 在頂端的上方（C,D）沿著兩邊畫2mm的平行線.

detail 用尖刀將2mm線間的直角切削成45°的倒角邊,再用姆指鉋刀修順.

note

4 step 斷面形狀 data 頭端2mm, 中央琴橋處約12mm高, 尾端2mm.

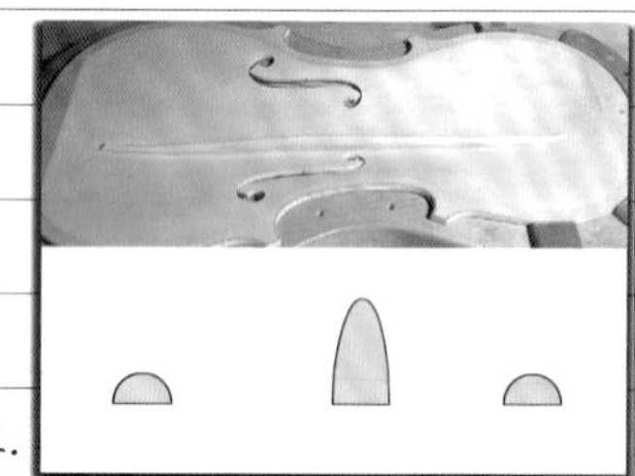

detail 畫音樑中心線,用姆指鉋刀在線兩側刨45°至弧狀,用半圓刮刀刮圓.

detail 頭端-尾端須斜切45°至底部與面板接合處收尾.

detail 音樑橫斷面看,中段是拋物線,繼續往頭端-尾端逐漸成半圓狀.

note 音樑最寬處在底部與面板接合處.音樑橫斷面的最高點應保持在中心線上.

5 step 外觀勻稱 data 中央琴橋處約12mm高. 頭-尾約2mm以下.

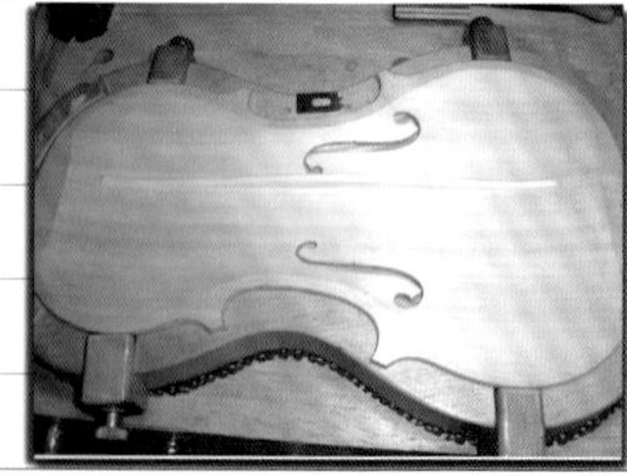

detail 所有數據都Ok!後,用刮刀或沙紙除去刀痕,並使外觀流暢勻稱.

detail 按琴板定音法,再將扣擊音調至E音.

detail

note

Special step

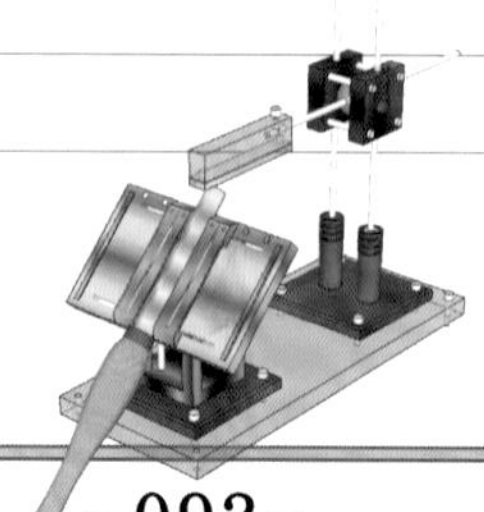

Take a rest

Lee Chyi Shien

面板

外形弧度

Bass Bar Height

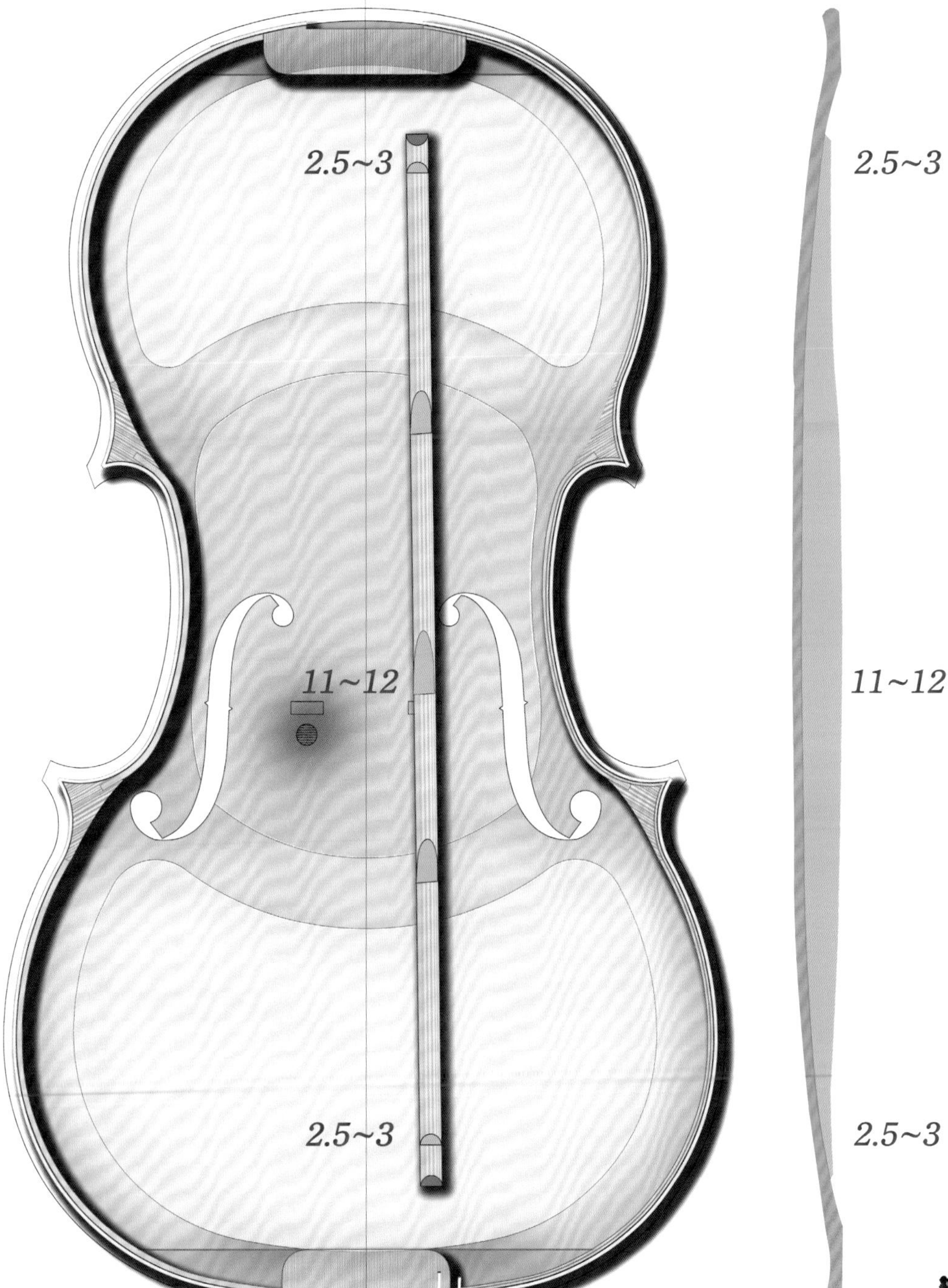

2.5~3

11~12

2.5~3

2.5~3

11~12

2.5~3

…弧弧度的變化是緩緩的昇降
…個人習慣及喜好而略有不同

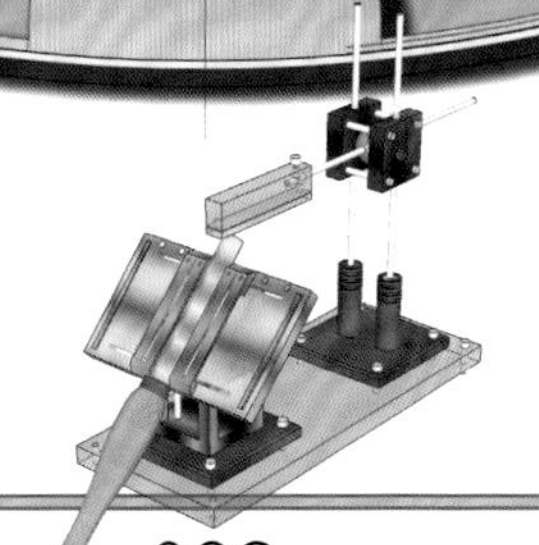

Lee Chyi Shien

面板

立體圖示

3D Bass Bar

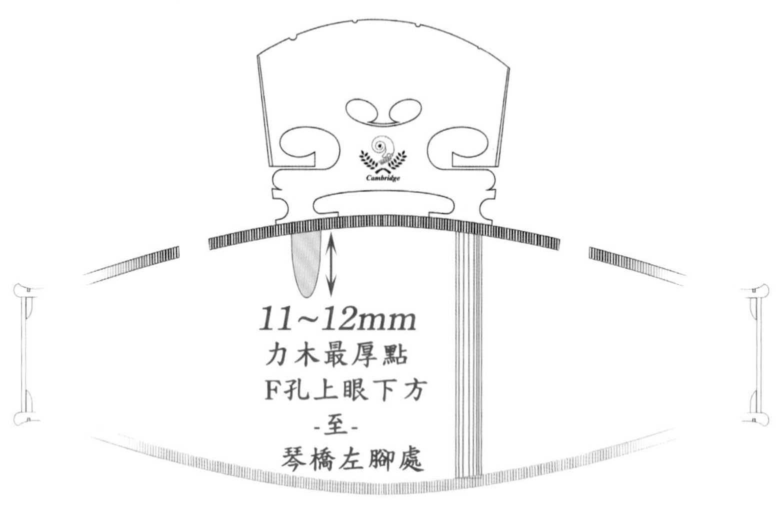

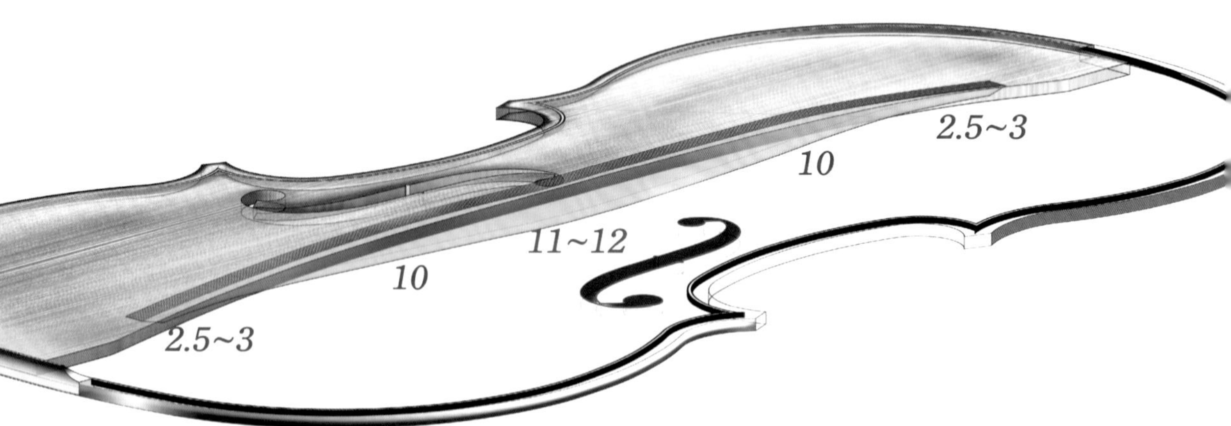

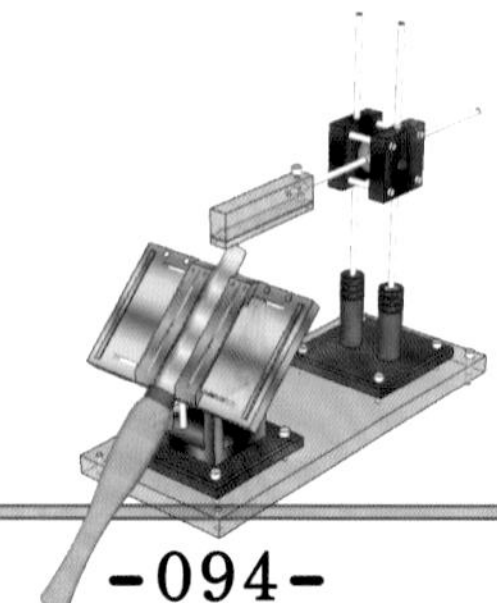

Chapter 07

背板

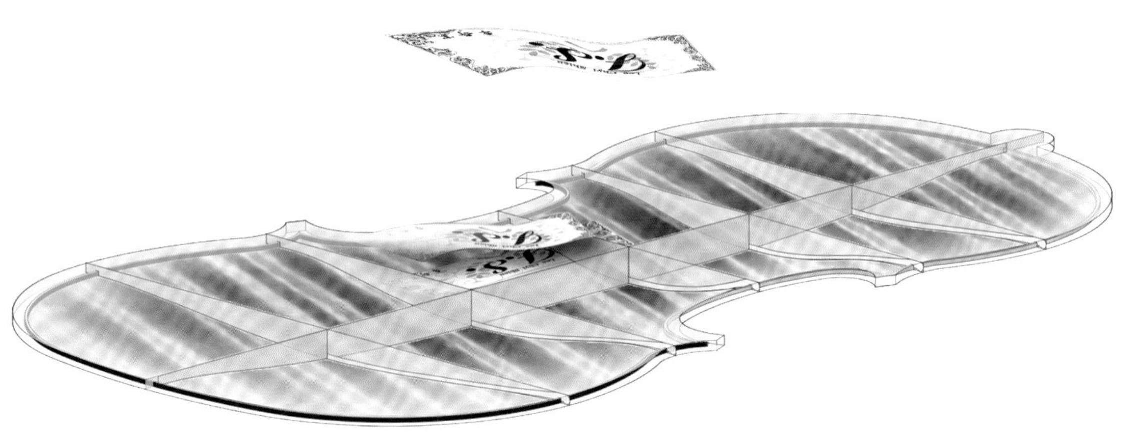

Chapter 07

Back

背板

底面處理

step 步驟名稱 tool 鉋刀(大,小),夾具,平整規,圓鋸,帶鋸...

1 step 底端微整 data 平整度80%

detail 對剖線如不在年輪中央垂直處,應先調整底端的斜度.

detail 用適當的鉋刀把底端大致刨平即可.

detail

note

2 step 對剖一半 data

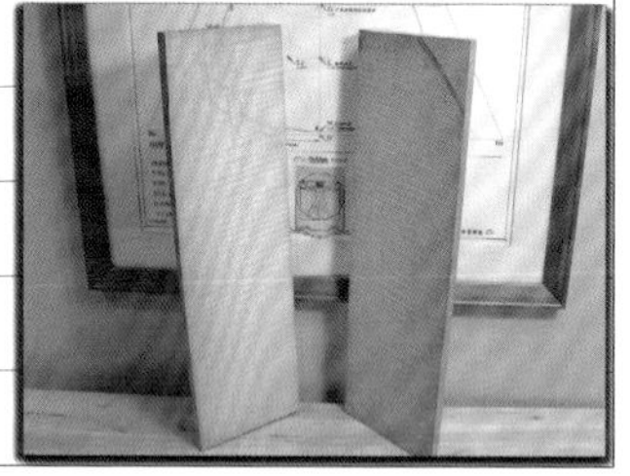

detail 用圓鋸切80% ,剩頂端用帶鋸切開.

detail 或直接用帶鋸切開,鋸開時要盡量筆直.

detail 鋸開不筆直,整平時會耗時-耗力-耗刀具.

note

3 step 底面微整 data 平整度90% 以上

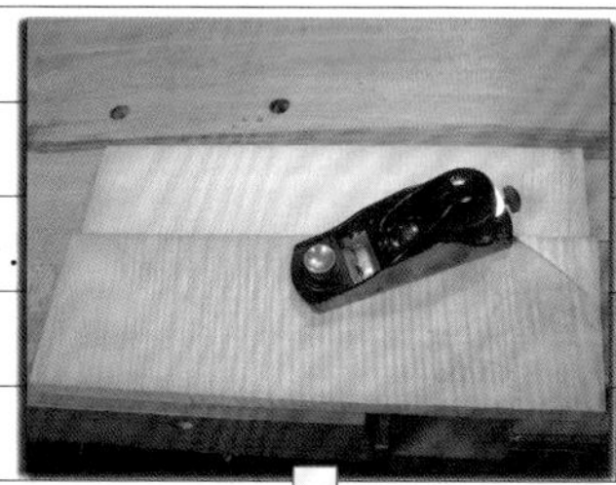

detail 用適當大小的鉋刀刨平整個平面至90%的平整度.

detail 近接縫處之底面須平整,如果不夠平整,會影響下一步驟垂直度之困惱.

detail

note 板材正面有斜度,底刨時下方墊另一塊可防止刨底面時的搖動.

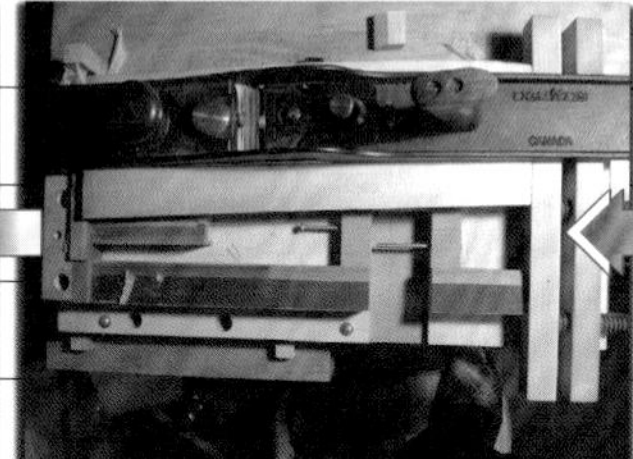

special step 虎班紋的方向是依個人喜好而定,無一定的標準.(拼板的上V,下V,平行,皆有)

背板的材料夠厚的話可取出側板的材料(背板,側板的花紋一樣是最恰當的組合).

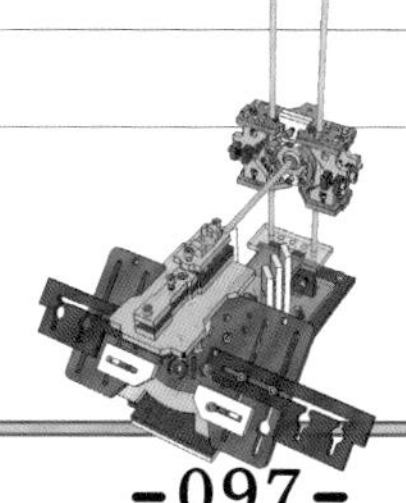

Take a rest

Lee Chyi Shien

背板

精密接縫

step 步驟名稱　tool 鉋刀（大,90°）,刮刀,平整規,直角規...

1 step 垂直整平　data 平整度99%　垂直度99%.

detail 用垂直鉋刀刨出垂直度（用直角規檢查）

detail 再用大鉋刀來細刨平整度.

detail 用平整規確定出一片接縫面的平整度.

note

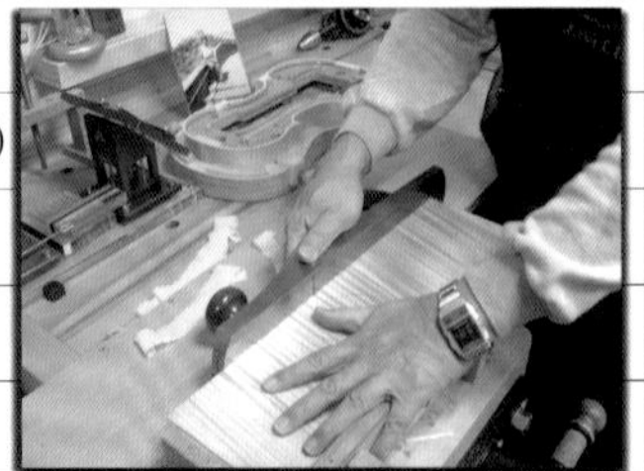

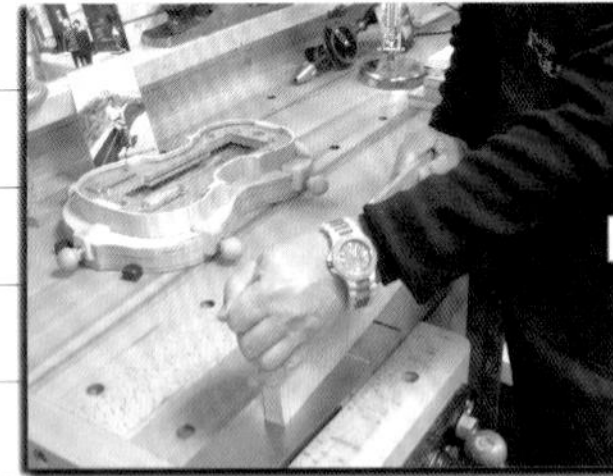

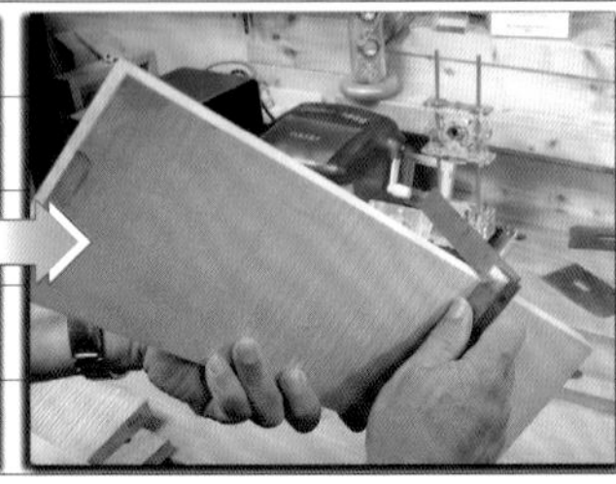

2 step 微縫判斷　左右下壓法>檢查 **左右邊** 的縫隙

壓左端會翹右端的話,就是左端有縫隙.　壓右端會翹左端的話,右端有縫隙.

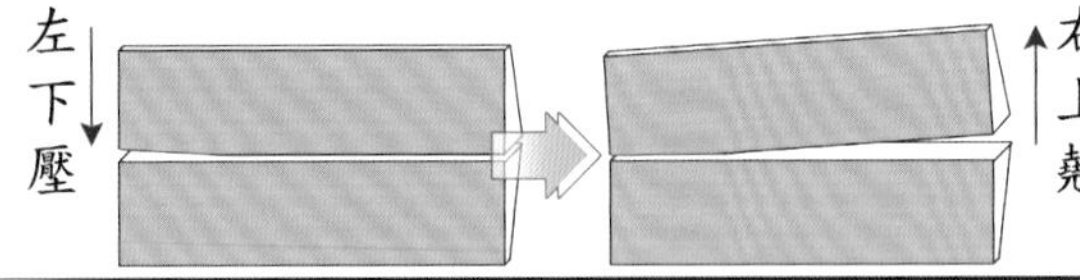

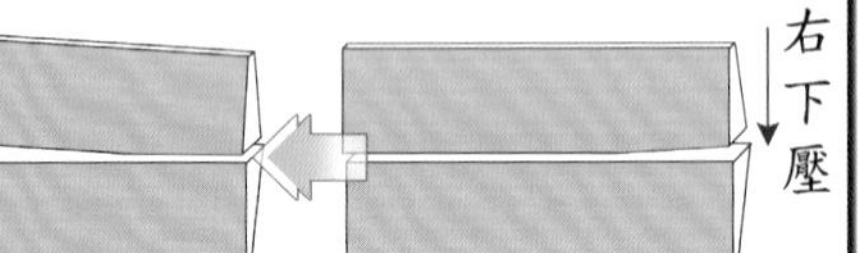

左右推拉法>檢查 **上下板** 的縫隙

上板往右推縫隙變消失時,下板的左端有微縫.　上板往右推縫隙沒消失時,上板的左端有微縫.

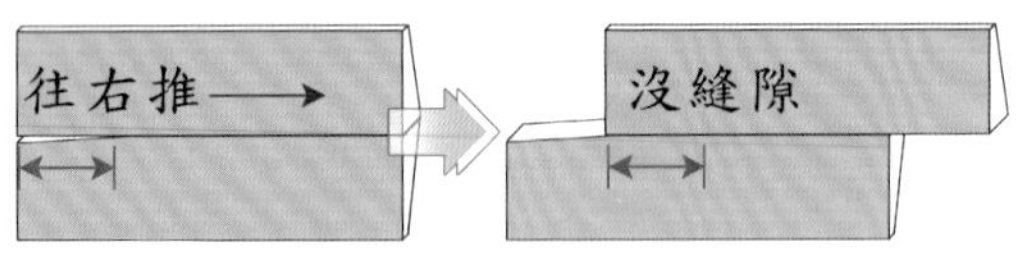

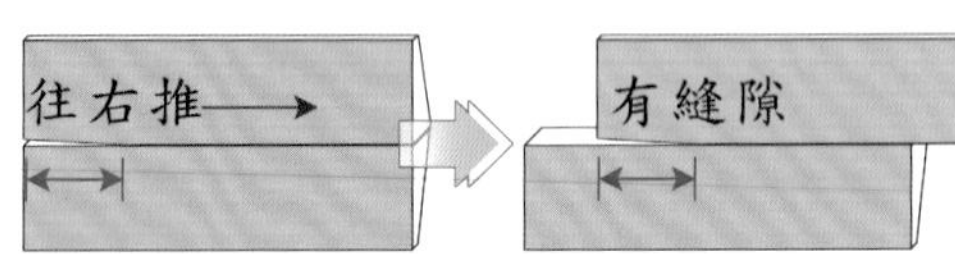

3 step 微縫精刨　data 接縫面平整度99.9%.

detail 目視檢查吻合度,不可以有黑色微縫.

detail 用40°精刨用刀刃再次精刨,直到吻合為止.

detail 鉋花一刀完整不斷,微透明厚度約0.01mm.

note 鉋花越薄接合就越漂亮,膠合強度也越強.

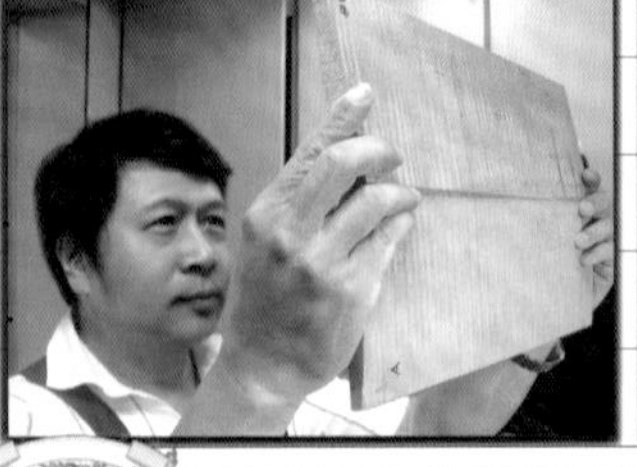

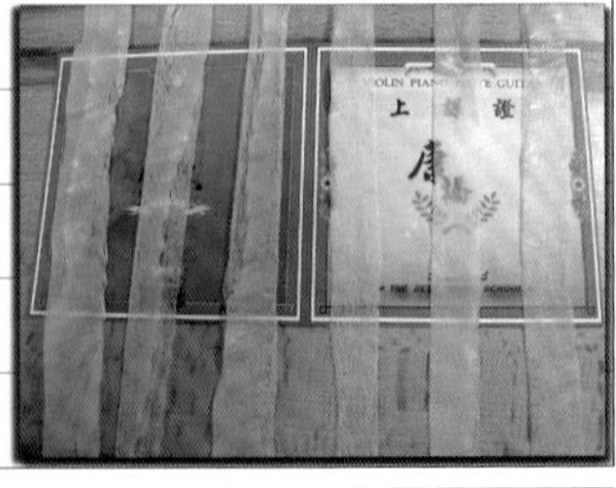

Special step 傳統在刨中縫時,底面中央有微縫而相對的在中央頂面無縫的話,拼接的結果是不會有問題.

吻合後盡快當天膠合,否則隔天木料會微變形要重刨.

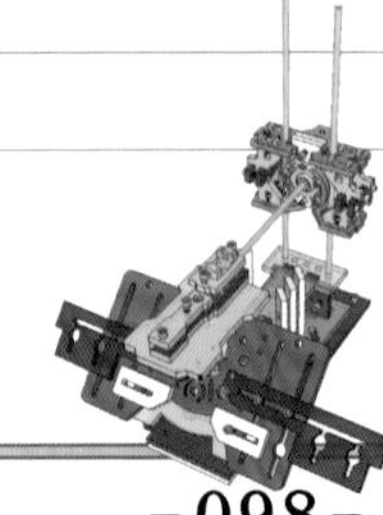

Take a rest

Lee Chyi Shien

背板

膠合處理

步驟名稱	煮膠鍋,膠水刷,夾具...

1 摩擦膠合 data 水20g,動物膠5g,（約20% 左右,稀一點比較好摩擦）

- detail 兩塊背板的接縫面皆朝上, 一塊夾住,
- detail 另一塊接縫面朝上不要夾住靠在旁邊,
- detail 用寬平的毛刷,將兩塊的接合面迅速大量上膠.
- note 上完膠立即將旁邊未固定的一塊放在固定塊的上方.

- detail 上方木塊雙手重壓,前後用力小磨擦至自然咬住不動.
- detail 此法不用夾具,所以**無擠壓內應力**不易開膠.
- detail 膠合時底面盡量對齊,否則後續底面整平會浪費工時.
- note 膠合沒密合,須重新摩擦或移開.（沒經驗或技術不好者容易失敗）

2 夾具膠合

- detail 兩塊的接合面迅速大量上膠.
- detail 用夾具左右硬夾,所以**有擠壓內應力**,時間一久比較有開膠之餘慮.
- detail 用夾具夾緊時頂端須防翹裝置,否則頂端會有開縫之狀況.
- note 此方法之優點就是技術比較簡單不易失敗.

special step

膠合後靜待15分至20分,溢出之膠質呈果凍狀,用廢木片或名片刮除.

未刮乾淨的膠質硬化後有點硬,鉋刀行進時碰到有可能會損傷刀刃的鋒利.

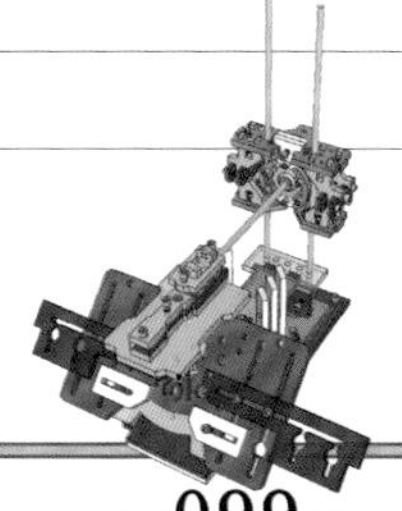

Take a rest

Lee Chyi Shien

背板

底面整平

step 步驟名稱 tool 鉋刀,刮刀,平整規,夾具,毛玻璃...

1 step 凹凸粗刨 data 平整度90% 以上

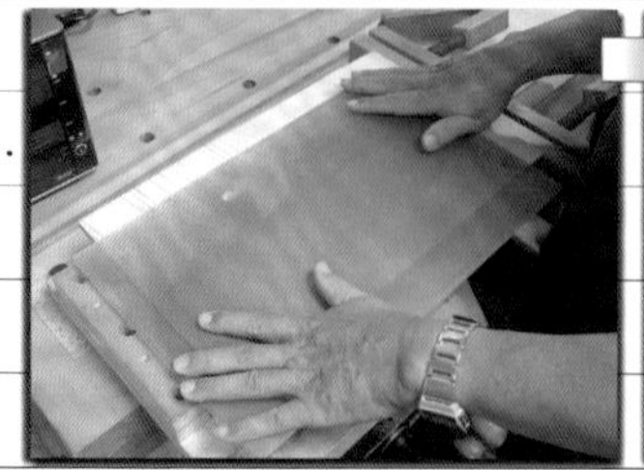

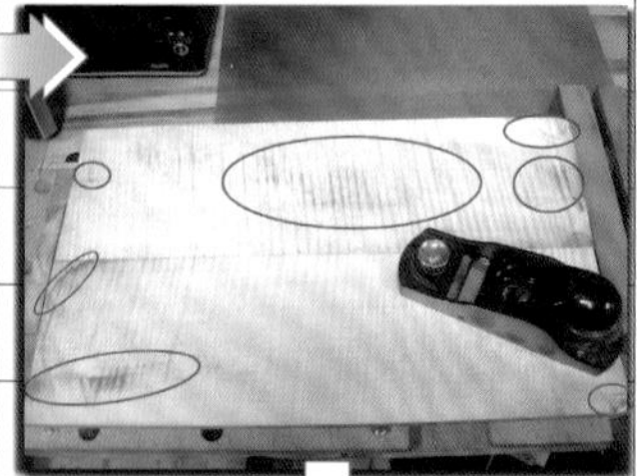

detail 背板左右膠合後,接縫處不對齊或不平整.

detail 用毛玻璃上塗4B鉛筆,

detail 背板底面摩擦毛玻璃可顯示出不平處.

note 用小鉋刀將凸出區迅速刨平.

凸出區比較容易觀察,但比較會弄髒木料.

2 step 平整細刨 data 平整度95% 以上.

detail 用平整規檢查整體的平整度,

detail 頭-尾兩端, 左-右兩邊, 中央接縫區, 對角

detail 在凸面區用鉛筆標示出凸面區.

note 用大鉋刀將凸面標示區粗略迅速刨平.

3 step 扭曲調整 data 平整度98% 以上.

detail 用平整規2支可檢查平面的扭曲度.

detail 先用小鉋刀快速刨除扭曲的微翹面.

detail 再用大鉋刀細刨扭曲的微凸面.

note

4 step 整體精刨 data 平整度99% 以上.

detail 大鉋刀的鉋刀出刀量調細（用精刨用的鉋刀）.

detail 用大鉋刀再精刨整個平面.（鉋花如果有完整一條的鉋花最好）

detail 與琴框邊緣處膠合的背板底面,如有微小階梯的刀痕,用刮刀刮掉刀痕

note 微小的階梯刀痕,接琴框時或許會產生微細的縫隙.

Special step 玻璃上黏沙紙,摩擦背板底面同樣可以顯示出凸出區.（顏色痕跡比較不易觀察,但不會弄髒木料）

刨楓木鉋刀的角度用40^0,鉋刀的行進會比較順暢,刨出的平面極為光亮.

45^0刀刃則比較不易鈍掉,但比較沒40^0的光亮.

Take a rest

Lee Chyi Shien

背板

鑽定位孔

step 步驟名稱 tool 鉋刀,劃線刀,厚度規,鑽頭(2mm),夾具...

1 step 頂端整平 data 中間平台厚16mm

detail 劃線刀調至約16mm,在**頭**-**尾**兩端的垂直端木區畫出**水平刻痕記號**.

detail 用鉋刀將屋頂形的頂端,刨成平面 刨至16mm刻痕處左右.

detail 再用大鉋刀細刨至中央平台的厚度都一樣.(這樣後續鑽孔時比較直)

note 15.5至16mm皆可,但都要同樣的數字,這樣底面平放時才不會傾斜.

琴完成時中心接縫的厚度約15mm左右.

2 step 底面鑽孔 data 中線上離琴框線內5mm處.

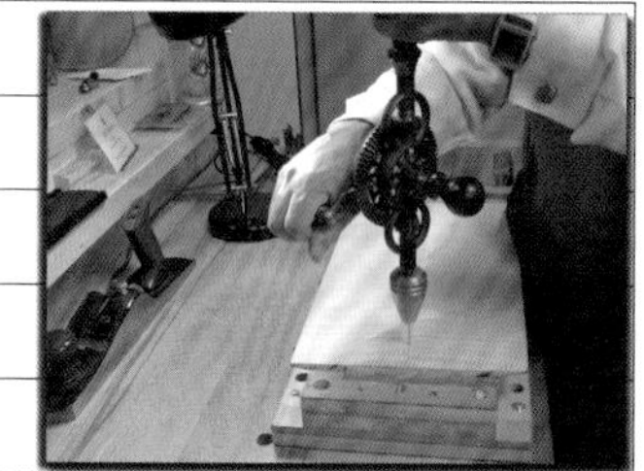

detail 將**琴框中線**,對準**背板中線**.

detail 用鉛筆在背板上的頭-尾畫一小段琴框線.

detail 離琴框線內5mm處,用中心錐定鑽孔中心點.

note 底面朝上,從底面往頂面用2mm鑽頭鑽穿.

3 step 角木鑽孔 data 中央線上離頭端角木邊4mm.

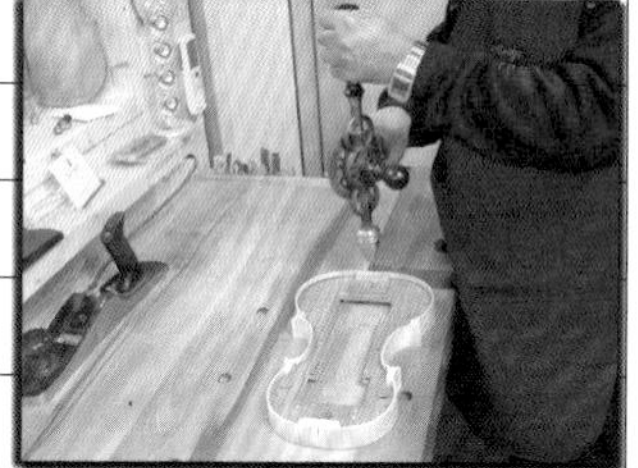

detail 離頭端**角木**邊4mm處鑽5mm深的定位孔.

detail 再與背板頭部的定位孔對準,插入定位銷.

detail **背板尾端**與**琴框尾端**的中心線對準並夾緊.

note 從背板定位孔上,往下鑽入**尾端角木**5mm深.

special step 中央平台厚度如果不一樣,會影響鑽定位孔之垂直度.(背板頂面朝下,厚薄不一,底面水平會偏掉)

提琴製作完工後,背板頭部的定位孔最後會看得到,所以能 鑽準 鑽漂亮 是加分的(仿古琴例外)

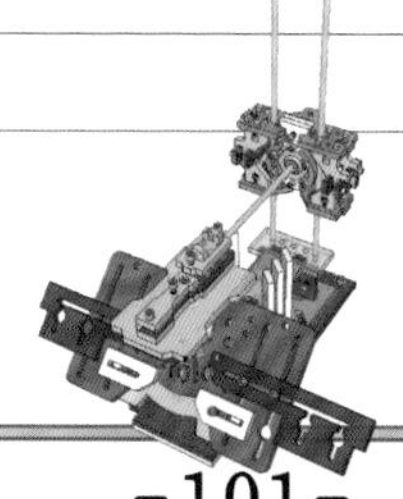

Take a rest

Lee Chyi Shien

背板

外輪廓線

step 步驟名稱 tool 劃線刀,鉛筆,色筆,墊圈...

1 step 劃膠合線 data 與琴框距離0.0mm

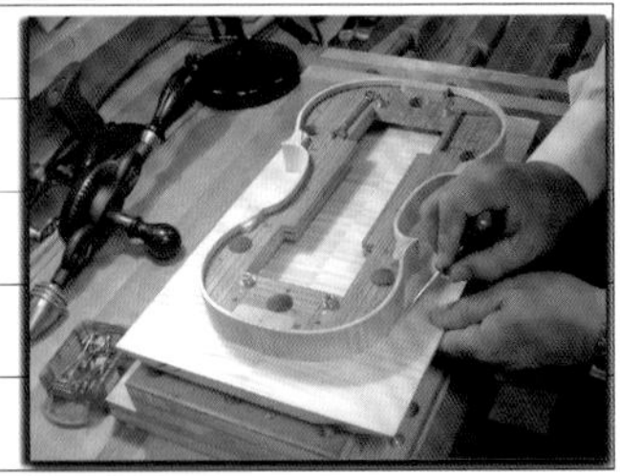

- detail 將背板與琴框的定位孔對準,
- detail 用2mm金屬圓棒將背板與琴框插在一起.
- detail 側板與背板接合處用劃線刀劃出膠合線.
- note

2 step 畫粗切線 data 與琴框距離5mm.

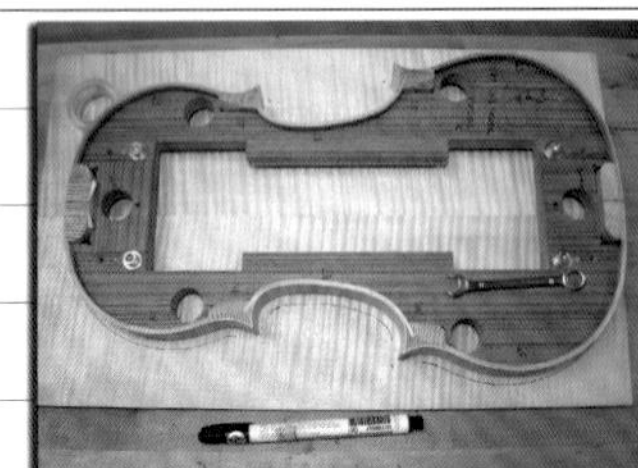

- detail 粗切線 用黑色筆靠著5mm墊圈繞著琴框外圍滾畫1圈.
- detail 頸根處要留26mm寬至頂端.
- detail 粗切線也可以是4mm,但粗切時要小心不要越線.
- note 粗切線 不用畫很準,但接著要畫的精切線及完成線要很準.

3 step 畫精切線 data 與琴框距離3mm

- detail 精切線 用紅色筆靠著3mm墊圈繞著琴框外圍滾畫1圈.
- detail 只能畫到角尖凹處左右的位置,不可平行畫到角尖處.
- detail
- note 精切線影響到鑲線飾條,在鑲嵌時的順暢與準確.

4 step 畫完成線 data 與琴框距離2.5mm

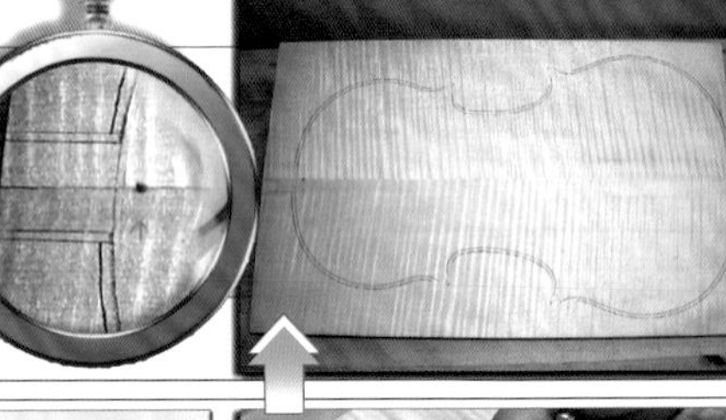

- detail 完成線 用藍色筆靠著2.5mm墊圈繞著琴框外滾畫1圈.
- detail 只能畫到角尖凹處左右的位置,不可平行畫到角尖處.
- detail 暫時不能切到,後續面-背板合琴時再一併平行磨到位.
- note 最後翻邊時底面經倒圓銼-磨等步驟,完成線會消失掉.

5 step 畫肩鈕邊 data 粗胚畫寬一點沒關係

- detail 完成線頂端上方14mm處標最高點,
- detail 往下10.5mm處標頸根圓心點.
- detail 頸根圓心點當圓心,取10.5為半徑畫半圓.
- note 半徑處往琴身畫垂直線.(如右圖往下畫)

後續
完成圖
20
10
16
6
After

Special step 琴框外圍滾畫,畫1次即可,以一條清晰的線條為主,重畫產生雙線以上,反而無從依據更難作業.
精切線 , 完成線 的 琴角圓弧線 暫時不要畫, 待後續再補畫.

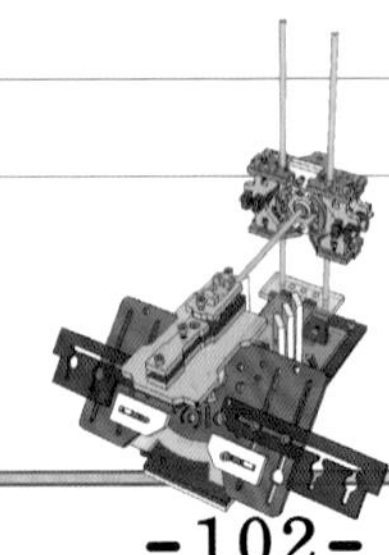

Take a rest
Lee Chyi Shien

背板

畫琴角線

step 步驟名稱	tool 直尺,圓形板,工程筆...
1 step 琴角直線	data 琴角透視點上40mm,下80mm.琴角短直線7.0~7.5mm
detail	從頭部完成線中線下40mm,連線至下琴角完成線,畫下琴角透視線.
detail	從尾端完成線中線上80mm,連線至上琴角完成線,畫上琴角透視線.
detail	再補畫 精切線 - 粗切線 的平行線.
note	琴角透視點的位置(上40 -- 下80)無一定標準,依個人感覺而定.

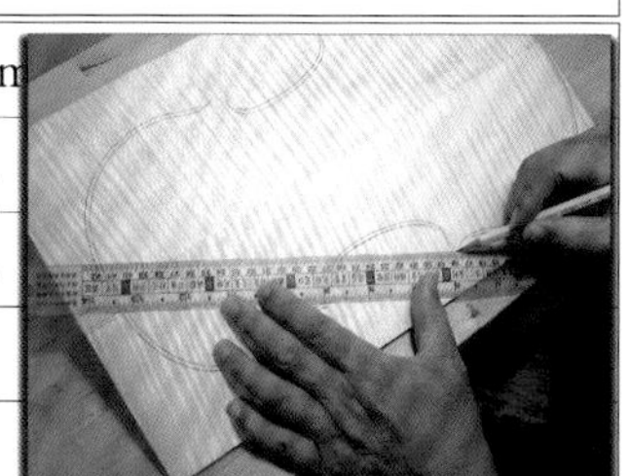

2 step 上琴角弧	data 圓弧的弧形變化,依各人美感而定.
detail	Ⓐ 在C腰上凹完成線,選 直徑(25~26)的圓 **畫C腰上凹圓弧線**.
detail	**C腰上凹弧線**與**上琴角直線**相交於一點,標出上琴角直線7.5的長度.
detail	Ⓑ 上琴角上凹完成線,選 直徑(18~20)的圓 **畫上琴角上凹弧線**.
note	C腰上圓弧 Ⓐ 尾尖端微寬. 上琴角上圓弧 Ⓑ 尾尖端有外揚.

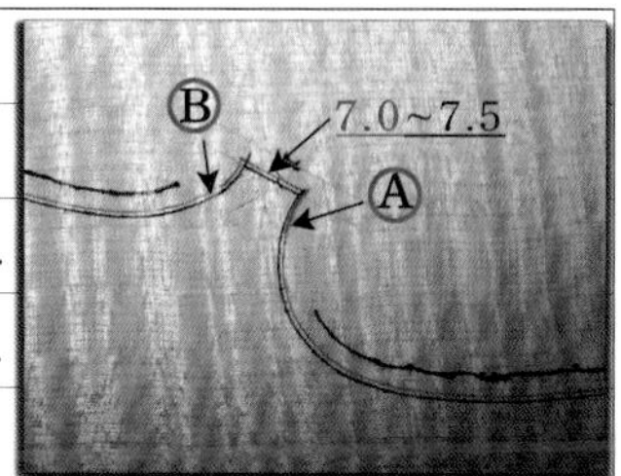

3 step 下琴角弧	data
detail	Ⓒ 在C腰下凹完成線,選 直徑(26~28)的圓 **畫C腰下凹圓弧線**.
detail	**C腰下凹弧線**與**下琴角直線**相交於一點,標出下琴角直線7.5的長度.
detail	Ⓓ 下琴角下凹完成線,選 直徑(18~20)的圓 **畫下琴角下凹弧線**.
note	C腰下圓弧 Ⓒ 尾尖端微寬. 下琴角下圓弧 Ⓓ 尾尖端有外揚.

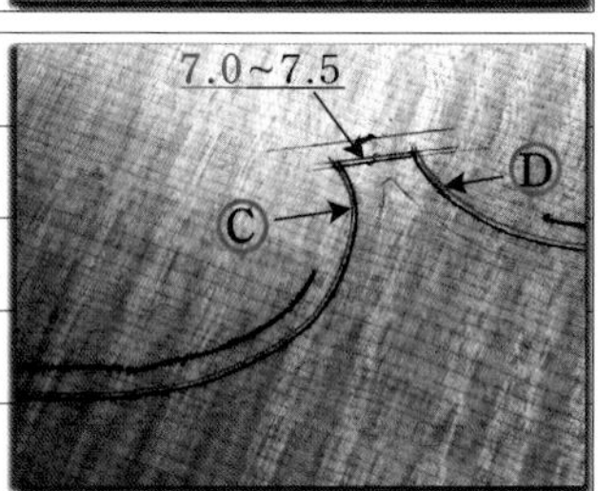

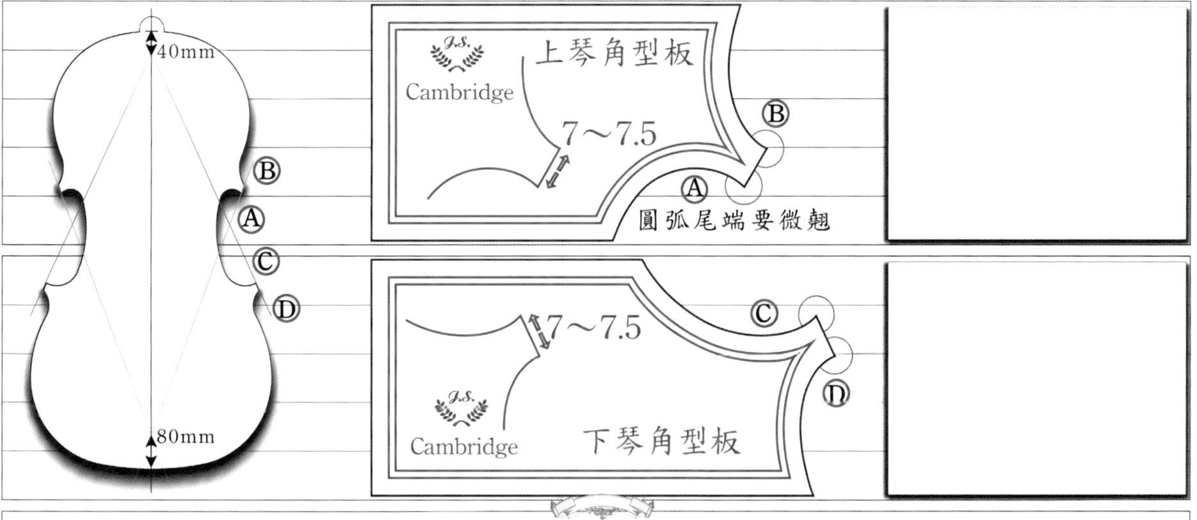

special step
琴角依實作及視覺而調整所需之圓弧大小-形狀,所有線條沒問題後,最後用紅,藍,黑色筆補畫清楚.
琴角圓弧尾端要做的有點微翹感會感覺比較好看(廟宇屋頂的尾端就是有點微翹感,看起來就是好看)

Take a rest

Lee Chyi Shien

背板

輪廓粗切

step 步驟名稱 tool 帶鋸...

1 step 六角粗切 data

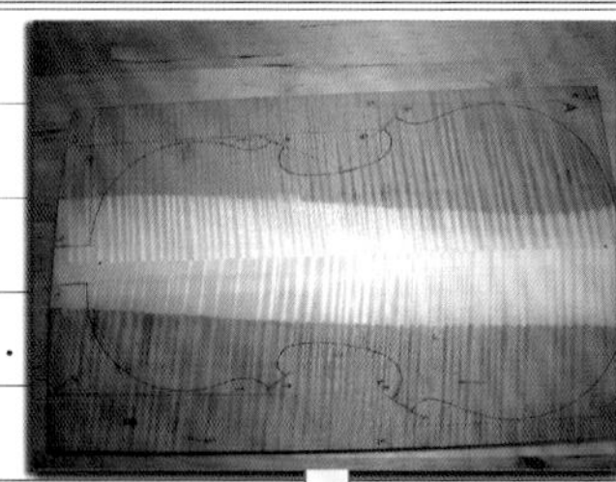

detail 在黑色粗切線外用鉛筆畫成6角形.

detail 再沿著線切成6角形.

detail 帶鋸不易轉彎切鋸的大彎點,先切直線刀口至轉彎點,形成一個斷點.

note

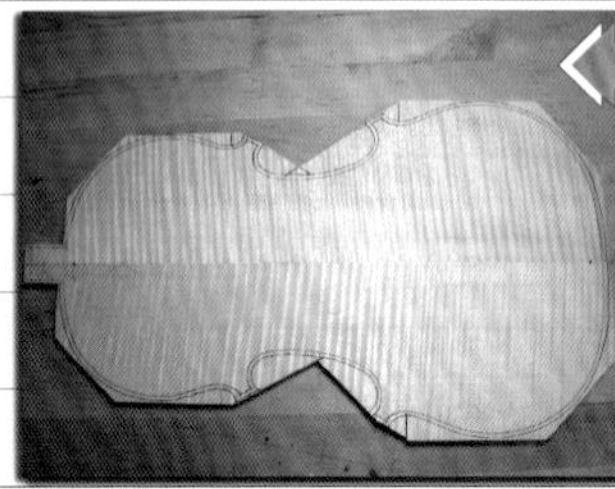
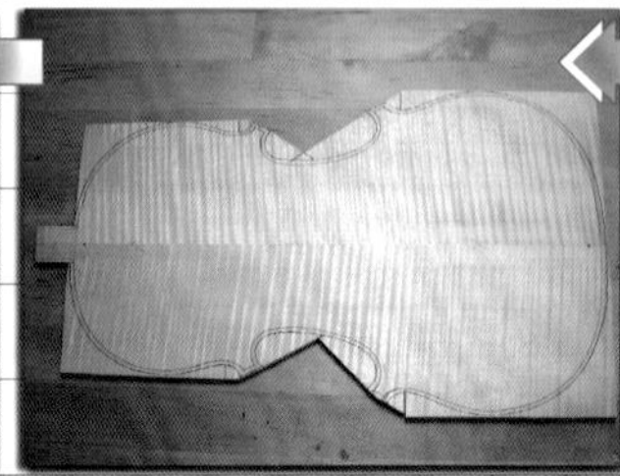
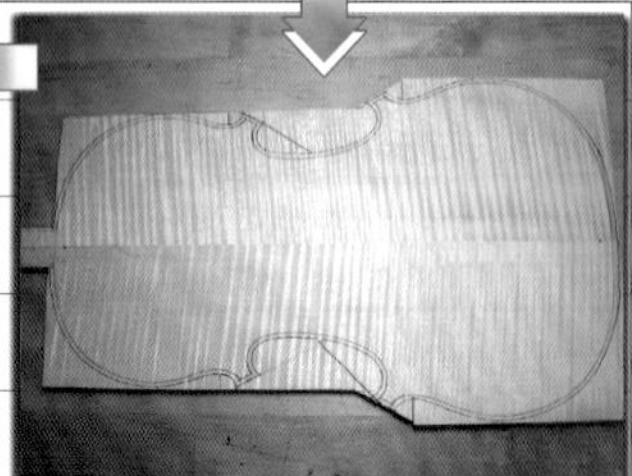

2 step 邊料粗切 data 與琴框距離約6至7mm.

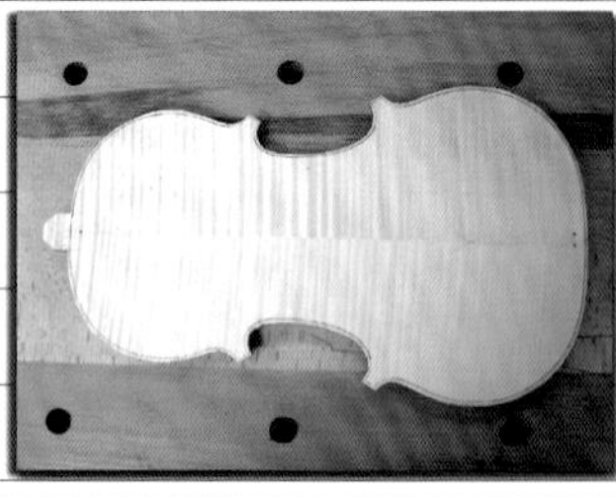

detail 沿著黑色粗切線外用帶鋸快速切成琴形.

detail

detail

note

3 step 畫最高區 data 厚15mm

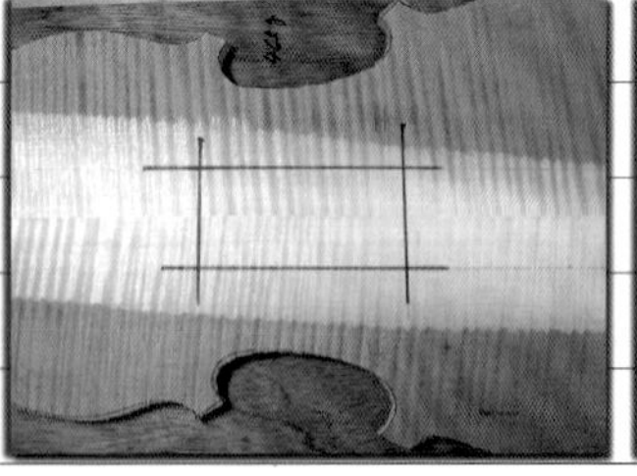
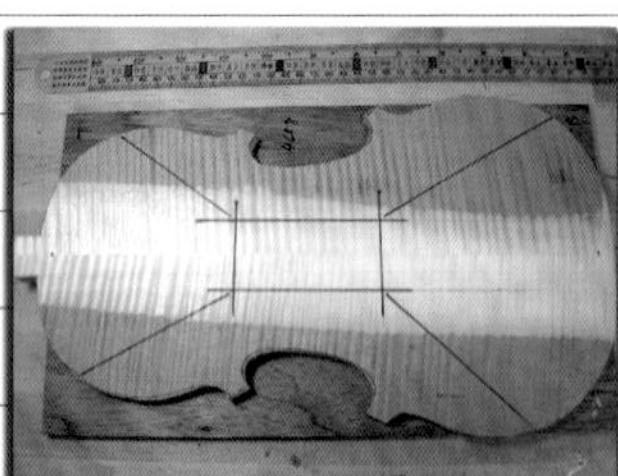

detail 左右上角尖處連線,左右下角尖處連線.

detail 再畫兩條距中線21mm的平行線.

detail

note 中央區最後非平坦區,會微微上升像傘形狀.

4 step 輪廓粗整 data 與琴框距離約3.2mm,尖角直線2.6mm.

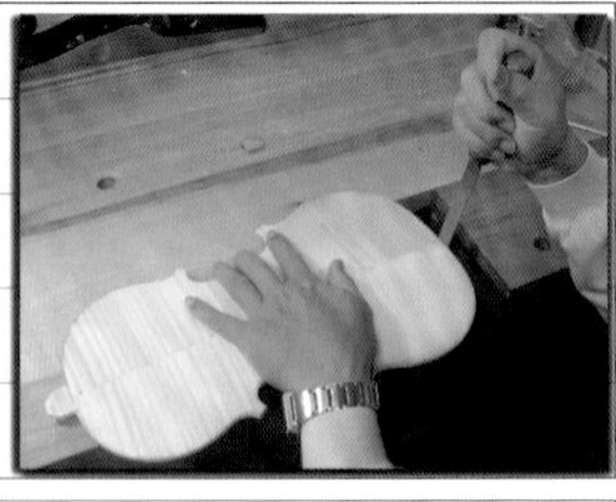

detail 用木銼刀或斜長刀切削至精切線外（3.2~3.5mm）.

detail 用木銼刀銼至精切線上（3.1mm）,底面朝上由底面往下方頂面銼.

detail 用木銼刀銼時先斜銼至精切線邊,再垂直下銼至精切線邊.

note 胸-腹部用砂輪盤機可快速磨至精切線上.（C腰區域磨不到）

Special step

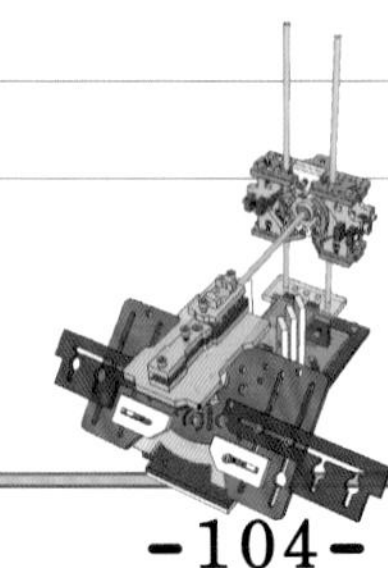

Take a rest

Lee Chyi Shien

背板

厚度粗鉋

step 步驟名稱 tool 劃線刀,鉋刀,木銼刀...

1 step 邊厚劃線 data 粗胚厚5mm.

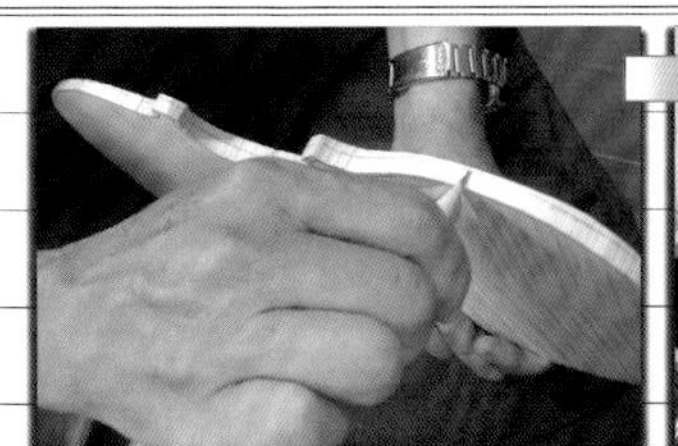

detail 用木銼刀將邊緣的鋸齒刀痕大約磨平.
detail 用鉛筆在邊緣劃6mm粗胚厚度記號.
detail 用劃線刀在邊緣劃5mm粗胚厚度記號.
note 鉛筆劃線比較快也明顯,劃線刀比較準確.

2 step 頭尾斜刨 data 頭尾斜度約5度左右.

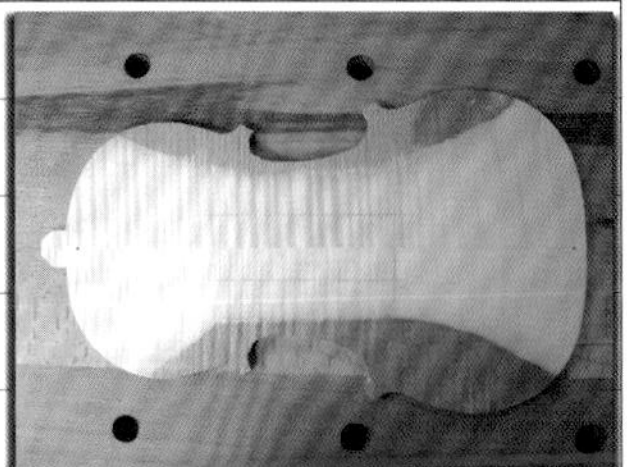

detail 用粗刨的鉋刀從胸-腹部的上-下角尖處至頭-尾刨成斜坡.
detail 最高點在上,下琴角處.頭,尾最低點約5mm厚.
detail
note 此步驟有助後續弧形之雕琢順暢,頭-尾端的弧形比較不會走樣.

3 step 邊厚粗刨 data 粗胚厚5mm.

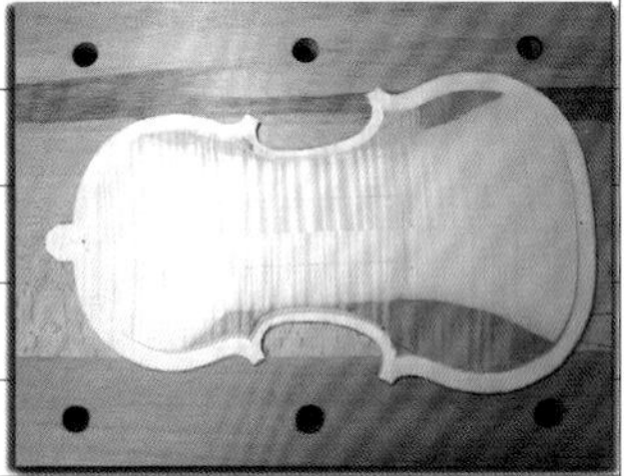

detail 用鑿刀或銑床削薄邊緣平台至5mm處.
detail C腰部用大姆指鉋刀刨至平台邊,再用中姆指鉋刀刨順飾緣平台.
detail
note 飾緣平台的寬度 C腰處約7mm寬, 其餘胸,腹處9~10mm寬.

4 step 兩側斜刨 data 中腰斜度約30度左右

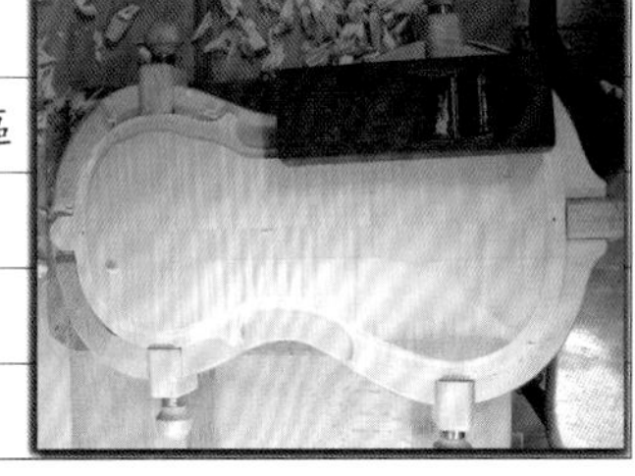

detail 中央平台邊至腰邊用平鉋刀,刨成長斜坡.(不要超過中央42mm平台區
detail 兩側微刨成斜坡,雕成弧度時比較不會走樣,
detail 並有助後續弧形之雕琢順暢.
note 中央腰部比較陡,斜刨,有樣子即可.(此步驟可做或不做)

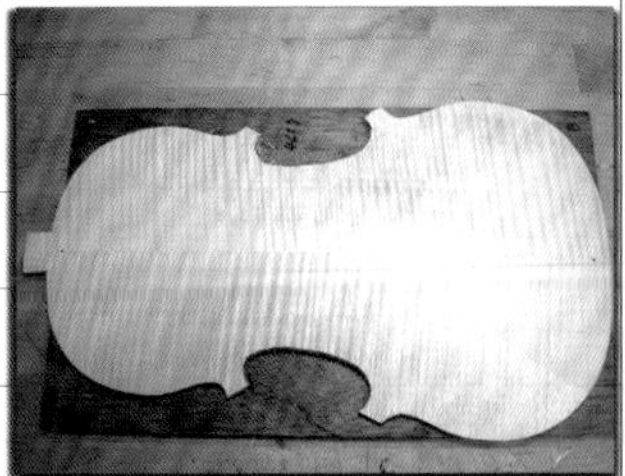

special step

木銼刀比較快但比較會銼傷或撕裂木纖維,鋼銼比較慢但不易銼傷木纖維.(尤其是 邊邊 與角尖處)

有時後可將面板與背板內對內併在一起,粗修兩塊不對稱多餘之部份.

邊厚完成品的厚度約4mm, 琴角4.5mm, C腰4.2mm, 肩紐4.5mm~5.0mm.

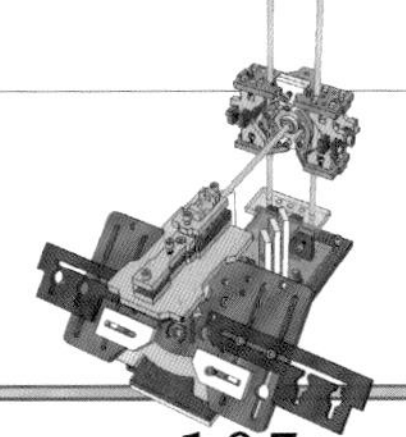

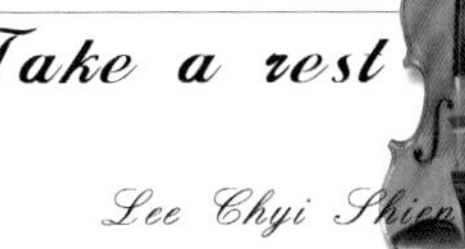

Take a rest

Lee Chyi Shien

背板

輪廓細調

step 步驟名稱 tool 鉋刀,劃線刀,木銼刀,鋼銼刀,夾具...

1 step 邊厚細整 data 邊緣厚4.1mm, 角尖厚4.6mm.

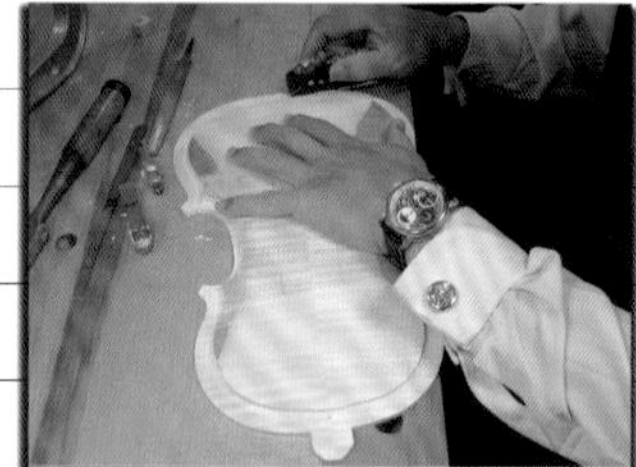

detail 邊緣用劃線刀劃至規定厚度.(最完成後邊緣厚約4mm,角尖厚4.5mm)
detail 用平鑿刀,小鉋刀削薄至刻痕處,不平處用平銼刀銼平.
detail
note

2 step 輪廓順暢 data 邊緣與底面90^0

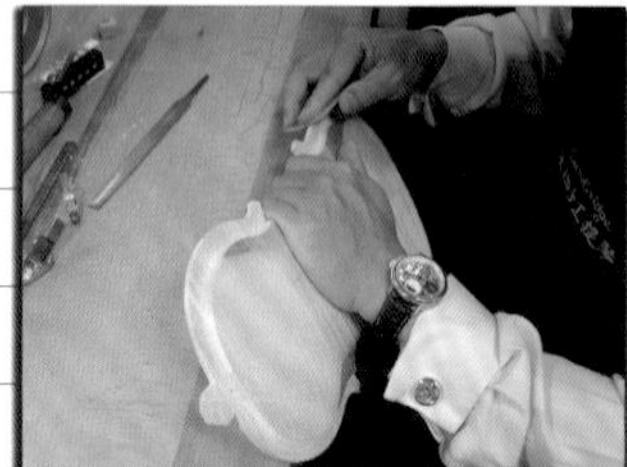

detail 背板圓弧邊緣用粗砂紙稍微磨順.
detail 這時精切線快消失.(背板邊離琴框約3mm)
detail
note 四周圓弧順暢有助鑲線切挖之流暢.

3 step 最終邊厚 data 完成品邊緣厚4mm, 角尖厚4.5mm, C腰4.2mm.

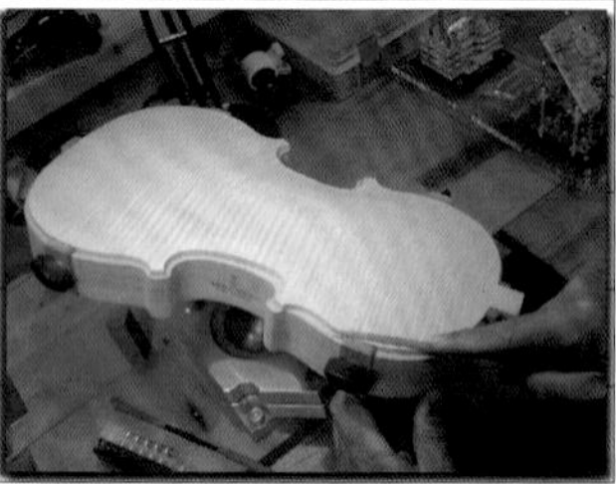

detail 邊緣用木銼刀或鋼銼刀磨至最終的厚度刻痕處.
detail
detail
note

4 step 輪廓精整 data 琴框距離3, 尖角直線2.5

detail 用鋼銼刀,細砂紙小心銼磨到精切線消失.(背板邊離琴框=3mm)
detail
detail
note 邊緣與底面要保持垂直90^0.

After step 後續處理

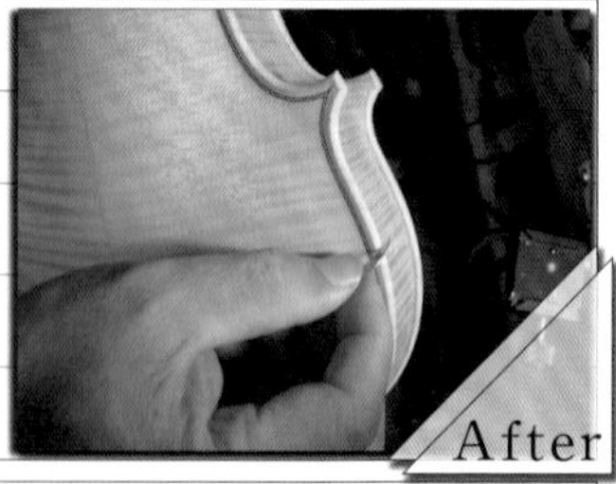

Special step
最終邊厚處理後邊緣用砂紙再磨一次,邊緣會更順暢.(最終稜線可能掉至3.9或3.8mm)
胸部-腹部邊邊的非內凹區域,現代研磨用砂輪圓盤機磨會很快,但是要小心不要過頭.
4個角尖,C腰區域內凹處,用砂輪圓棒機磨會很快.
傳統砂紙是用馬賊草的莖皮磨較光亮.

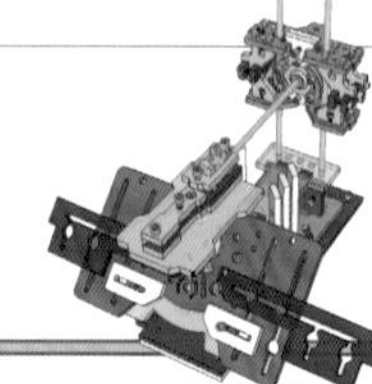

Take a rest

Lee Chyi Shien

背板

粗胚鑿刻

step 步驟名稱 tool 外斜圓鑿刀,夾具...

1 step 大鑿外弧 data

detail 用外斜圓鑿橫鑿數條大約平行的凹槽.

detail 頭-尾從兩側邊的平台往中央微斜上橫鑿.

detail C腰用彎曲外斜圓鑿往中央急速斜上昇橫鑿

note 用弧型 型板 大約控制背板粗雕的弧形.

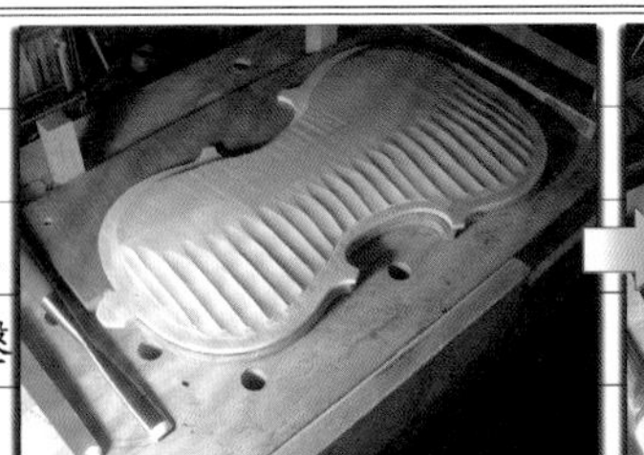

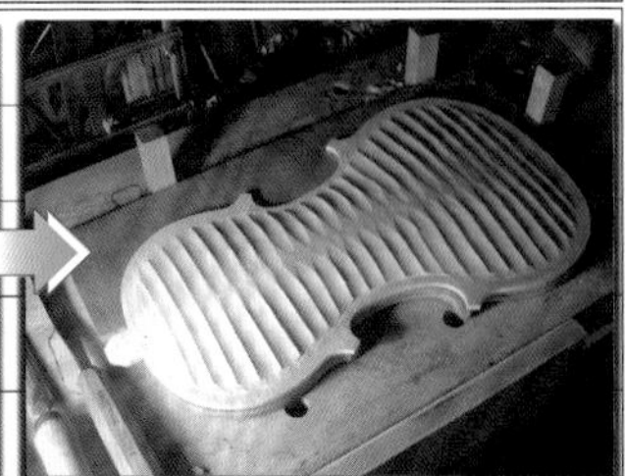

2 step 次削弧形 data

detail 用外斜圓鑿再將平行凹槽弧線大約修直.

detail 中央平台邊用外斜圓鑿微量輕鑿,

detail 將中央平台修到變窄 -縮小- 到微消失.

note 不平行的凹槽,小鑿稜線邊即可調整平行度

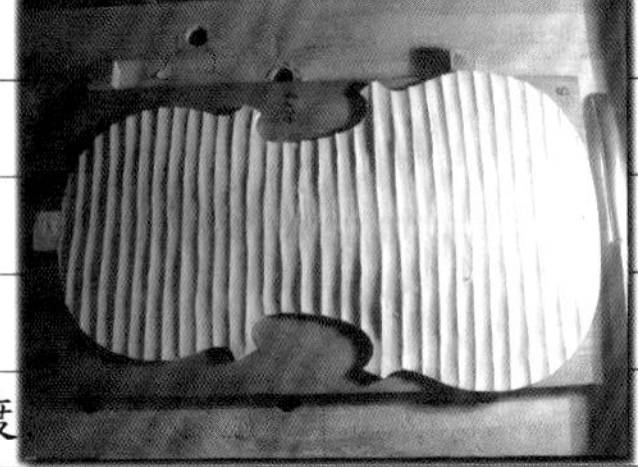

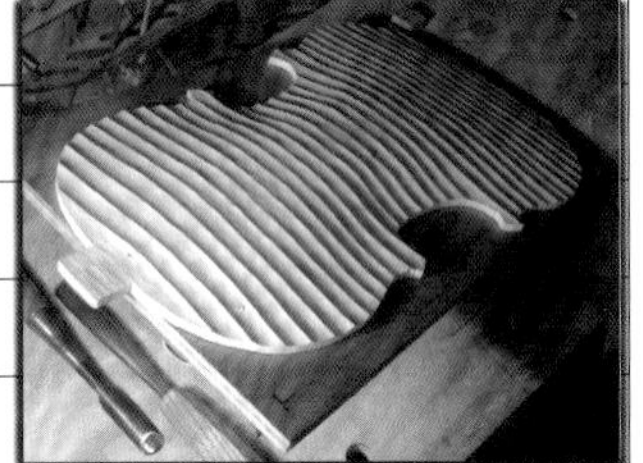

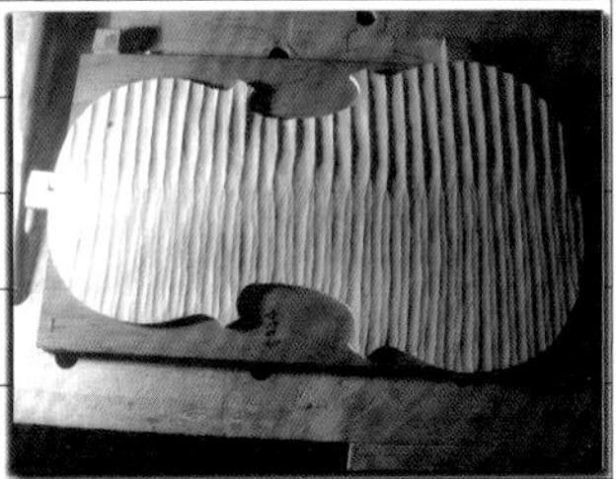

3 step 細修弧面 data

detail 用中型外斜圓鑿將平形凹槽間的稜線鑿掉.

detail 並同時修正弧形.

detail 上一步驟做的不錯的話,此步驟即可省略.

note 也可以用大拇指鉋刀處理,速度快又平順.

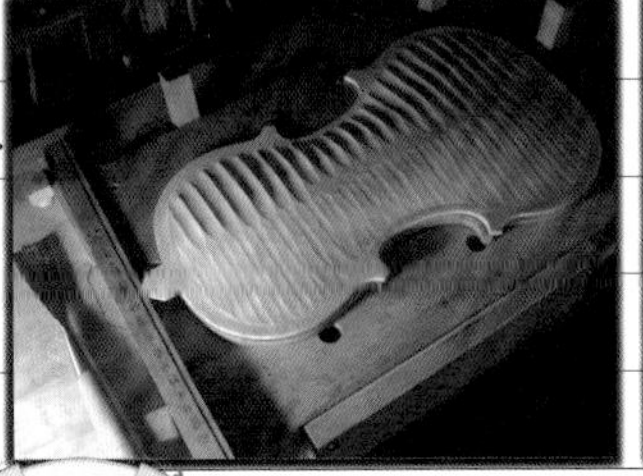

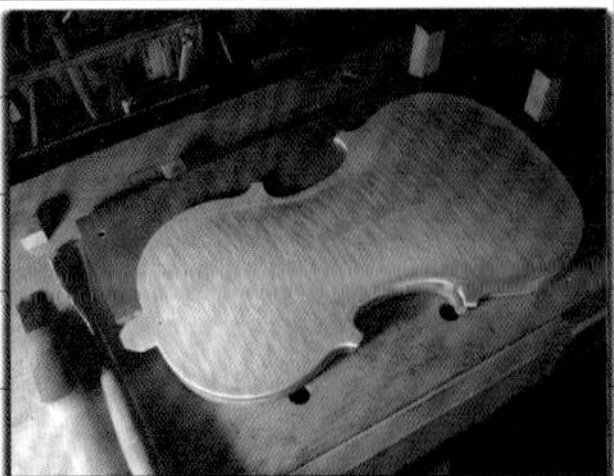

special step 背板是硬楓木,用中型外斜圓鑿會比用大型外斜圓鑿省力.

大鑿時逐一修正各個大鑿之斜度及弧度,至整體拱形順暢（外形目視呈現外圓弧狀）.

Take a rest

Lee Chyi Shien

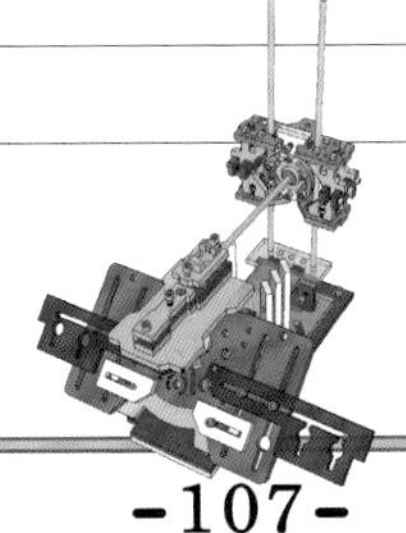

背板

刻痕刨磨

step 步驟名稱 tool 拇指鉋刀

1 step 稜線粗刨 data

detail 用適當的中型拇指鉋刀將凹槽稜線刨除.

detail C腰附近用小拇指鉋刀.

detail

note 全體用型板粗檢查一遍,並刨除不對之區域.

2 step 四角刨平 data 四個尖角厚度4.5mm.

detail 四個**尖角**處的平台最厚約4.5mm,　其餘**胸**-**腹**四周的平台約4mm.

detail 這兩個平台間的落差,大致上是從尖角凹處開始緩緩上昇的.

detail 用適當的鋼銼將四個尖角磨平,並與其相連的平台磨順.

note

Special step

Take a rest

Lee Chyi Shien

背板

全形調整

步驟名稱 tool 姆指鉋刀,刮刀,厚度規,夾具...

1 step 型板建形 data 將型板放置在規定的位置

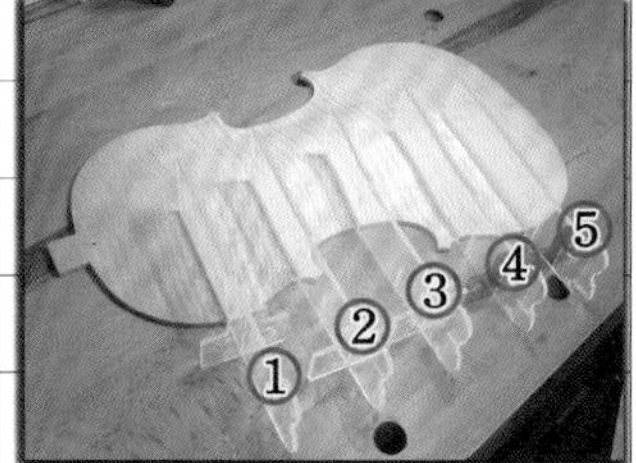

detail 最長的放在中軸線.
detail ①放在胸部最寬處.
detail ②放在尖角上凹最低處.
note ③放在C腰中間處.（約略中間的位置）

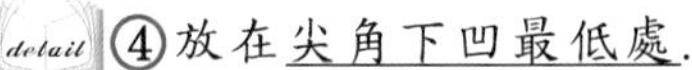

detail ④放在尖角下凹最低處.
detail ⑤放在腹部最寬處.
detail **畫出**有隆起與型板接觸不順暢的凸出點.
detail 用姆指鉋刨掉記號處,至接近型板樣式90%
note **型板附近**有隆起不順暢的也一併**刨掉**.

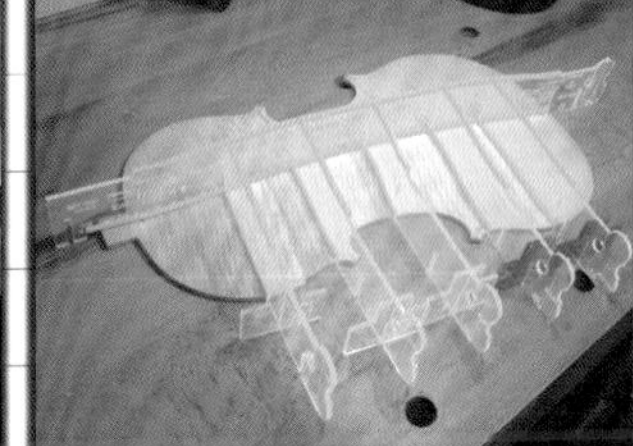

2 step 刮刀粗刮 data

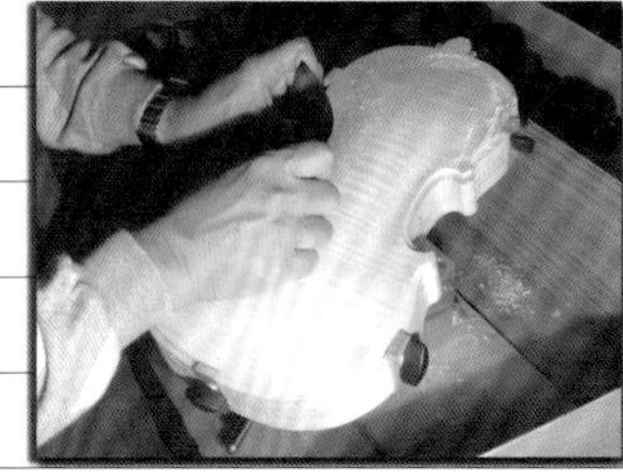

detail 用刮刀以反相快速刮削法,將先前凸出的刨痕快速刮掉.
detail
detail
note 用刮刀預先處理是為了讓後續畫等高線步驟好作業.

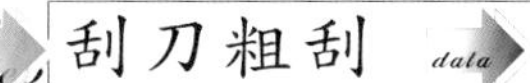

3 step 中央厚度 data 15.3mm以下.

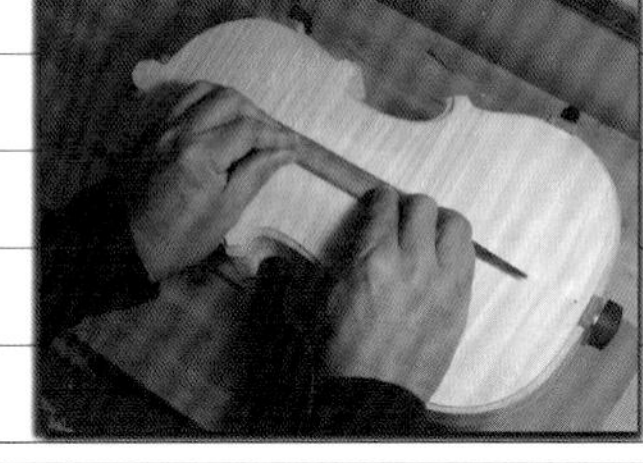

detail 不平處可先用平銼刀銼平,再用刮刀處理（用同相順暢刮削法）.
detail 用刮刀刮除多餘之厚度,使中央厚度漸漸下降至15.3mm以下.
detail
note

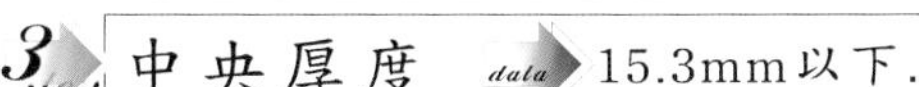

4 step 全形磨順 data

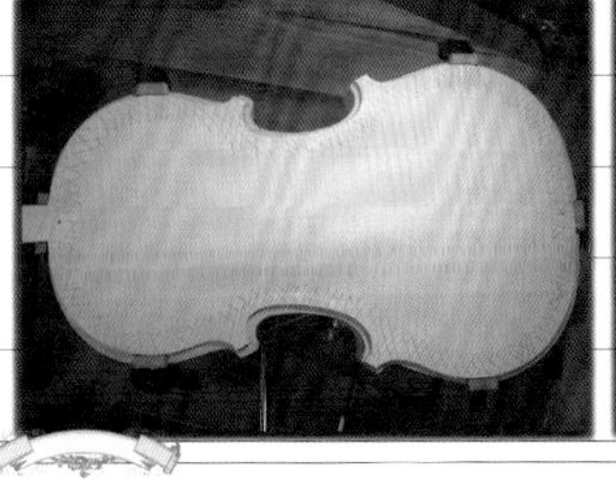

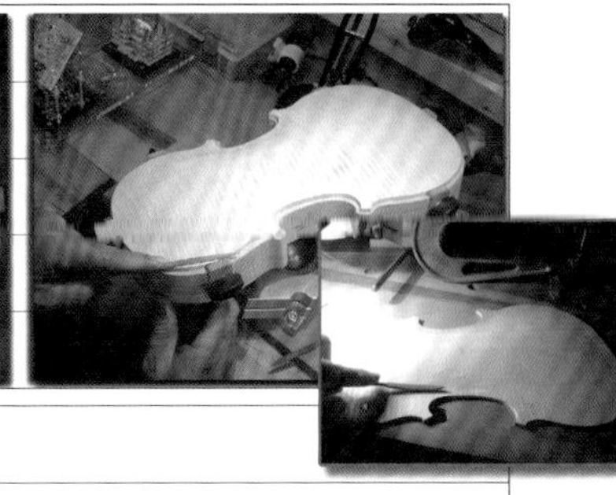

detail 邊緣用鉛筆畫平行斜線.
detail 用木銼刀將斜線弧形磨順至消失.
detail 隨時目測及觸摸弧形的起伏有不順之處.
note 邊緣平台厚度,不可低於規定的厚度.

social step 借助白熾燈光的陰影,有助弧形之立體凹凸觀察.
已經過低的凹點要做記號,任何刀具都不要碰觸或切削到,直到最後過程與周遭弧度平順即可.

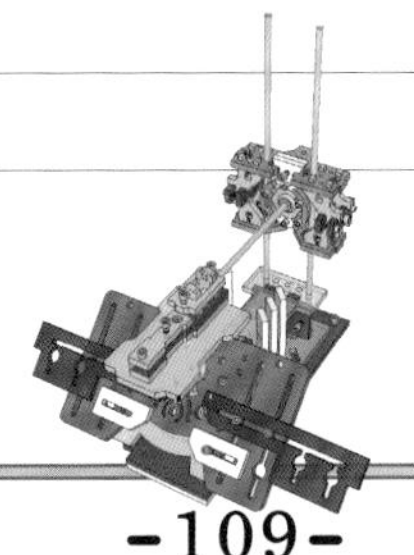

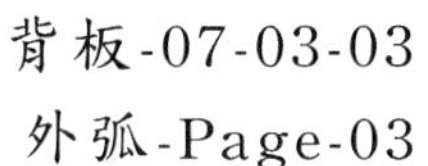

Take a rest
Lee Chyi Shien

背板

畫等高線

step 步驟名稱 tool 拇指鉋刀,刮刀,萬向雲台,平整規,U形等高器,夾具...

1 step 粗畫線條 data

- detail 用U形等高器畫等高線,間隔20mm畫3條.
- detail 觀查弧形之形狀,**弧形太差**的**做記號**.
- detail 用**拇指鉋刀**刨**記號區**,再用刮刀稍微刮順.
- note 重畫被刮除的線條.(**重做**直到弧線順暢)

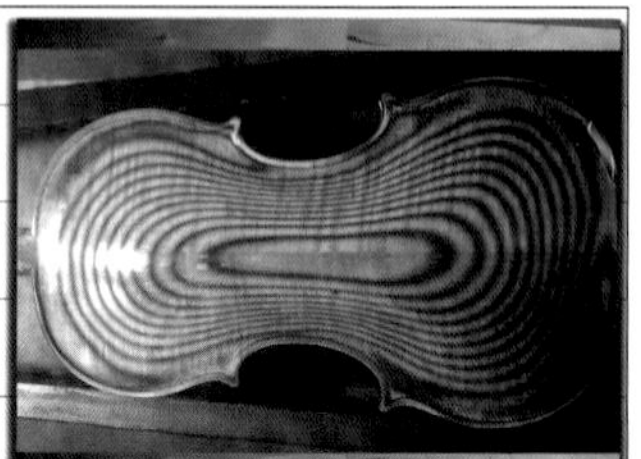

等高線有助肉眼之不足,但須協同**燈光**-**眼睛**-**觸感**-**經驗**,方能順暢.

2 step 曲線高度 data 第1次7條曲線全畫比完成弧高要略高,數據僅供參考

- detail 第1條曲線離尾端20mm, 厚4.8mm左右.
- detail 第2條離尾端35mm,厚6.2mm　　第3條離尾端50mm,厚7.8mm.
- detail 第4條離尾端65mm,厚9.4mm　　第5條離尾端80mm,厚10.8mm.
- note 第6條離尾端95mm,厚12.1mm　　第7條離尾端105mm,厚13.2mm.

3 step 對稱調整 data

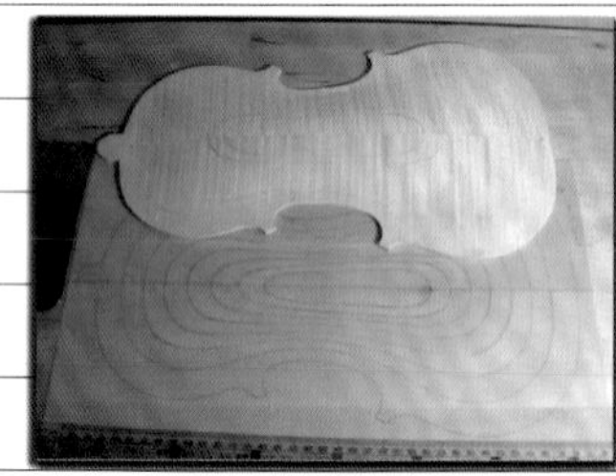

- detail 比對可信賴的等高線描圖紙樣本,刨掉曲線不對或不對稱之處.
- detail 第五條曲線長條形狀似長水滴狀(左右等距).
- detail 第二 三 四 五條曲線的頭端-尾端用圓規可調整**對稱**及**圓滑度**.
- note 用圓規要放針尖保護墊,以避免針刺背板產生小洞.

4 step 弧面刮順 data 中央厚度15.3至15.1mm.

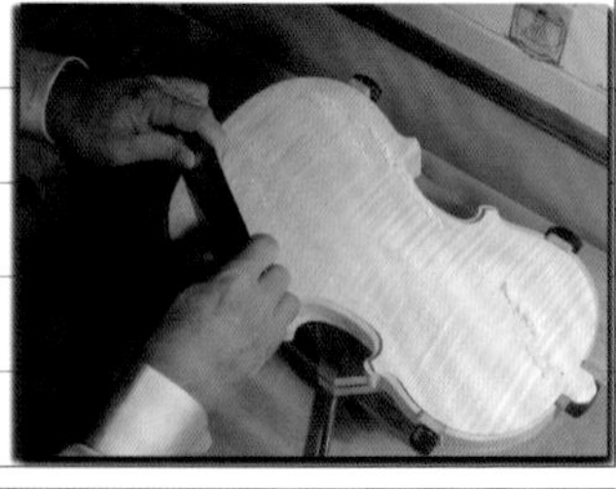

- detail 用大刮刀以大面積彎曲服貼弧面同相順暢刮削法刮,直到圓弧順暢.
- detail 頭-尾區用斜方向,從中間往邊緣刮,比較好刮,中央區刮刀慢慢彎刮.
- detail 將鉛筆畫的等高線條全部刮除.
- note **鉛筆線**的線條**存在**沒消失,意味著此區**有凹陷**.

Special step

由於鉛筆的 筆尖 的在畫圖中長度-粗細都會改變,所以等高線圖形僅能提供80%~90%的可信度.

刨或刮不能只刮除線上區塊,必須連同附近相鄰區域一起刨刮,才不會有局部凹下之危險.

線不對或不對稱之處用鉛筆做記號,用鉋刀刨掉記號, 再畫再觀察再修正,來回調整要操作數次.

觀察弧形變化可調整燈光角度,距離, 或用手觸摸會有幫助.

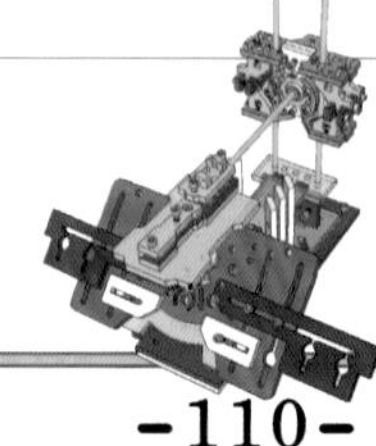

Take a rest

Lee Chyi Shien

背板

外弧高度

Height Of Level Contours

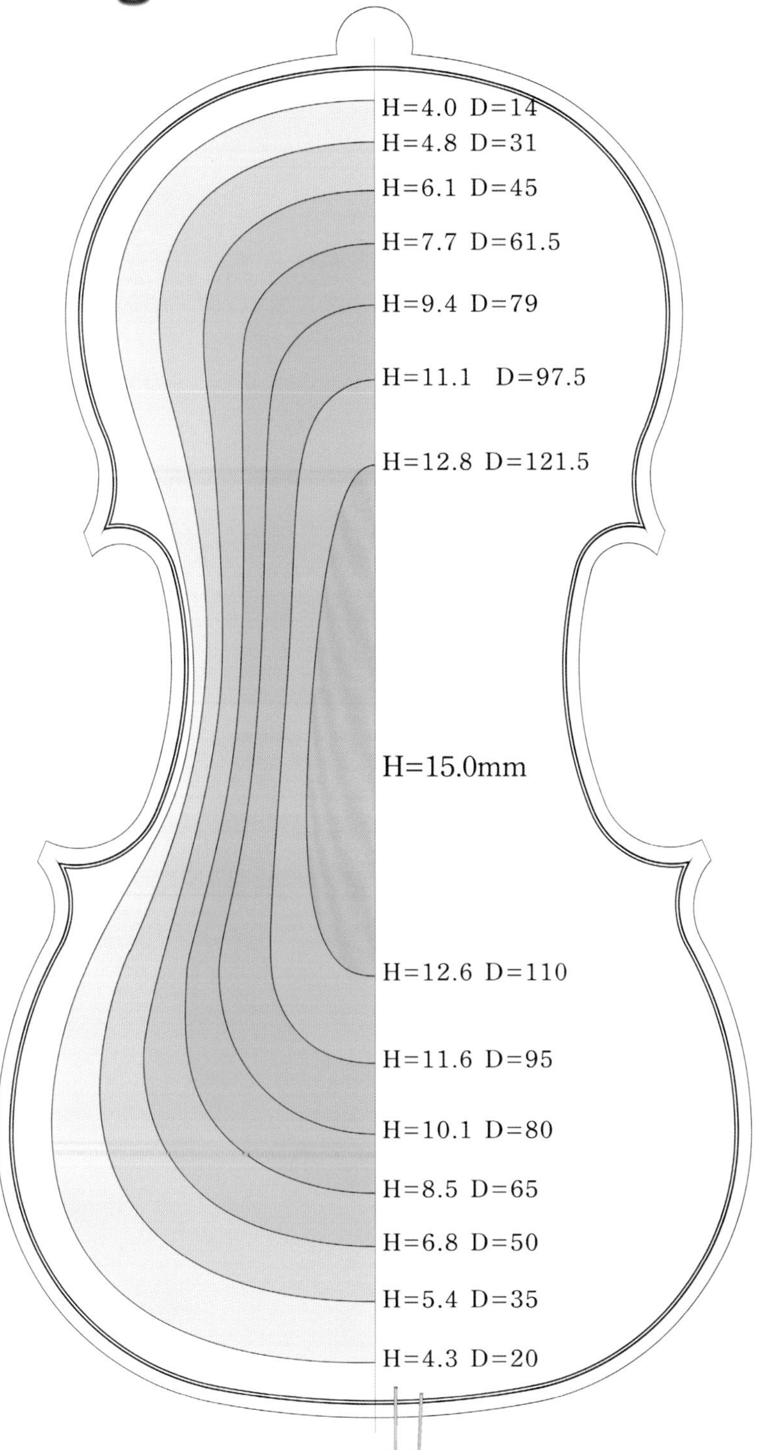

=離背板底面的高度
=離頭端 或 尾端的距離

數據僅供參考.
度弧形變化,因個人習慣及喜好而略有不同.

背板

等高線圖

Level Contours

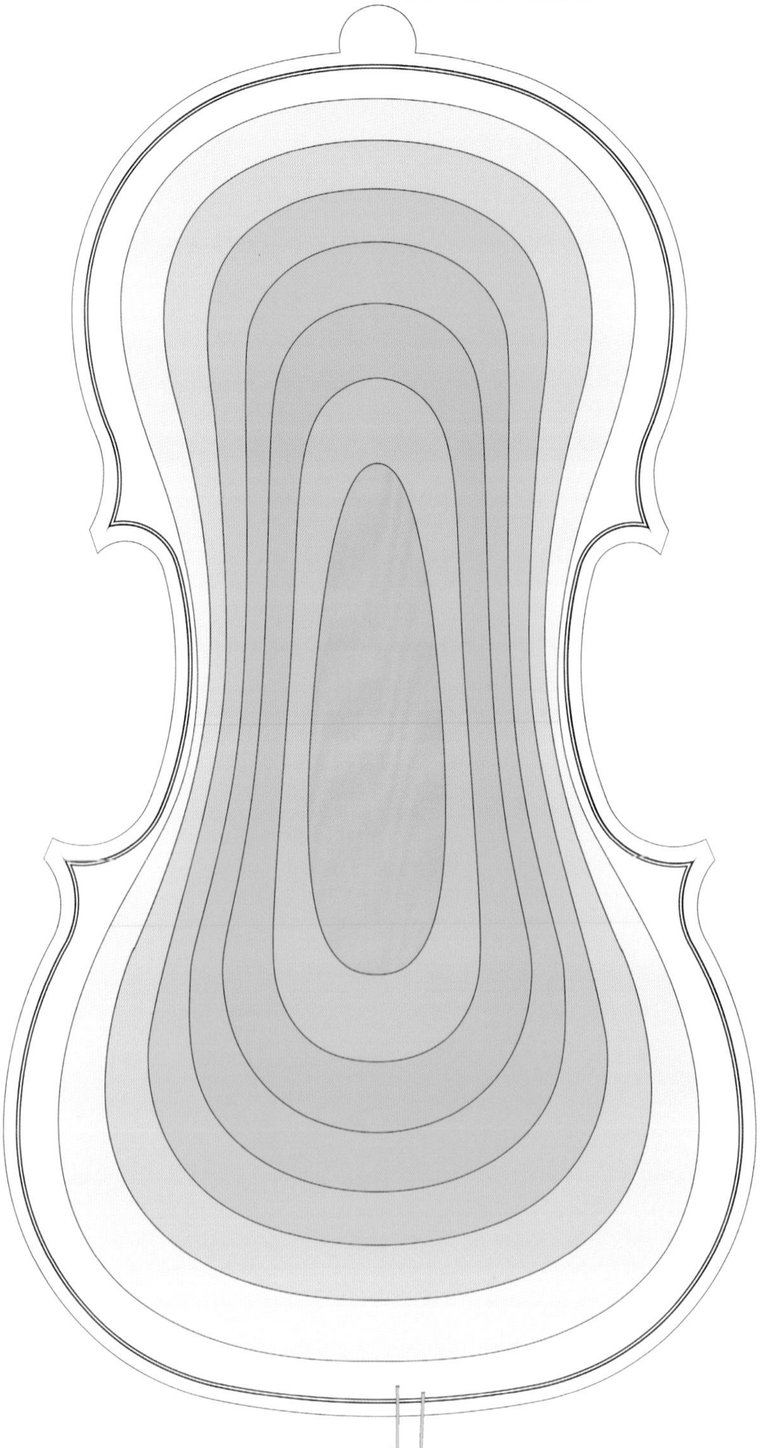

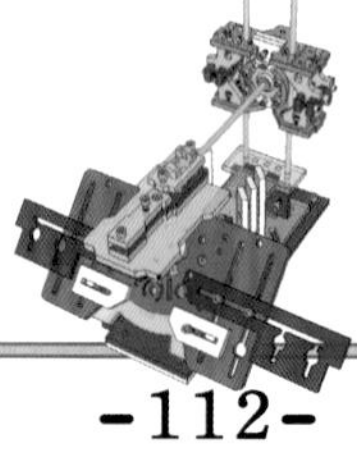

弧度弧形變化,因個人習慣及喜好而略有不同.

Lee Chyi Shien

背板

弧面精整

步驟名稱 tool 刮刀,萬向雲台,厚度規,U形等高器,夾具...

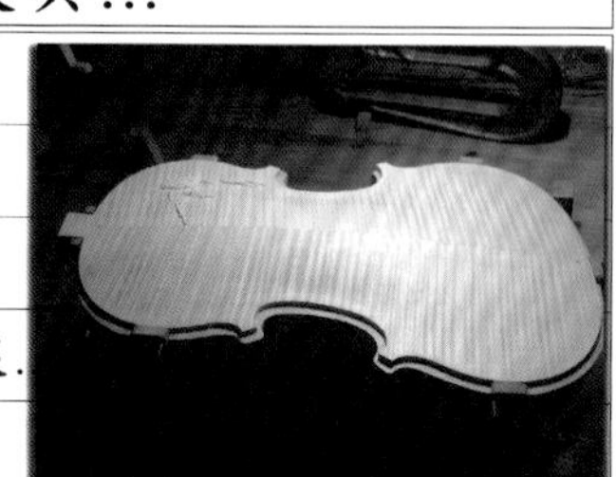

1 step 外弧總檢 data 中央厚15⁺mm 邊厚4.0⁺mm 角厚4.5⁺mm.

detail 用厚度計量取控制至15.1mm.

detail 用銳利的刮刀刮除多餘之厚度,使中央厚度漸漸接近在15⁺mm.

detail 用燈光法發現不對的陰影時,輕刮陰影邊,直到陰影區**漸層式**的**變淡**.

note 大面積弧面要刮順用0.2mm很柔軟銳利的鋼片刮效果不錯.

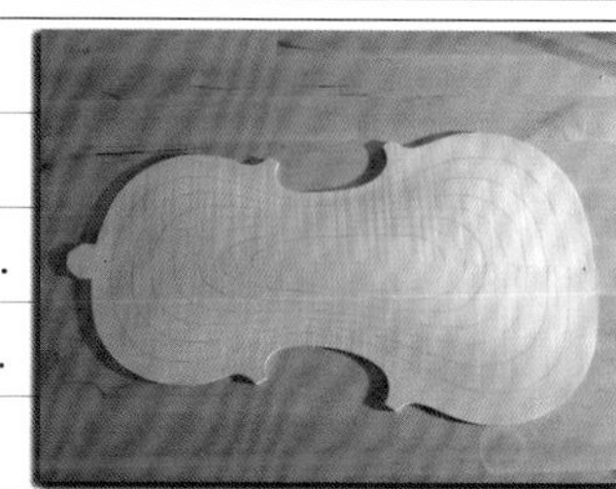

2 step 曲線再畫 data

detail 邊距不對或不對稱之曲線處用鉛筆做記號,用刮刀刮掉記號.

detail 每刮完一次就**補畫**被刮除區域同高的等高線一次,並重覆上述程序.

detail 當曲線接近順暢時用刮刀大區域刮,再畫曲線並觀查直到順暢為止.

note

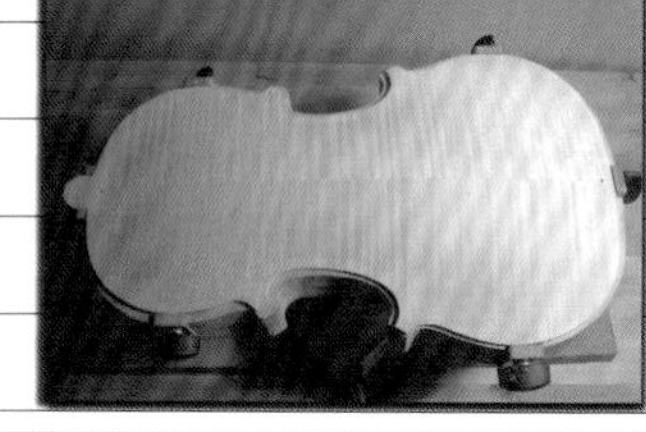

3 step 精刮細整 data

detail 用燈光再細查不順暢區域,用軟刮刀輕輕的刮除,並觸摸是否順暢.

detail 0.1mm**超軟刮刀**彎成弧形,延著弧面**大面積刮**,

detail 可刮除各個刮痕間的微凸點.(眼力非常好才看得見微凸點)

note

special step 發現長條形陰影千萬不要和陰影平行刮,須斜著或垂直陰影刮,否則凹痕會越來越深,越來越大.

刮刀上殘留的木屑要經常抹去, 以免再刮下一刀時木屑會在面板表面上拖拉而產生壓痕.

0.1~0.2mm超軟刮刀要用特殊研磨治具 (***KS-400***), 才能磨成刀刃.

Take a rest

Lee Chyi Shien

背板

鑲線試畫

步驟名稱 tool 圓規,直尺...

1 step 倒角稜線 data 沿著精切線邊2.5mm畫線. 或沿著完成線邊2.0畫線.

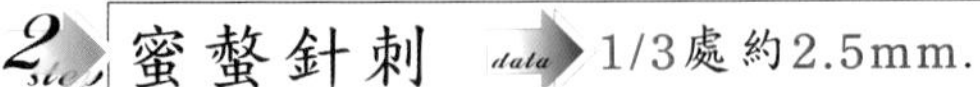

- detail 用圓規調整到適當半徑（2.5或2.0）,沿著琴邊畫稜線（倒角最高點）
- detail 稜線約在琴邊與鑲線外側線的中間.
- detail
- note 最後完成時稜線會略往內側一點點.

2 step 蜜螯針刺 data 1/3處約2.5mm.

- detail 在琴角直線邊的內1/3作**記號**.（在C腰內方向,稜線上約2.5mm處）
- detail 胸-腹部的**外鑲線尖角延伸線**會靠近**記號**點.
- detail 蜂刺完成時,**蜂刺**比外鑲線交會**尖端**多1.5mm左右.
- note 針刺的設計讓琴角看起來有生命,有活力,有力量,有藝術,有技巧.

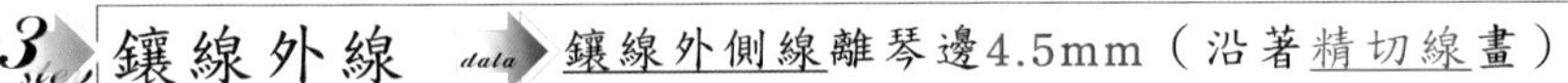

3 step 鑲線外線 data 鑲線外側線離琴邊4.5mm（沿著精切線畫）.

- detail 用圓規調整到4.5mm半徑,沿著琴邊繞畫鑲線外側邊.
- detail 用橢圓型板,（長軸40mm,短軸25mm）核對銜接至蜜螯針刺的順弧.
- detail 不順的弧形線條,把它擦掉,再用徒手畫修正弧形至順暢滿意.
- note 漂亮鑲線外邊相交接處的尖端,離琴邊約5mm.

4 step 鑲線內線 data 5.7mm

- detail 圓規調整到半徑5.7mm.
- detail 沿著琴的精切線邊繞畫鑲線內側邊.
- detail 用橢圓型板沿著鑲線外線平行畫弧.
- note 再用徒手畫稍微修正鑲線內尖端的弧形至順暢滿意.

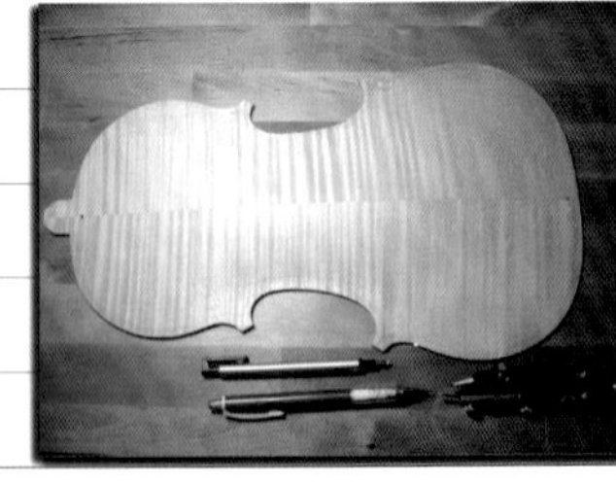

Special step

預畫可以觀察依現在數據畫的鑲線好不好看或順暢,如果不好看再微調數據重畫,直到滿意為止.

待後續的步驟鑲線埋好後,邊弧須再用小姆指鉋刀,刮刀做最後一次的邊坡外弧調整就完成了.

Take a rest

Lee Chyi Shien

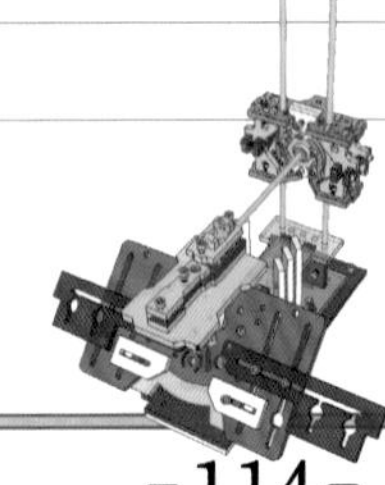

背板

槽坡刮挖

step 步驟名稱 tool 姆指鉋刀,刮刀...

1 step 溝槽淺挖 data

detail 用小姆指鉋刀延著鑲線內線淺挖0.2mm左右,不要挖到稜線.

detail 工法1>此步驟有做的話,最後挖鑲線時,深度不須要挖深,只要挖1.8mm

detail 工法2>省略不做的話,最後挖鑲線時,深度比較好測,但深度須挖深2mm.

note

2 step 邊坡刮順 data

detail 沿著**鑲線外線邊的弧度**用小刮刀刮順.(不要刮到稜線)

detail 有斜度的坡,要順著順向坡往下刮比較好刮,比較順.

detail

note

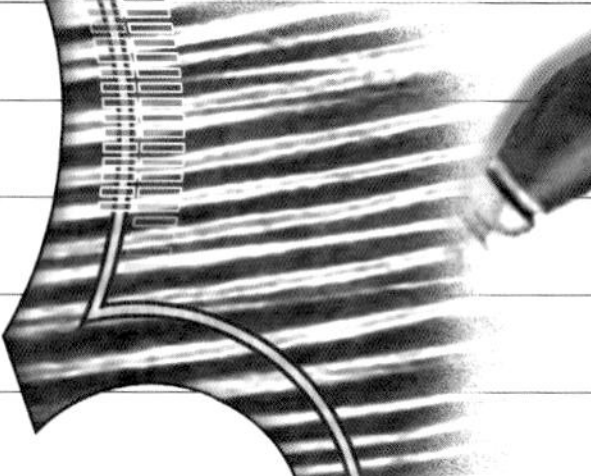

3 step 邊弧刮順 data

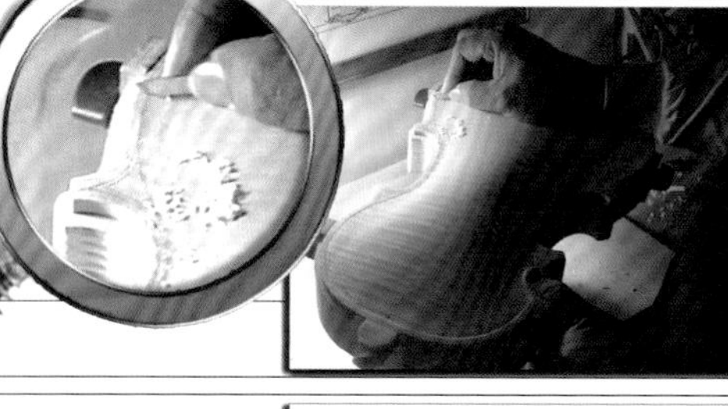

detail 沿著鑲線內線邊**的弧面**用小刮刀刮順.

detail 平坦的刀面要微貼著邊弧刮,才能刮順凸出點.

detail

note 邊弧慢慢刮出微凹之弧度是比較漂亮之感覺.

special step 待鑲線埋好後,邊弧再用小姆指鉋刀-刮刀做最後一次的調整,外弧就完成了.(邊弧會有微凹之弧面)

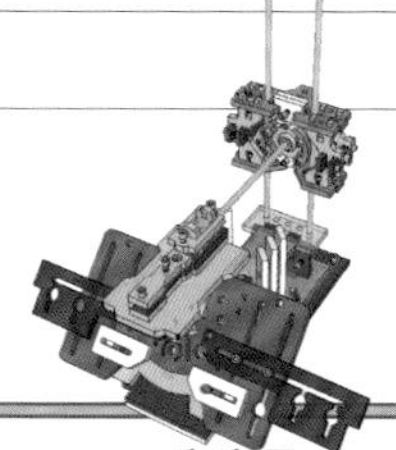

Take a rest

Lee Chyi Shien

背板

深度規劃

step 步驟名稱 tool 圓規,直尺,定位釘...

1 step 畫膠合線 data 離琴邊約7mm.

- detail 用定位釘將琴框與背板固定在一起.
- detail 上-下角木按先前畫的記號用手捏住固定.
- detail 沿著琴框**襯條**-**角木**在背板畫膠合線.
- note

2 step 切削邊線 data 離琴邊8mm.

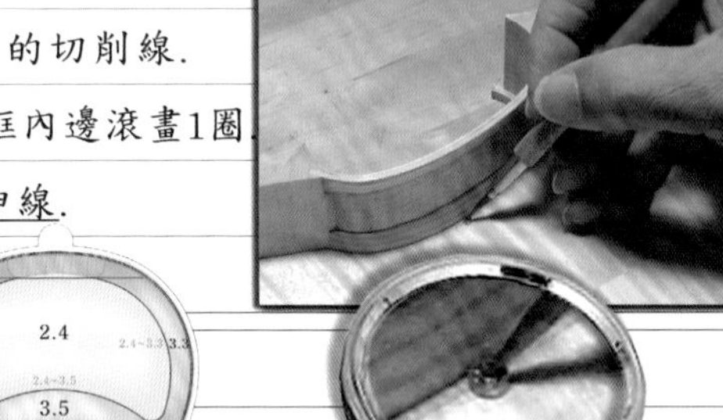

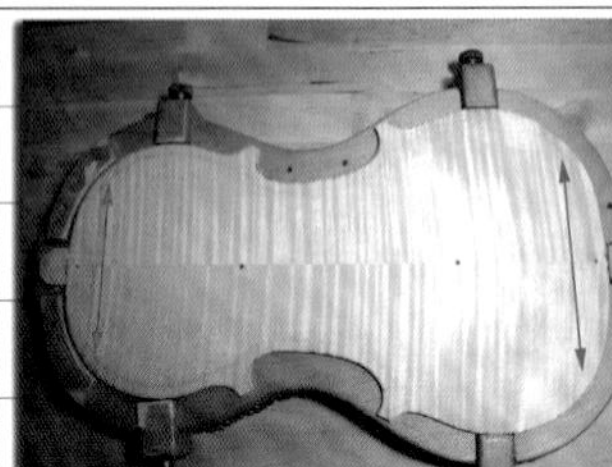

- detail 琴邊用圓規畫出8mm最邊邊的切削線.
- detail 或用1mm邊寬的墊片沿著琴框內邊滾畫1圈.
- detail 在**頭**-**尾**角木水平線上畫延伸線.
- note

3 step 畫深度區 data

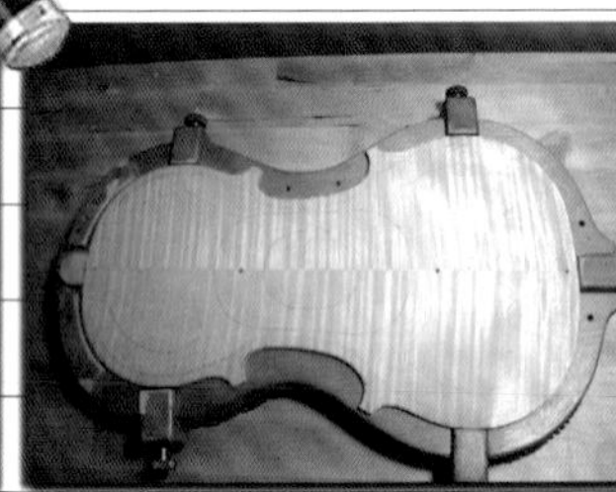

- detail 把區域厚度板放上.
- detail 畫深度標誌線,並註解粗胚深度.
- detail 在中央區畫圓,標示為最厚的厚度4.5mm.
- note 粗胚可多加0.5左右後續刻挖時比較安全.

4 step 標深度點 data

- detail 把挖鑽深度位置記號板放在背板上.
- detail 將深度標註點上記號點.(記號要有規則排列比較省時間,比較好鑽)
- detail
- note 此步驟也可以省略不做,留到深度已挖的差不多時再做還不遲.

Special step 最後完成厚度胸部約2.4mm, 腹部約2.6mm.

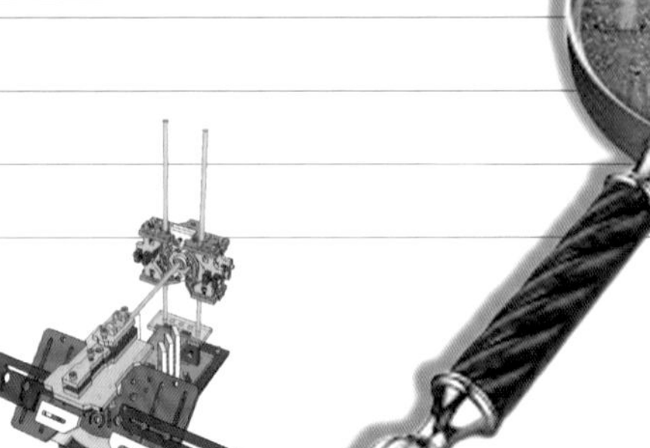

Take a rest

Lee Chyi Shien

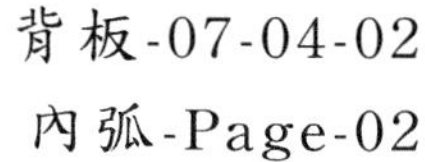

背板

傳統大鑿

step 步驟名稱 tool 外斜圓鑿刀,刮刀,鑽頭,深度規...

1 step 厚度粗畫 data 5mm

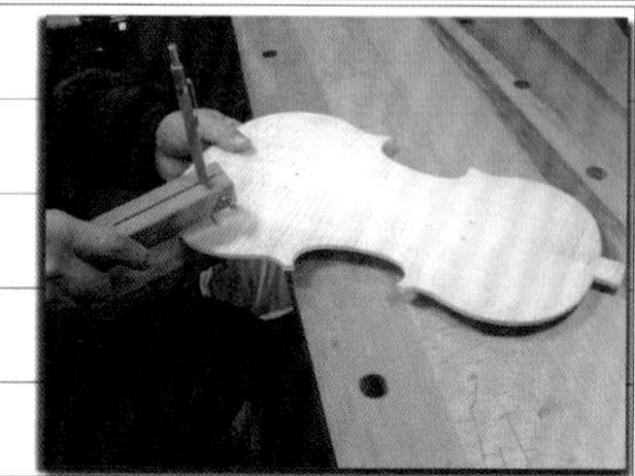

detail 把背板底面朝上反放.

detail 等高器設定厚度在5mm.

detail 等高器在底面畫線做記號.(約略像8字形)

note 每鑿完1次就要依樣再點畫1次記號點.

2 step 平行鑿刻 data

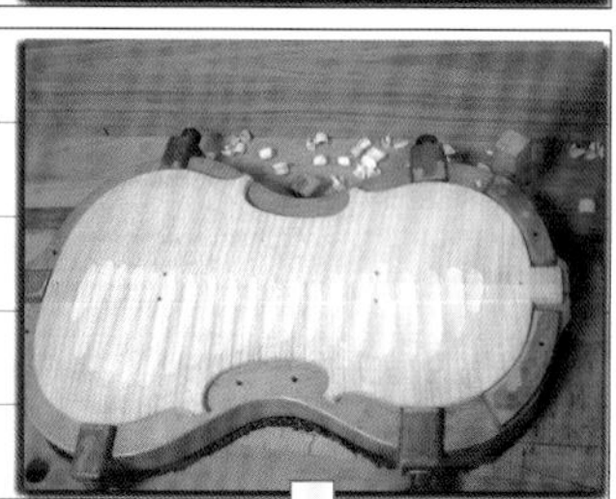

detail 用大鑿從**厚度**5mm記號線處開始挖,橫向往中線大鑿.

detail 從另一邊大鑿約略貫穿中央.

detail 約略調整各條刻痕的大小-平行-間距與平直.

note 大鑿力量大,衝過中線時要煞車以面傷到對面木料.

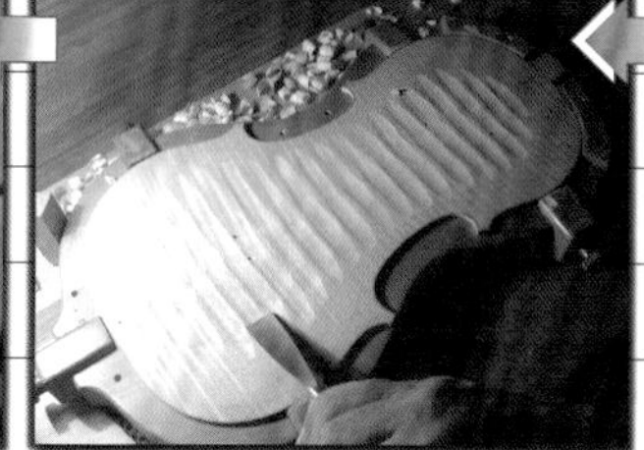

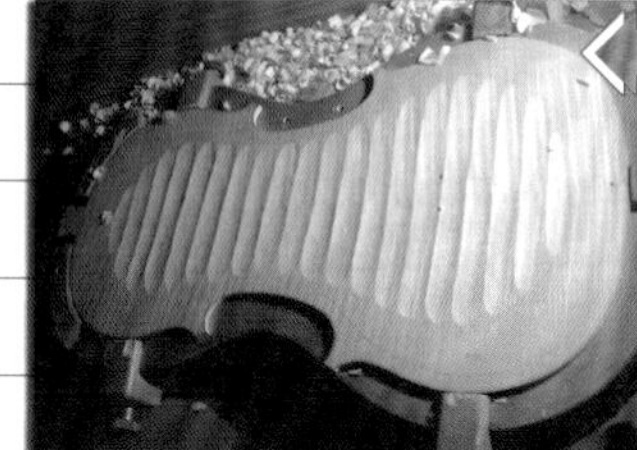

3 step 中脊隆起 data

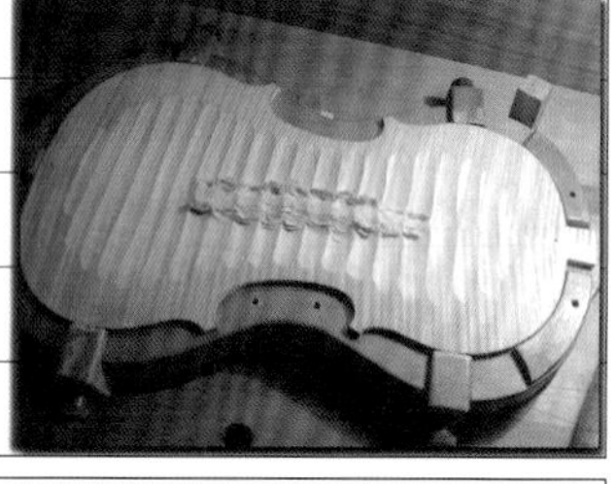

detail 從**中線左右兩側**5mm處,鑿刀往下往中央鑿出2mm深的刀痕.

detail 起刀後退10mm,往中央鑿,鑿出鑿刀的煞車壁.

detail 同樣的動作>後退10mm,再往中央鑿,**退到**厚度5mm記號點處結束.

note 大鑿後中央會留下隆起之山脊.

4 step 隆起剷除 data

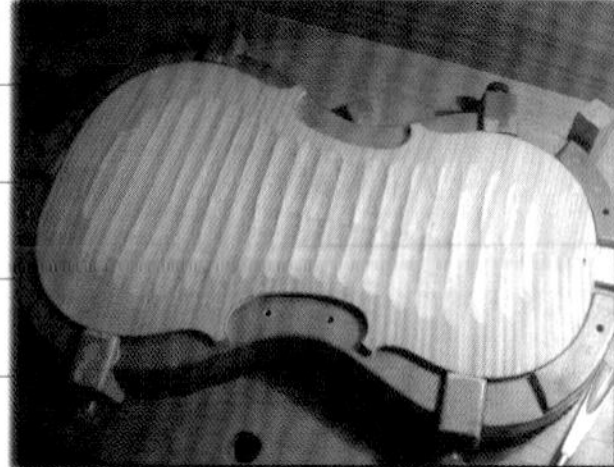

detail 用圓鑿從頭-尾端用左右搖擺法鑿掉中央山脊.

detail 用彎形圓鑿橫向鑿除中脊隆起之小山脊.

detail 用圓鑿刀平行鏟除各處隆起之木料.

note 中央鑿刻時,鑿至厚度5mm記號點處結束.

special step 每條鑿痕的寬度約略是鑿刀的寬度.

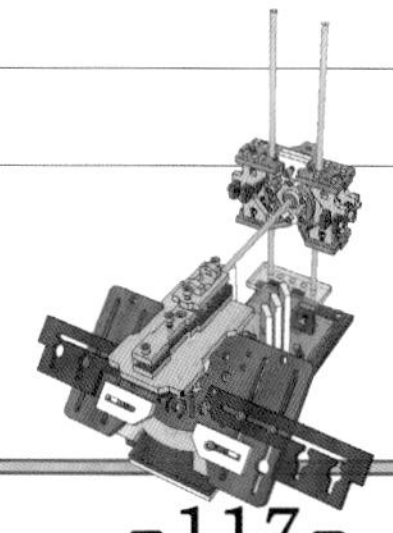

Take a rest

Lee Chyi Shien

背板

現代快鑿

step 步驟名稱 tool 外斜圓鑿刀,刮刀,鑽頭,深度規...

1 step 粗胚深度 data 厚度--中央5.0mm, 胸-腹部3.0mm, 周邊3.5mm.

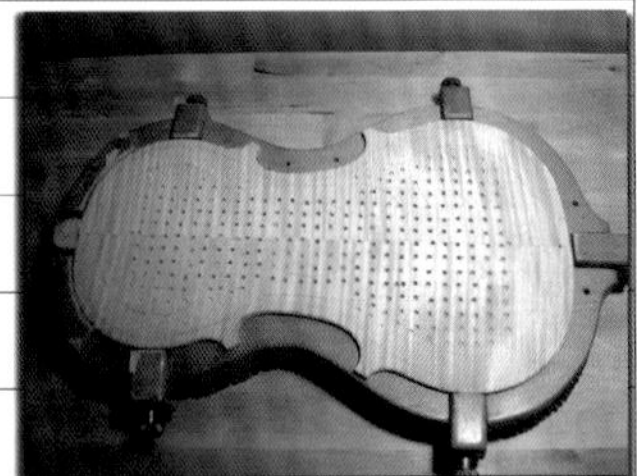

detail 電鑽從中央區鑽厚度剩5mm,往外遞減至胸-腹部交接處3.5mm處.

detail 繼續在胸部區-腹部區鑽3mm,邊邊鑽3.5mm.

detail 或全部鑽5mm比較保守一點,也比較保險及快速.

note 有規則排列的鑽比較快.　　接著繼續按傳統方式大鑿.

2 step 胸腹大鑿 data

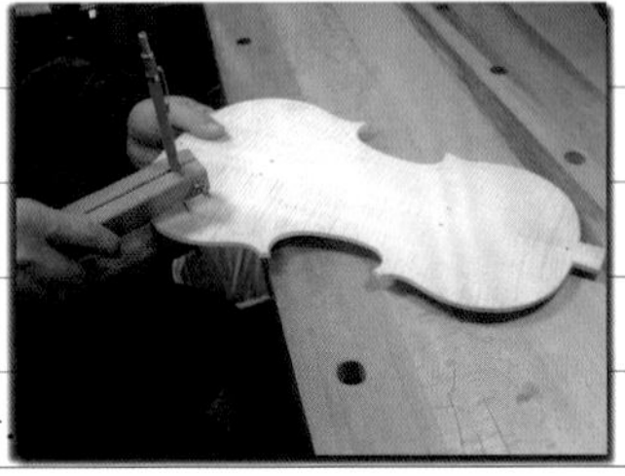

detail 等高器控制厚度在5mm處做記號.

detail **胸**-**腹**部從記號點開始橫向挖往中線大鑿.

detail 直到靠近深度控制記號處.

note 大鑿力量大,過中線要煞車以免傷到對面木料.

3 step 中腰大鑿 data

detail 從**中線左右兩側**5mm處,橫向往中線大鑿.

detail 起刀後退10mm,往中央鑿,鑿出煞車壁.

detail 切勿衝過中線,否則會暴衝鑿到對面.

note 大鑿後中央會留下隆起之山脊.

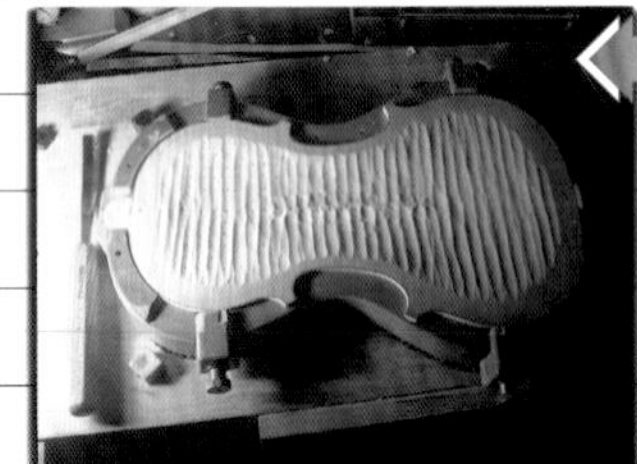

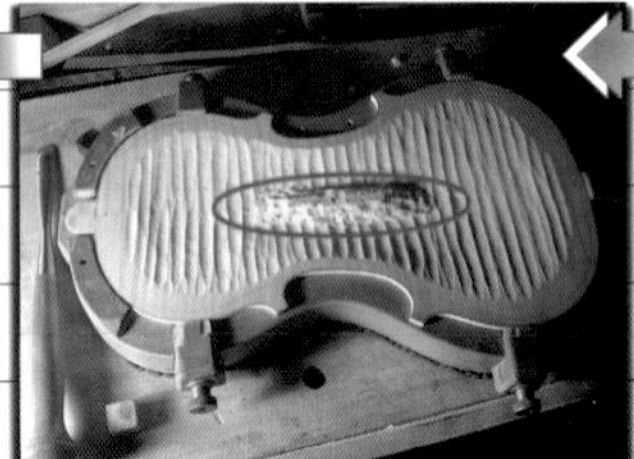

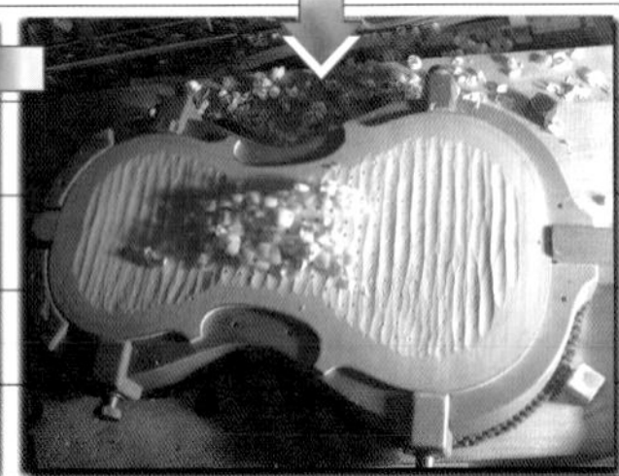

4 step 隆起剷除 data

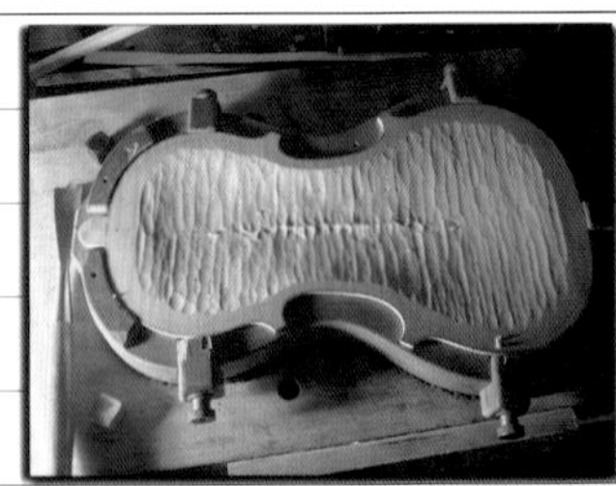

detail 用大鑿從隆起的頭-尾端用左右搖擺法鑿掉中央山脊.

detail 用彎形圓鑿從橫向鑿除中脊隆起之小山脊.

detail 用圓鑿刀平行鏟除各處隆起之木料.

note 並讓各處之厚度已接近記號點.(記號點**不要挖掉**,留到後續處理)

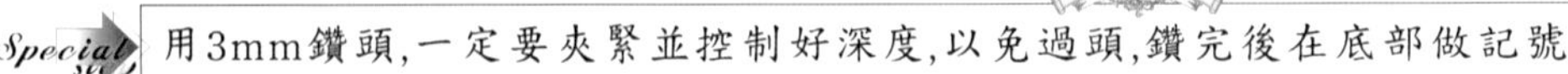

Special step 用3mm鑽頭,一定要夾緊並控制好深度,以免過頭,鑽完後在底部做記號.

用電鑽時要比最後完成厚度多0.3的厚度鑽下去.(胸部約2.4mm鑽2.7mm, 腹部約2.6mm鑽2.9mm)

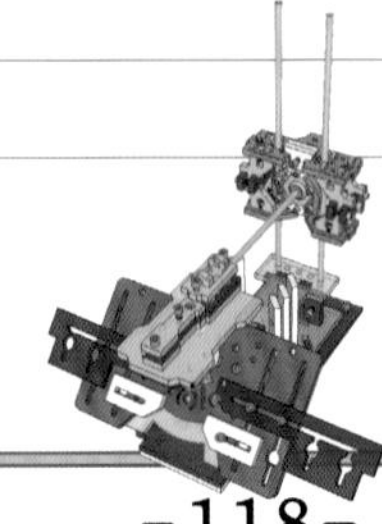

Take a rest

Lee Chyi Shien

背板

弧度成形

step 步驟名稱	tool 外斜圓鑿刀,刮刀,厚度規...

1 step 稜線粗鑿 data

detail 用鑿刀鑿除各個凹痕間的稜線.

detail 深度記號點**不要刨掉**.

detail

note C腰區大鑿速度及力道要控制,不要爆衝.

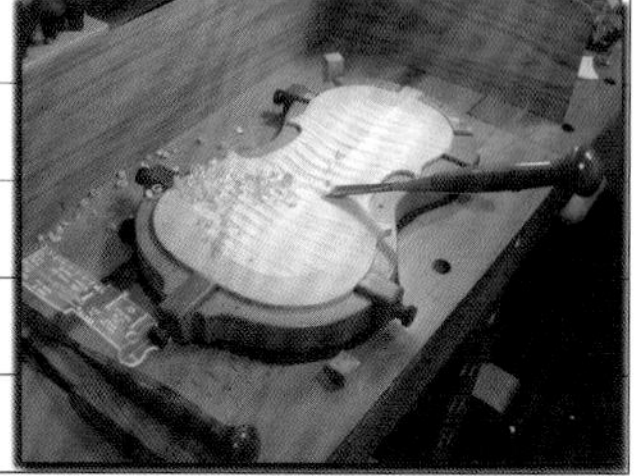

2 step 隆起粗刨 data

detail 用大拇指鉋刀刨除各個凸出或隆起之處.

detail 用小拇指鉋刀刨除不順之處.

detail

note

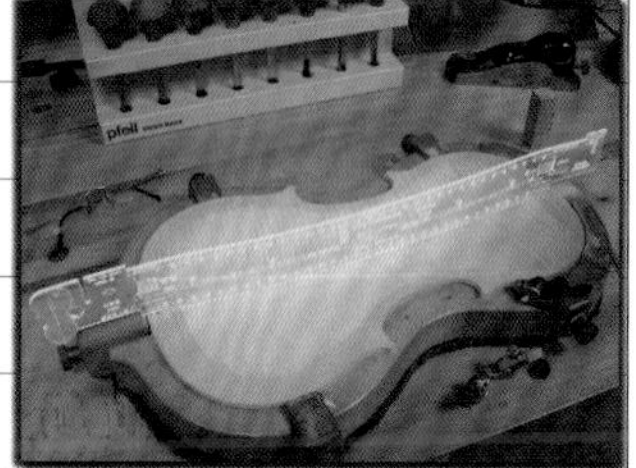

3 step 定位厚度 data 藍色多0.3可以刨,綠色多0.2不要刨,紅色多0.1不要刨

detail 中央4.5 中央四周3.8 **C腰邊**4.0 胸部2.4 腹部2.6 胸-腹部琴邊3.3

detail 用內外弧形型板的外凸面快速檢測背板的內凹面與弧型板約略吻合.

detail 用電鑽依區域規定厚度+0.3mm再鑽深度記號點,並點紅-藍-綠顏色.

note 用拇指鉋刀將各個記號點刨到快消失.（已快接近完成厚度）

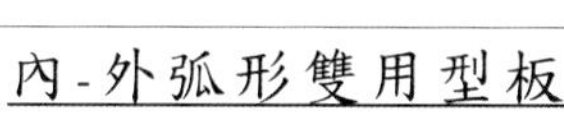

內-外弧形雙用型板

4 step 弧度刮順 data 重量約120g

detail 用**拇指鉋刀**,**刮刀**將記號**剷除掉**.

detail 用刮刀刮除所有的刀痕,用手摸去感受弧度之順暢.

detail 邊緣用刮刀小心刮至膠合線邊上並使邊坡弧度順暢.

note 首-尾**角木旁**的木料可稍微刮一下（背板硬,不易裂開）.

special step

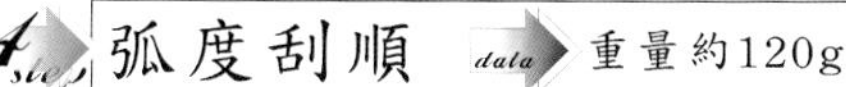

重量與音高 （131g~148g>F# 120g~129g>F）.

內-外弧形雙用型板可快速觀察內凹之完成度（80%~90%可信度）

內-外弧形雙用型板是我自創,精心量測及製作.（市面上買不到,有需要的可訂做）

內-外弧形雙用型板（面板-背板2組共12片, 內-外弧度都有, 內-外弧度不一樣,只適用Strad-模子）

Take a rest

Lee Chyi Shieu

背板

厚度分布

Thickness Of Back

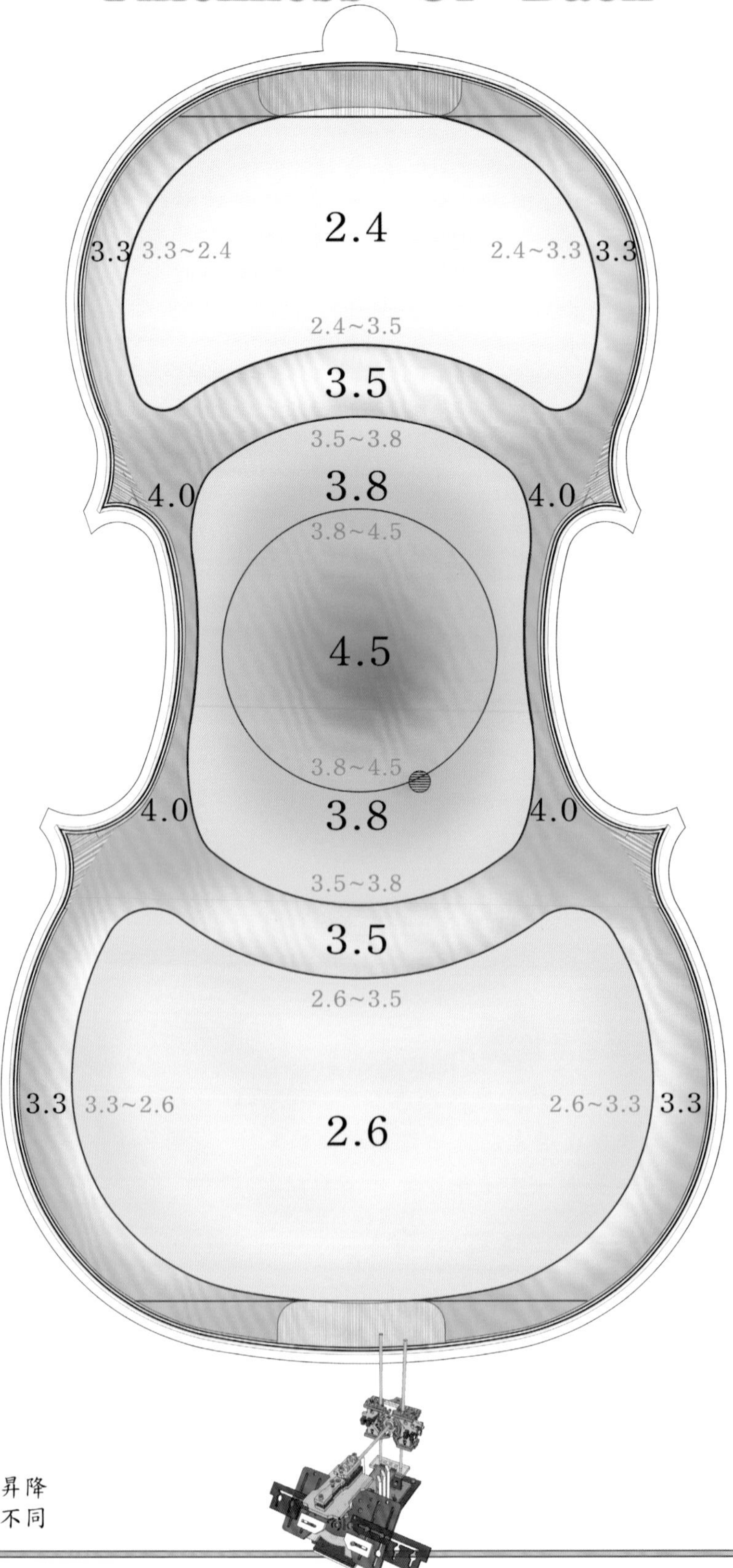

內弧弧度的變化是緩緩的昇降
因個人習慣及喜好而略有不同

背板

定音調整

step 步驟名稱 tool 刮刀,厚度規...

1 step 扣擊定音 data

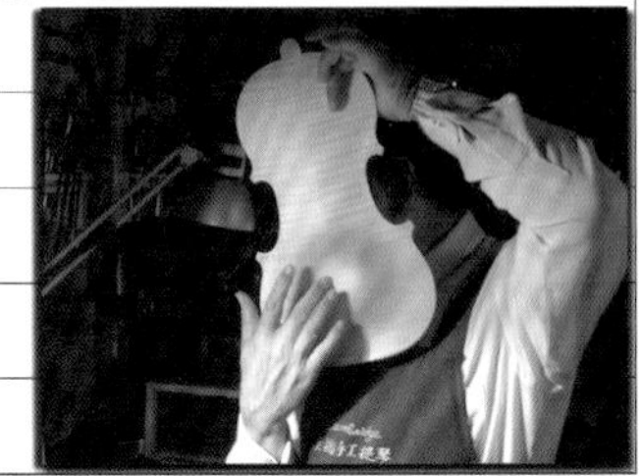

detail 左手輕抓胸部區,用右手中指扣擊背板腹部區聽其音高.

detail 音高太高就用刮刀刮除**胸**,**腹**部之厚度,直到音高到位.

detail

note 音高會因木料密度不同而有所不同.

2 step 彈性調整 data

detail 用拇指輕壓背板胸部-腹部區,去感受背板之彈性.

detail 彈性不足,用刮刀刮除捏壓區域之厚度,直到彈性OK.

detail (音高也要一併控制)

note 背板質地硬彈性要比面板少一點.

3 step 扭轉調整 data

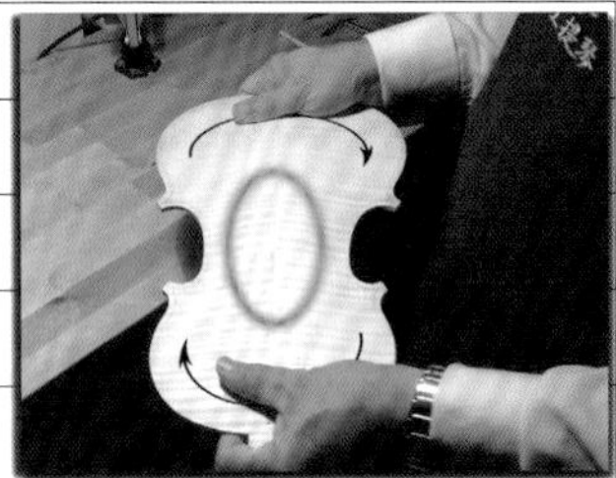

detail 扭轉整塊板面,不易扭動就刮除**中央外環**3.0mm處.

detail (音高也要一併控制).

detail

note 背板質地硬比較不易扭轉整塊板面.

special step 此階段之感受因個人經驗而定.

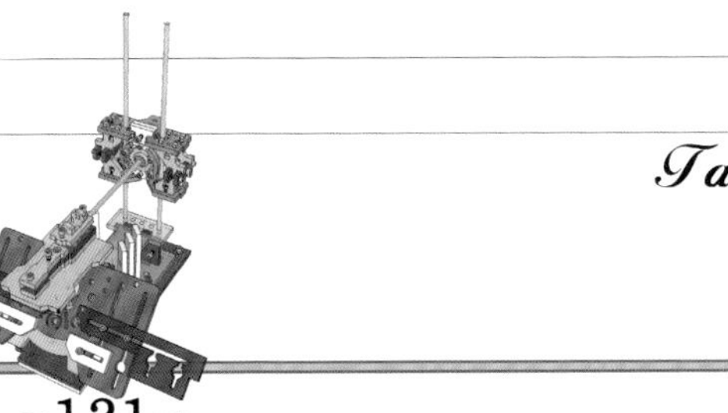

Take a rest

Lee Chyi Shien

Fontana di Trevi

Cremona

Chapter

08

合琴

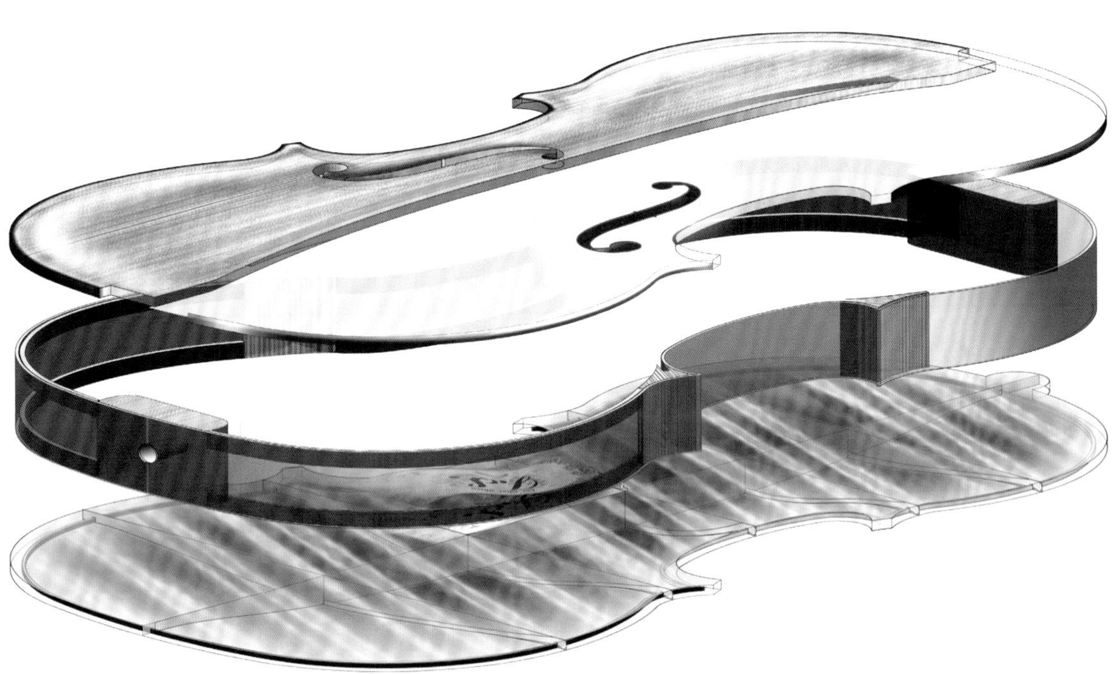

Lee Chyi Shien

Chapter 08

Assemble

合琴

背板膠合

step	步驟名稱	tool 拆琴刀,夾具,鍋具...
1 step	背板定位	data
	detail	將琴框與背板膠合處先上一層膠,膠乾掉後用銼刀銼平.
	detail	用定位釘先插入定位孔.
	detail	
	note	
2 step	四角定位	data
	detail	將4個角,依照角的外部畫線位置定位後,用專用夾具固定住.
	detail	如果有偏移再小心移至定位,確定位置後,夾具稍微加一點力.
	detail	
	note	在琴框內胸-腹部區的襯條邊上,用鉛筆在背板上畫正確固定位置線.
3 step	夾具預夾	data
	detail	將全部夾具夾上去.
	detail	確定位置後,夾具稍微加一點力(確勿用力過多以免側板彎曲).
	detail	檢查膠合處是否還有縫隙,如有縫隙,拆下夾具銼平該處之膠質.
	note	預夾前可用手模擬當夾具按壓檢查縫隙比較快.
4 step	膠合處理	data
	detail	從右邊上角木處順時鐘方向上膠,一次卸掉3至4個夾具.
	detail	左手將琴框往上拉出縫隙,右手持開琴刀沾熱膠伸入縫隙塗抹.
	detail	用微濕熱抹布擦掉多餘的膠水,鎖好夾具再卸掉旁邊3至4個夾具.
	note	
5 step	除膠作業	data 15分鐘左右
	detail	全部夾好後膠質會再次擠出,再用熱抹布擦掉膠質.
	detail	**10到15分**鐘時,膠質會呈現半凝固狀態,此時用薄木片刮除也滿快的.
	detail	**膠質**乾掉後必須用刮刀**刮除乾淨**否則**無法染色**或**上漆**.
	note	溢出的膠質乾燥後對著光源看會反光.

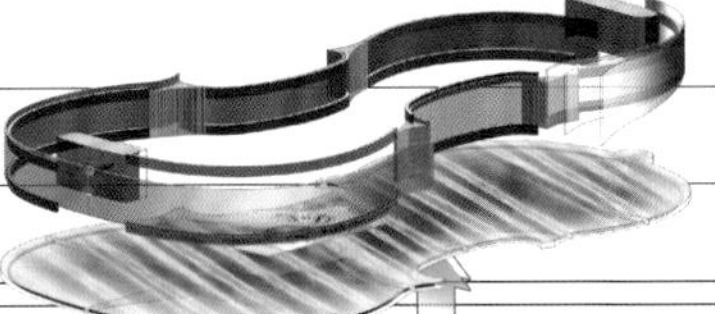

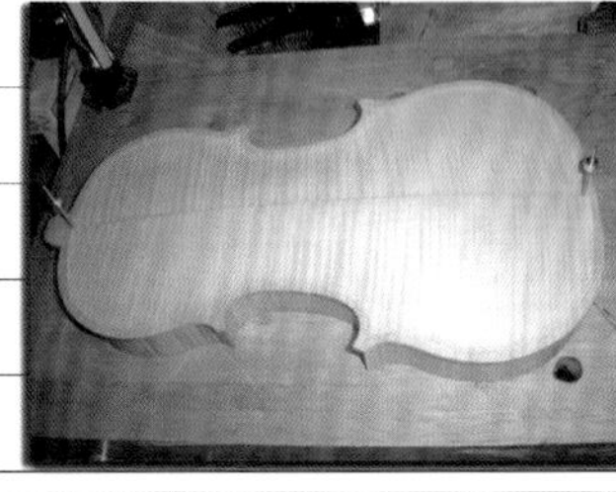

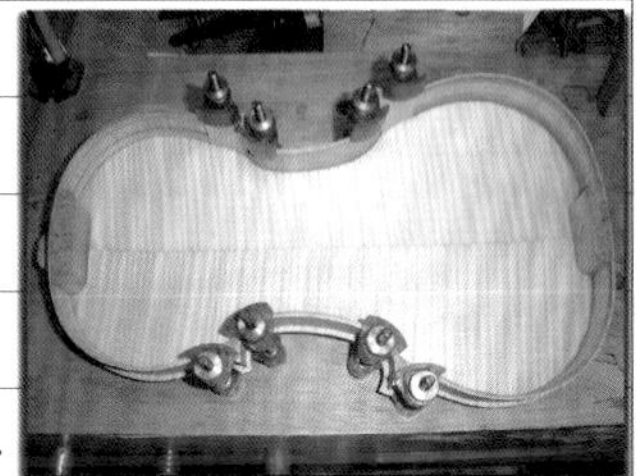

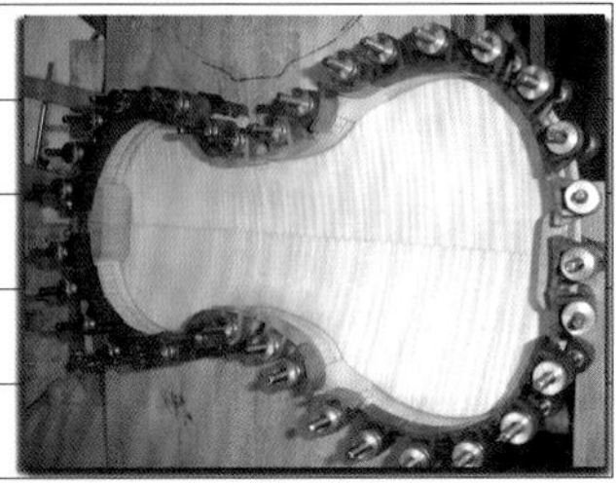

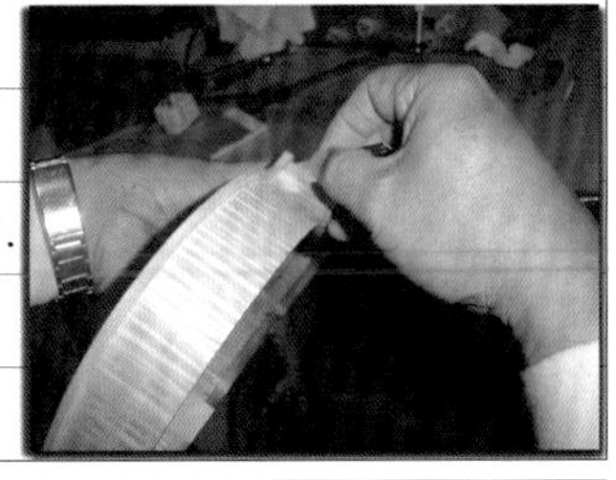

special step
有些製琴師在除膠作業時是在膠質凝固後用刮刀慢慢刮除.
膠合時因為有水及果凍般的凝膠,所以在夾合時,有時候會滑動,所以要時時檢查並調整琴框位置.
琴框部份位置不對,30分鐘內要沾熱水融化不對的膠合處,用力分離琴框,重新沾膠,再固定在應有的位置.
背板膠合後先將背板外輪廓修到2.7mm左右.(完成線快消失)

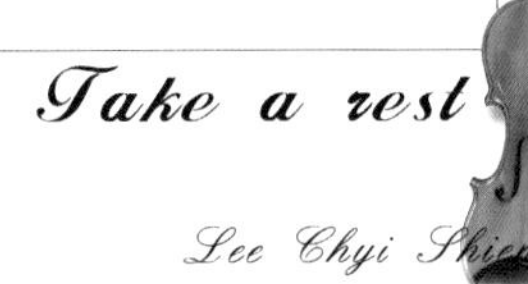

Take a rest

Lee Chyi Shien

合琴

面板膠合

step 步驟名稱 tool 拆琴刀,夾具,鍋具...

1 step 夾具預夾 data

detail 用**定位釘**插入定位孔固定面板.
detail 將4個角,依4角外畫線位置定位後,用專用夾具固定住.
detail 確定位置後,夾具稍微加一點力.(確勿用力過多以免側板彎曲)
note 檢查膠合處是否還有縫隙,如有縫隙,拆下夾具銼平該處之膠質.

2 step 膠合處理 data

detail 面板以後是可以打開以便修理,因此以**薄膠**膠合為主(膠性比較弱)
detail 從右邊上角木處順時鐘方向,一次卸掉3至4個夾具,
detail 持開琴刀沾熱薄膠伸入縫隙塗抹,再上夾具鎖緊.
note 全部夾具夾完後,再稍微調整4個角木至確定位置.(角木如有滑動)

3 step 除膠作業 data 10分鐘後

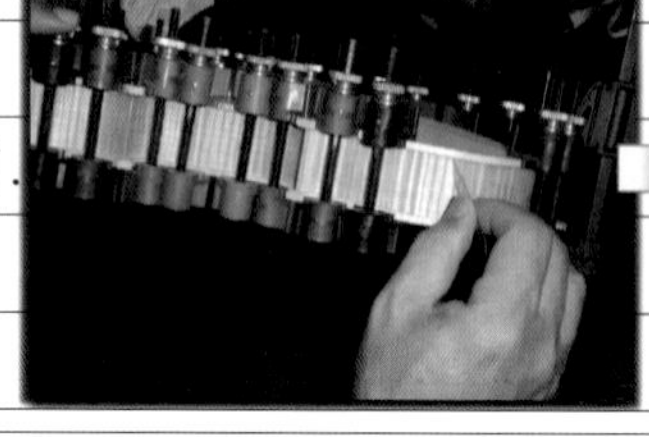

detail 全部夾好後膠質會再次擠出.
detail 輪流拆除3至4個夾具再用熱抹布擦掉膠質.
detail 用薄木片刮除半凝固的膠質也滿快的.
note

4 step 塞定位孔 data 圓木棒約2.0mm左右.

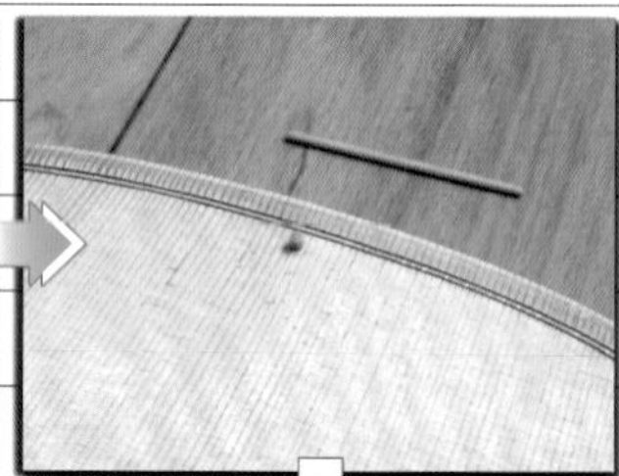

detail 在2mm圓木棒上離端點約3mm處畫記號.
detail 在記號處用小刀略滾切一圈.
detail 將圓木棒沾膠水,再塞入定位孔至記號處.
note 膠水乾掉後,切除多餘的木料,並切平刮順.

Picture 照片補充

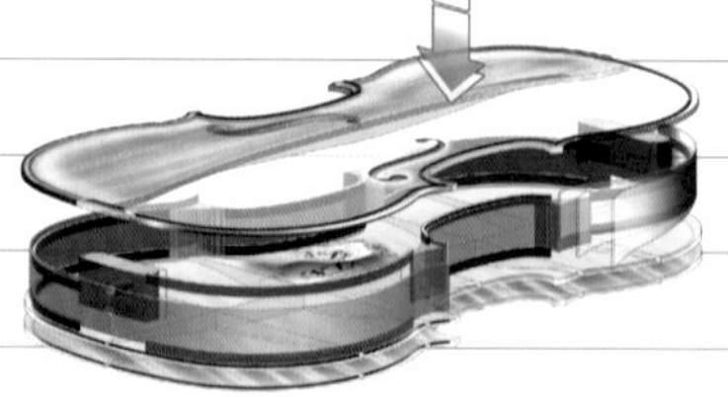

Special step 面板膠合,與背板膠合作業程序有點雷同,只是膠性會用薄膠上膠.
將琴框與面板膠合處同時先上一層薄膠也可以.
定位孔塞的圓木棒,不要過長,以免將來要維修時免板被釘住了,不易打開.(面板釘住了容易拆裂)

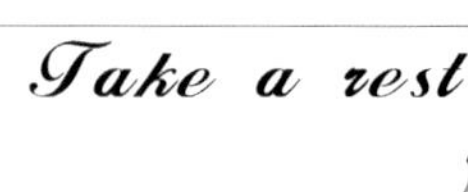

合琴

輪廓細整

step 步驟名稱	tool 木銼刀,鋼銼刀,砂紙240番,400番...

1 step 站穩調整 data

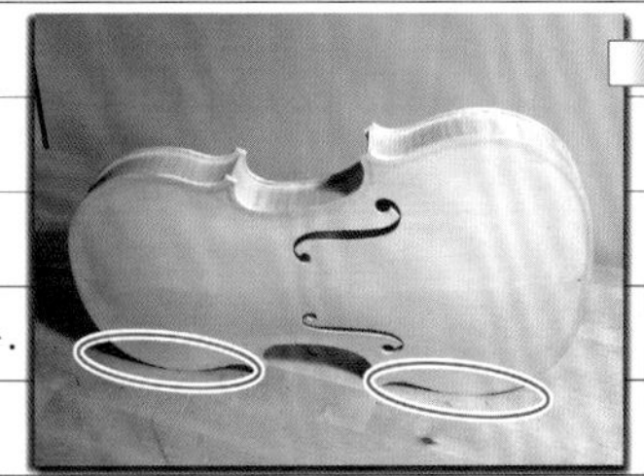

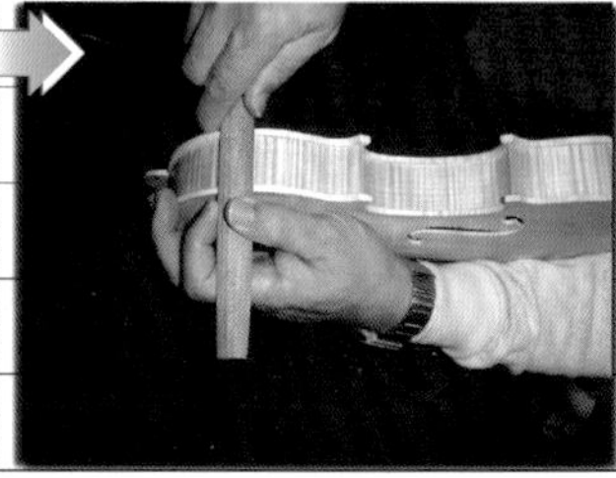

- detail 將琴身微立在桌面上.
- detail 四個底邊須全部與桌面接觸到.
- detail 有懸空之琴邊,則將另一邊的接觸點微銼掉.
- note 直到四點全部接觸桌面.

2 step 琴角修整 data

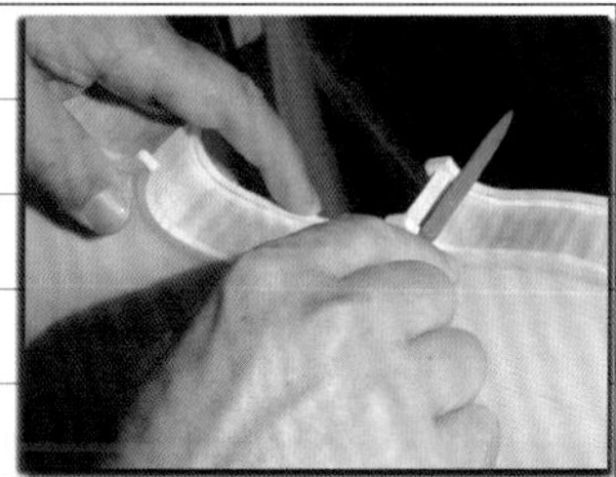

- detail 琴角直線邊用**木銼刀-鋼銼刀**,銼磨伸出量至2.5~2.6mm長.
- detail **先銼**背板琴角內弧至完成線邊小於2.7mm,並與C腰側板平行彎曲.
- detail **再銼**背板琴角外弧至完成線邊,並同時控制琴角**直線邊**寬約7.5mm.
- note 最後用砂紙棒將背板琴角內-外弧磨順.　　面板琴角修整也是一樣.

3 step C腰修整 data 2.5mm

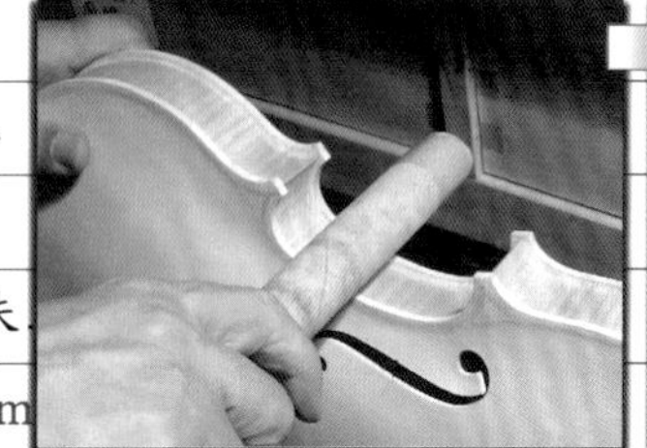

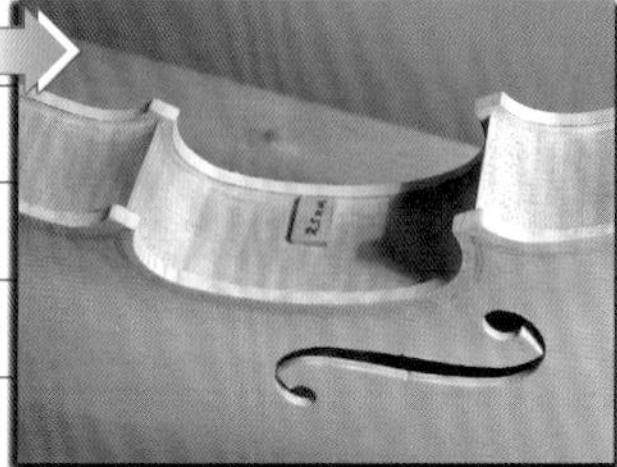

- detail 用木銼刀**先銼**背板至完成線邊約2.6mm.
- detail 再用鋼銼刀將背板銼磨至完成線上.
- detail 用砂紙棒將背板外輪廓磨至完成線快消失.
- note 最後用砂紙棒**同時**將面板-背板磨至2.5mm

4 step 胸腹修整 data 2.5mm

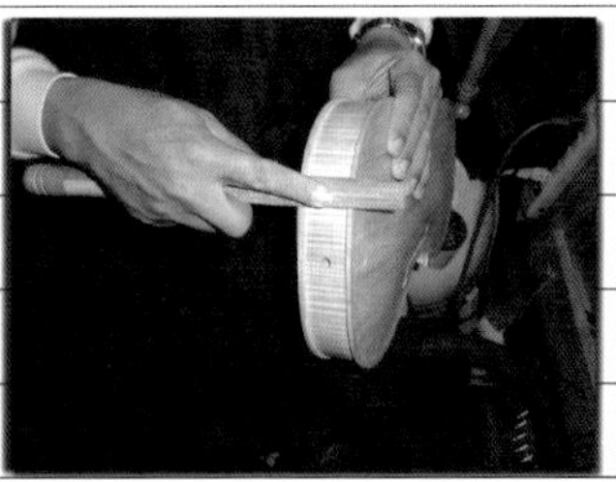

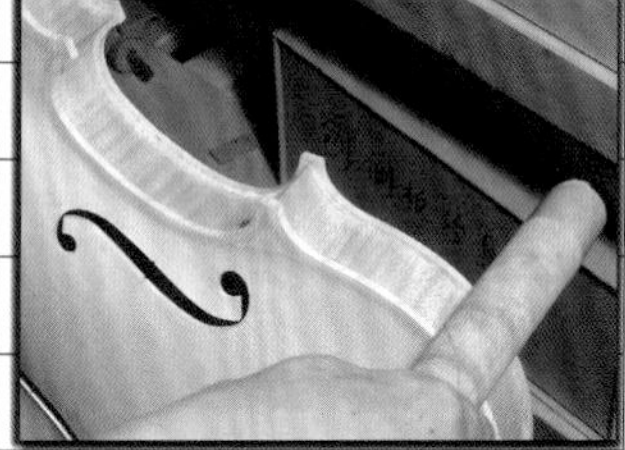

- detail 步驟程序同上.
- detail 背板肩紐處用平鑿刀切削.
- detail
- note

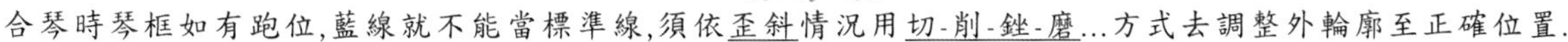

special step

- 合琴時琴框如有跑位,藍線就不能當標準線,須依歪斜情況用切-削-銼-磨...方式去調整外輪廓至正確位置.
- 持鋼銼刀,沙紙棒橫跨面板-背板同時銼磨外輪廓,可得到平行一致的伸出量.
- 用木銼刀銼時,要順弧形平行銼比較不會銼裂面板-背板,　垂直銼容易銼裂.
- 翻邊最後在磨圓作業時剩一點點量,最後磨就剛好磨至2.5mm.

Take a rest

Lee Chyi Shien

Fontana di Trevi

Cremona

Chapter

Chapter 09 鑲線

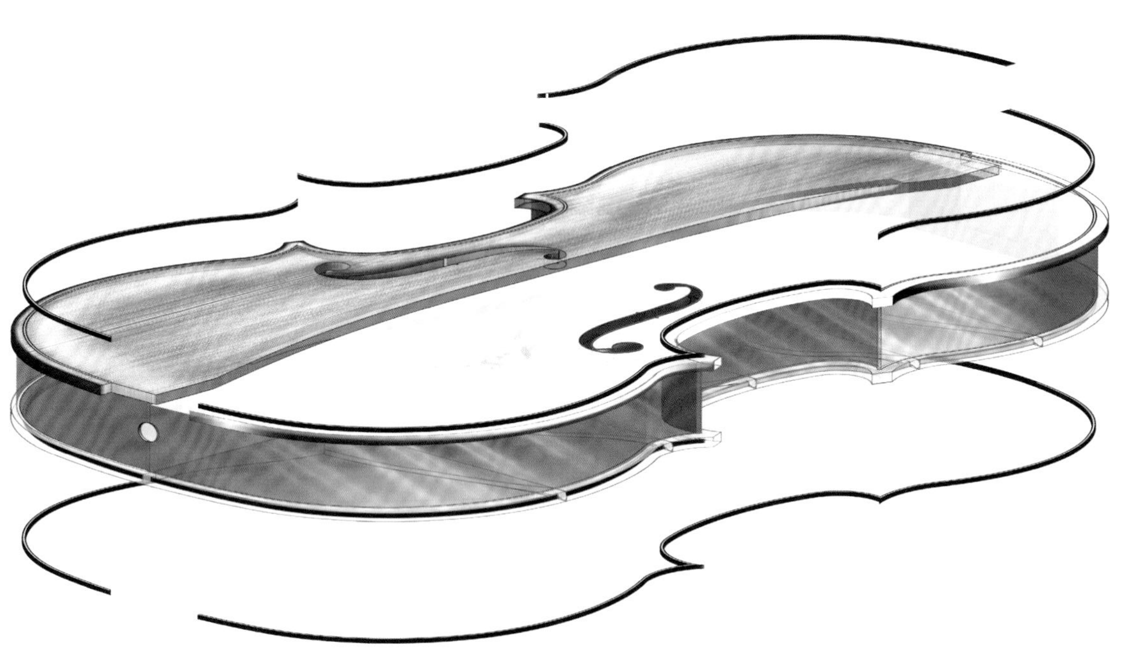

Chapter

Purfling

鑲線

完整規畫

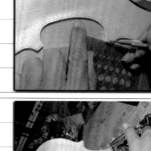

step 步驟名稱 tool 圓規,直尺...

1 step 琴角蜂刺 data 1/3處約2.5mm.

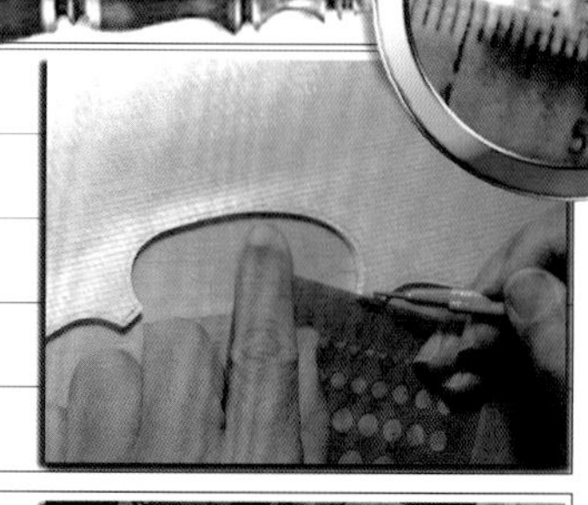

detail 在琴角直線邊內1/3處作記號.(在C腰內方向,稜線上約2.5mm處)

detail 胸-腹部的外鑲線尖角延伸線會靠近記號點.

detail 蜂刺完成時,**蜂刺**比外鑲線**交會尖端**多1.5mm左右.

note 蜂刺的設計是為了讓琴角看起來有生命-有活力-有藝術-有技巧.

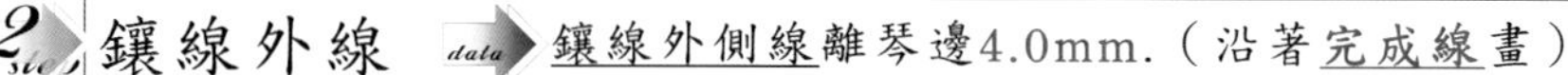

2 step 鑲線外線 data 鑲線外側線離琴邊4.0mm.(沿著完成線畫)

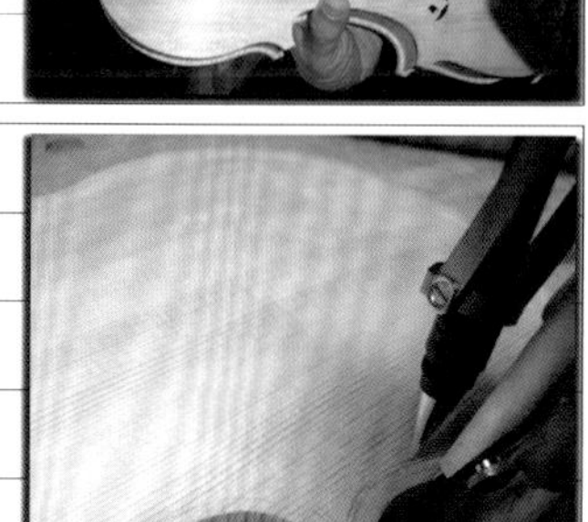

detail 用圓規調整到4.0mm半徑,沿著琴的完成線邊繞畫鑲線外側邊.

detail 用橢圓型板(長軸40mm,短軸20mm),核對銜接至蜜蜂針刺的順弧.

detail 不順之處的弧形線條,把它擦掉,再用**徒手畫**修正**弧形**至**順暢**滿意.

note 漂亮鑲線外邊相交接處,離琴角直邊稜線端約3mm.(離琴邊5mm)

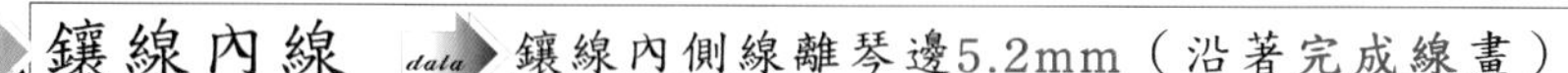

3 step 鑲線內線 data 鑲線內側線離琴邊5.2mm(沿著完成線畫).

detail 用圓規調整到5.2mm半徑,沿著琴的完成線邊繞畫鑲線內側邊.

detail 尖角處用橢圓型板沿著鑲線外線平行畫弧.

detail 再用徒手畫修正鑲線內尖端的弧形至平行順暢滿意.

note

4 step 型板畫線 data

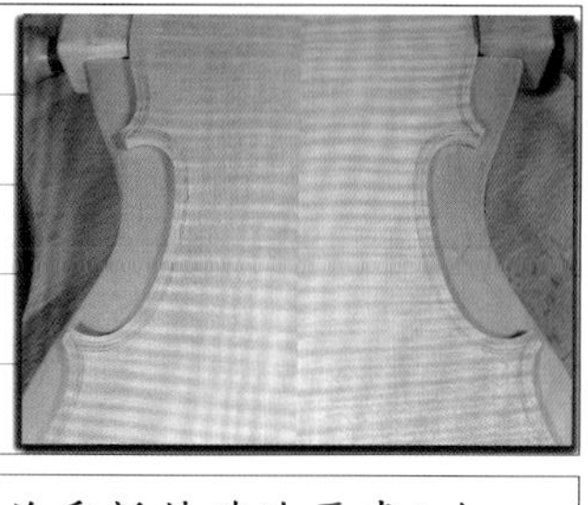

detail 背板與琴頸根部相接區域,圓規畫不到用自製型板畫內外鑲線.

detail 靠近上-下琴角的凹陷區域,弧度邊有點變化用自製型板畫內外鑲線

detail

note 上-下琴角的凹陷區域用圓規靠邊畫尖角相接太死不好看不理想.

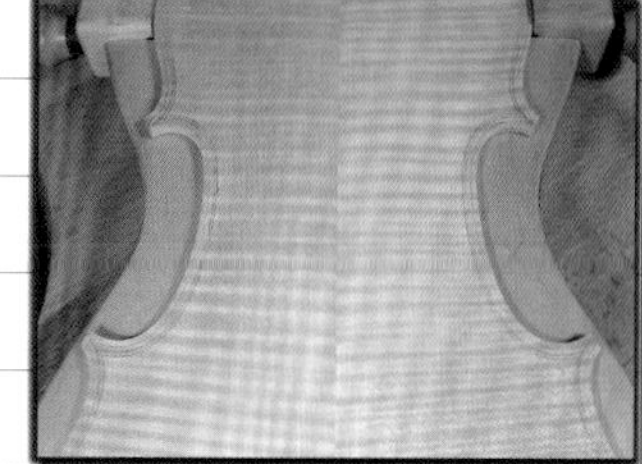

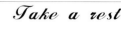

special step

外輪廓已重新調至完成處,所以將之前鑲線預畫之線條須先全部擦乾淨,並重新精確地再畫1次.

型板的弧度不見得能符合各個琴角的弧度,所以第一次畫好後,要再仔細觀查弧度不順處再重畫.

琴角的尖角鑲線畫好後,將其形狀複製成型板片,可供日後快速描繪.

(手工製琴,每次的處理尖角還是會略有差異)

Take a rest

Lee Chyi Shien

鑲線

切削挖挖

step	步驟名稱	tool	鑲線刀,尖刀...
1 step	表材硬化	data	薄膠水1：10
detail	面板春材軟好切,秋材硬不好切,順邊切時硬的切不進,就會偏向軟的方向.		
detail	用薄膠水塗抹鑲線區域,以硬化春材,好讓刀子切割時不易走刀.		
detail	**此效果有限**,只在表層可以改善,內層問題還是一樣.		
note	**背板**比較硬刀子切割時不易走刀,所以背板表層**不需硬化**.		
2 step	雙痕微刻	data	1.2mm
detail	將鑲線刀調雙刀刃間的間隙至1.2mm寬.		
detail	鑲線刀垂直面板,左手食指推刀順著外輪廓切線繞劃刻痕.		
detail	鑲刻時頭一回**不要刻太長**（3~5mm),也**不要太深**,僅做刻痕處理.		
note	鑲線刀也可以一次僅用單刀刻一條,分兩次刻內-外鑲線痕,但間距比較不準.		
3 step	刻痕深切	data	2mm.
detail	刻完**第一次後**,用銳利的解剖刀沿著刻痕**稍微出力**垂直下刻.		
detail	刀尖2mm處作**深度記號**,好控制切入深度（避免過深或過淺）.		
detail	未達記號時勿挑掉中間的木料,可保持刀具切割時有軌道而不易偏移.		
note	縱向木紋切割時要很小心,刀子會順著秋材邊偏向吃進春材內而歪掉.		
4 step	深度挑挖	data	
detail	深度達記號後用勾刀挑出中間的木料.（從**頭**-**尾**端開始挑挖比較容易）		
detail	蜂刺尖端用刀背往上挑即可.（小心不要碰斷面板脆弱的內尖角）		
detail			
note	背板**靠**琴頸跟部**的鑲線槽**,深度不要太深（1.5mm）.		

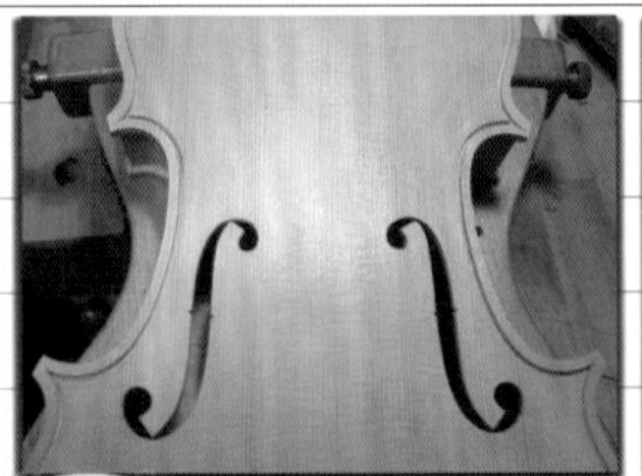

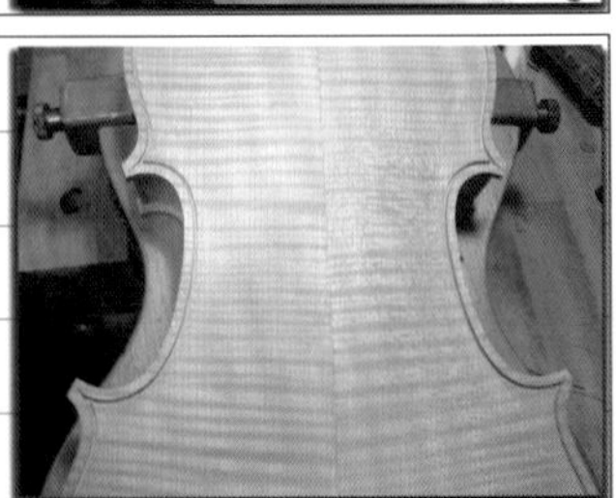

Special step
鑲線槽在刻痕時,可用尖刀淺刻2次痕跡,以便深刻時容易進刀.
背板硬,鑲線槽刻痕深切時刀尖不易切入或被線槽縫咬穿住,為避免此現像,刀尖抹乾肥皂會改善.
刀子切割時如有偏滑出線槽,趕緊煞車,立即**從另一方向**切割多次,再回原方向切,就不會越切越醜.
鑲線槽深切時先切鑲線槽外邊,深度ok後再切鑲線槽內邊（內壓力外移,這樣內尖角比較不易崩裂）.

Take a rest

Lee Chyi Shien

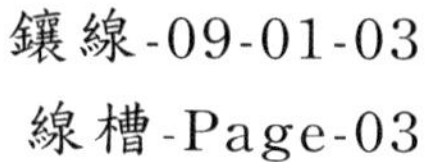

鑲線

寬深細雕

step 步驟名稱 tool 小平刀,大弧小圓刀,鑲線刮刀...

1 step 寬深檢查 data 1.2mm

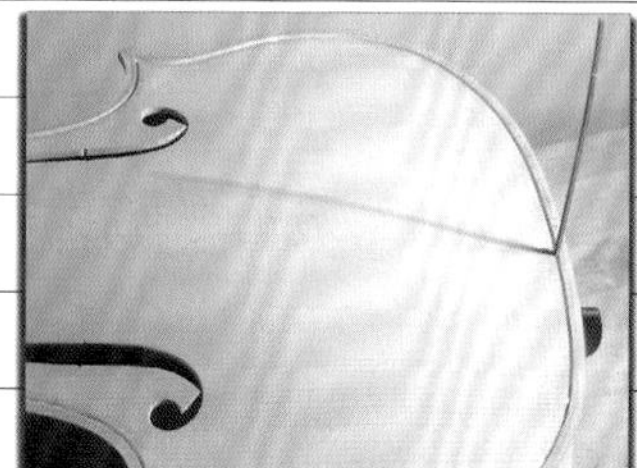

- detail 將鑲線先試埋溝槽間.
- detail 檢查溝槽寬度-深度-圓滑度是否可以.
- detail 不合要求的地方用鉛筆做記號.
- note 再依下列的技巧再細心雕琢.

2 step 槽邊雕直 data

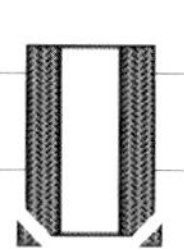

- detail 凸出或斜歪曲的槽邊,用小平刀或大弧小圓刀垂直切削凸出點.
- detail
- detail 如果不把鑲線槽底端的邊雕垂直,
- note 就要把**鑲線兩邊**的底角雕成**倒角**.(非正規的做法)

3 step 槽邊整順 data

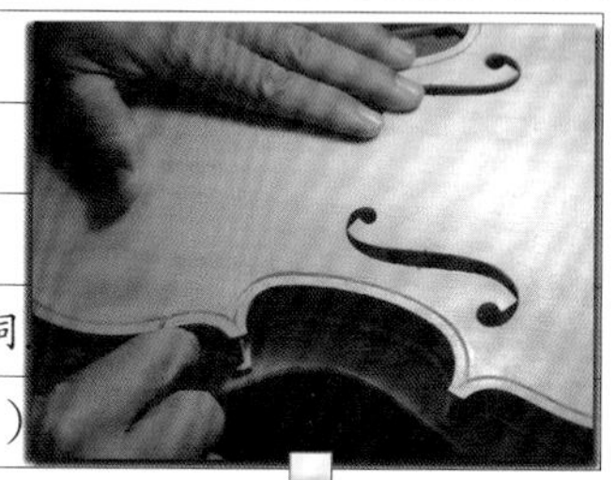

- detail 不圓滑的槽邊用鉛筆塗黑線,
- detail 再用迷你刮刀刮除黑線,用小平銼刀磨圓,磨順.
- detail C腰-胸-腹的最寬縱向木比較好刮,要小心刮否則會刮深春材而造成凹洞.
- note 刮的時候不要過量,否則會刮成凹陷.(橫斷木不要刮會刮成階梯狀)

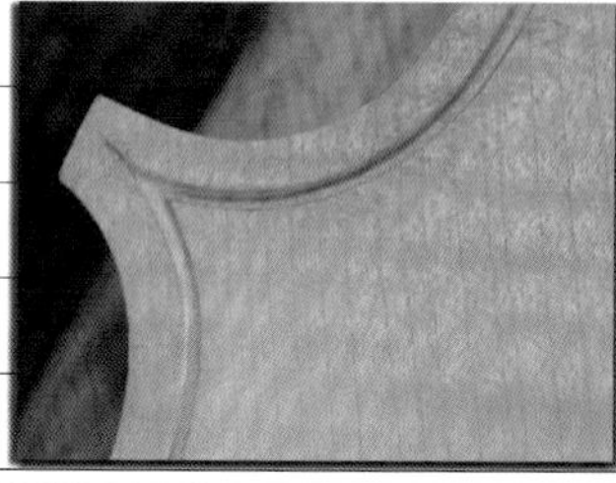
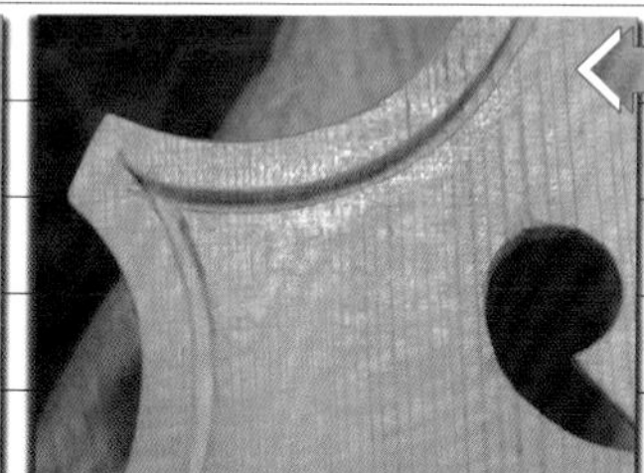
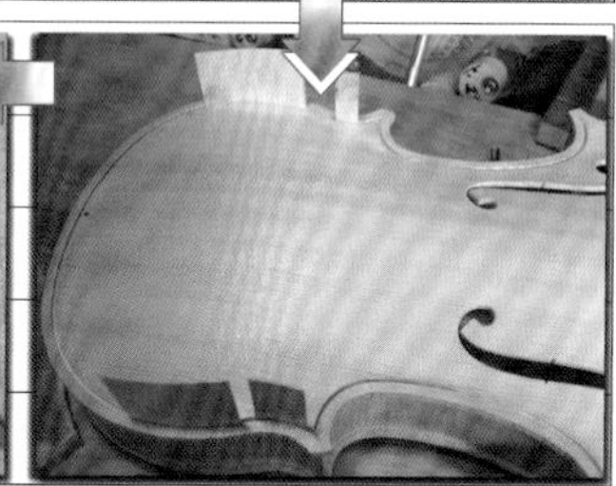

4 step 槽底整平 data

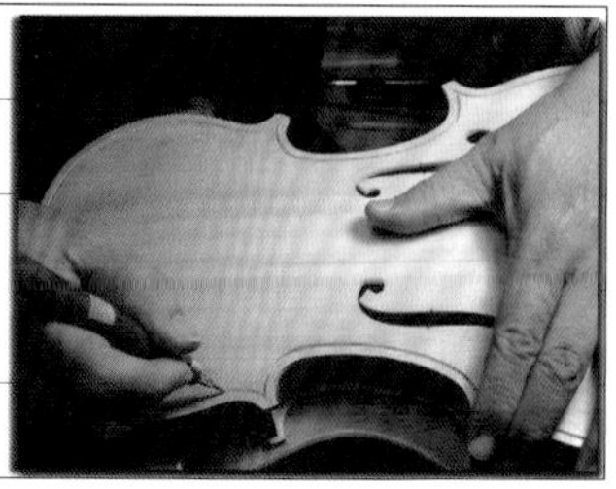

- detail 用1.1mm左右的小平刀刮平槽底.
- detail 刮平處理時要注意春材-秋材交接處,
- detail 春材比較軟-秋材比較硬,所以容易刮成凹洞,或洗衣板式的階梯底.
- note 如果刮出階梯坑,就用小平刀垂直**春**-**秋材**方向刮平凸出點.

special step

琴角的尖角鑲線槽刻好後,如果感覺滿意可將其形狀用拓印法複製成型板片,可供日後快速描繪.

深度試埋時不要全部埋入,押進一半左右即可.(有點緊時拔出來比較不會拉斷)

Take a rest

Lee Chyi Shien

鑲線

切削接合

step 步驟名稱 tool 烙鐵,彎曲板,平鑿刀...

1 step 長度量取 data 粗胚 胸部180mm, C腰140mm, 腹部230mm

detail 用可彎曲的量尺,測量 胸 - C腰 -腹 鑲線槽的長度,再多加5~10mm.

detail 粗胚胸部約165mm切180, C腰約132mm切140, 胸部約215mm切230

detail 面板頭部有**琴頸**,尾部有**下弦枕**,所以面板**胸-腹**鑲線長度可稍微短一點點.

note 蜂針處的長度也要算進去.

2 step 線材彎曲 data 140ºC~150ºC.

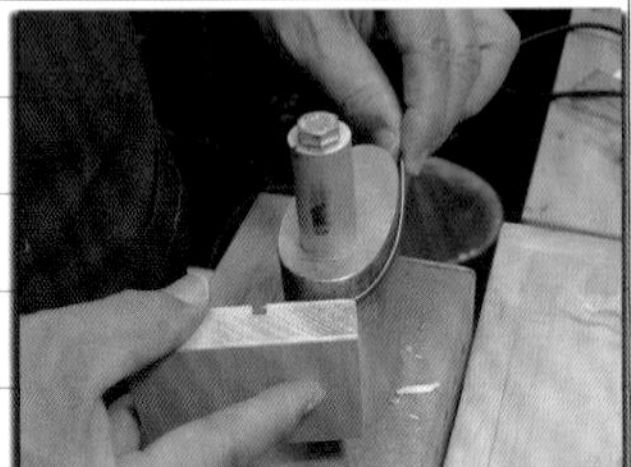

detail 烙鐵的溫度把它設定在140ºC~150ºC.(溫度太高鑲線容易開膠)

detail 用烙鐵將鑲線的琴角彎曲處稍微烤彎即可,其他都是大彎不用烤.

detail

note 彎曲過程鑲線如果斷裂,就捨棄重做一根.

3 step 尖角接合 data 蜂刺長度約1.5mm左右.(依實際蜂刺尖槽或個人而定)

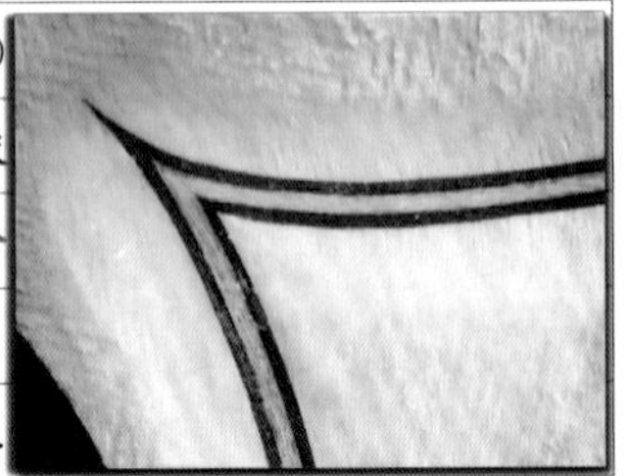

detail 用平刀將**胸部**鑲線尖角切成斜角並沿伸鑲線外邊的黑邊約1.5mm成蜂刺狀

detail 再切**C腰鑲線**(上角)處的下切角,並與**胸部鑲線**之上切角要相吻合

detail 吻合上尖角後,調節C腰鑲線長度,並依上述之方法再吻合下尖角.

note 尖角之密合用15倍的放大鏡觀查,並細調切削至**雙邊**的**黑白黑**皆吻合.

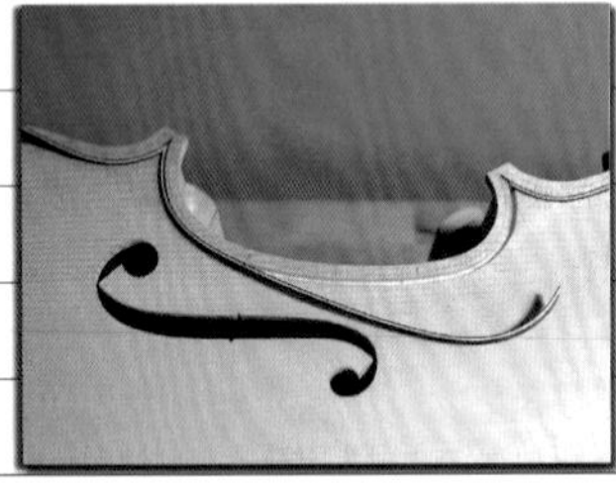

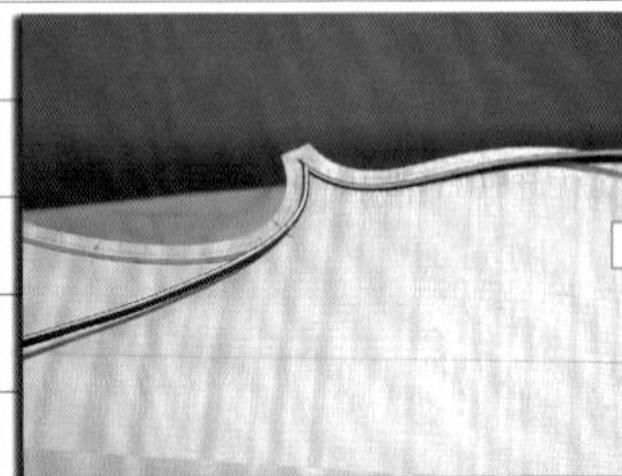

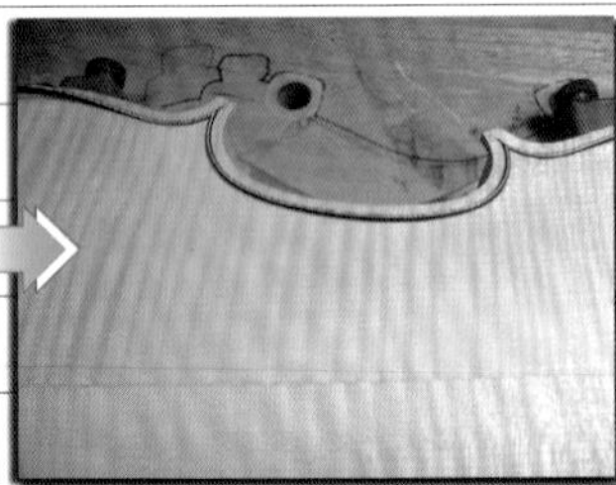

4 step 中間接合 data 離中線8~10mm

detail 背板頭-尾鑲線的中間接合處離中線約8~10mm.(在中央處會很明顯)

detail 在中間接合處的左-右鑲線上方做切削記號,切削角度以45º為佳.

detail

note 面板的鑲線中間不用接合.

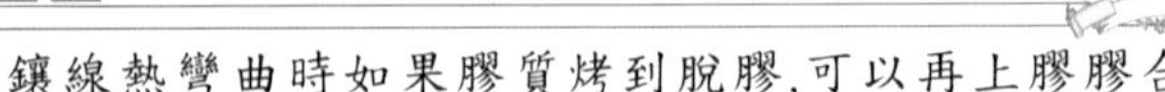

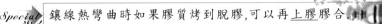

Special step

鑲線熱彎曲時如果膠質烤到脫膠,可以再上膠膠合.

蜂刺長度依個人習慣而定.斜切後蜂刺的黑白黑條平行線要垂直線材.

中間接合一定要等四個尖角都接合漂亮後才可以施做.

背板胸-腹鑲線中間接合處如果接合失敗,就把背板鑲線轉給面板用.(這就是先做背板鑲線吻合的原因)

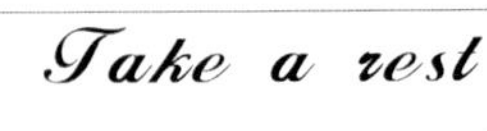

Lee Chyi Shien

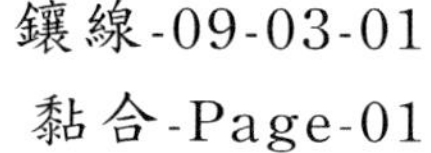

鑲線

黏合處理

step 步驟名稱 tool 小錘子,膠水...

1 step 尖角固定 data

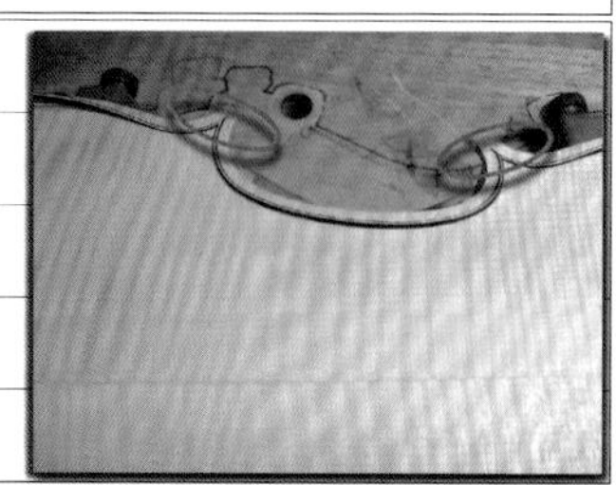

detail 將鑲線材依一定位置放定位,但不要全部押入線槽.

detail 只要將鑲線**尖角處**押入尖角槽固定不動（紅圈處）,

detail 其他地方浮在線槽上.

note 以下的黏合過程,蜂刺尖角千萬不可離開已吻合成功的線槽位置.

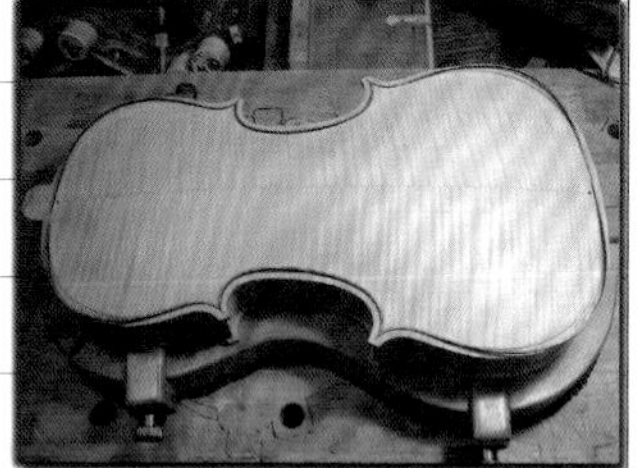

2 step 溝槽灌膠 data 1：10 魚膠（稀一點比較容易在溝槽中流動或滲透）

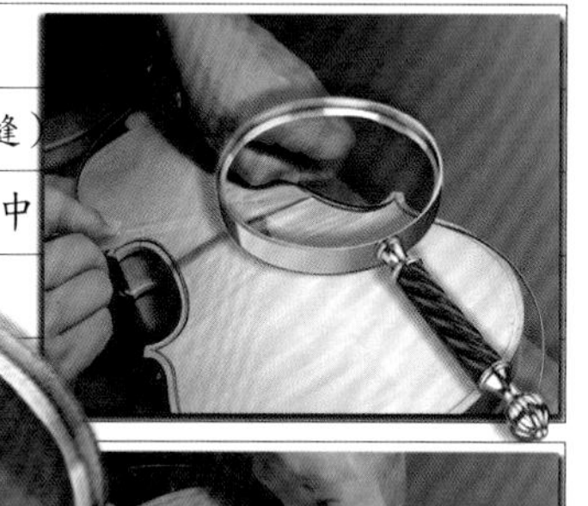

detail 提起C腰鑲線注入膠水,並迅速將鑲線押入槽中.（膠水會滲壓至尖角縫）

detail **鑲線-面-背**板**吸水**後會立即膨脹,押入動作要快,否則鑲線會很難擠入槽中

detail 接著立即黏胸部線槽.（尖角不可離開線槽）

note 做完後再黏腹部線槽.（尖角不可離開線槽）

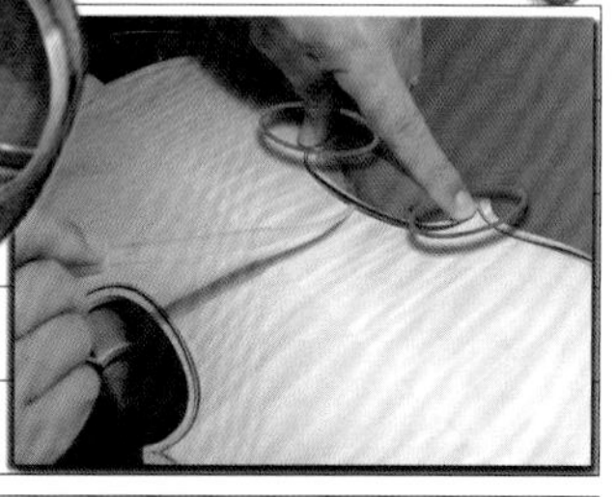

3 step 凸出鎚壓 data

detail 黏合未乾時,迅速用小鎚子將凸出的鑲線完全敲入溝槽內.

detail 黏合乾燥後用適當的刀具（鑿刀-鉋刀）將凸出的鑲線刨除掉.

detail

note

special step 膠水注入後鑲線開始膨脹,要趕快將鑲線押進槽中,如無法順利進入,用小木槌敲打可有效地幫忙壓入槽中.

衫木吸水比楓木易膨脹,所以鑲線黏和從背板先做,再做面板鑲線比較得心運手.

Take a rest

Lee Chyi Shien

鑲線

弧度凹雕

step 步驟名稱 tool 小圓鑿刀,小拇指鉋刀,刮刀...

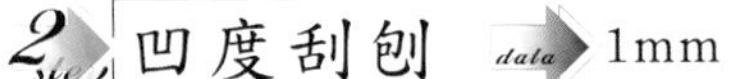

1 step 稜線補畫 data 離琴邊約2mm.

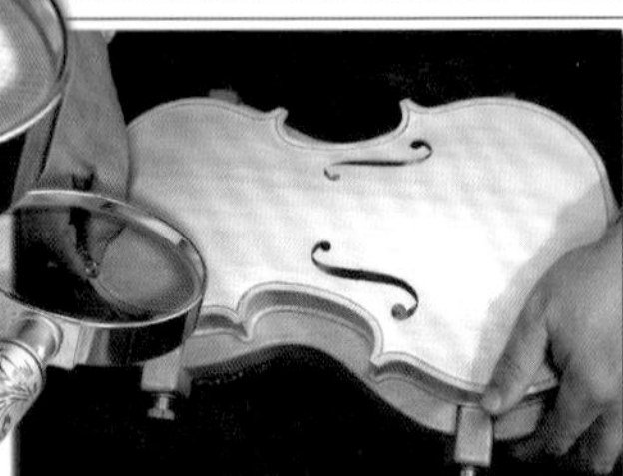

- detail 如果原來的稜線消失或不清楚,就要補畫上去.
- detail 以下的程序如有輕微的誤刮稜線,就要立即補畫上去.
- detail 清楚的稜線可以精確控制刮刀操作過程不過頭.
- note

2 step 凹度刮刨 data 1mm

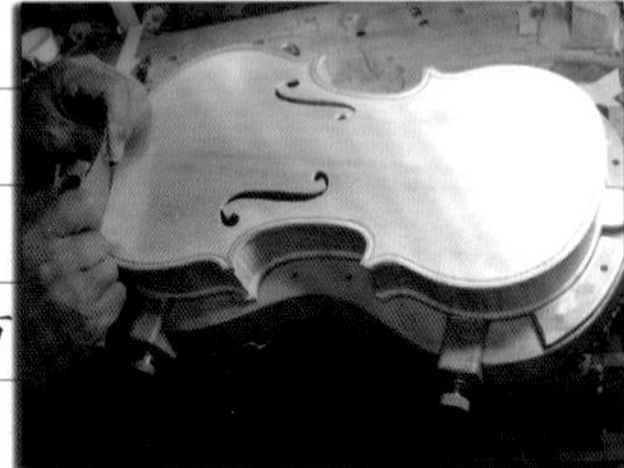

- detail 用小圓鑿刀或最小姆指鉋刀沿著鑲線處刨出凹弧.
- detail 用刮刀刮順此邊弧之弧度,並漸漸靠近稜線.
- detail 刮刀要順著斜度往下刮.
- note 不可 刨到-刮到 稜線最高處.

3 step 邊坡刮順 data

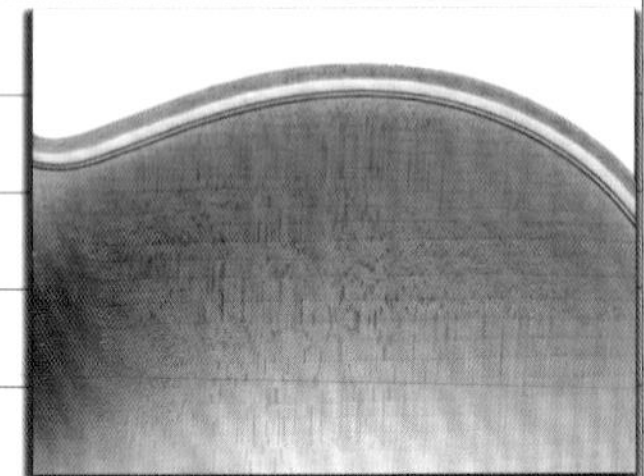

- detail 燈光下找出陰影不對的微凸面,
- detail 用適當的刮刀從外緣往中央刮.
- detail 不易刮的區域（尖角處-C腰）,用最適合的小刮刀刮順不平順的地方
- note 先刮順鑲線內斜邊,再刮順鑲線外斜邊.（尖角處-C腰-頭-尾端不易刮）

Special step

邊坡稜線的凹度立體感,依個人習慣,感覺及愛好無一定的標準.

刮刀最好有多支不同弧度及順,逆方向刮的刮刀.

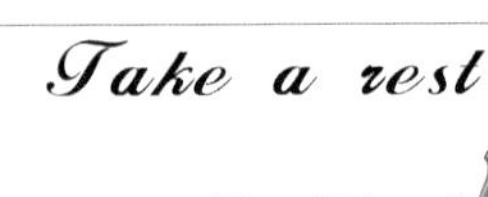

Take a rest

Lee Chyi Shien

Chapter 10

翻邊

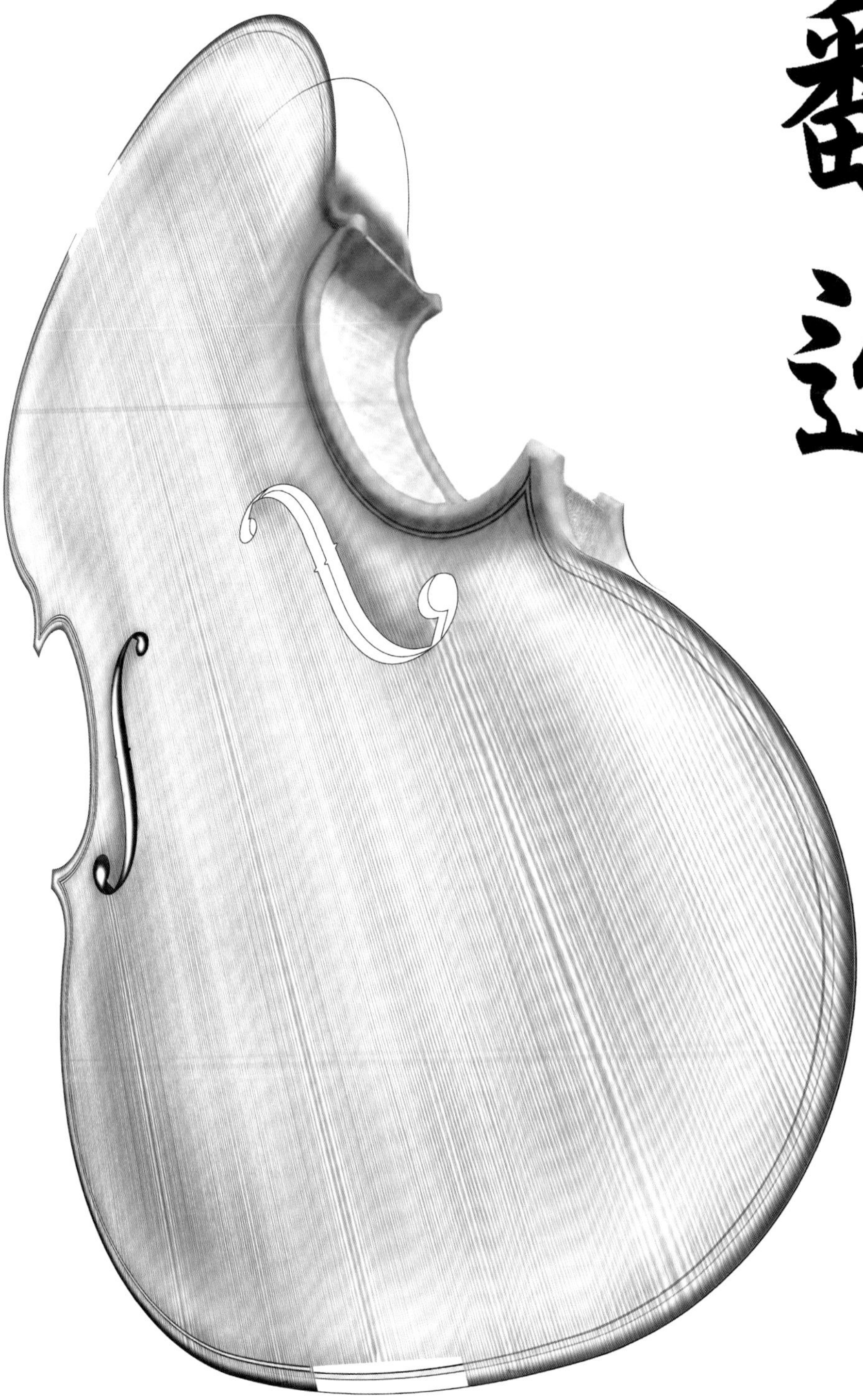

Lee Chyi Shien

Chapter 10

Edge

翻邊

邊緣雕琢

step 步驟名稱 tool 斜刀,銼刀,刮刀,沙紙...

1 step 雕琢程序 data 1/3處約1.4mm.

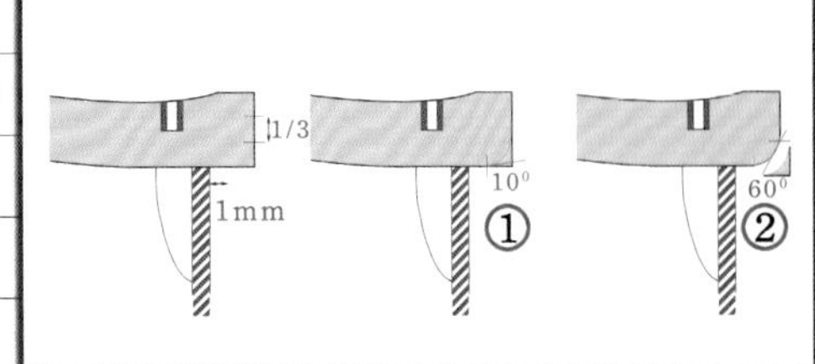

detail 琴的邊厚度用圓規分三等分畫線（翻邊修圓的界限）

detail 面-背板內側的外輪廓**距側板邊**約1mm處畫**平台線**.

detail 先雕內側成內圓再雕外側.（外圓先做易碰撞受損）

note 先做好背板再做面板（面板較軟易撞傷）.

2 step 內圓雕磨 data

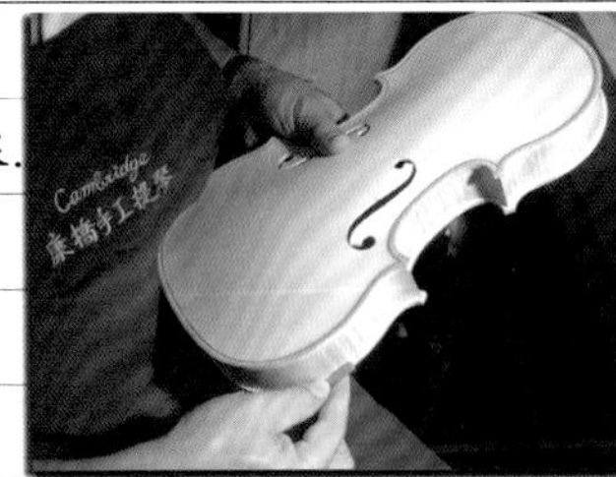

detail ①用小平鋼銼刀將面-背板靠側板之琴邊銼10°左右的斜邊,至小平台線.

detail ②用小平鋼銼刀銼60°左右的斜邊,至下方1/3線處.

detail 用內圓刮刀刮內圓,刮到小平台線消失,再用240號沙紙磨順.

note 粗胚處理面板的**頭**-**尾**不好刮,用**銼刀銼**.

detail C腰**上**-**下彎**區處立即轉彎,

detail 用**銼刀**有點不好磨,

detail 先用**尖刀切削**比較好操作

detail 再用**圓銼磨**.

note

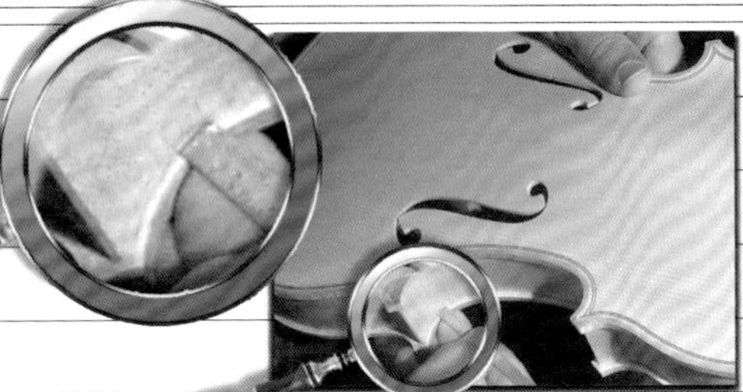

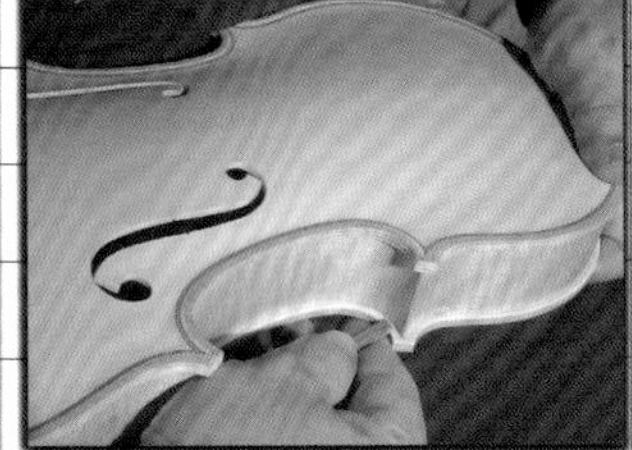

3 step 外圓雕磨 data

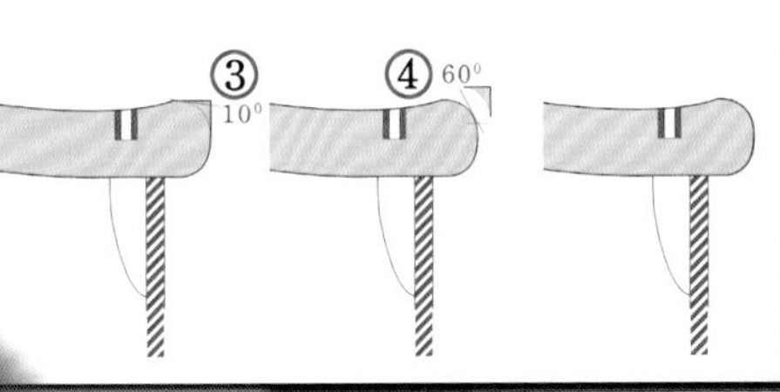

detail ③用平鋼銼將面-背板之琴邊銼10°左右的斜邊至稜線.

detail ④用平鋼銼刀銼60°左右的斜邊,至上方1/3線處.

detail 用內圓刮刀刮外圓,刮到接近稜線,再用240號沙紙磨順

note 後續用400號以上的沙紙將內-外圓同時磨圓磨順.

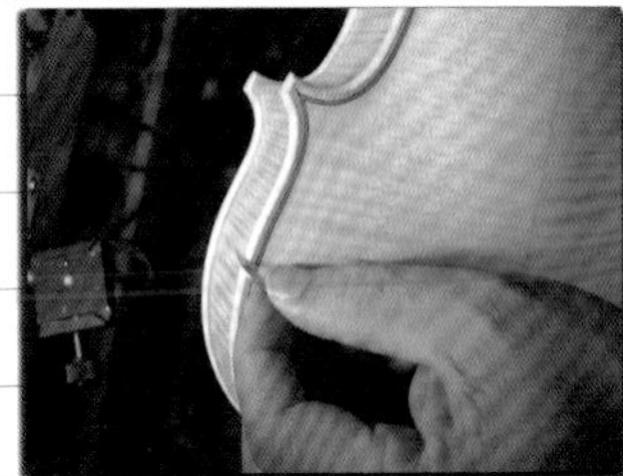

special step 在刮當中如碰到紋理不順,產生階梯刀痕,就暫緩刮, 改用紗紙在該區磨順後,再繼續刮.

Take a rest

Lee Chyi Shien

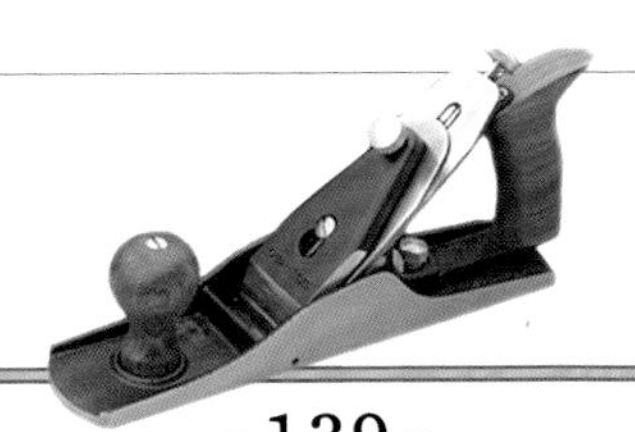

翻邊

細雕圓磨

step 步驟名稱 tool 斜刀,銼刀,刮刀,沙紙...

1 step 內外整圓 data

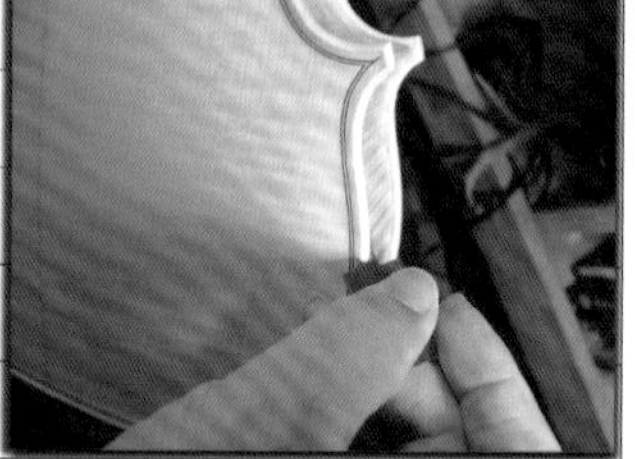

detail 用小半圓刮刀跨在內-外圓間,直接刮內-外圓間的弧度.

detail 再用400號沙紙磨順 磨圓(可與上述步驟交替操作).

detail

note

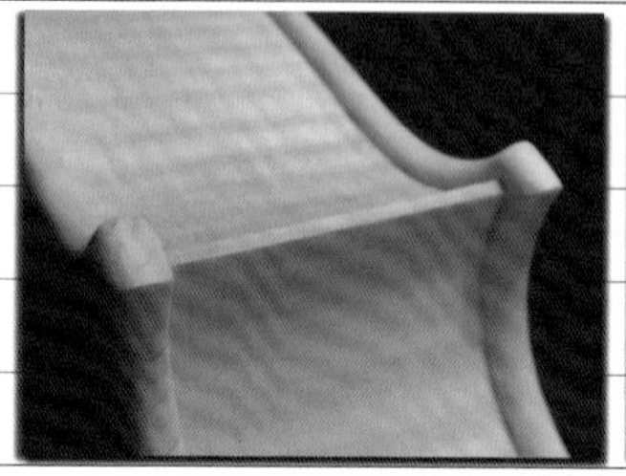

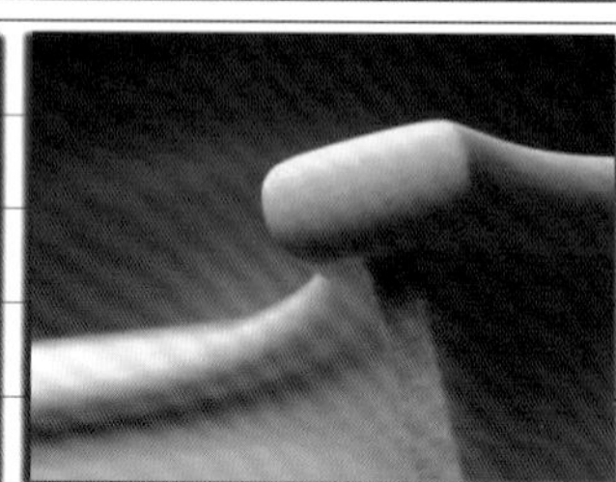

2 step 稜線細整 data

detail 用240號沙紙磨順稜線的兩邊弧度,並把稜線之位置細調至中央.

detail 最後用400號,800號,1000號等沙紙磨順稜線之收尾(尖而不利).

detail

note 如果表面要有光澤,就用刮刀輕輕刮一遍,或用木賊磨一遍.

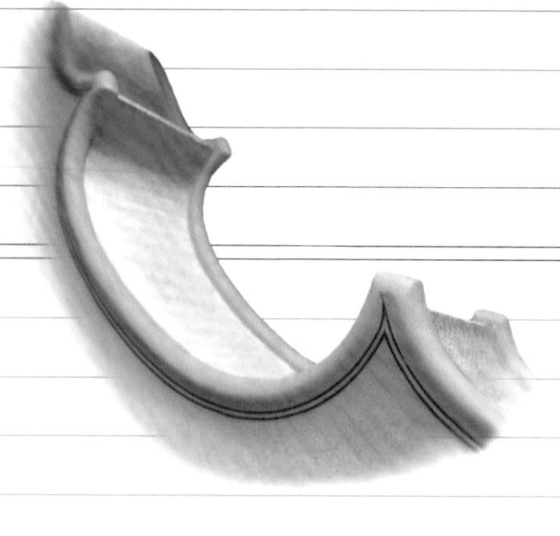

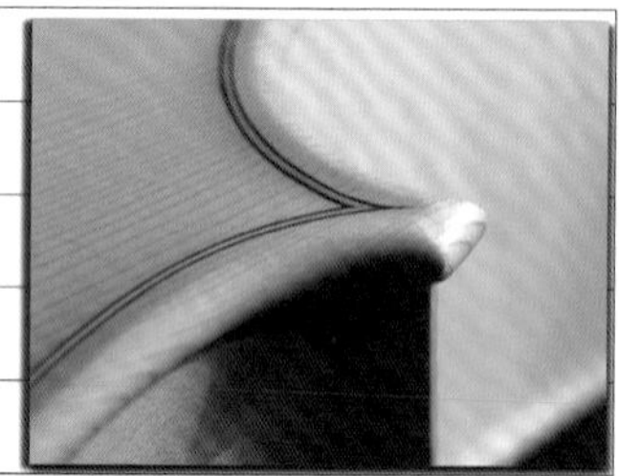

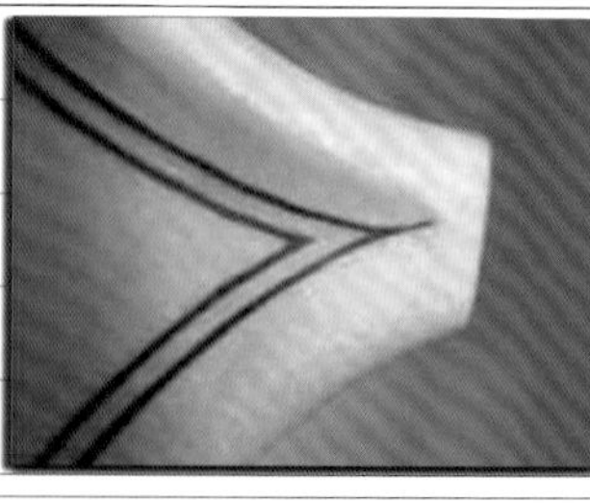

Special step 稜線明不明顯因人而異,每個製琴師有不同的風格.

Take a rest

Lee Chyi Shien

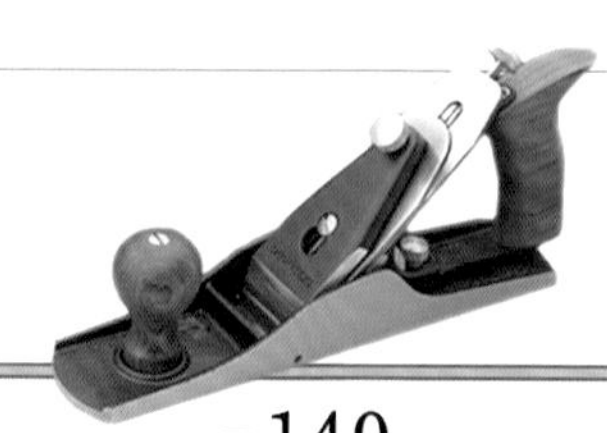

Chapter 11

琴頭

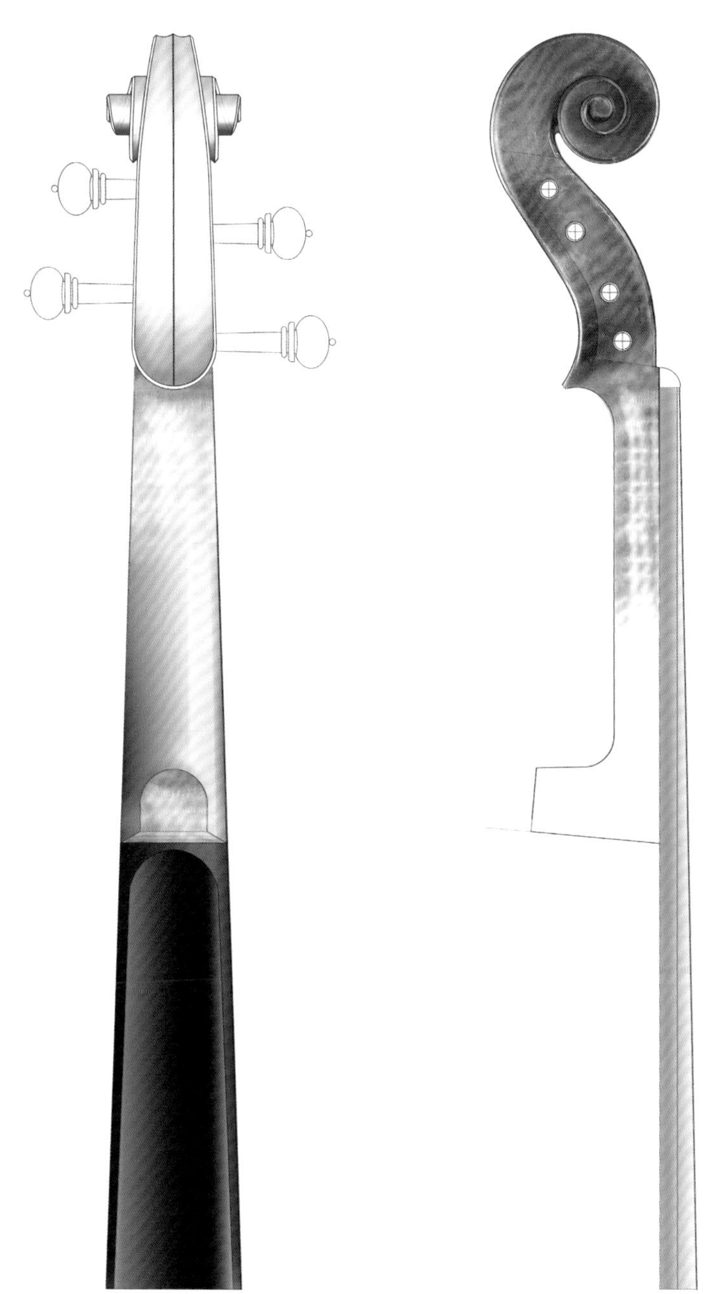

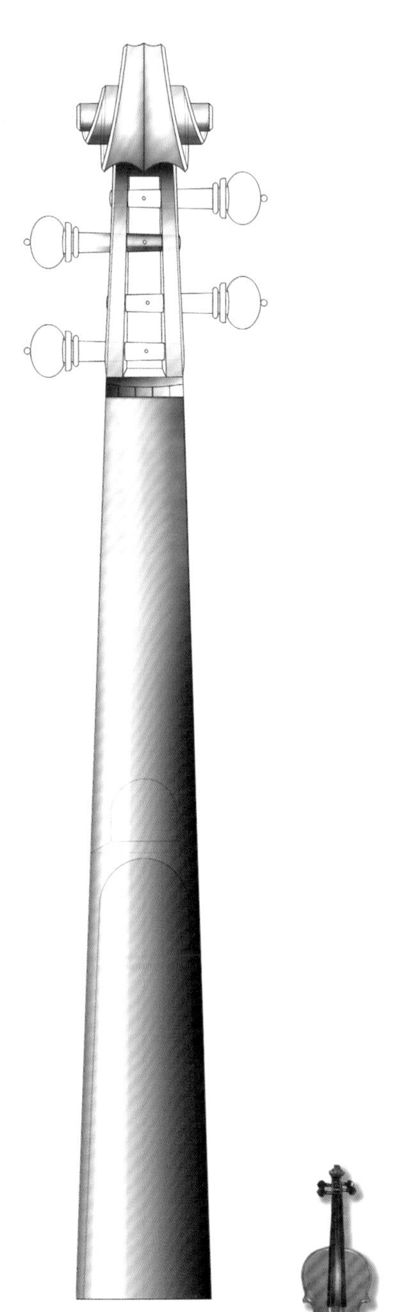

Chapter 11

Head

琴頭

外形規劃

step 步驟名稱 tool 鉋刀,畫線刀,型板,直角規...

1 step 指板刨平 data 楓木毛胚 長260mm 寬45mm 高60mm

detail 粗刨成正長方體 高51mm 寬43mm（指板接著處的左-右邊要直角）

detail 選一邊當指板接著面,用大鉋刀刨平99%以上,左-右兩邊再刨成直角.

detail 再仔細將長方體的 寬43mm 刨至 寬約42mm.

note

2 step 樣板畫線 data 指板接著面長136mm,上弦枕寬24mm,琴頭尾端寬33mm.

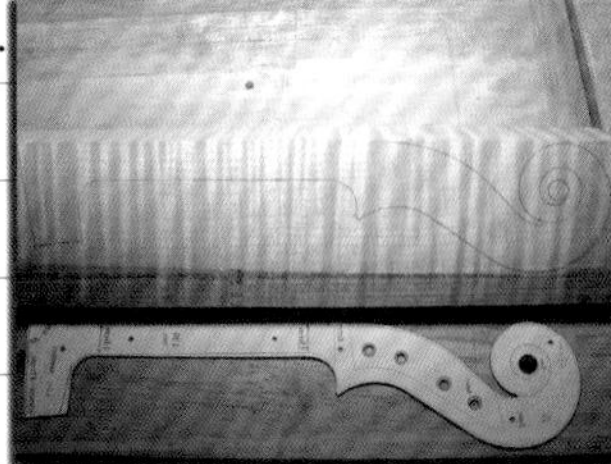

detail 琴頭正面（接著面）的中央用畫線刀畫**中央線**.

detail 將樣板放在側邊上固定好位置,用鉛筆描繪外形.

detail **上弦枕**與**弦軸箱**交接處須下降約1mm深度,用可控深度鋸子鋸槽.

note

3 step 眉角線條 data 旋首眼8mm.

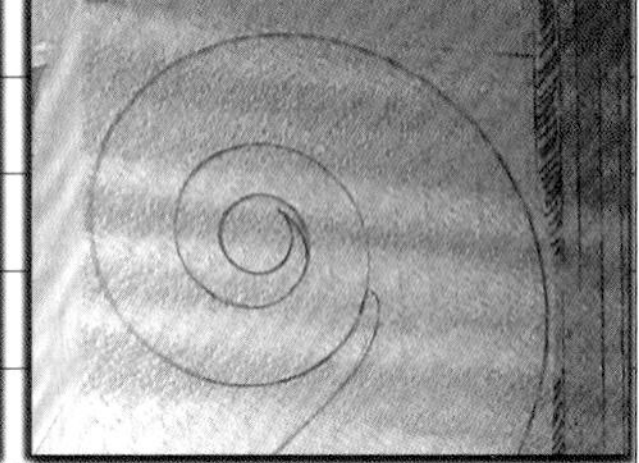

detail 畫旋首眼,內圈直徑約8mm圓.

detail 旋首眼在 1點位置,往右下畫弧形眉角線.

detail

note 畫眉角線的感覺比較有靈性.

4 step 畫弦栓孔 data

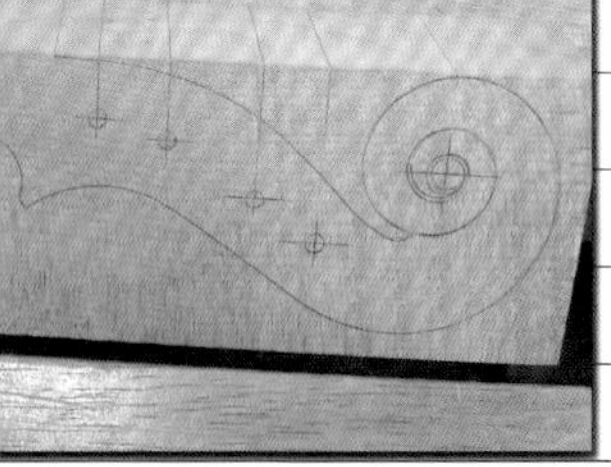

>55

detail 將樣板放上,依弦栓孔的中心十字線描繪.

detail 要準確計算標畫在木塊的兩側,

detail 用中心錐在十字線交叉處刺出鑽孔中心點.

note

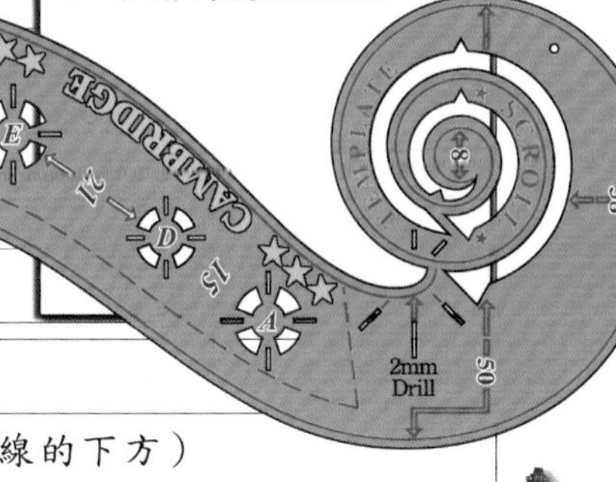

琴頭樣板圖
Head+Scroll+Neck

special step 毛胚料有斜邊的話,先補黏軟木,再刨成長方體.

毛胚料厚度若超過55mm（50+3）,就可以切出側板料.（step 2 圖紅線的下方）

旋首外輪廓畫好後,可加畫旋首第一層外切井字線.

（現在平面大,直尺比較好放比較好畫,後續再畫也可以）

Take a rest

Lee Chyi Shien

琴頭

粗胚切削

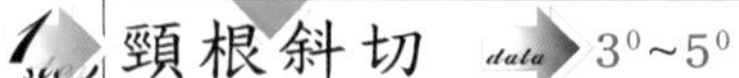

step 步驟名稱 tool 鉋刀,尖刀,畫線刀,鑿刀,中心錐,直角規,自由規...

1 step 頸根斜切 data 3^0~5^0

detail 用適當切削工具斜切頸根3^0~5^0(用直角規及自由規檢查至標準).

detail 用夾具夾緊琴頭,再頸根沾水,用高角度鉋刀刨平頸根,再用銼刀磨平.

detail 在頸根的平面上畫頸根欲切削的線條,再上膠.

note

2 step 鑽弦栓孔 data 5mm.

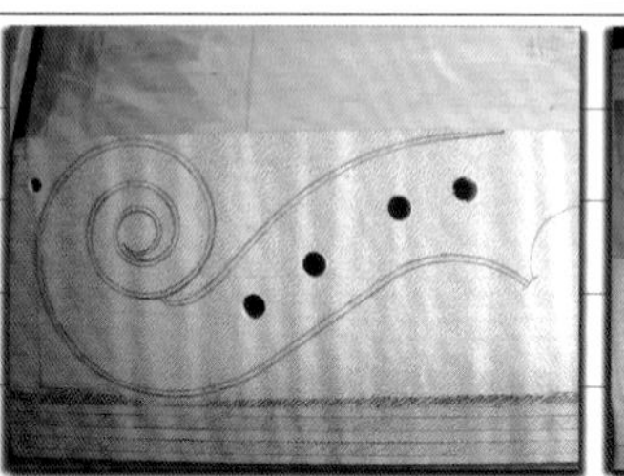

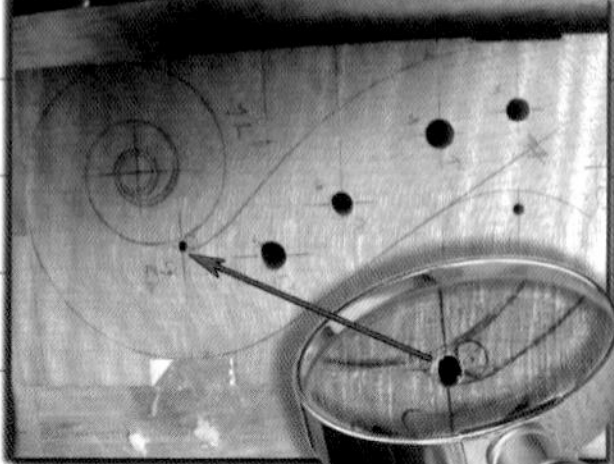

detail 在十字線中心處用中心錐刺孔.

detail 用5mm鑽頭鑽弦栓入孔.

detail 左右側鑽比較好,用鉸刀鉸孔時再校正位置

note 琴頭下額最狹窄處用2mm鑽頭鑽孔.

3 step 鋸切成形 data 頸背中央厚度粗刨約14mm~15mm.

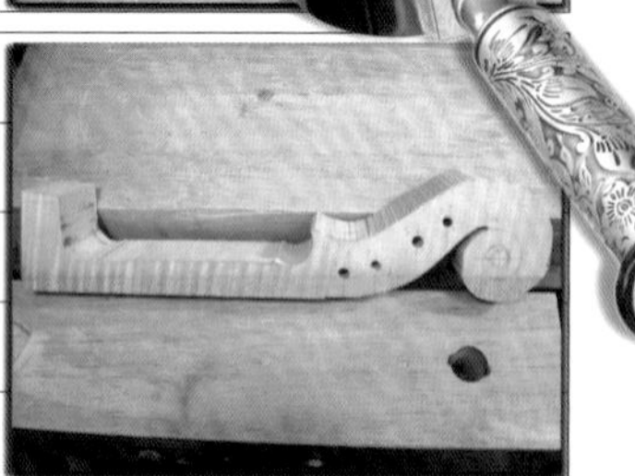

detail 用手弓鋸或帶鋸粗切外輪廓(不要切到線).

detail 用平鑿刀或圓鑿刀鑿除凸出的木料.旋首用銼刀或圓盤磨順至線上.

detail 下額到頸背平坦區用大-小姆指鉋刀先橫刨至14mm~15mm之厚度.

note (後續再處理至最後完成時約13mm~14mm)

4 step 狹口粗雕 data

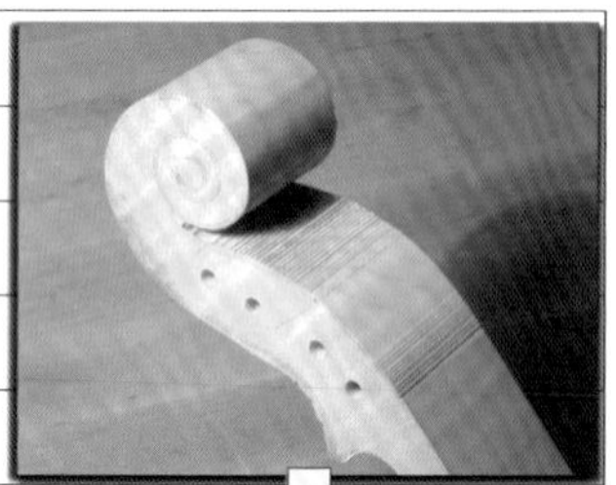

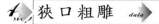

detail 用小帶鋸粗切狹口內凹處(不要切到線).

detail 用微平圓鑿刀鑿除凸出的木料.

detail 狹口部份狹窄,刀具目前很難進入切削,

note 留到後續旋首,弦軸箱雕琢後再處理不難.

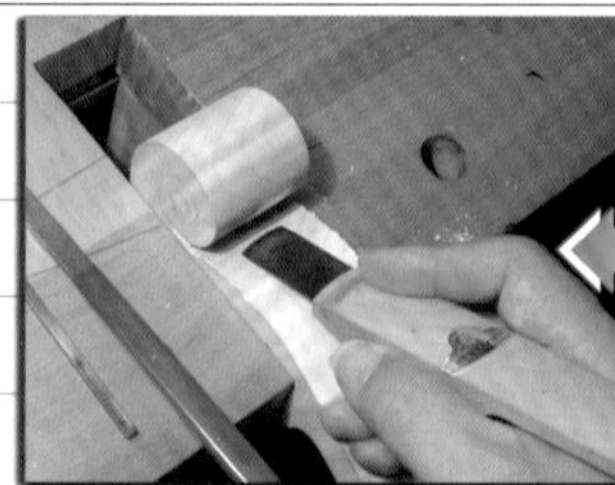

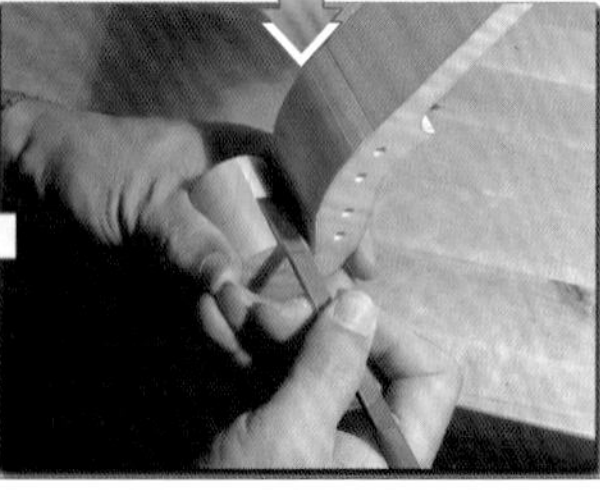

Special step

鑽孔為求準確度,可先在琴頭不重要之處試鑽2mm穿透孔,觀查穿透垂直度.

(如有誤差用左-右鑽孔比較好) (左-右鑽孔就算中央沒對到也沒關係,因為後續挖弦軸箱時會挖掉)

狹口部份狹窄刀具進入很難切削,旋首與弦軸箱交接處可先用2mm鑽頭鑽孔.

琴頭下額,頸跟轉彎處,帶鋸不易轉彎,可在該處算好圓心先鑽20mm的圓孔.

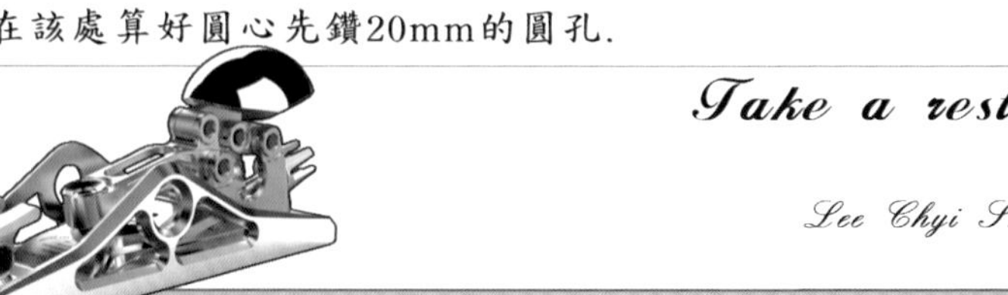

琴頭

線條規劃

step 步驟名稱 tool 畫線刀,型板,直尺...

1 step 補畫中線 data

- detail 用畫線刀或軟尺彎曲在琴頭-弦軸箱-頸背面上補畫中央線.
- detail 旋首中線標示**最上點**寬12mm,**最低點**寬26mm,前額及後腦勺點約寬20mm.
- detail 旋首中線標示中繼對準點.(魚尾形半邊樣板好定位用)
- note 旋首**中線**左右0.5mm旁加畫兩條**平行線**.

2 step 畫弦軸箱 data 半邊樣板,長80mm, 低寬20mm, 上寬24mm.

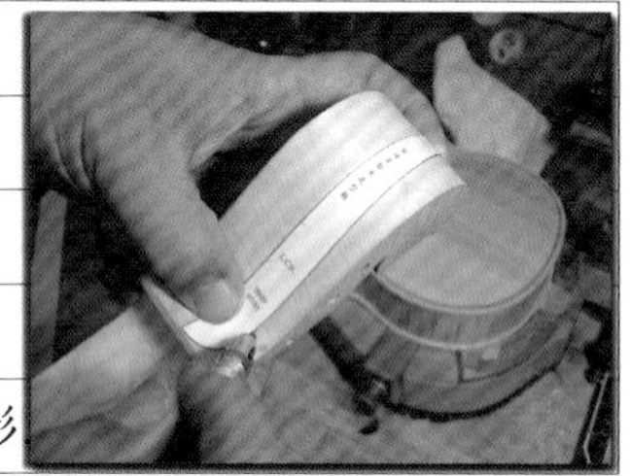

- detail 做弦軸箱半邊樣板長80mm,低的一頭寬20mm,靠上弦枕正面寬24mm.
- detail 半邊樣板放在弦軸箱上,靠著中央線用鉛筆畫左右兩邊.
- detail 加畫5mm左右弦栓壁.
- note

3 step 琴頭畫線 data 下頷半徑13mm

- detail 做魚尾形半邊樣板.
- detail 琴頭下頷畫半徑13mm的圓.
- detail 將魚尾形半邊樣板靠中央線畫左右兩邊.
- note 跟據最上點12mm,最低點26mm,前額及後腦勺點20mm,修正旋首外弧形

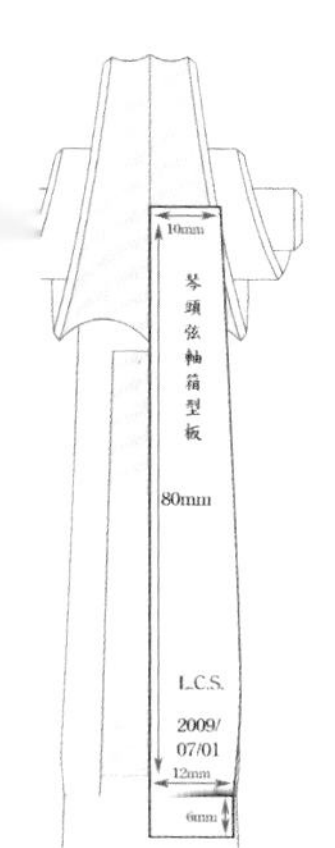

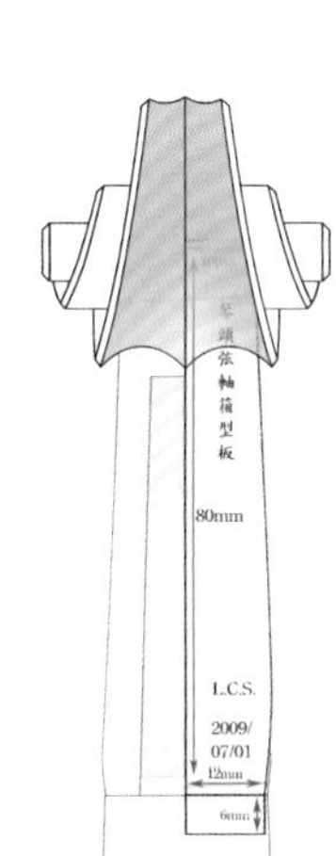

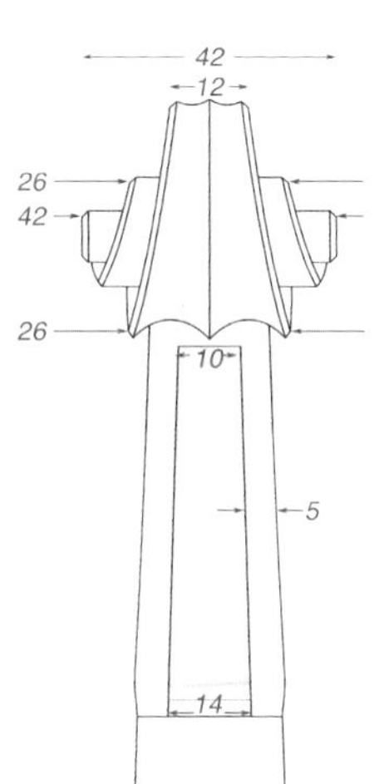

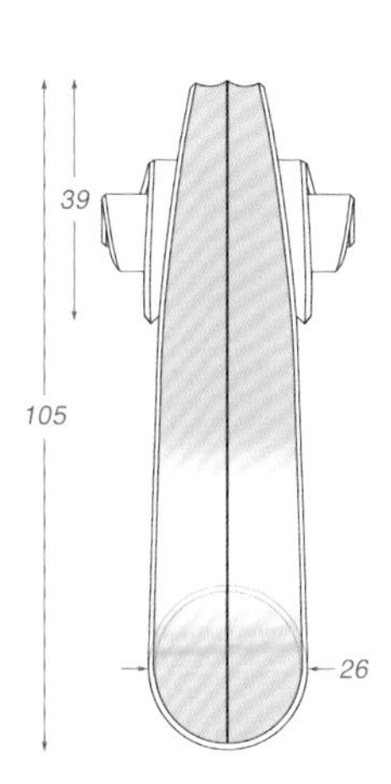

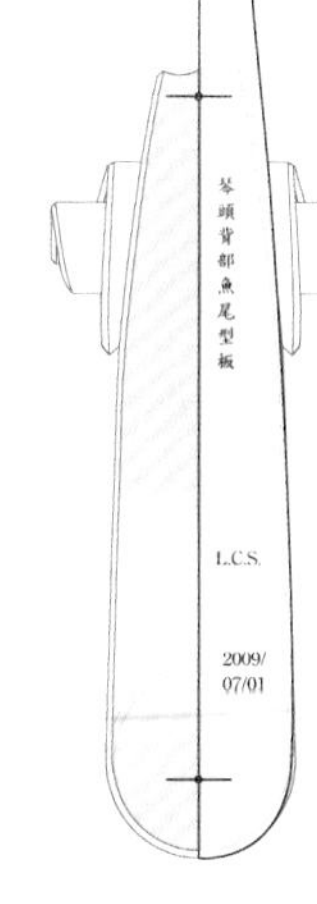

special step 弦軸箱開挖前可在弦軸箱的中央線相距10mm標鑽孔點,並用中心錐刺中心引導點.

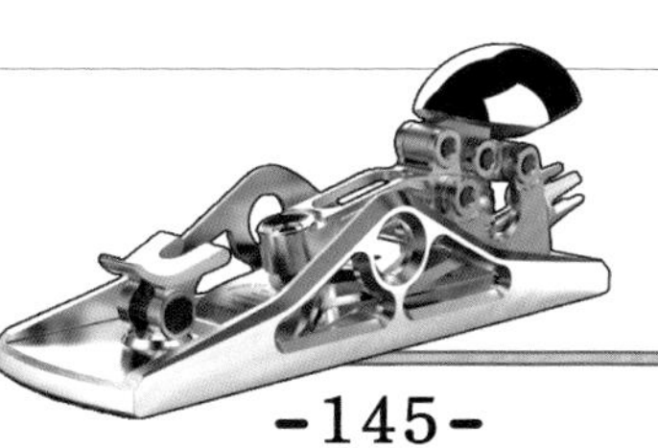

Take a rest

Lee Chyi Shien

琴頭

切挖箱壁

step 步驟名稱 tool 鉋刀,尖刀,畫線刀,鑿刀,中心錐,型板,直角規,自由規...

1 step 切削內箱 data 頸背厚度約8mm

detail 沿著弦軸箱的中線用10~8mm鑽頭,往下鑽至離頸背約8mm厚.

detail 用半圓鑿開挖,左右搖擺往琴頭方向剷,用平鑿沿著箱壁往下剷至鑽頭點

detail 靠上弦枕處用平鑿沿著箱壁,往下斜剷 105°,並將箱底刮平.

note 用特製小刮刀刮平刮乾淨弦箱內壁.

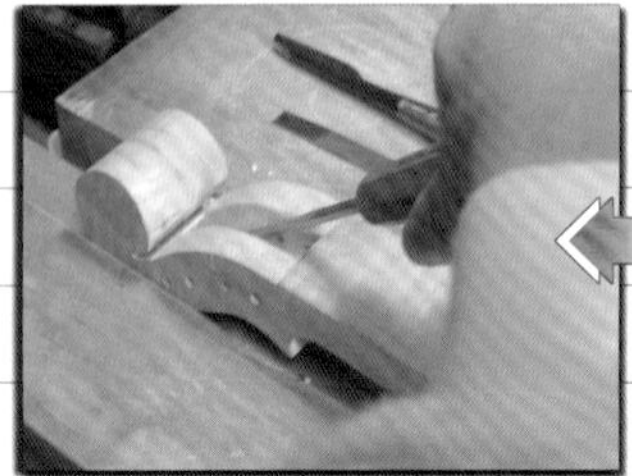

2 step 切削外壁 data

detail 用薄鋸 Cross cut 每間隔5mm就鋸1條縫,鋸至弦軸箱外壁線的線外.

detail 用小平鑿橫鏟各縫隙間的木料.(不要鏟到底,末端易裂,掉頭鏟即可)

detail 用刮刀刮平刮乾淨弦軸箱外壁.

note 用一字起子插入縫隙間,並朝左右搖擠折斷縫隙間的木料,可快速去料.

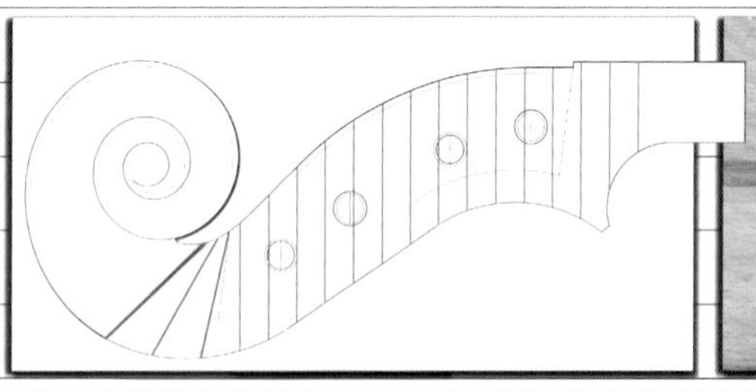

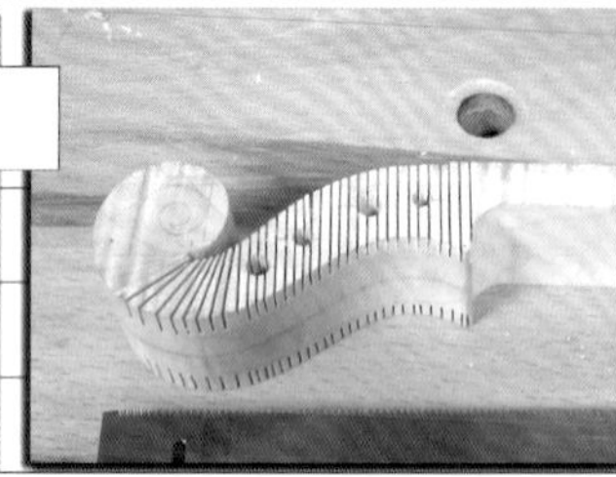

3 step 切削下額 data

detail 琴頭朝下,用夾具固定琴頸.

detail 用薄鋸在下額圓邊外1mm左右往下鋸約5mm深.

detail 用尖刀在線外45°,切削木料至線上.

note

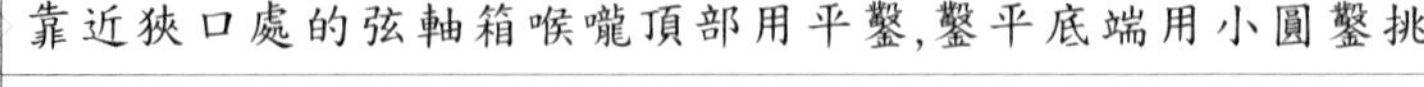

Special step

靠近狹口處的弦軸箱喉嚨頂部用平鑿,鑿平底端用小圓鑿挑刮至順滑(不好挖)

粗挖時在弦軸箱內邊,用平鑿或斜刀45°往琴頭方向削,可準確的削到邊界線.

此階段完成後,先擱著待後續指板完成後,再把琴頭底面的弧形完成.

上弦枕處黏厚紙板可防止刀具碰撞受傷. 弦軸箱底用小平鑿刀,垂直刮底面可以刮的很平很乾淨.

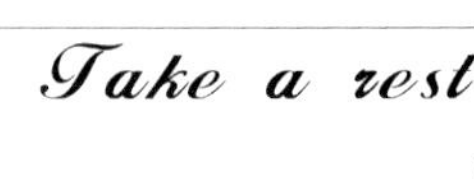

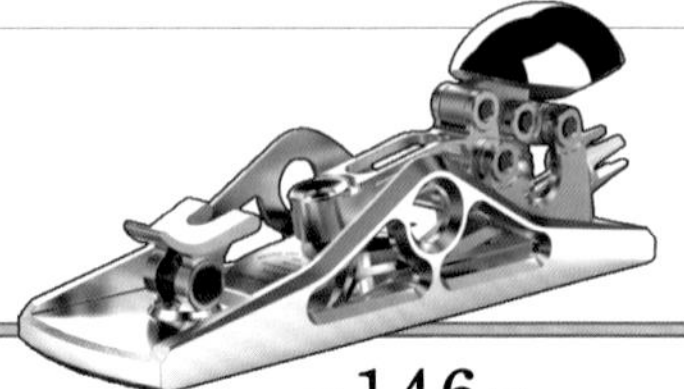

琴頭

外層雕琢

step 步驟名稱	tool 銼刀,鑿刀,鋸子...

1 step 外井字線 data

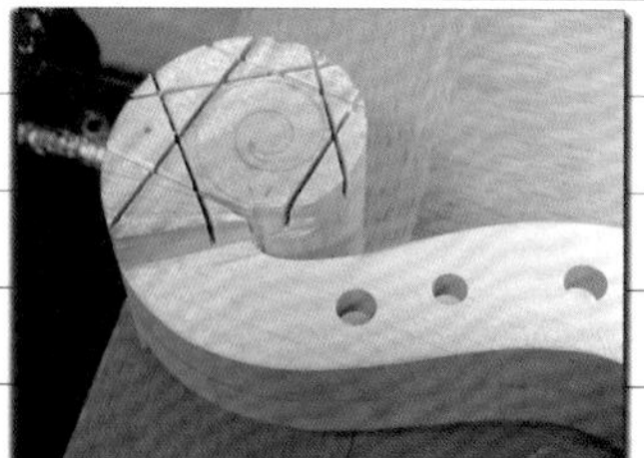

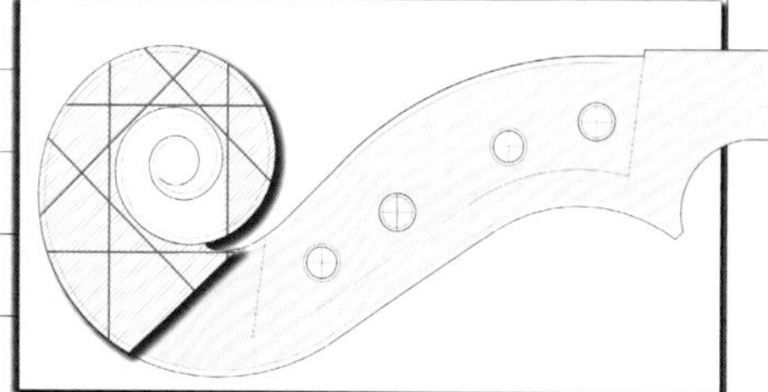

- detail 旋首第2圈的線外,
- detail 先畫藍色井字線,
- detail 再畫3條45°的紅色斜線.
- note

2 step 外層數據 data 上端約12mm　下端約26mm

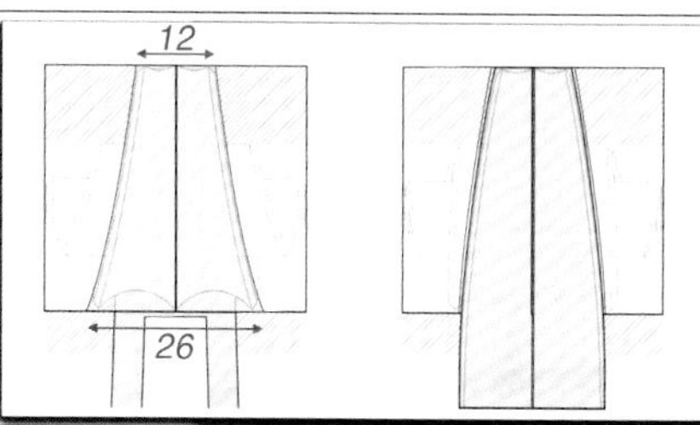

- detail 旋首最外層的上端約12mm寬.
- detail 旋首最外層的下端約26mm寬.
- detail
- note

3 step 切削外層 data

- detail 用鋸子先鋸藍井字形,再鋸紅井字形,鋸到琴背的魚尾線外約1mm處.
- detail 用一字起子及平鑿將線外的木料去除乾淨,大約鑿平鑿順成迴旋面.
- detail 用適當弧度的內平圓鑿在第2圈的線外,垂直往下鑿順至迴旋面上.
- note 靠近旋首壁的地方用小圓鑿可以鑿的比較圓順.

4 step 坡道平順 data

- detail 用平鑿-銼刀把最外層的迴旋面鑿平磨順.
- detail 再仔細處理至最外層的魚尾線上.
- detail 做順的話,對旋首捲動的流暢度的觀察有幫助,
- note 並對第2層的畫線有幫助.

5 step 雙耳水平 data 中層伸出約10mm.（耳窩挖完後約13mm）

- detail 用單眼觀察第2圈耳柱左右旋首壁的水平度.
- detail 用平鑿-銼刀把凸出點去除掉,直到左右兩邊的高度及水平度都一致,
- detail 此步驟先做的話,左右耳柱長度比較一至,
- note 而且水平度也比較容易觀察及整平的.（但比較費時）

special step

- 粗胚雕刻旋首時,用鑿刀45°鑿到稜線邊外,邊緣比較不會脆裂,粗胚切削也比較快定位.
- 用鑿刀90°鑿迴旋邊時,稍微往 外斜1~2度 鑿,這樣後續 銼-磨 時比較平,不會有凹陷感.
- 第4步驟>比較費時,可依個人習慣做或不做.（後續挖耳窩時會往內凹處挖）
- 第5步驟>後續做還來得及,但是後續全挖完後再做耳柱,工夫不好的話,可能左右長短會比較不一致

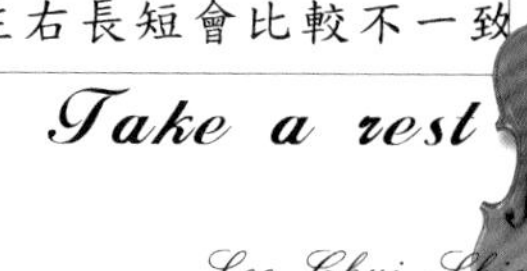

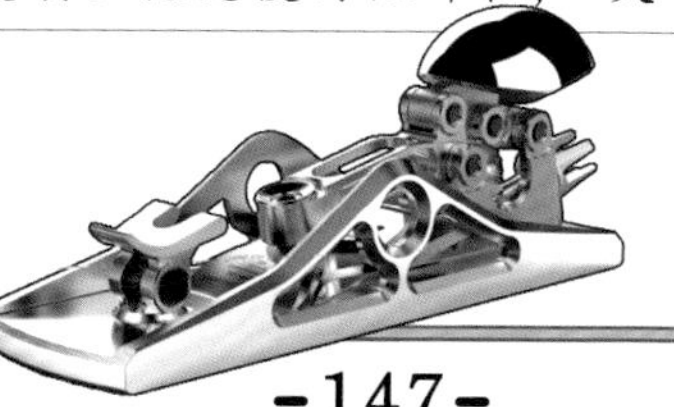

琴頭

中層切削

步驟名稱 tool 鑿刀,銼刀...

1 step 內井字線 data

detail 在中央眼外處的線外約1mm處畫井字形.(3條藍色線)

detail 在井字形的對角處再畫45°的井字形. (4條紅色線)

detail

note Ⓐ點要注意不要切削過頭(很靠近內層眼柱區了).

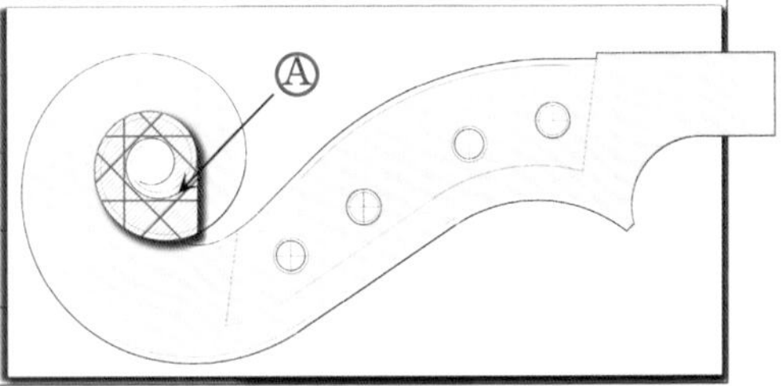

2 step 中旋轉線 data 中層最上方寬約24~26mm.

detail 第二層迴旋面的線條,從外迴旋壁的狹口結束點開始畫.

detail 沿著迴旋壁約寬度的一半開始畫線,Ⓑ

detail 約順著外層迴旋面平行畫至最外側.Ⓒ

note 平行畫是大約的參考線,

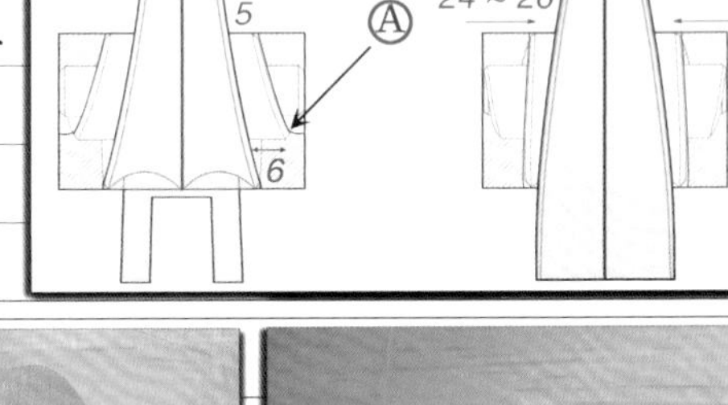

最終完成時,

是依個人感覺而變.

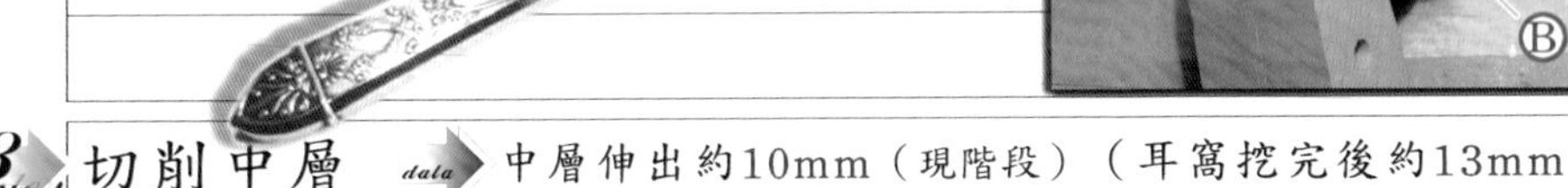

3 step 切削中層 data 中層伸出約10mm(現階段)(耳窩挖完後約13mm)

detail 用鋸子先鋸藍井字形,再鋸紅井字形,往下鋸到迴旋面線外.

detail 用一字起子及平鑿將線外的木料去除,並大約鑿平鑿順成迴旋面.

detail 用適當弧度的內平圓鑿在內第1圈的線外,垂直往下鑿順至迴旋面上

note 靠近迴旋壁的地方用小圓鑿可以鑿的比較圓順.

4 step 蝸捲處理 data 中央柱伸出約7mm(現階段

detail 鑿平磨順中層迴旋面,

detail 並順接至最外層的迴旋面.

detail 調整中央柱左右的水平度至一致,

note 並將中央柱壁磨順.

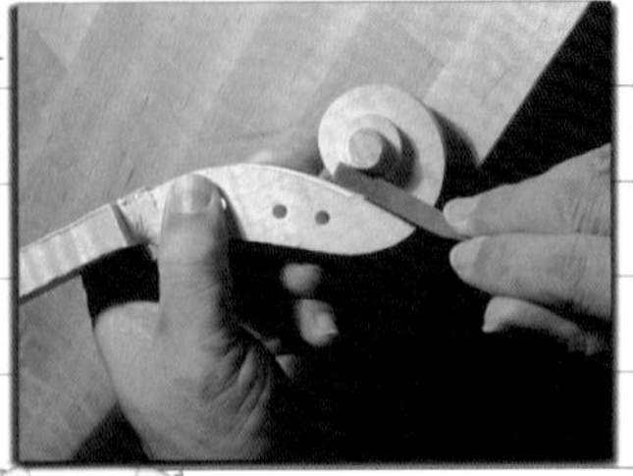

Special step 琴頭水平置放,並從琴背觀察迴旋面之變化會比較容易.(琴頭左右水平轉動轉動更容易看到凸點)

琴頭在後續細調過程中,至完成後中央柱伸出約10mm.

Take a rest

Lee Chyi Shien

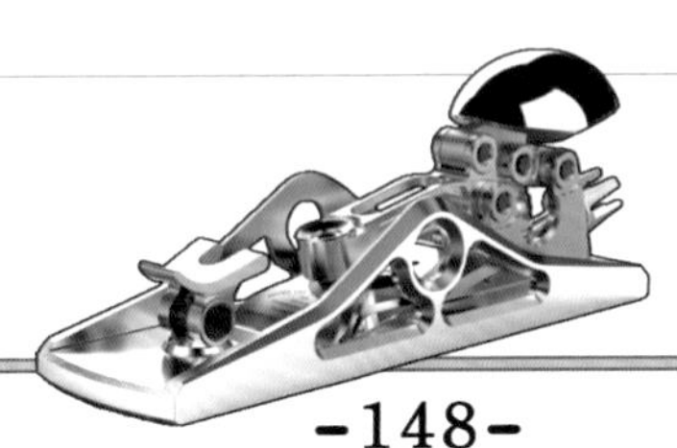

琴頭

內層切削

step 步驟名稱 tool 尖刀,平鑿刀,圓鑿刀...

1 step 手畫內層 data

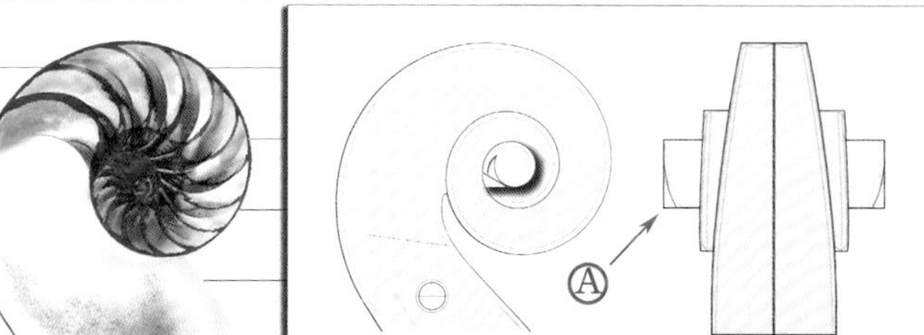

detail 眉角下尖端約在9點位置,

detail 是迴旋面的線條的終止點.

detail 在中層迴旋面與眉角上尖端之間,

note 手繪內層迴旋面的線條.

2 step 切削外眼 data 目前伸出約7mm最後約10mm

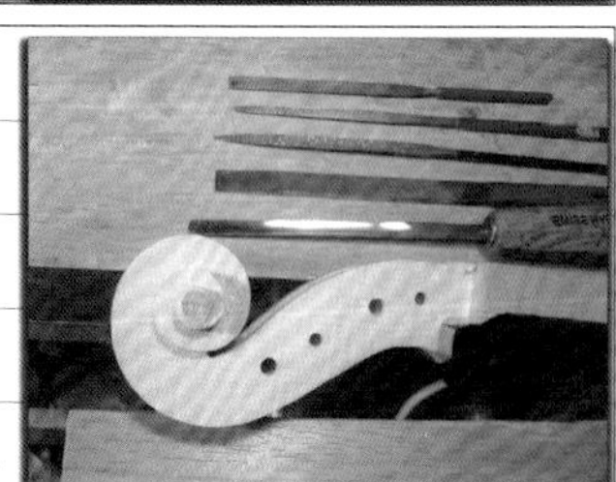

detail Ⓐ用小平鑿刀切削眉尖紅線外的木料.(要小量的斜角方向切削)

detail Ⓑ用小圓鑿刀,鑿壓紅線內圓形的眼尖痕跡,

detail 再用小圓鑿刀去除眼尖外的木料.

note Ⓒ用小半圓銼刀斜銼眉尖處的小迴旋面,並與中層迴旋面連成一氣.

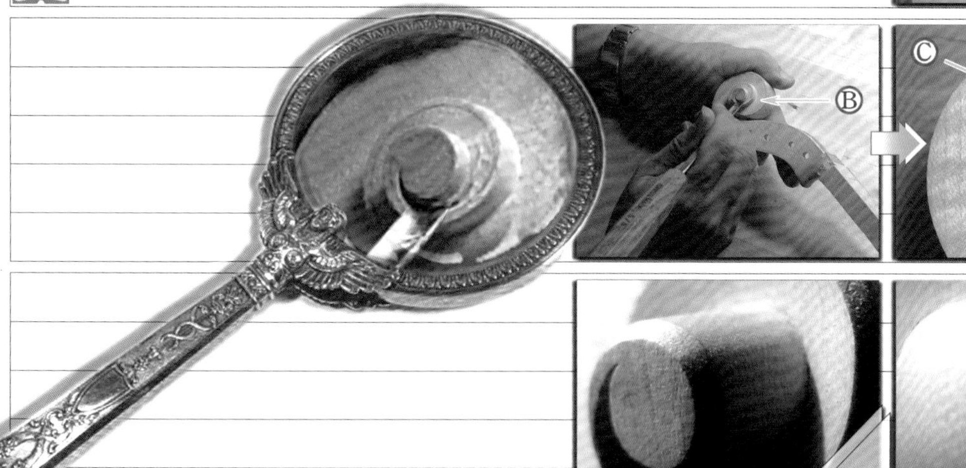

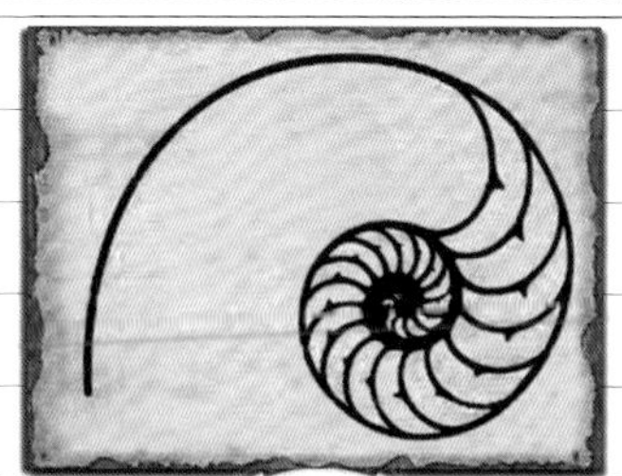

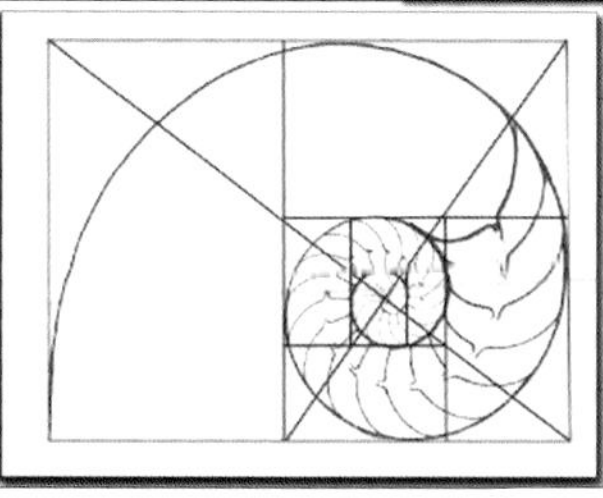

social step 琴頭雕得好會很自然-很好看,並具有個人風格及特色,所以一定要用心去琢磨去了解.

琴頭外形雕刻是來自鸚鵡螺的照型,鸚鵡螺有著自然界奇妙的黃金比例結構.(0.61803 39887 ...)

黃金比例是個很有趣-很和諧-又很完美的無限不循環數字.(費氏數列 Fibonacci Sequence)

達文西名畫-蒙娜麗沙的微笑-維特魯威人,希臘帕德嫩神廟,金字塔,向日葵..都具有黃金比例的特質

Take a rest

Lee Chyi Shien

琴頭

耳窩雕刻

step 步驟名稱 tool 尖刀,圓鑿刀,銼刀,沙紙,圓規...

1 step 左右細調 data

- detail 用單眼觀察耳柱的左右水平並經切-削-銼-磨-刮調成一致水平度.
- detail 多角度-方向觀查迴旋面慢慢修整成流暢感.
- detail 用240號沙紙,彎銼刀銼磨迴旋面最外邊,再用刮刀輕刮(弧度更流暢)
- note 刮刀垂直迴旋面旋轉刮,可快速並容易掌控迴旋面之弧度.

2 step 畫倒角線 data 倒角邊寬約1.5mm.

- detail 用圓規取1.0mm寬,
- detail 在旋首邊緣的兩邊畫等寬的倒角線.
- detail 在弦軸箱 內-外壁 畫等寬的倒角線.
- note 靠上弦枕處是逐漸縮小.

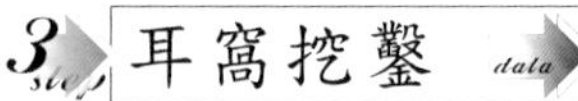

3 step 耳窩挖鑿 data

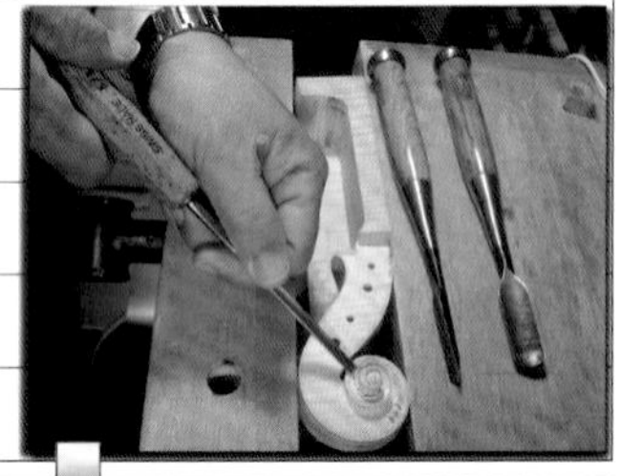

- detail 用圓鑿從倒角線內斜下挖凹槽至旋首壁.(深度依個人感覺而定)
- detail 從耳窩處開始深挖,深度逐漸變淺至狹口處變平坦.
- detail 用240號沙紙及各式弧形刮刀,磨順刮順凹槽.
- note

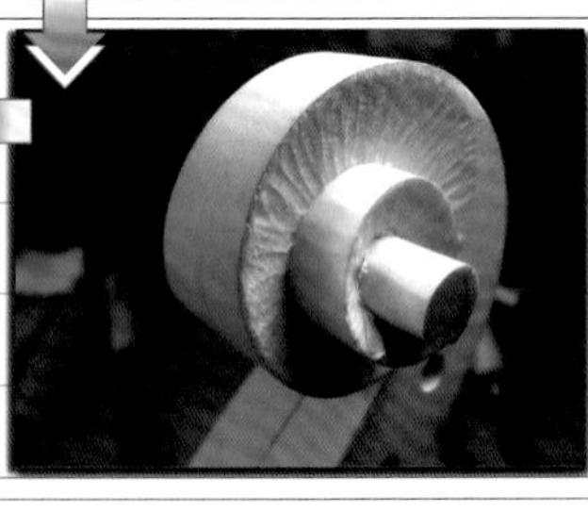

Special step

- 刮耳窩時以順紋為主,如刮到逆紋跳刀會產生小階梯表面,就從另一方向或斜方向將階梯面刮掉.
- 可多加參考提琴製作精美優良琴頭的優美作品
- 如果覺得旋首轉動不流暢,不自然,要立即調整該修整的位置,直到滿意為止.
- 用空白名片畫多條的平行水平線,用來關察琴頭的左右水平度及一致性都很方便.

Take a rest

Lee Chyi Shien

琴頭

旋背雕琢

step 步驟名稱 tool 鉋刀,尖刀,畫線刀,鑿刀,中心錐,型板,直角規,自由規...

1 step 凹弧粗雕 data

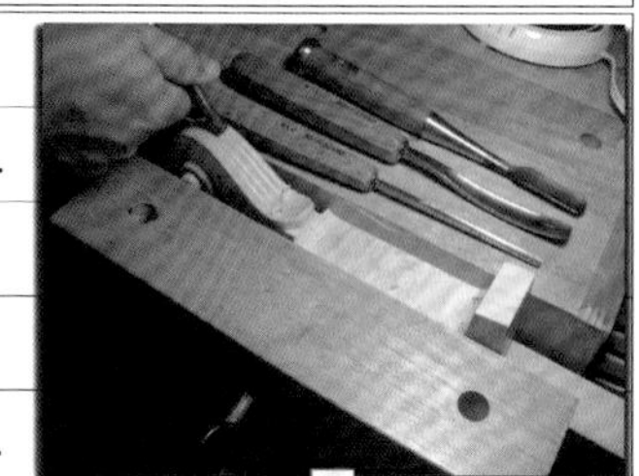

detail 小圓鑿在背面沿著外邊挖1條凹槽,再沿著中線脊樑邊再挖1條凹槽.

detail 用中圓鑿將先前產生的凸出物挖掉.

detail 用斜長刀**橫削**頭頂區,將琴頭正反面凹槽連至一塊.

note 挖至狹口時要放塊木片在狹口處,以防刀具衝出傷到弦軸箱的內壁.

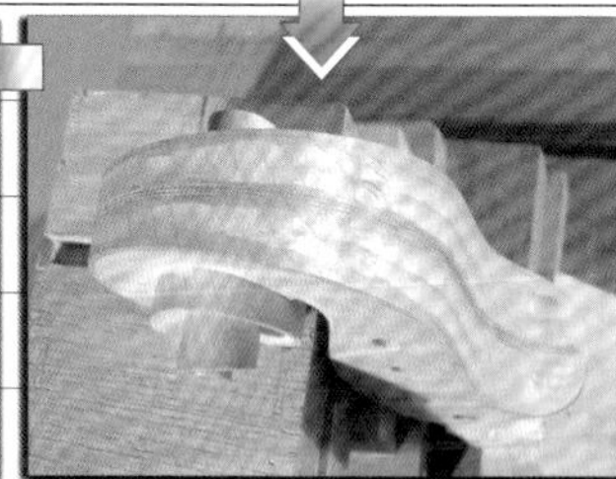

2 step 凹弧細雕 data

detail 旋首背部**下額處**及**下額上方**的用外圓鑿**橫方向**小心地削.

detail 其他,**狹口處**用細長刀**橫方向**削.(能挖多遠就挖多遠,並使凹槽漸漸消失)

detail 用刮刀刮削至稜線邊,再用沙紙磨順並磨至線上.

note 用半圓銼將頭頂銼圓銼順.

凹槽有圓弧式,及背部微平底式.(微平底式比較立體感但比較難刮)

social step 旋首背中間的脊樑痕跡線如果不易辨別,

可用鉛筆稍微刷黑就會很明顯.(粗鑿時比較不會不小心挖到)

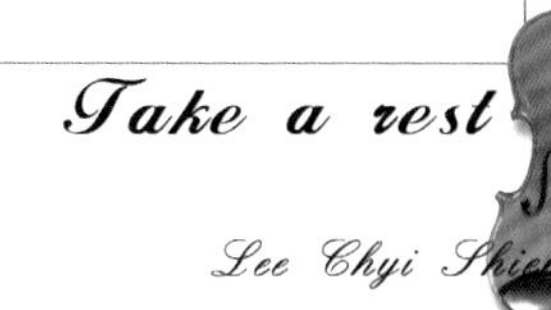

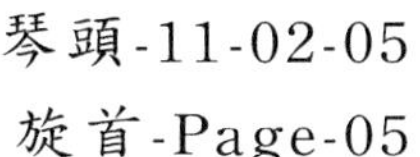

琴頭

蝸捲細雕

step 步驟名稱 tool 鉋刀,尖刀,畫線刀,鑿刀,中心錐,型板,直角規,自由規...

1 step 迴旋細調 data

detail 多角度-方向觀查迴旋面慢慢修整成流暢感.

detail 刮刀垂直 迴旋面 旋轉刮,可快速並容易掌控迴旋面之弧度.

detail 迴旋面的流暢感很難描述,但憑個人的藝術感覺而定.

note 蝸捲流動感像雲宵飛車的軌道轉上又轉下,

須全體觀察流暢度後,才能決定他的旋轉最後完成面.

2 step 倒角銼磨 data 倒角邊寬約1.5mm

detail 琴頭外圈易碰撞,待後續快完工後再做倒角.

detail 蝸捲內兩圈的邊緣倒角成45⁰.

detail 用各式刮刀細刮倒角寬度及刮光倒角表面.

note 用適合耳窩弧度的各式刮刀刮乾淨耳壁與耳窩垂直交接處.

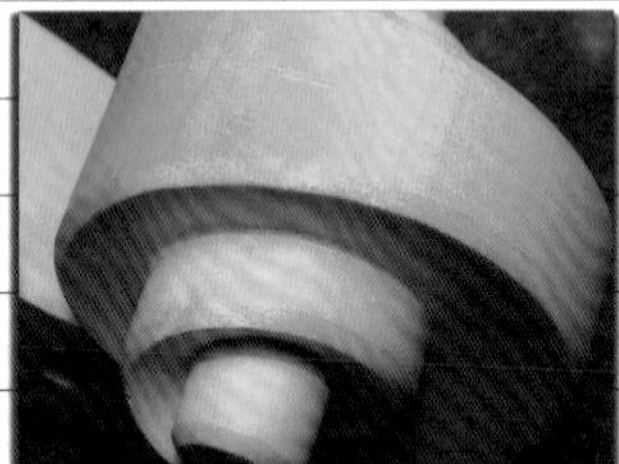

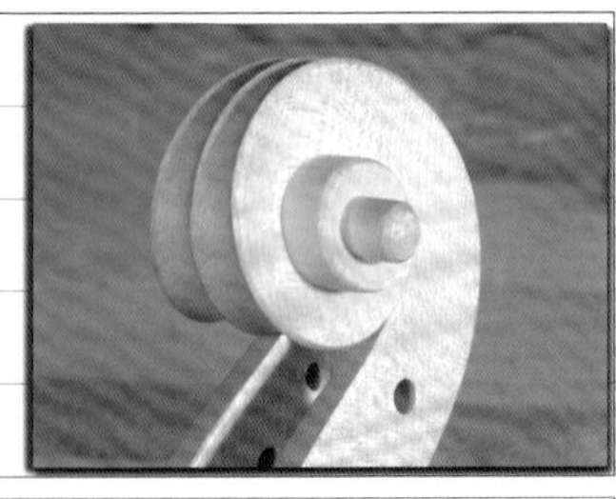

Special step 琴頭雕刻也是很難用文字描述的,初學著要 -多看- -多做- -多體會- 才會有心得及感覺.

此階段完工後,先做上弦枕及指板,黏合後再將琴頭後續程序完成.

琴頭倒角也可以提早全部做完,但要小心後續過程會被撞傷產生凹痕.

(用布暫時把琴頭包起來,避免碰撞)

Take a rest

Lee Chyi Shien

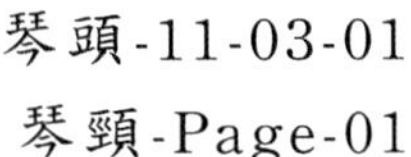

琴頭

頸根圖形

step 步驟名稱 tool 鉛筆,直尺,直角規,自由規...

1 step 畫頸根圖 data

detail ①畫中央線	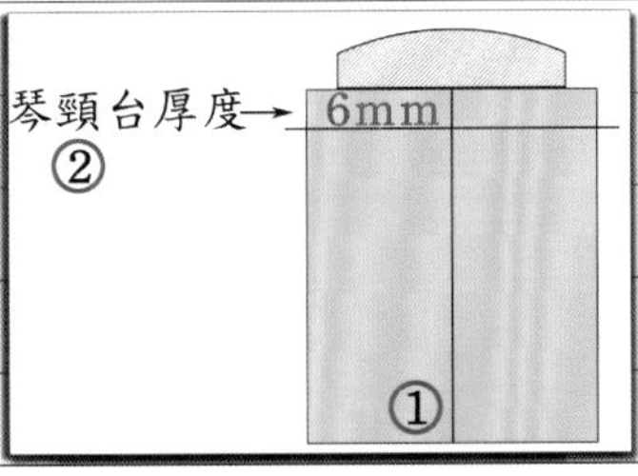 琴頭台厚度→ 6mm ② ①	③畫面板厚度	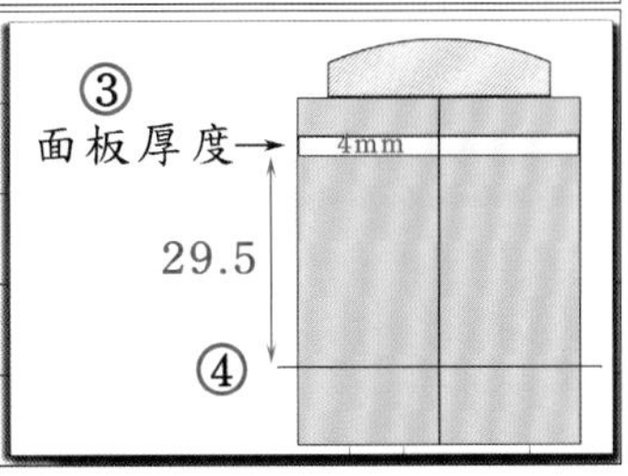 ③ 面板厚度→ 4mm 29.5 ④
detail ②畫琴頭台厚度		4mm	
detail 6mm		④畫琴框頭部厚度	
note		29.5mm	

⑤畫背板厚度	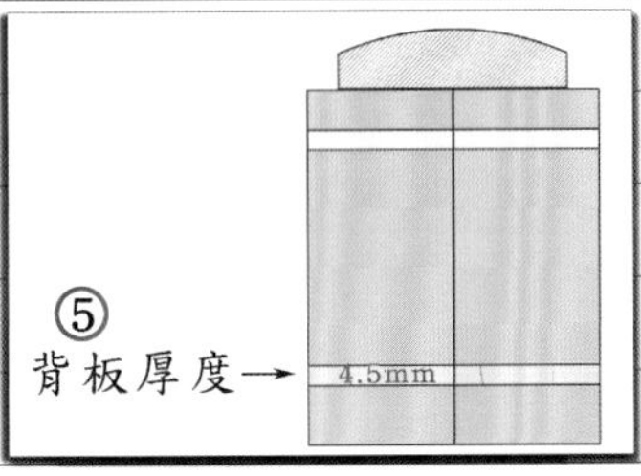 ⑤ 背板厚度→ 4.5mm	⑥標示肩鈕寬度	指板頸跟處的寬度 指板 16.5 ⑥ 肩鈕寬度 21mm ⑦ 10.5 10 B
4.5~5mm		21mm	
		⑦肩鈕連線指板	

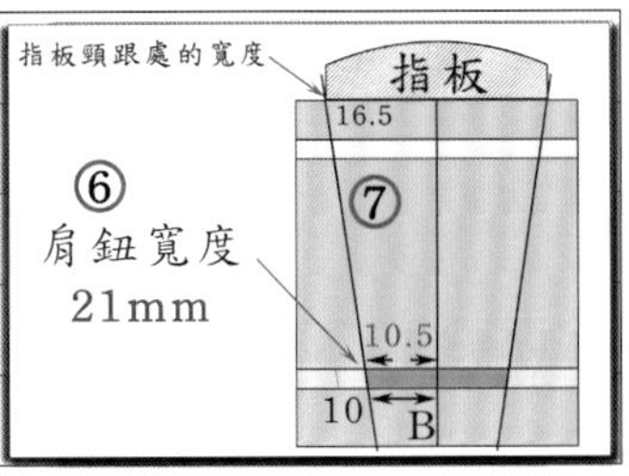

	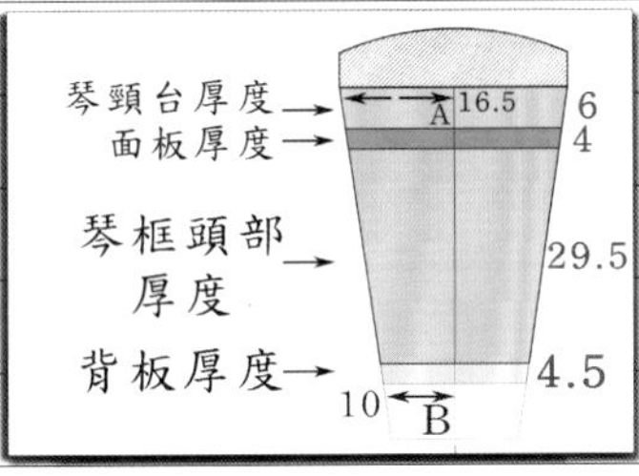 琴頭台厚度→ A 16.5 6 面板厚度→ 4 琴框頭部厚度→ 29.5 背板厚度→ 4.5 10 B	畫平行參考線	⑨ 6mm ⑧ 6mm
完成圖		方便接榫觀察	
		⑧6mm琴頭台高	
		⑨6mm接榫觀察線	

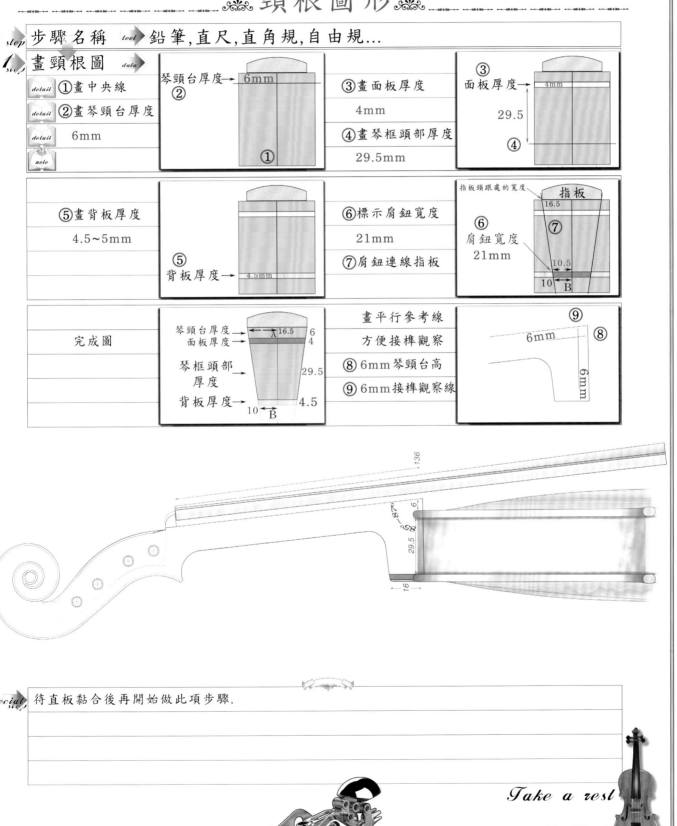

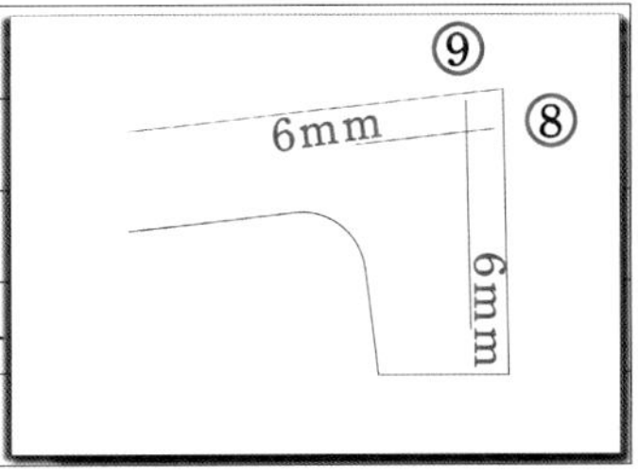

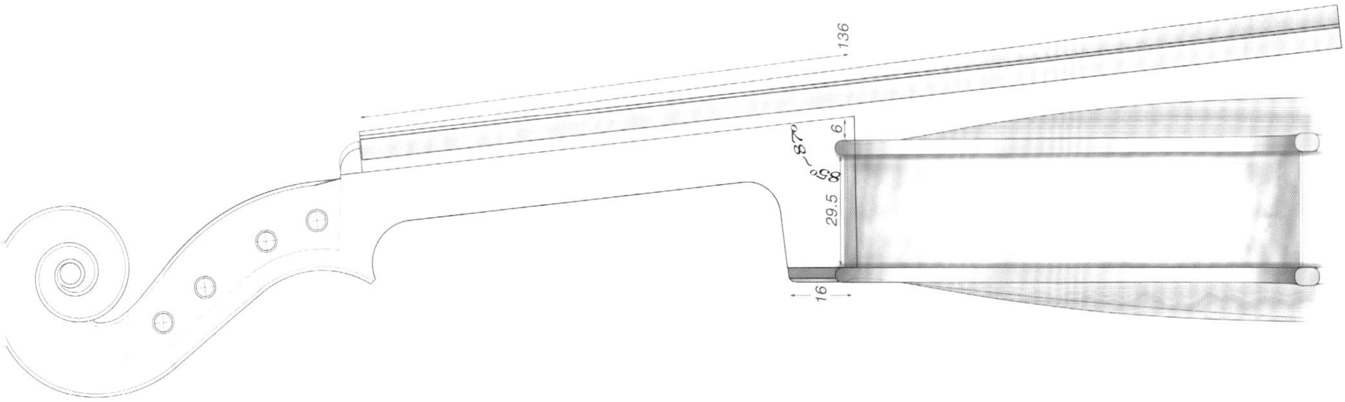

social step 待直板黏合後再開始做此項步驟.

Take a rest

Lee Chyi Shien

琴頭

頸部粗雕

step 步驟名稱 tool 鉋刀,尖刀,鑿刀,型板...

1 step 頸邊快削 data

- detail 琴頭上指板邊的楓木,用鋸子從上弦枕處每隔3mm鋸一刀至指板邊.
- detail 用一字起子,小平鑿將上述的邊材快速鑿掉至鋸口深度.
- detail 用木銼刀小心銼掉邊料.
- note 用一字起子插入縫隙間,並朝左右搖擠折斷縫隙間的木料.

2 step 頸根斜刨 data

- detail 用鑿刀快速鑿至鋸痕消失.
- detail 用鉋刀將頸根側邊材刨至接榫線.
- detail 頸根須刨成鳩尾形狀(前寬尾窄約1.9°).
- note 琴頭用布包起來比較好,也比較不會髒及碰撞受傷.

3 step 頸厚控制 data 上弦枕往下25處12mm,琴頭末端往上50處13.5mm.

- detail 用斜刀將中央削至比最後厚度多0.5mm(12.5mm, 14mm)
- detail 用木銼刀將中央銼至比最後厚度多0.1mm.
- detail
- note

4 step 頸弧粗切 data

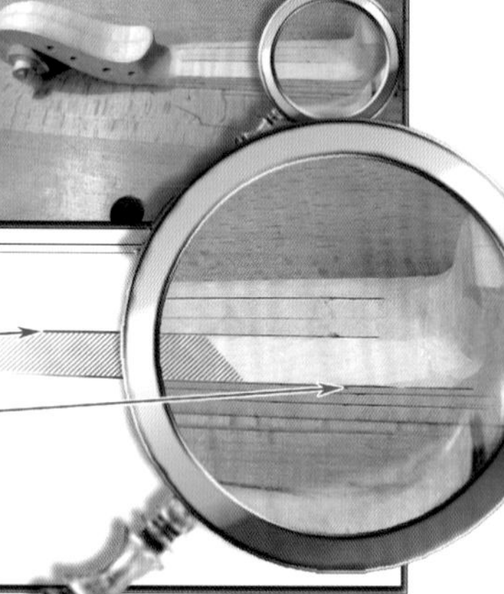

- detail 頸底面分一半,左半邊1/2及1/3處畫直線.
- detail 頸背在垂直面的左邊1/2及1/3處畫直線.
- detail 用斜刀斜削左半邊1/3處的餘料
- note 同理斜削右半邊1/3處的餘料

底面左半邊1/2直線
垂直面左邊1/2直線
底面左半邊1/3直線
垂直面左邊1/3直線

Special step 琴頭弧形完成時,再將琴頭邊料磨至與指板齊平並吻合.

琴頭末端往上約50mm處琴頭厚約13.5mm(此處指板厚約7.7mm 總共厚約21.2mm)

上弦枕往下約25mm處琴頭厚約12mm(此處指板厚約6.7mm 總共厚約18.7mm)

Take a rest

Lee Chyi Shien

琴頭

頸弧成形

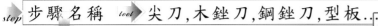

step 步驟名稱 tool 尖刀,木銼刀,鋼銼刀,型板...

1 step 斜邊切削 data

detail 琴頸底面左半邊1/3外藍線被切掉後,
detail 再補畫琴頸底面左半邊1/3線（外藍線）.
detail
note 切削左邊1/2紅線至上方外藍線成小斜面.

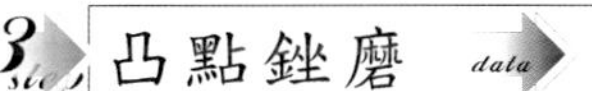

2 step 圓弧粗銼 data

detail 將上方銼磨成一半的小斜面至內藍線.
detail 將上方2個小斜面銼成圓弧至1/3內藍線.
detail 往下續銼圓弧至左邊1/2紅線處.
note 將1/2紅線銼掉,銼至下1/3藍線銼成圓弧.

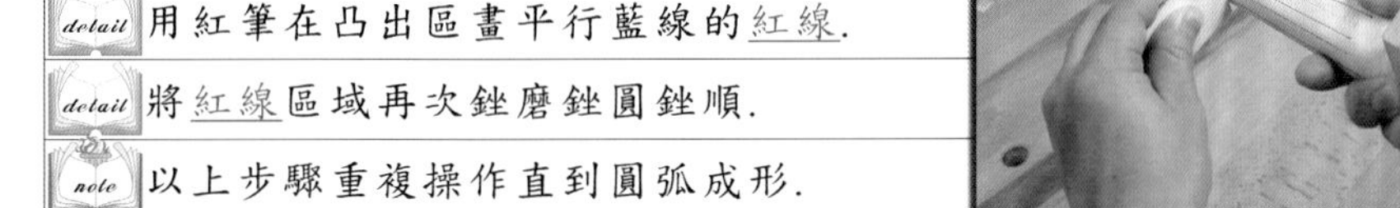

3 step 凸點銼磨 data

detail 用型板檢查左-右弧形不對稱凸出之區域.
detail 用紅筆在凸出區畫平行藍線的紅線.
detail 將紅線區域再次銼磨銼圓銼順.
note 以上步驟重複操作直到圓弧成形.

4 step 圓弧刮磨 data

detail 用鋼銼刀-半月形刮刀,交互刮磨圓弧.
detail 用各個翻號沙紙磨順下額弧度.
detail
note

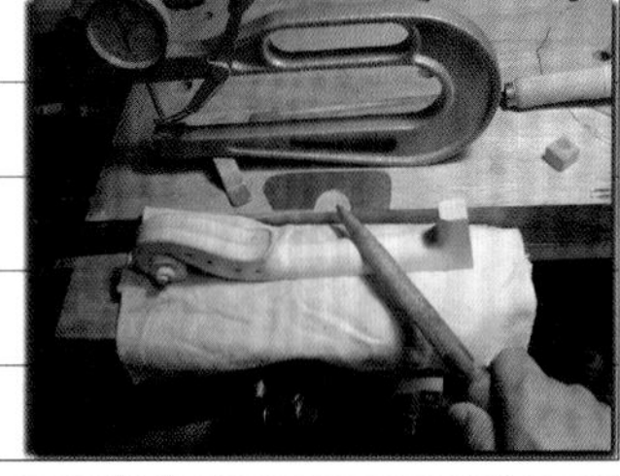

5 step 下額雕琢 data

detail 用型板檢查並用合適之刀具處理下額弧度.
detail 用各個翻號沙紙磨順下額弧度.
detail
note

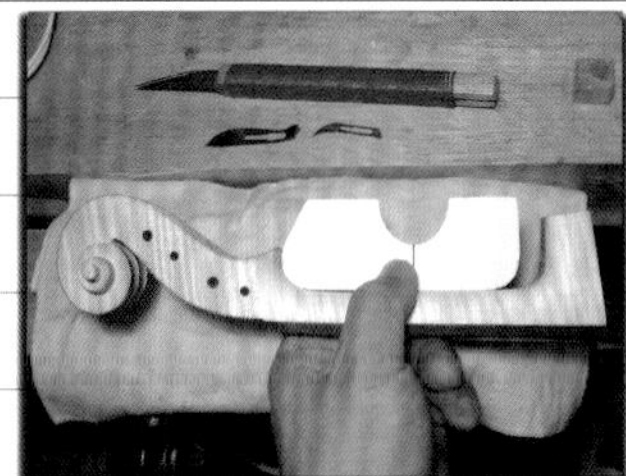

special step

除非有藝術天賦或經驗老道,可以憑感覺將琴頭直接切-雕-銼-磨成半圓錐形,否則就按程序做.
此階段眼力-手感-經驗-方法都很重要,要有耐心就能做得很漂亮.
這個章節不易文字描述,最好由老師示範比較容易了解.

Take a rest

Lee Chyi Shien

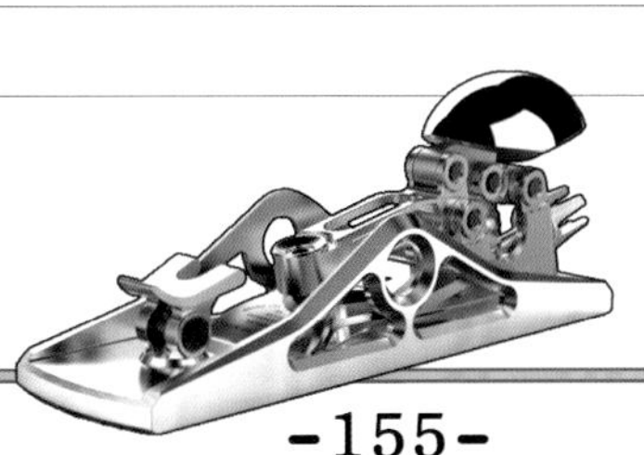

Fontana di Trevi

Cremona

Chapter 12

指板

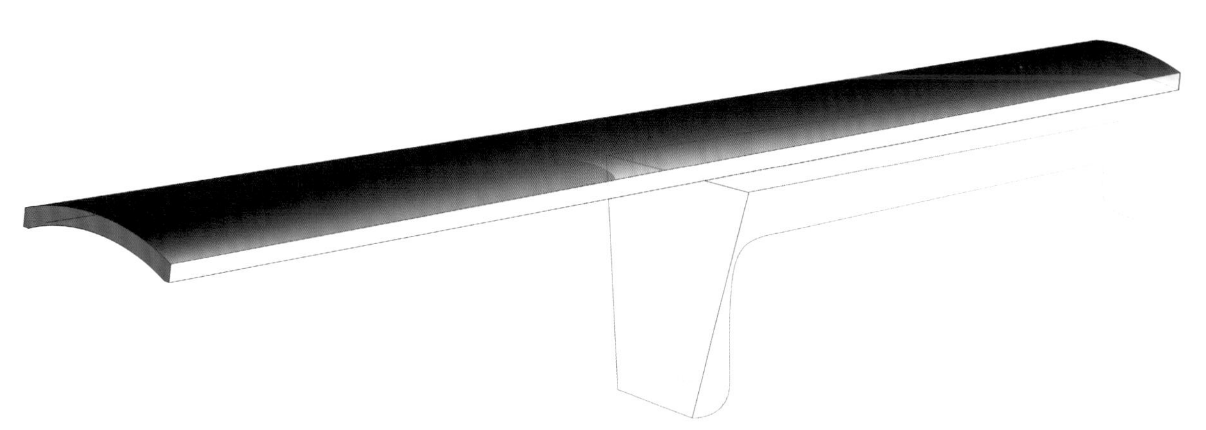

Chapter

Finger Board

指板

基本處理

step 步驟名稱 tool 鉋刀,自由規,夾具...

指板數據

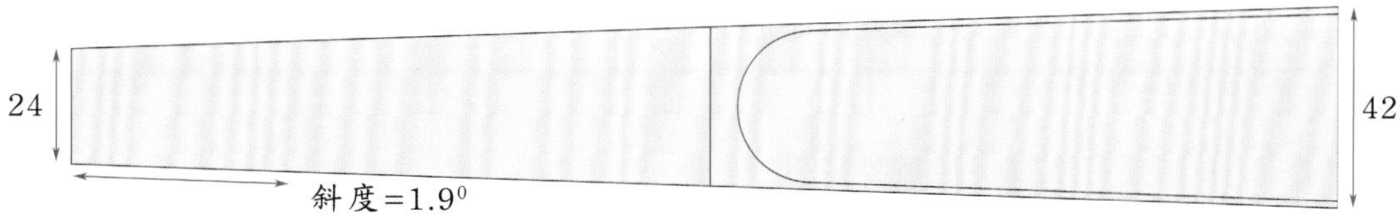

270mm

24

42mm

斜度=1.9^0

1 step 底部刨平 data 邊厚大於5.5mm

detail 頭尾長度粗切削至271~272mm.

detail 放在特製夾具,用低角度鉋刀刨平底部.

detail

note 刨平時兩邊的厚度不得低於5.5mm.

2 step 頭尾刨平 data 270mm

detail 放在特製治具用低角度鉋刀把頭部先刨平 刨垂直.(上弦枕處)

detail 接著尾端用鉋刀刨平-刨垂直, 刨尾端時並控制長度至270mm.

detail 也可以用方木塊貼沙紙打磨指板尾端長度至270mm並與底面垂直.

note 刨頭-尾 出刀端 裂開的機率80%以上.(用磨的不會裂,但比較慢)

3 step 兩邊斜刨 data 頭端24mm 尾端42mm

detail 畫中央線 -頭端24-尾端42- 頭-尾連成線.

detail 刨兩邊斜度1.9^0平整 並垂直底面.

detail 兩邊斜刨時上下寬度須刨至規定寬度.

note 刨斜邊時用自由規控制兩邊角度都一樣.

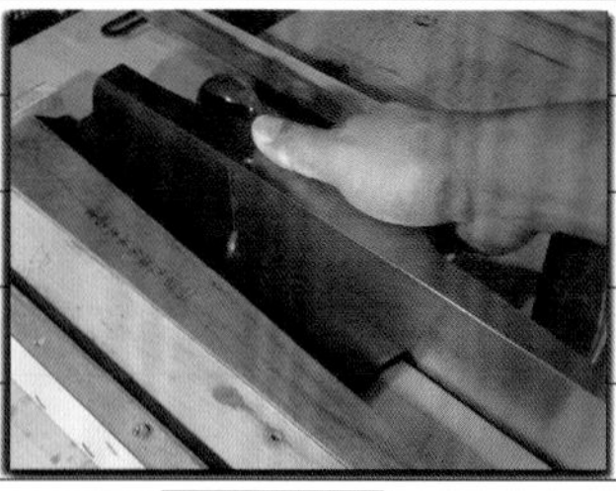

picture 照片補充

Step 1

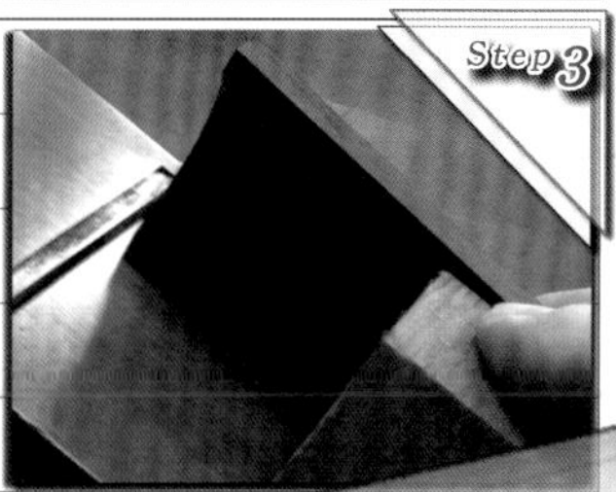

Step 3

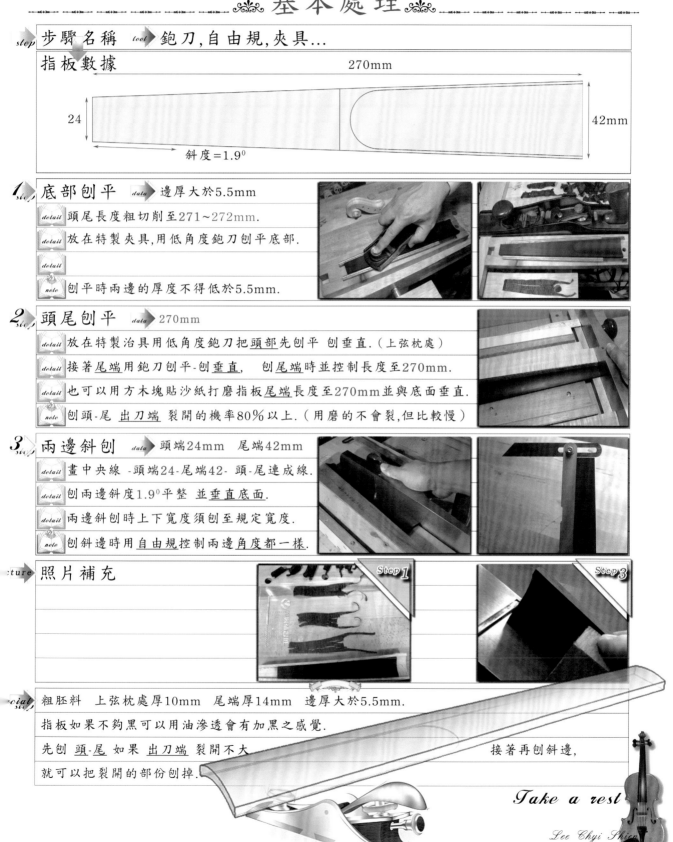

special step

粗胚料 上弦枕處厚10mm 尾端厚14mm 邊厚大於5.5mm.

指板如果不夠黑可以用油滲透會有加黑之感覺.

先刨 頭-尾 如果 出刀端 裂開不大 接著再刨斜邊,

就可以把裂開的部份刨掉.

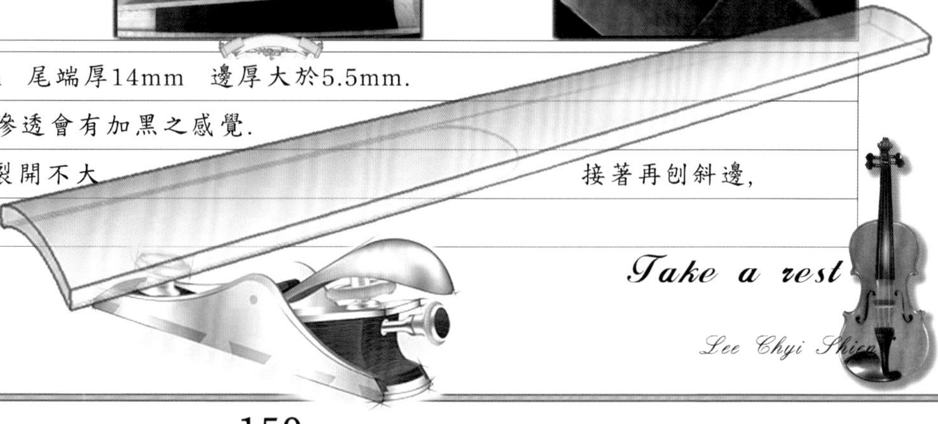

Take a rest

Lee Chyi Shien

指板

弧面切削

step 步驟名稱 tool 鉋刀,鋼銼刀(平,半圓),劃線刀,砂紙,

1 step 表弧圓順 data 表面弧度半徑42mm, 指板長度270mm.

detail 用劃線刀在兩斜邊劃5mm厚度記號.

detail 再用鉋刀先將兩斜邊刨至記號.

detail 用刮刀刮削頂面弧度.(用型板控制弧度)

note 最後用粗細翻號的沙紙磨順弧面.

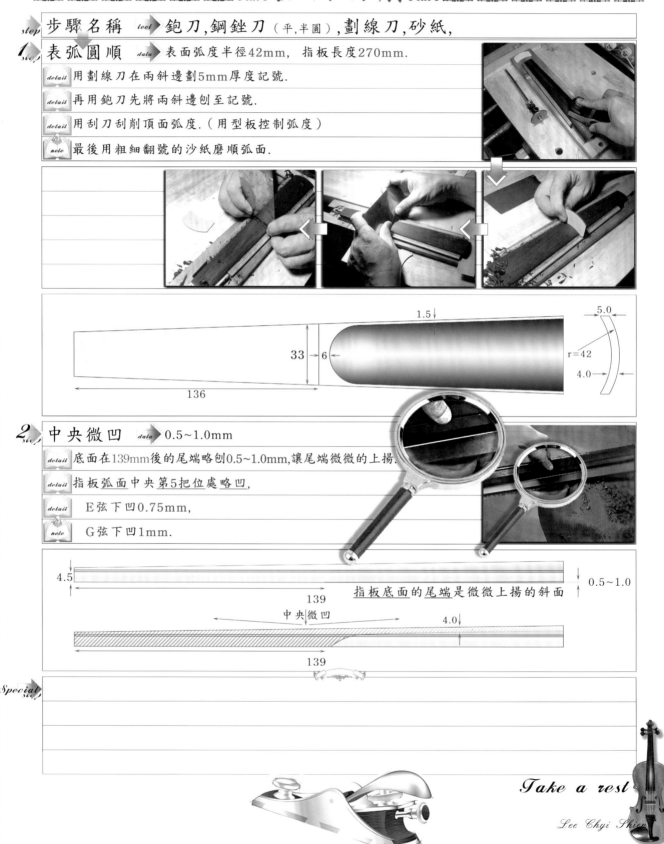

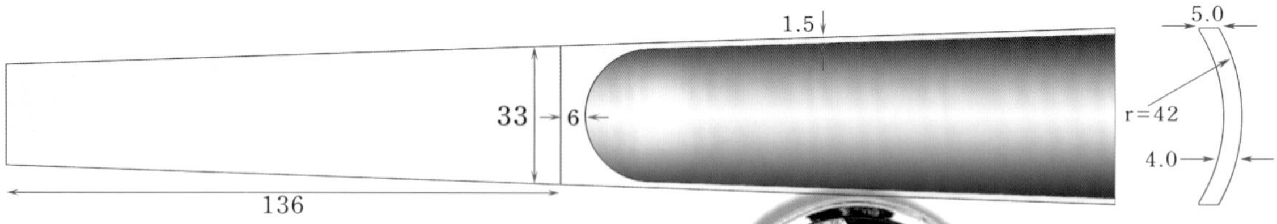

1.5
5.0
33
6
r=42
4.0
136

2 step 中央微凹 data 0.5~1.0mm

detail 底面在139mm後的尾端略刨0.5~1.0mm,讓尾端微微的上揚.

detail 指板弧面中央第5把位處略凹,

detail E弦下凹0.75mm,

note G弦下凹1mm.

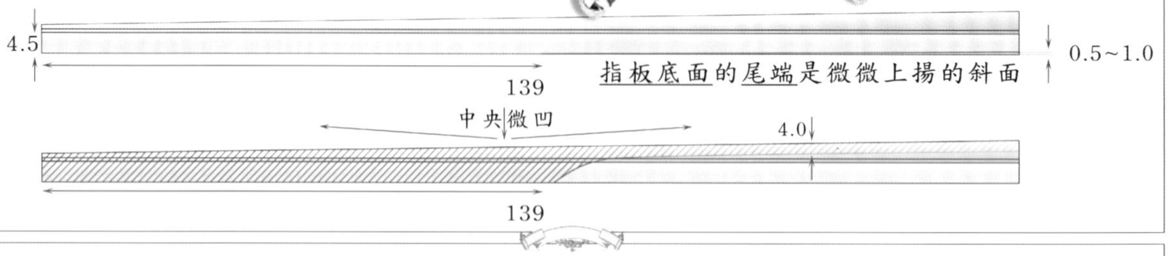

4.5
139
指板底面的尾端是微微上揚的斜面
0.5~1.0
中央微凹
4.0
139

Special step

Take a rest

Lee Chyi Shien

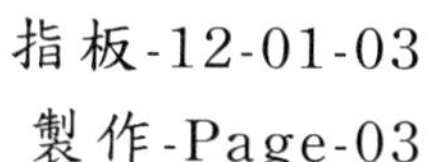

指板

黏合精整

step 步驟名稱 tool 夾具...

1 step 底弧挖順 data 指板下端伸出厚度約4mm.（此時重量約52g）

detail 指板底面從139mm處至指板尾是凹陷區,用刀具刨至4mm厚度.

detail 凹陷區先用彎形外圓鑿刀橫紋理粗鑿,再用姆指鉋刀刨掉凸出點.

detail 接著用刮刀刮順內面凹陷弧度,再用適當番號的沙紙磨順弧面.

note 底端內面弧度,與外弧度是**同心圓**的弧度.

2 step 指板定位 data

detail 指板依**上弦枕線**定位,

detail 邊線對準後,用夾具暫時固定夾緊.

detail 將四個小木塊黏在指板頭-尾兩邊.

note

3 step 黏合方式 data

detail 指板如要拆除,則只要滴2或3滴薄膠在琴頭膠合面上.（暫時膠合）

detail 指板如不拆除,則在指板底面上正常的膠量,

detail 並從中間置入滑至頂端.（永久膠合）

note

4 step 琴頭切削 data

detail 回至11-03-02步驟,切削琴頭程序.

detail 頸邊快削 頸根斜刨 頸厚控制 頸弧粗切 斜邊切削

detail

note

special step

Take a rest

Lee Chyi Shien

Fontana di Trevi

Cremona

Chapter 13

弦枕

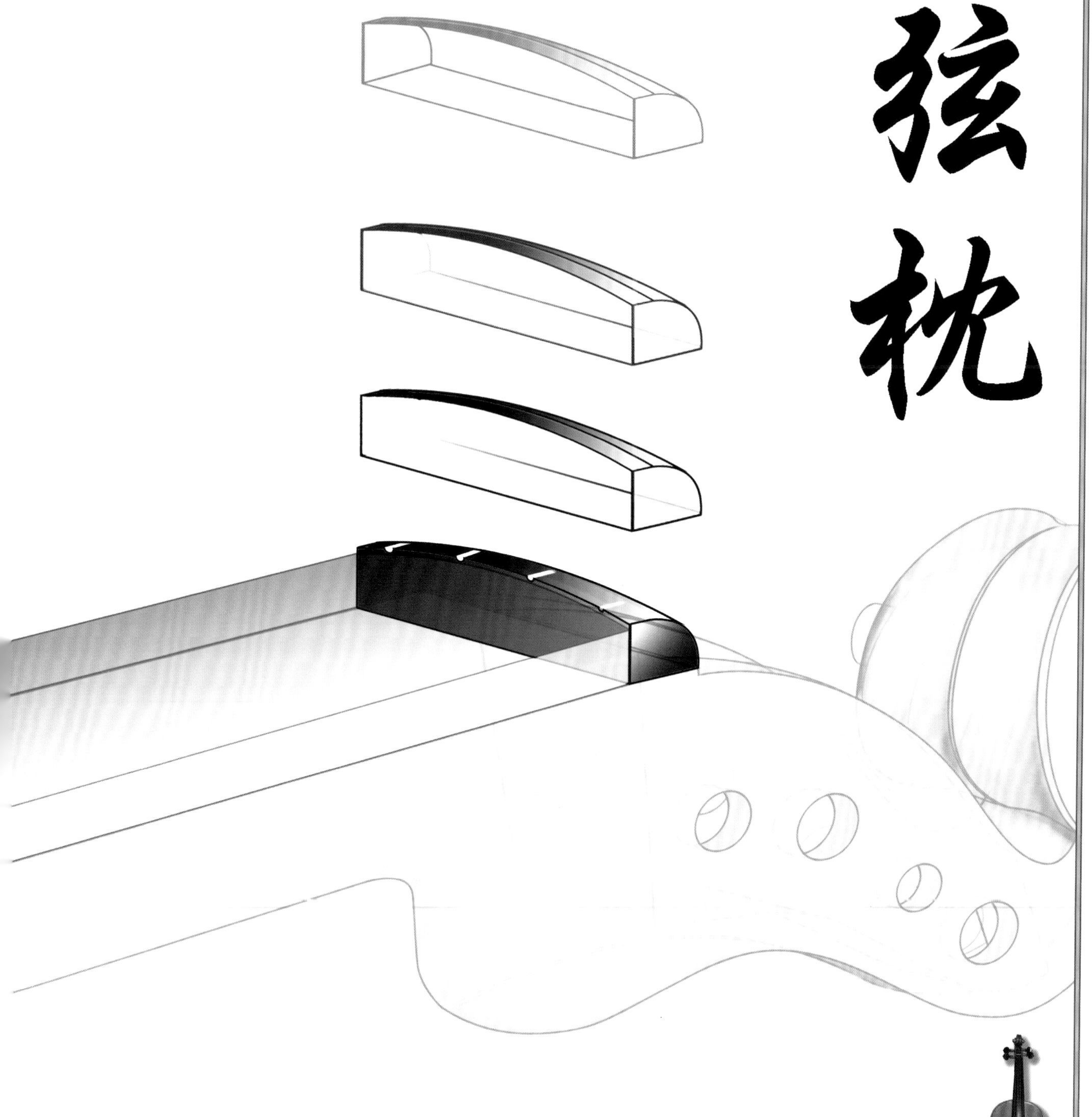

Chapter 13

Nut

弦枕

基本處理

step 步驟名稱 tool 鉋刀,銼刀,直角規,自由規...

1 step 直角切削 data 烏木26mm X 8mm X 6mm.

detail 把鉋刀的刀面朝上,夾在工作桌的夾具上夾緊.(刀鋒要很銳利)

detail 用手指捏緊弦枕,先刨平底面,並大約垂直與指板黏接之垂直面.

detail 再仔細刨平與指板黏接之垂直面.(不好捏要注意,不要削到手指)

note

2 step 正面角度 data 底面寬約5.5mm至6mm.

detail 將弦枕底的寬面先刨成6mm.

detail 將弦枕正面刨出與弦軸箱末端壁面約相同的斜度.

detail 底面與弦軸箱末端約切平.(留一點餘量黏好後再修齊)

note

3 step 頂端弧度 data 粗胚高出指板約1.5至2mm

detail 弦枕靠著指板,手持鉛筆靠在指板面上,

detail 把指板弧形畫在弦枕與指板的銜接面上

detail 用銼刀或圓盤機將鉛筆線外的木料去掉.

note 兩側切削至比指板末端略寬,留待後續修順.

After step 後續處理

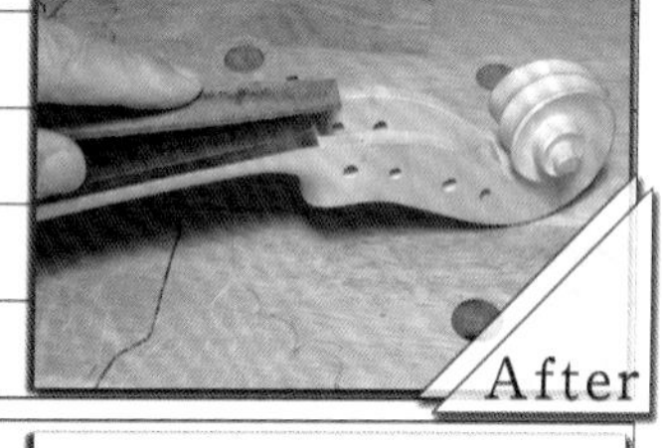

detail 手持鋼銼刀,

detail 手指貼著指板面左右圓滑銼.

detail

note

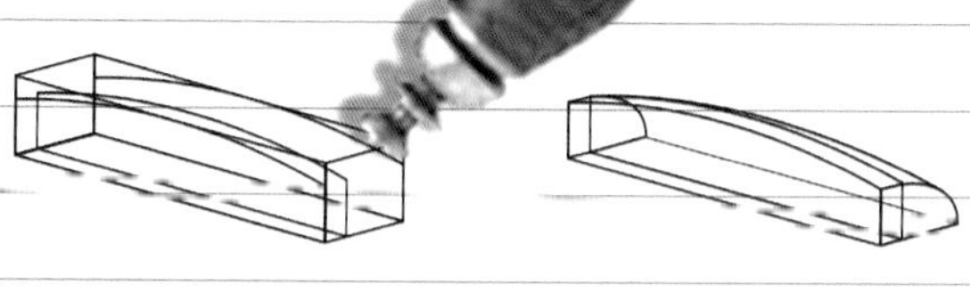

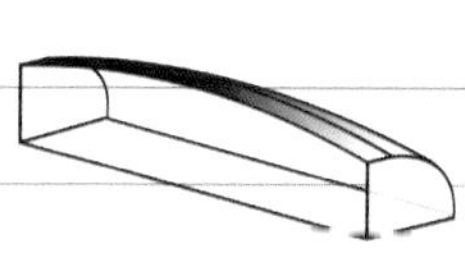

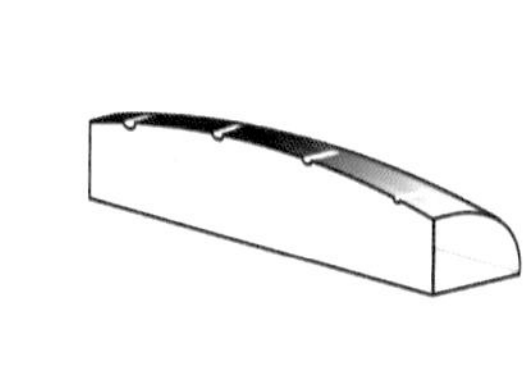

Special step 弦枕頂面的弦距待最後要安裝弦時再處理.

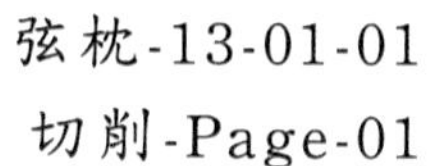

Take a rest

Lee Chyi Shien

弦枕

黏合程序

step 步驟名稱 tool 夾具,膠水...

1 step 指板定位 data

detail 指板先**暫時性**精準的**定位**在琴頭該有的位置,並用適當的夾具夾緊.

note 指板一定要對正琴頭,不可偏斜.(否則合琴時琴頭無法對中)

2 step 弦枕黏合 data

detail 暫時黏合>將弦枕底面先上薄膠(1:5).

detail 永久黏合>將弦枕底面先上厚膠(1:3).

3 step 指板暫黏 data

detail 弦枕黏合後,拿掉指板.

detail 將指板底面上2~3滴薄膠(1:5).

detail 用夾具將指板與琴頭再度**暫時膠合**在一起.

note 膠合後按琴頭篇(11-03-03-5)**下額雕琢**將底弧與指板一起精整再處理

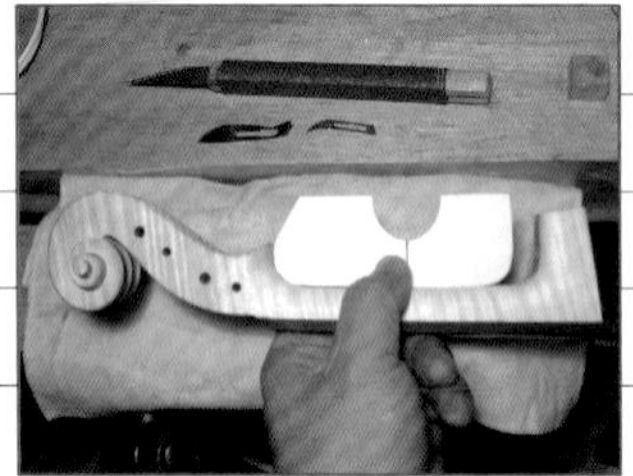

Special step 如果要指板不必再卸掉,那麼弦枕在底面與指板接合處的面都要上膠.

弦枕頂面的弦距待最後要安裝弦時再處理.

刷漆時如果要卸掉指板,那麼弦枕只要在底面上膠.

Take a rest

Lee Chyi Shien

弦枕

造型精整

step 步驟名稱 tool 銼刀...

1 step 邊緣吻合

data 烏木寬26mm 高8mm 深6mm

detail 用銼刀將上弦枕左右伸出量**銼掉**,並與**指板**-**琴頸**交接處皆**順暢吻合**.

detail 用鋼銼刀,刮刀等將**上弦枕正面**銼至與**弦軸箱尾端**齊平.

detail

note

2 step 枕高調整

data 低音處比指板高1mm, 高音處比指板高約0.75mm.

detail 指板上貼著1mm後的軟墊,用鉛筆畫高度記號.

detail 手持鋼銼刀手指貼著指板面左右圓滑銼.

detail 用鋼銼刀銼到記號線消失.

note 最後用1000號細沙紙磨順.

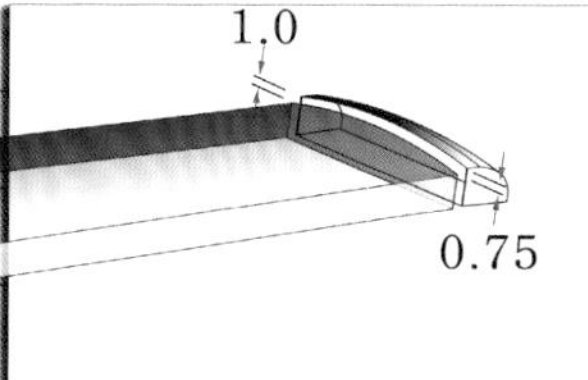

3 step 頂角修圓

data 正面像D字, 側面像1/4圓.

detail 上弦枕邊到外弦溝的一半弧度用鋼銼刀,沙紙修圓,磨順.

detail 再把上弦枕正面的外角修圓,使其正面像個D字,

detail 左右兩側面像1/4圓.

note 外邊修整前先畫出E A D G 的弦槽溝.

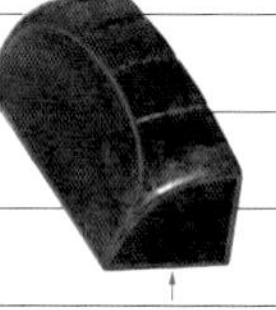
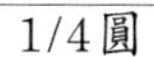

4 step 連接修順

data

detail 把指板**邊緣修圓**.(把弦枕當做指板的一部份)

detail 沿著指板邊緣順銼至上弦枕的兩側.

detail **側面**看起來**連成一體**,邊緣順暢齊平,最後用細沙紙磨順所有的邊緣.

note 觸摸**上弦枕**及**指板**交接處,如有突出刺刺的感覺,就必須再處理至滑順

special step 研磨時烏木之細粉末會弄髒楓木表面,用鋼絲絨(0000號)可清潔乾淨.

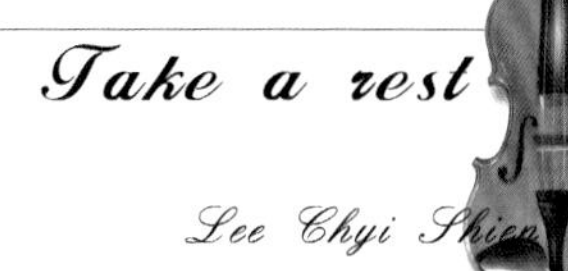

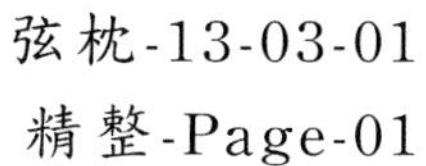

弦枕

弦槽切磨

step 步驟名稱 tool 分線規,尖刀,銼刀,...

1 step 間距調整 data 弦距5.5mm.

detail 分線規調至16.5mm,畫出E到G弦間距的刻痕.(E弦邊寬**大於**G弦邊寬)

detail 分線規調至5.5mm,放在 E點上,畫出 A弦位置的刻痕.

detail 分線規調至5.5mm,放在 G點上,畫出 D弦位置的刻痕.

note 調至11mm也可以,改放在E點畫出D弦刻痕,放在G點畫出A弦刻痕.

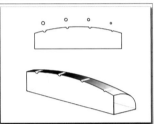

2 step 槽痕切銼 data

detail 先用小尖刀在刻痕點上刻出弦槽痕,再用細小銼刀銼出弦槽.

detail 弦槽溝深度要淺(1/3弦粗),內弦槽要筆直,外弦槽要朝向弦軸箱的內壁.

detail

note

3 step 槽痕潤滑 data

detail 弦槽溝前後端再稍微修圓(稍微遠離弦底)

detail 弦槽溝用**鉛筆**塗抹.

detail

note 溝槽有潤滑比較不傷弦(弦的壽命長),調音也比較順比較好調.

Special step

Take a rest

Lee Chyi Shien

Chapter 14

榫接

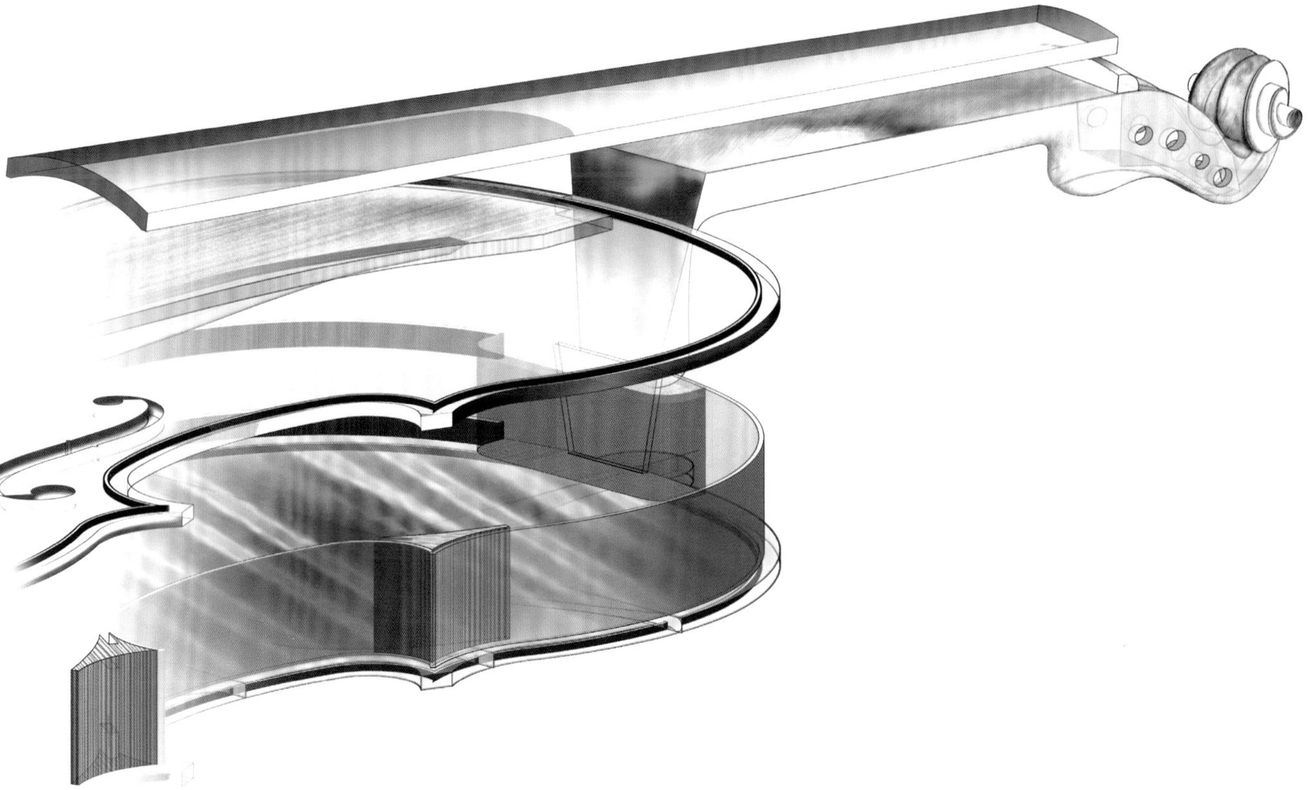

Chapter 14

Mortise

榫接

榫槽粗切

step 步驟名稱 tool 鑿刀,尖刀,分度規,自由規...

1 step 圖形複製 data A點約14.5mm, B點約9.5mm.

detail 用分度規量頸根A點距離14.5mm,並在面板頭端畫出左右開槽的記號.

detail 再量取 頸根B點距離 9.5mm,並在背板-側板間的接縫處畫出記號.

detail 側板上A點到B點的記號連線,用鉛筆畫起來.

note A-B點量取的數據都要比**面-背**板的**底面低**1mm,這樣才有餘量調整.

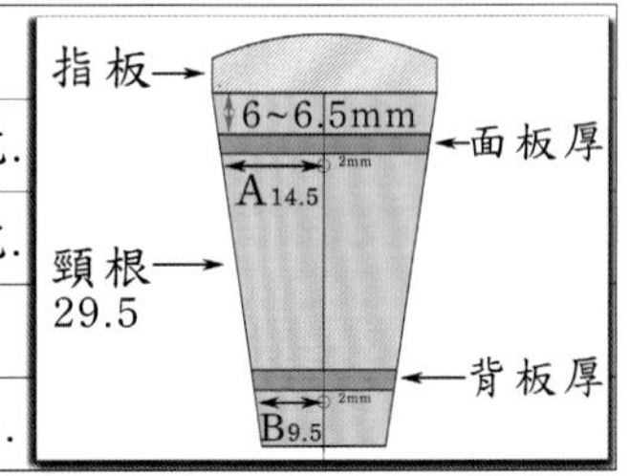

2 step 榫口開鑿 data

detail 尖刀從 A點切入至鑲線的內側.

detail 將左右兩邊的刻痕連線,

detail 用尖刀按此線切開.

note 中間的餘料用刀具切除(露出首木).

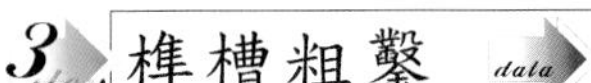

3 step 榫槽粗鑿 data

detail 先前切開之側板可迅速用平鑿挑掉,

detail 如無先前作業則按A至B連線切開再挖掉.

detail 再用平鑿將首木挖至面板開槽位置的邊緣.

note 首木槽壁須稍微整平.

special step

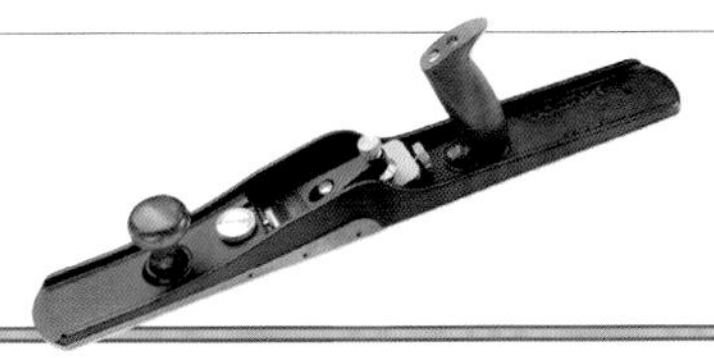

Take a rest

Lee Chyi Shien

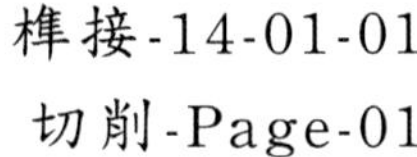

榫接

基本定位

step 步驟名稱 tool 鑿刀,尖刀...

1 step 頸長控制 data 130mm

detail 標出弦枕至肩膀位置約130mm~132,並在琴頭根左右兩邊做記號.

detail 將琴頭置入琴框榫槽觀察是否已到132mm記號處.

detail 未達132續切榫槽上方直到低於132為止.

note 後續調整過程中會越調越近130mm.

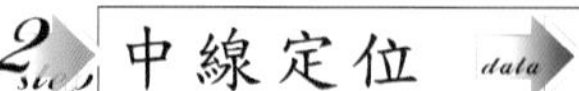

2 step 中線定位 data

detail 用像皮筋固定琴橋在面板中央.

detail 紙片畫中線並將紙片黏在**指板底**.(中線比較容易看)

detail 切削榫槽底面左邊琴頭歪向右邊. 切削榫槽底面右邊琴頭歪向左邊.

note 切削榫槽側板左邊琴頭會偏向左邊,切削榫槽側板右邊琴頭會偏向右邊

Special step 這裡數據不對的話會影響演奏者手指按音階的習慣.(130mm~131mm)

榫接是最難的部份,難度相當高,要有耐心做,吻合作業不要急,做不好就全功盡棄了.

每切一刀就用鋼銼微銼一下(銼掉凸出點),再檢查一下,以了解並感受每一刀所產生之變化.

琴做多了經驗-技術都進步了,方可省略或跳過一些比較費時的步驟.

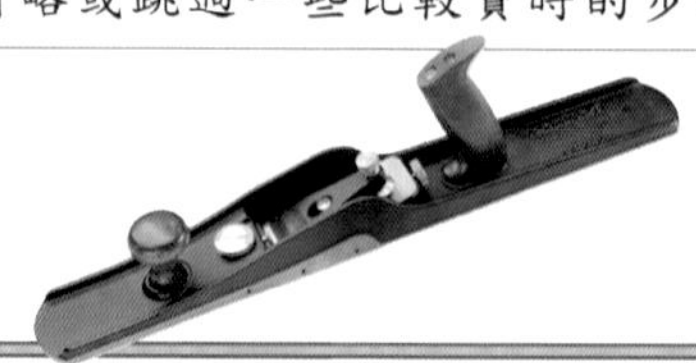

Lee Chyi Shien

榫接

精準吻合

step 步驟名稱 tool 鑿刀,尖刀...

1 step 水平斜度 data

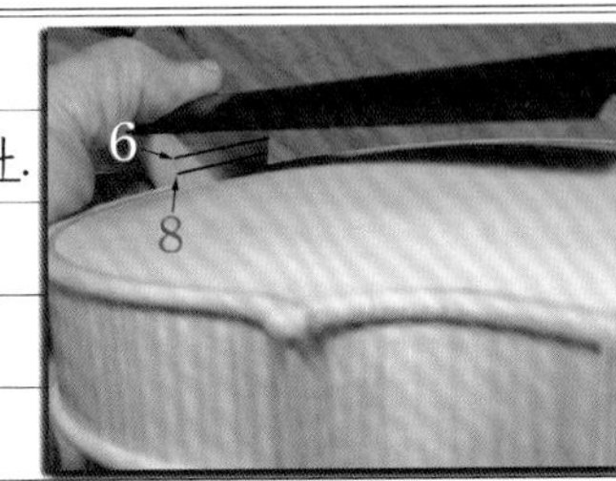

detail 在頸根面畫6mm,8mm水平高度線各1條,可看出琴頭水平面是否傾斜.

detail 切削榫槽側板左邊上方,琴頭水平面會傾斜向左邊.

detail 切削榫槽側板右邊上方,琴頭水平面會傾斜向右邊.

note 切削榫槽兩邊上方,除了琴頭會傾斜外,還會影響中心及高度.

2 step 頸根高度 data 6mm~6.5mm.

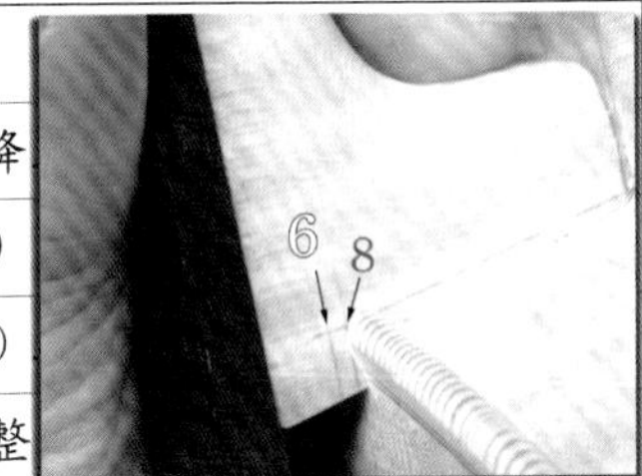

detail 中線-水平Ok時,榫槽兩邊畫1mm平行線並同時**等量切削兩邊**,高度會下降.

detail 頸根高度達8mm,指板仰角高度應在30mm左右.(7mm-->--29mm)

detail **頸根底面四周**距邊線1mm,畫平行線(刨頸根底面時方便觀察有無跑位)

note 高度下降時,須隨時同步觀察中線-斜度之變化,如有跑位,須即刻調整

3 step 指板仰角 data 指板仰角約27.5mm~28mm, 琴頭仰角約17mm.

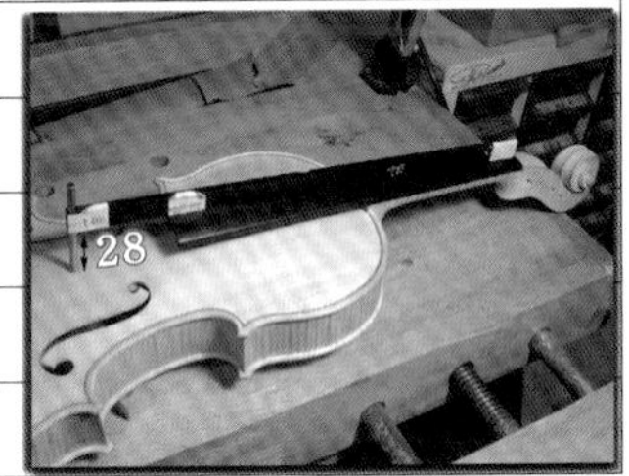

detail **榫槽底面之斜度鑿下方**提高仰角,**磨上面**則降低仰角.

detail (頸根高度8mm時就可以開始調整了)

detail 提高仰角時,頸根會碰到背板肩鈕,刨掉琴頸根碰觸到的部份.

note 最後完成時頸根高度降至6mm,仰角高度約27~28mm就可以了.

鉋刀的刀面朝上反放夾在工作桌的夾具上夾緊,

雙手抓牢琴頸根在鉋刀面上刨會比較好刨.

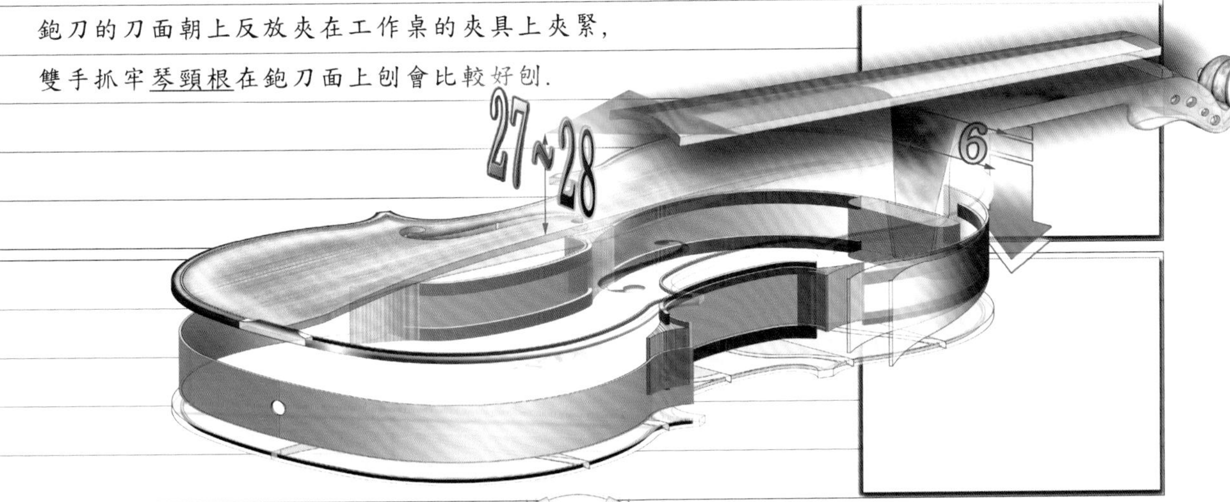

special step 作業近8成時,要觀察琴頭根與兩側側板-背板肩鈕及面板,是否均密合,如有縫隙須即刻調整刀削量.

頸根底面與底端的水平交接處銼成1mm寬的倒角斜面,有助於按裝.

安裝時輕輕壓入榫槽,如有卡緊榫槽,抓琴頭而且不掉琴,就是完美的卡榫結構.

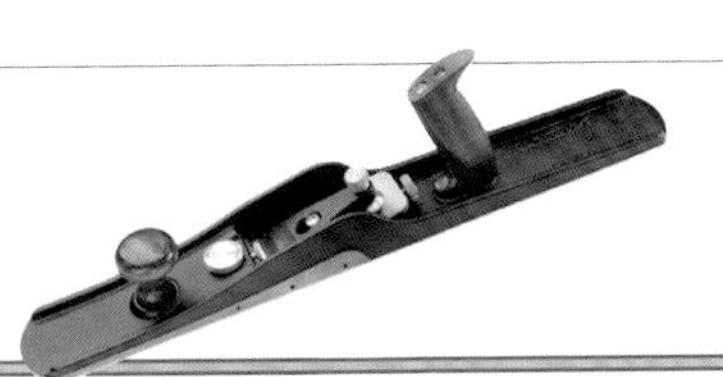

Take a rest

Lee Chyi Shien

榫接

頸根黏合

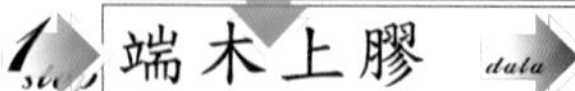

step 步驟名稱 tool 膠水,夾具,刮刀,鋼銼刀...

1 step 端木上膠 data

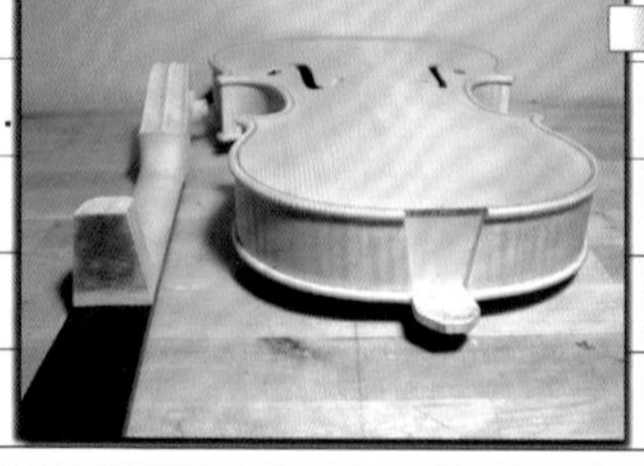

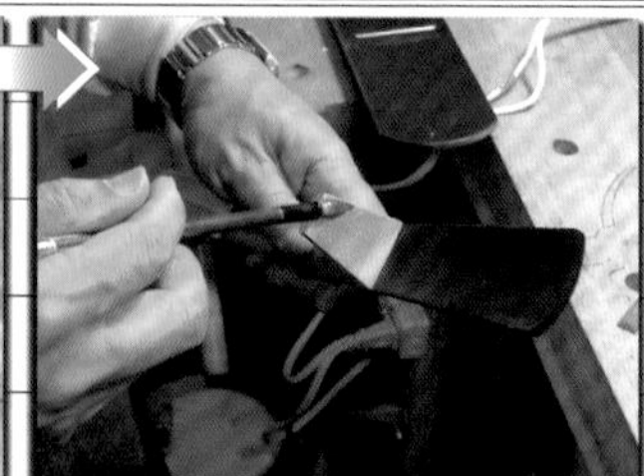

detail 琴頸根端木處及榫眼的面板端木處上薄膠.

detail 操作2~3次直到端木吸滿膠水.

detail 膠水乾燥後用鋼銼刀**磨平膠水**.

note

2 step 琴頸膠合 data

detail **頸跟上方**的鉛筆記號在膠合前要擦掉.

detail 在**琴頸根端木處**和**底部**以及榫眼的**首木**,背板**肩鈕**處再次**上膠**.

detail 將琴頸放入榫眼壓緊,並在指板上放凹面治具,再用夾具拴緊.

note 膠合前要再摹擬測試各個數據,

中線-仰角-頸高-水平 都要到位,如果有偏離要即時再校正.

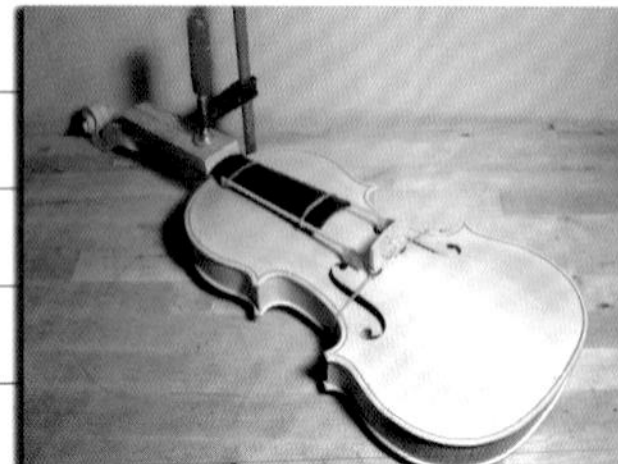

Special step 頸跟上端木處的膠水乾燥後如呈現反光發亮之現像,就是孔隙填滿吸飽之狀態,就不必再上膠了.

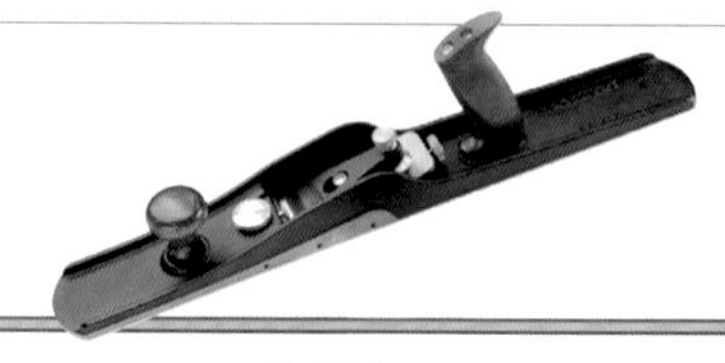

Take a rest

Lee Chyi Shien

榫接

肩鈕處理

step 步驟名稱 tool 鑿刀,尖刀,木銼刀,鋼銼刀,刮刀...

1 step 外框畫線 data 圓20mm.

detail 從鑲線頂往上6mm處為圓心,半徑10mm畫圓.

detail 在圓邊3點, 9點處的左右兩切點往下畫切線

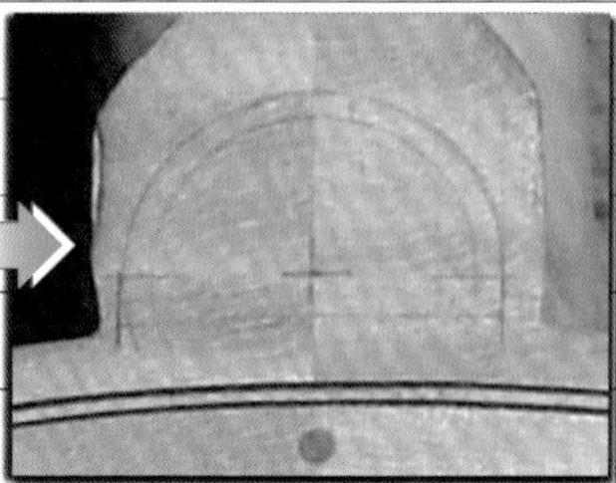

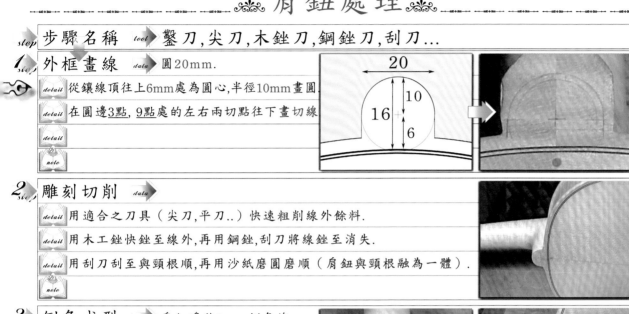

2 step 雕刻切削 data

detail 用適合之刀具（尖刀,平刀..）快速粗削線外餘料.

detail 用木工銼快銼至線外,再用鋼銼,刮刀將線銼至消失.

detail 用刮刀刮至與頭根順,再用沙紙磨圓磨順（肩鈕與頭根融為一體）.

3 step 倒角成型 data 肩鈕邊約1mm倒角線.

detail 將頭根有不順之處用刮刀或沙紙磨順.

detail 肩鈕邊沿邊畫1mm**倒角線**.

detail 用銼刀銼成倒角,再用沙紙磨順.

note 肩鈕**肩角處**用尖刀削出微內彎的**小尖角**.

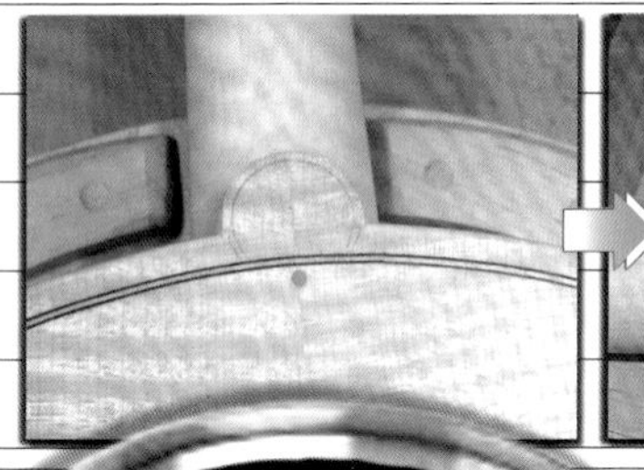

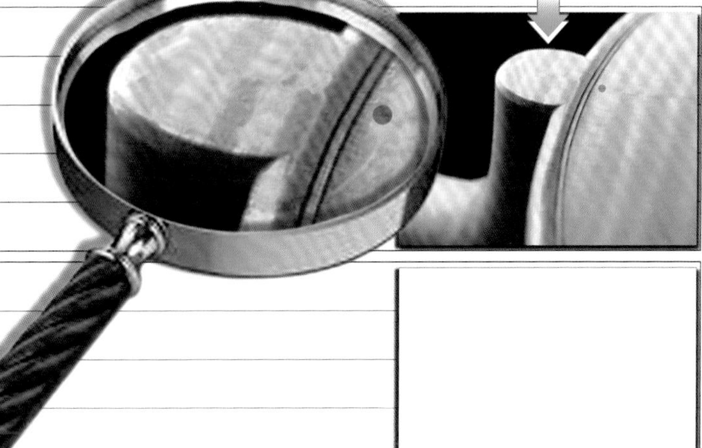

special step 上漆前要把指板去掉,

換裝琴頭保護用的指板（此時亦可先做琴橋底面吻合,以及音柱處理）.

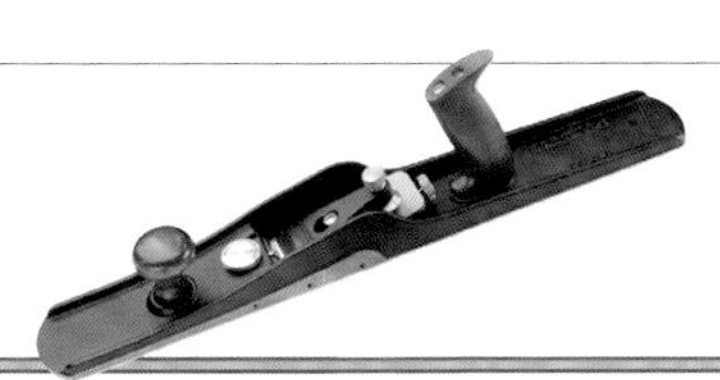

Take a rest

Lee Chyi Shien

Fontana di Trevi

Cremona

Chapter

上漆

Chapter

Varnish

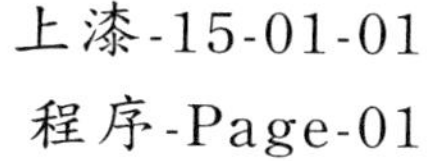

上漆

漆前作業

step 步驟名稱 tool 開琴刀,鋼絲絨,UV燈(黑燈管波長365),刮刀...

1 step 指板去除 data

detail 用開琴刀平底朝上從琴頭尾端縫隙插入,用小榔頭輕敲開琴刀尾端.

detail 琴頭尾端與指板分出大縫隙後,再抽出開琴刀換平底朝下斜插入.

detail 繼續輕敲開琴刀尾端,直到指板脫離.(膠質會自然開裂最好)

note 指板去除後,將指板-琴頭上的殘膠刮除乾淨.(**上弦枕不拆除**最好)

2 step 粉屑去除 data

detail 用0000號的鋼絲絨擦拭面板-背板可清除塞在毛細孔內細微的粉末.

detail 琴頸-面板-背板與側板交接處,用毛刷清潔.

detail

note 指板及鑲線上的粉末看起來特別明顯,用鋼絲絨去除很有效.

3 step 筋厘隆起 data

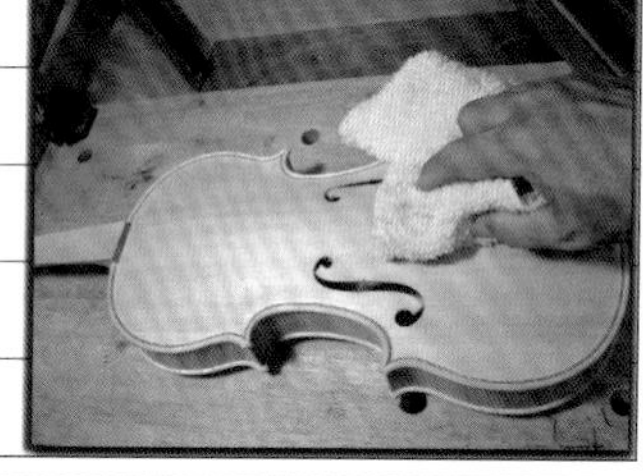

detail 用**微溼**的布擦拭面板表面,冷卻後春材會稍微隆起.

detail 用稍不銳利的刮刀刮壓面板,可稍微刮除秋材的木料,春材會壓扁.

detail 再用微溼的布擦拭面板,表面筋厘凹凸隆起弧度會比較明顯.

note

4 step 光照氧化 data

detail 在陽光或紫外燈(UV)下照射琴身全部的表面,

detail 這樣可氧化木質表面,顏色會微黃並加深,上漆後顏色會比較深.

detail

note 裂日陽光下千萬不可曝曬過久以免琴體開膠或變形.

special step 為保護脆弱的琴頭邊,用比琴頭寬一點的木料輕黏頭上,或用厚紙片-毛巾纏繞琴頭.

有摸髒的用刮刀輕刮,有撞到的凹痕用高溫或熱水燙平,有左右不平衡或不偕調的再稍微刮至順眼.

Take a rest

Lee Chyi Shien

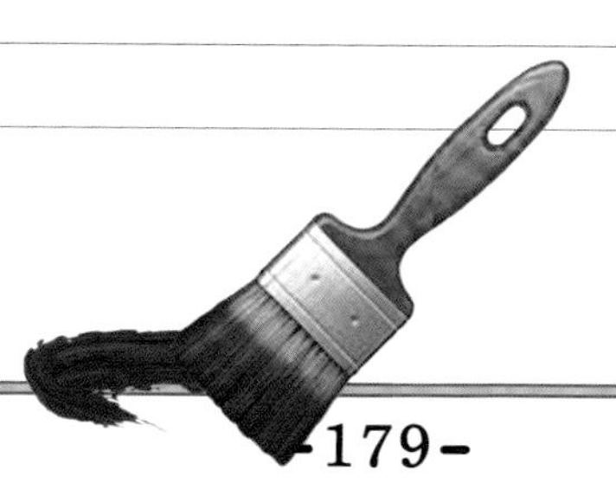

上漆

漆層處理

step 步驟名稱 tool 油漆刷,支撐架...

1 step 底材染色 data 漆2次以黃色為主色(次數,顏色喜好因人而異)

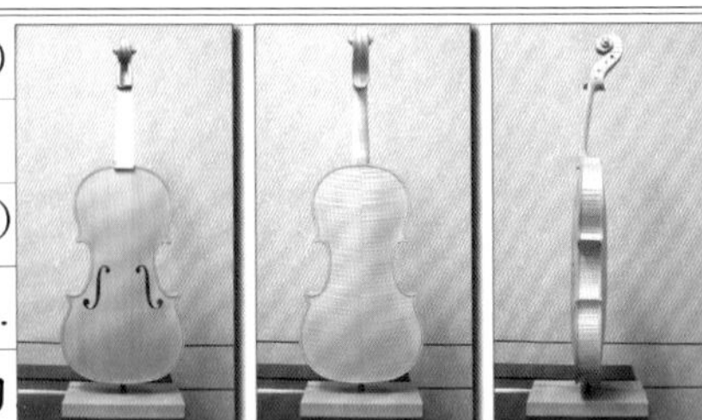

detail 將稀釋液(酒精或松節油)充當擴散液,先上至琴身.

detail 趁稀釋液未乾(導管已飽滿),趕快上染色劑(染色比較均勻)

detail 一個區域上稀釋液後,立即上染色劑,再換另一個區域依樣作業.

note **橫斷木**在乾燥情形下,色料極易**大量吸入導管**內,造成**染色不均勻**

2 step 底漆封孔 data 漆1~2次

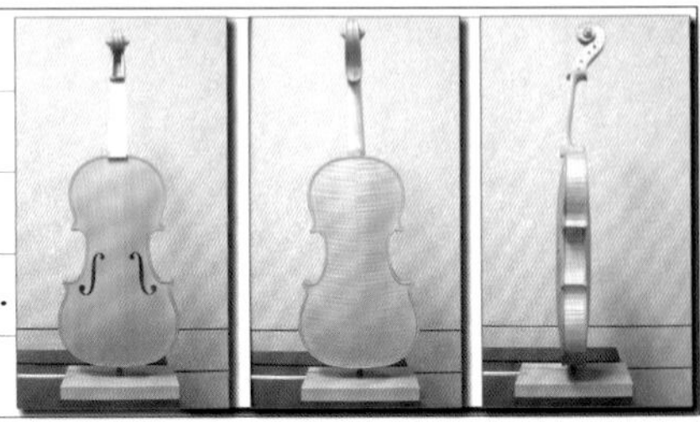

detail 將清漆與填充劑(惰性材料)攪在一起調成糊狀.

detail 將底漆塗在琴上以封住毛細孔洞.(面板尤其注意)

detail 參考漆料>Doratura Minerale 填充劑>Silicate, Kaolin.

note 在面板上灑水如不會再吸水,即表示毛細孔已被填滿.

3 step 清漆塗刷 data 漆2次

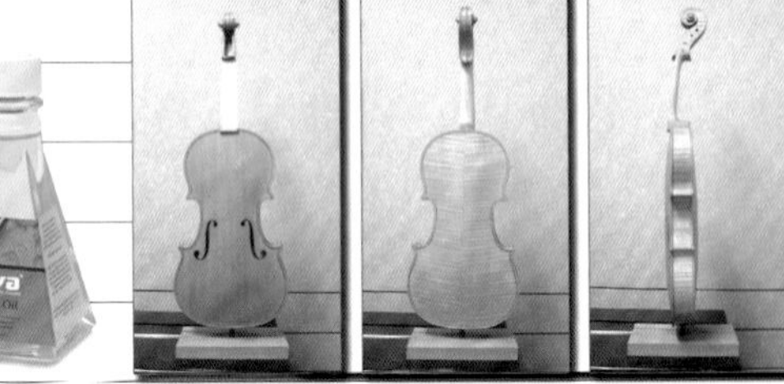

detail 用油性底的透明漆料(不含色料)薄薄的塗刷上去.

detail

detail 參考漆料>Ground Clear.

note 主要以反射底漆之光澤為主.

4 step 色漆塗刷 data 漆N次

detail 用含有色料的油性漆薄薄地塗刷.(次數,顏色喜好因人而異)

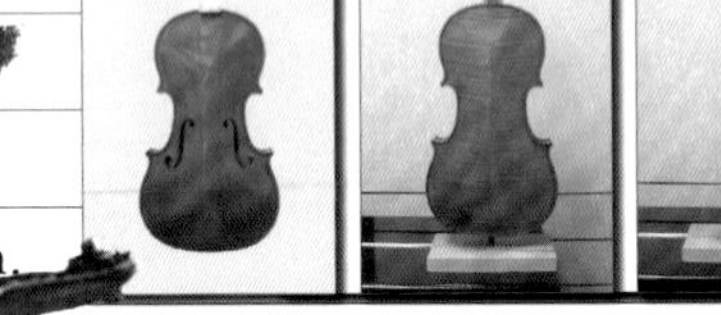

detail

detail

note 參考漆料>Golden Yellow, Golden Brown,Brescia Brown.

5 step 清漆封面 data 漆1~2次

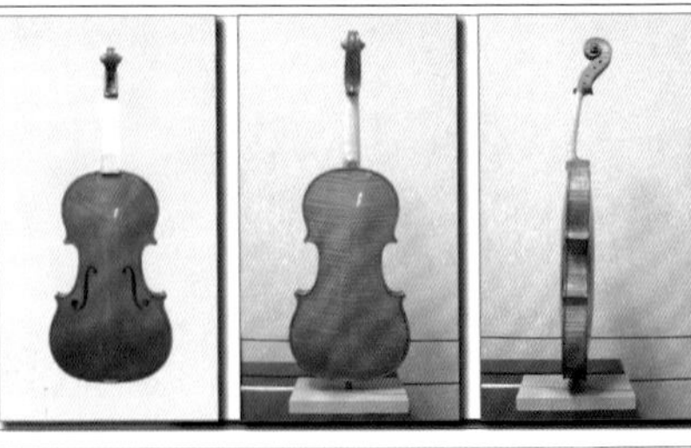

detail 以上的色澤,品質都沒問題後,

detail 最後再塗上一層薄清漆,增加光澤.

detail 參考漆料>Amber

note 乾燥後,全部總檢查,一切沒問題就可以把指板再度黏上.

Special step

染色時重疊處如果顏色加深<u>不均勻</u>,可以用<u>棉布沾溶劑</u>在重疊處推動化開不均勻的顏色.

<u>下額</u>及<u>頸根</u>上漆時,用<u>手指頭拍打漆料末端</u>,可造成<u>漸層效果</u>.

每上完一道漆,5~7天乾燥後,用軟刮片輕刮表層.(超過10天如果還不會乾,恐怕永遠都不會乾)

上漆順序>1琴頭(眼-旋首)2弦軸箱(內-外)3側板 4面板 5背板.(程序因人而異)

Take a rest

Lee Chyi Shien

Chapter 16

尾枕

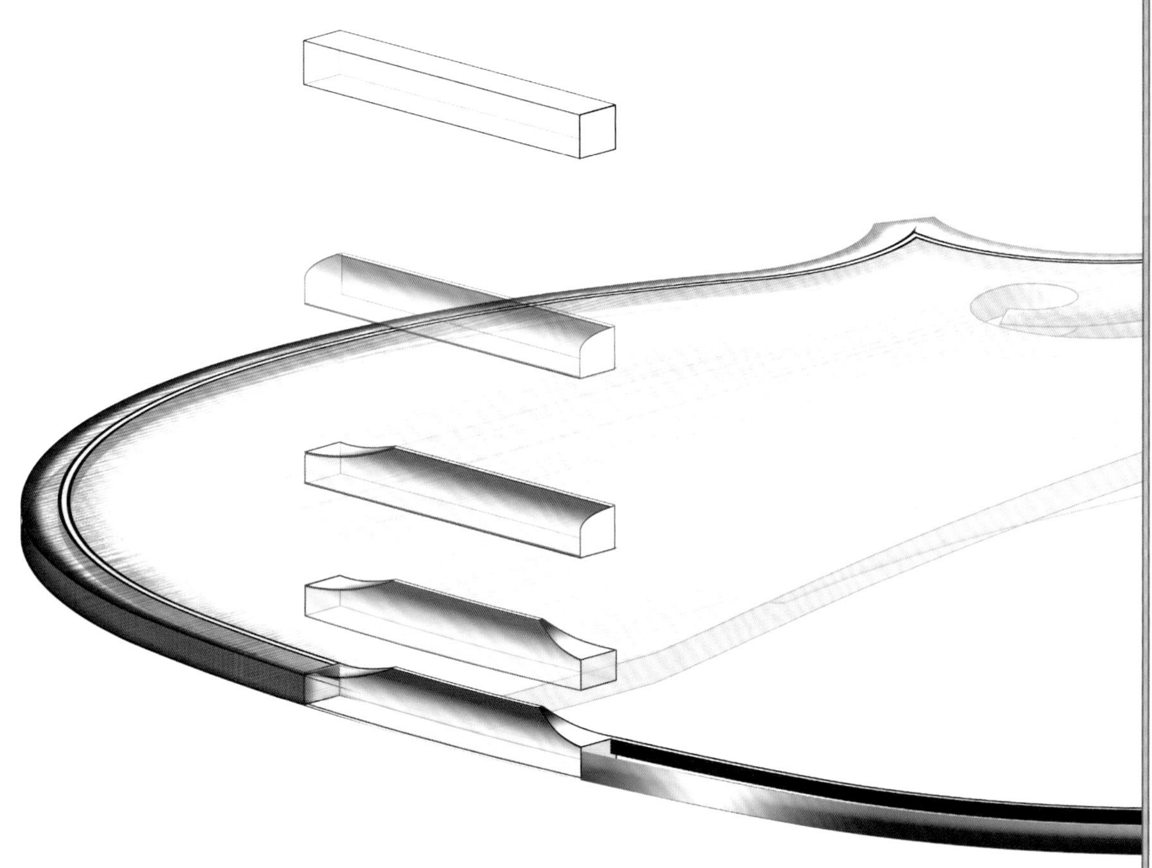

Chapter 16

Saddle

尾枕

標準接合

step 步驟名稱 tool 鑿刀,尖刀,木銼刀,鋼銼刀,刮刀...

1 step 開尾枕槽 data 尾枕槽長34mm

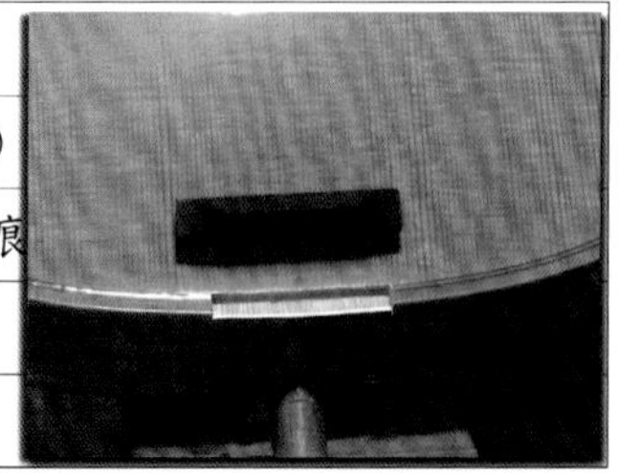

- detail 畫線規在面板底端的中線沿兩邊畫16mm尾枕槽邊.(比完成少1mm)
- detail 尖刀在左右槽邊上方劃出刀痕至**鑲線內側**,再橫劃兩點間的直線刀痕
- detail 用合適的刀具從底端鑿除此區域內面板,鑲線的餘料(露出尾木)
- note

2 step 尾枕粗削 data 烏木粗胚長40mm, 深7mm左右, 高9mm以上.

- detail 將烏木粗胚長40mm切到與面板尾枕槽寬一樣長(34~36mm左右)
- detail 把鉋刀的刀面朝上反放,夾在工作桌的夾具上夾緊.(刀鋒要很銳利)
- detail 用手指捏緊烏木,先**刨平底面**,
- note 再仔細-刨平-**刨垂直**-與面板黏接之**前端垂直面**.

3 step 外形雕琢 data 尾枕底至頂端約7mm高度, 峰頂寬約16mm.

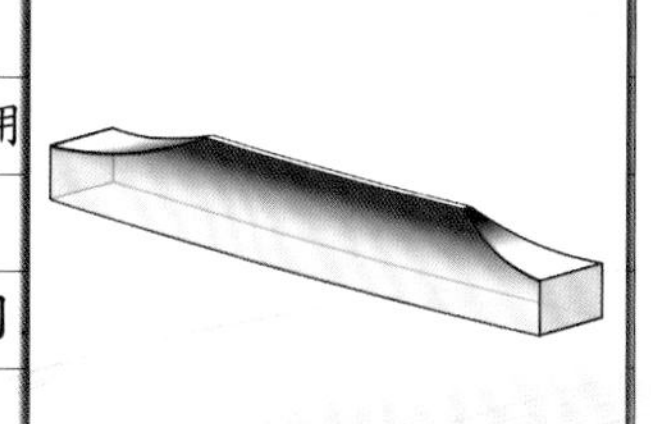

- detail 將尾枕放入尾枕槽,用鉛筆在尾枕周圍畫出尾枕槽的外緣以便雕刻用
- detail 尾枕頂端劃**中央線**,用鉋刀將尾枕前端斜刨切削60°至**中央線**.
- detail 用**斜刀**-**圓銼刀**將左-右端銼出凹面,並與面板底端鑲線凹弧大致**相同**.
- note 用**圓刮刀**將左-右端細刮凹面,並與面板大致**吻合**.

4 step 黏合細磨 data

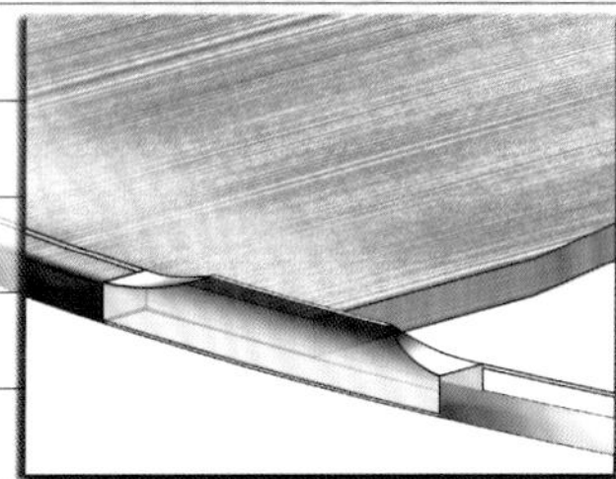

- detail 將尾枕尖形頂端打圓角掉,全部Ok吻合後再上膠.
- detail 用圓刮刀,細砂紙將左-右凹面端細磨圓滑,並與面板吻合平順.
- detail 用細砂紙將底端弧度細磨圓滑,並與面板吻合平順.
- note 細磨後漆面會變髒,要用琴蠟清潔拋光.

picture 照片補充

special step

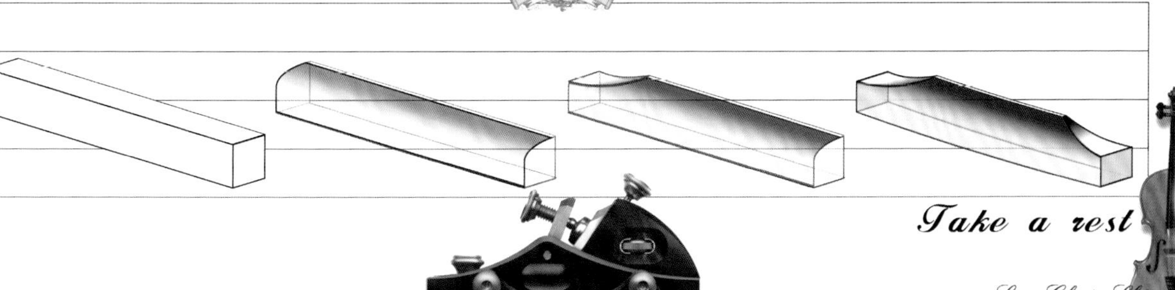

Take a rest

Lee Chyi Shien

尾枕

鳩尾榫接

step 步驟名稱 tool 鑿刀,尖刀,木銼刀,鋼銼刀,刮刀...

1 step 尾槽切半 data 尾枕槽長34mm,　深2mm.

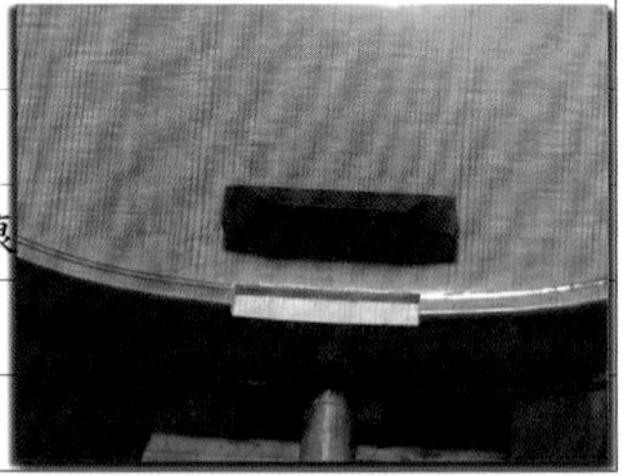

detail 畫線規在面板底端的中線沿兩邊畫16mm尾枕槽邊.(比完成少1mm)

detail 尖刀在左右槽邊上方劃出刀痕至**鑲線內側**,再橫劃兩點間的直線刀痕

detail 面板尾端切2mm深一半厚(平面切到鑲線內側面,沒露出尾木)

note 露出的平面用平銼刀銼平.

2 step 60度斜切 data 60^0榫接槽.

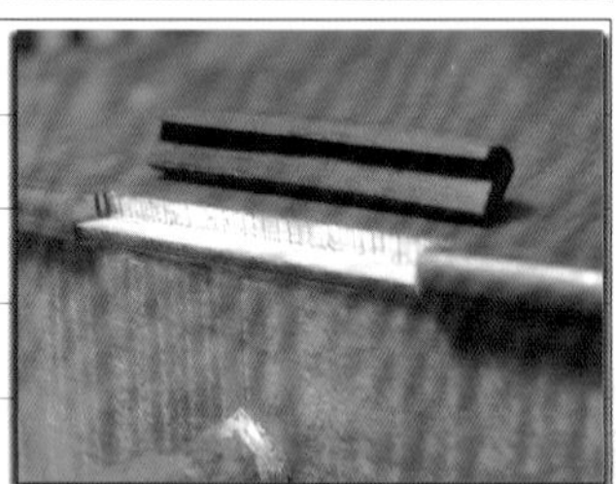

detail 將面板尾枕槽的底端先橫切,切直約1.5mm深.(內深約3.5mm)

detail 再往下60^0斜切卡榫,底端正好削至與側板交接處.

detail 用平銼刀斜銼60^0產生平整的斜面.

note

3 step 榫接切槽 data 60^0榫接槽.

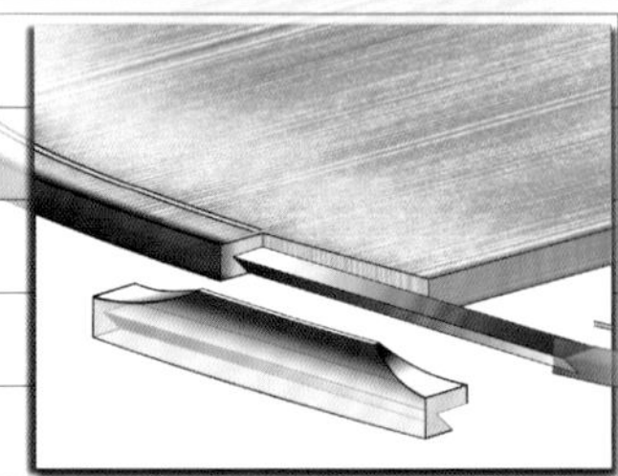

detail 刨削尾枕底部的一半約1.5mm深並刨平,

detail 用三角銼刀銼磨60^0榫接母槽.

detail 再將尾枕的前端細刨,調整烏木尾枕與面板尾枕槽的密合度.

note 再將烏木尾枕的尾部底面細磨至與面板底面吻合.

4 step 外形雕琢 data 刨平弦枕頂端至7mm高度.

detail 將尾枕放入尾枕槽,用鉛筆在尾枕周圍畫出尾枕槽的外緣以便雕刻用

detail 尾枕頂端劃**中央線**,用鉋刀將尾枕前端斜刨切削60^0至**中央線**.

detail 用**斜刀**-**圓銼刀**將左-右端銼出凹面,並與面板底端鑲線凹弧大致**相同**

note 用**圓刮刀**將左-右端細刮出凹面,並與面板大致**吻合**.

5 step 黏合細磨 data

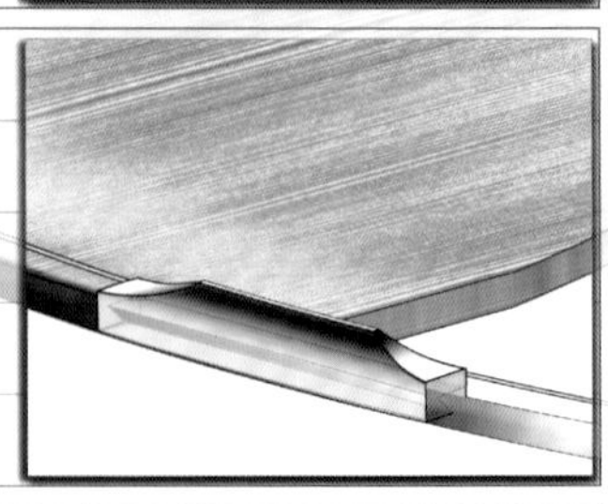

detail 將尾枕尖形頂端打圓角掉,全部Ok吻合後再上膠.

detail 用圓刮刀-細砂紙將左-右凹面端細磨圓滑,並與面板吻合平順.

detail 用細砂紙將尾枕底端弧度細磨圓滑,並與面板吻合平順.

note 細磨後漆面會變髒,要用琴蠟清潔拋光.

Special step

傳統上沒怎麼麻煩,就是直接底面刨平接合比較簡單做,但膠性不好或技術不好的話久了易脫膠.

鳩尾式的榫接步驟有點難做,但尾枕時間久了不僅不易脫膠,也不會掉落.

這是我個人獨創的設計,想嘗試的人可以試看看.

Take a rest

Lee Chyi Shien

Chapter
17

弦栓

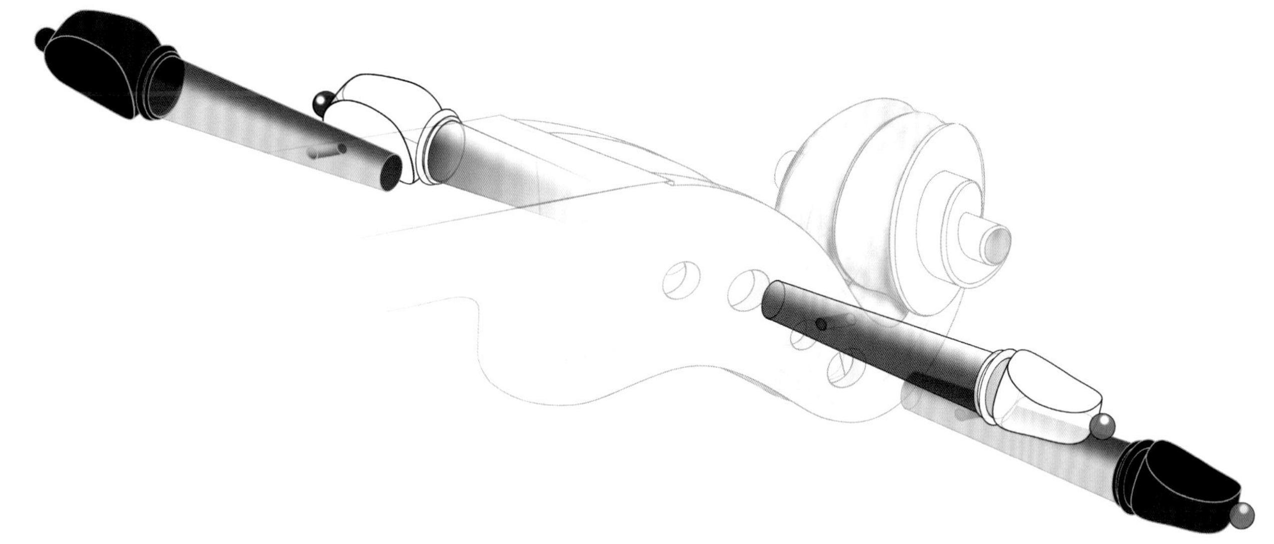

Chapter 17

Peg

Lee Chyi Shien

弦栓

切削鑽孔

step 步驟名稱 tool 弦軸旋削器,鉸刀.

1 step 弦栓切削 data 斜度30:1

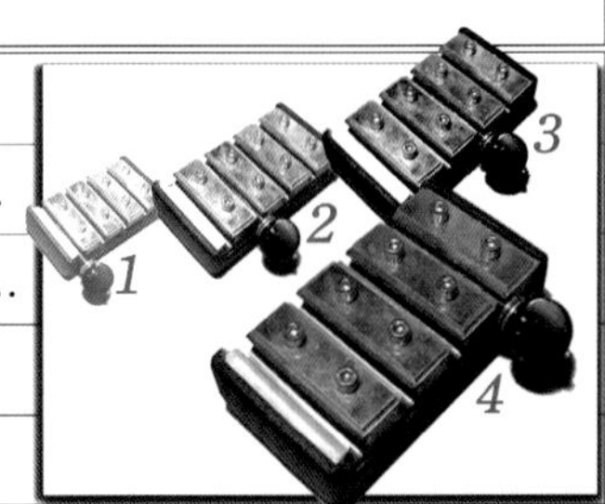

detail 將弦栓插入弦軸成形器,依次從第1個刀孔旋轉切削---至第4個刀孔.

detail 將弦栓插入木質弦軸洞旋轉拋光,或用沙紙,皮革或硬羊毛輪機拋光.

detail 弦栓直徑一致比較好後續鑽弦軸孔作業.

note 弦栓切削前靠近圈飾處用銳利刀具切1圈,以免木質撕裂超過圈飾.

2 step 圈飾突出 data 12mm.

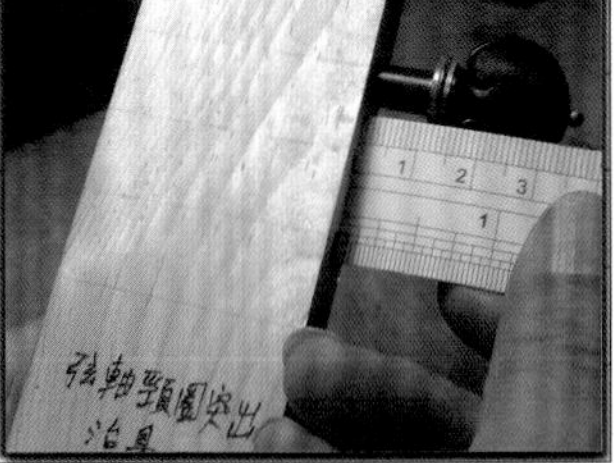

detail 用尺量各弦栓的圈飾應有的突出量約12mm左右,用鉛筆做記號.

detail 弦栓圈飾突出量應多預留1mm長度,在研磨拋光時會下降1mm左右.

detail

note

3 step 軸口孔徑 data 7.5mm.

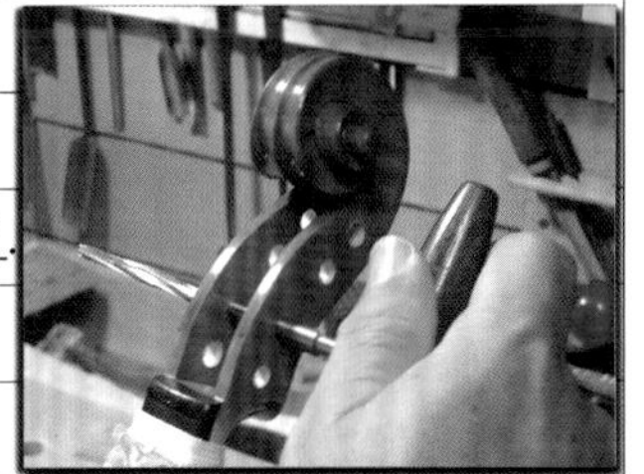

detail 用4/4鉸刀先旋削軸孔直徑至7mm左右.

detail 各個弦栓水平要一致,如有歪斜用圓銼-鉸刀銼-磨旋削軸孔調整斜度.

detail 將弦栓放入軸孔,比對圈飾突出記號,

note 如果未到記號,再將續削軸孔,直到記號到琴軸箱外邊.

各個弦軸孔的孔徑會不一樣.

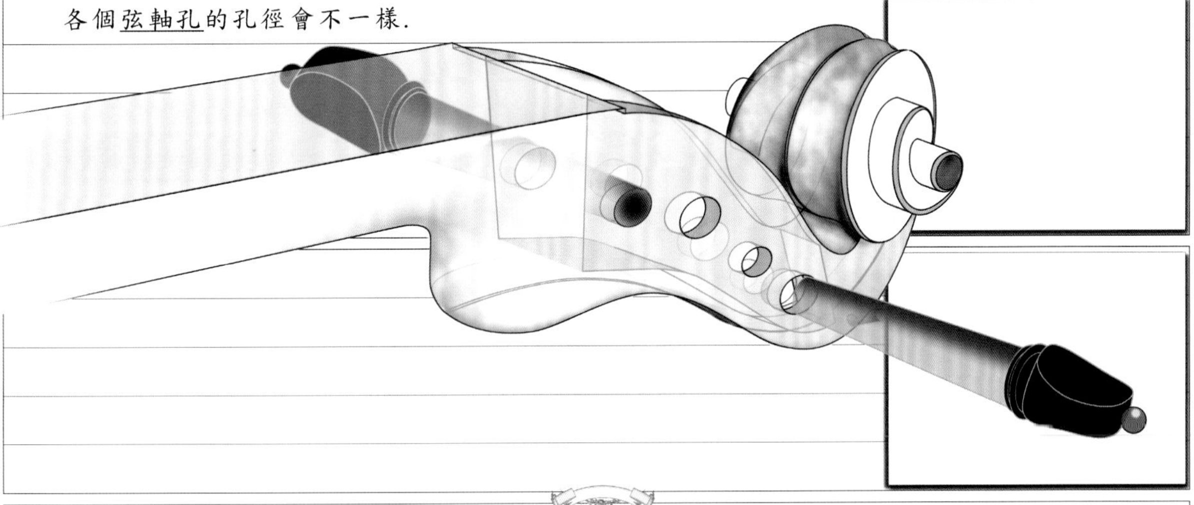

social step 弦栓上塗乾肥皂有助旋削時比較順比較好操作.

軸口孔徑勿立即做到最後規定,做到一半時可先放入4支弦栓先觀察4支的平行度,

如果不夠平行,要立即用圓銼刀銼磨弦軸孔或調整鉸刀角度-方向-直到4支都平行了.

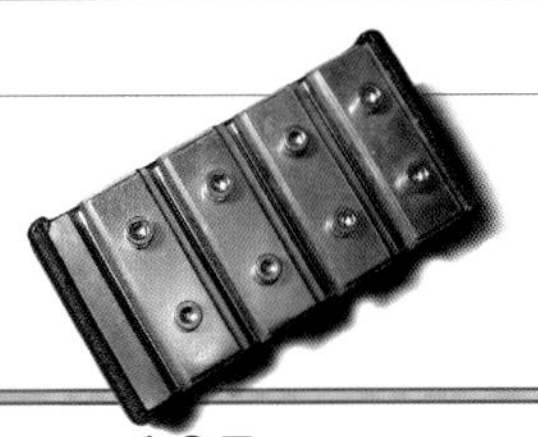

Take a rest

Lee Chyi Shien

弦栓

收尾微調

step 步驟名稱 tool 鋸子,銼刀,砂紙,鑽頭(1,1.5mm)...

1 step 長度切除 data 弦栓尾端與弦軸箱外側壁大致切齊.

detail 弦栓塞入弦軸孔,尾端露出的部份做記號,用鋸子切除多出之尾端.

detail 尾端切平＞用銼刀或圓盤機磨平弦栓尾端,並與弦軸箱外側壁切齊.

detail

note

2 step 尾端磨圓 data

detail 將弦栓尾端用粗鋼銼斜30°左右磨成斜錐狀.

detail 用細鋼銼把尖端微銼成圓頂狀.

detail 用各號沙紙磨至圓潤狀.

note

3 step 鑽繫弦孔 data 4~5mm

detail 將弦栓放入弦軸箱,從弦栓柄邊的弦軸箱壁約4~5mm處作記號.

detail 用中心錐在記號處刺個凹洞(鑽頭鑽入時不易打滑).

detail 弦栓放入弦栓鑽孔治具,(不用治具直接鑽也可以,但比較鑽不正)

note E孔用1mm鑽頭鑽入記號凹處, 其餘的用1.5mm鑽頭鑽.

孔邊可小倒角方便穿弦.

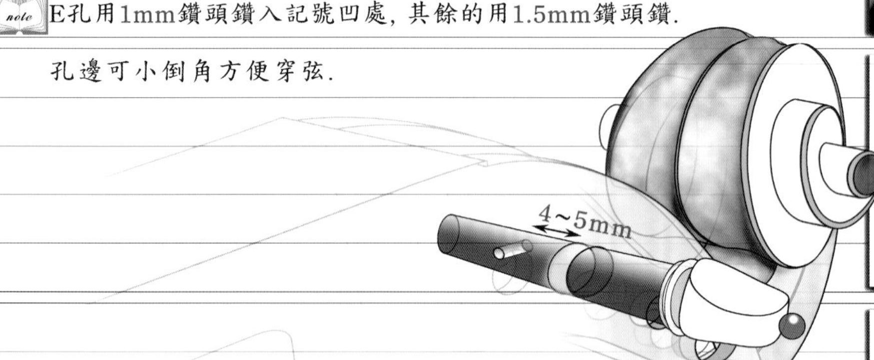

Special step 弦栓潤滑＞將弦栓塞入軸孔,用鉛筆在弦軸箱壁的內側-外側的軸桿上作記號以便只潤滑該區域.

弦栓時潤滑切勿太多,以免弦栓旋轉打滑無法固定弦音.

弦栓打滑時用粉筆或止滑油塗抹擦拭軸桿即可.

Take a rest

Lee Chyi Shien

琴橋

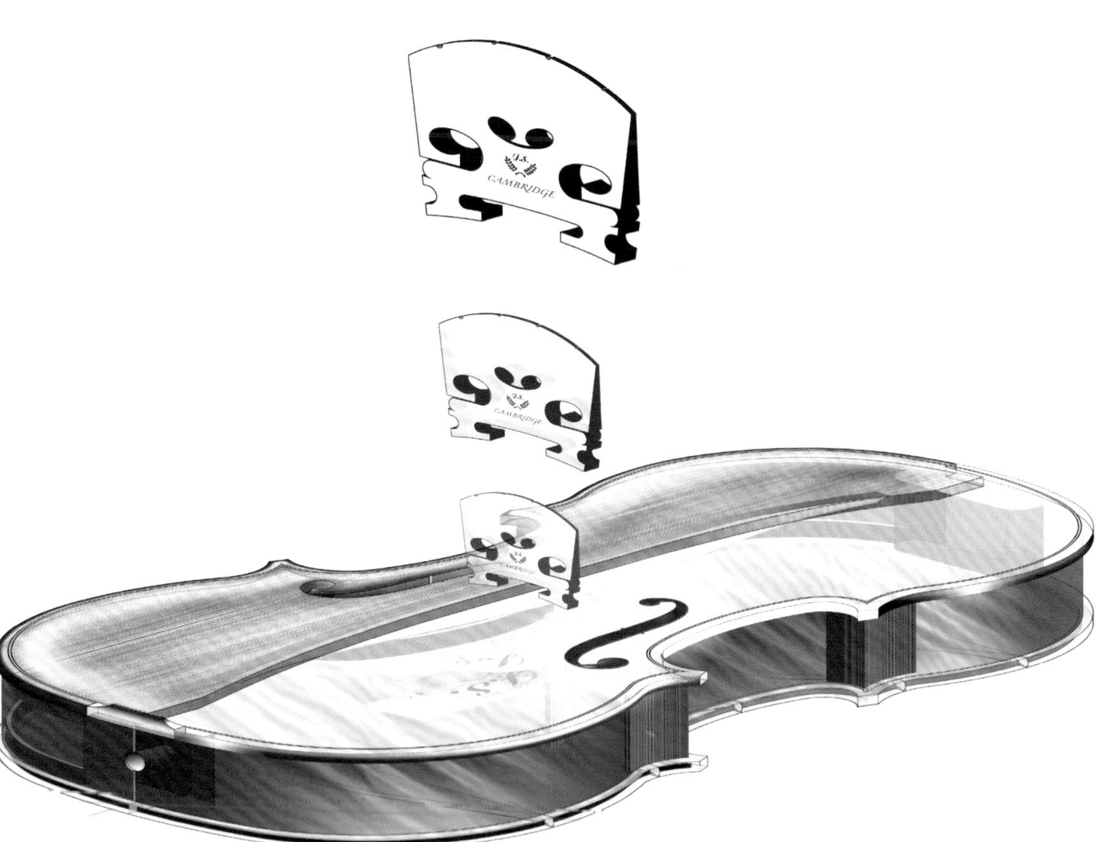

Chapter

Bridge

琴橋

琴腳切削

步驟名稱 tool 鑿刀,尖刀,木銼刀,鋼銼刀,刮刀...

1 step 取料選擇 data 楓木

detail 烙印面為**正面**,長髓線越多越長越好.(越長垂直耐壓支撐力越好)

detail 另一面無烙印面為**背面**,背面麻點越多越好.

detail 輕丟琴橋在硬質桌面上產生的聲響鏗鏘有力的更好.

note 法國Aubert(Luxe, De Luxe, Super Luxe...),楓樹(Despiau)...

2 step 厚度切削 data 4.5mm

detail 琴橋背面朝上用治具固定,用鑿刀-鉋刀將琴腳刨至厚薄約4.7mm.

detail 最後用刮刀-鋼銼刀將**琴腳**磨至厚薄約4.5mm.

detail

note

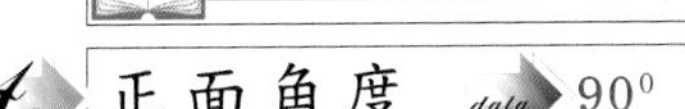

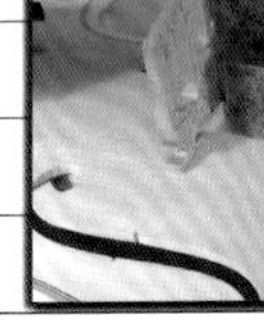

3 step 琴面弧度 data

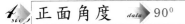

detail 琴橋放在面板中央上,兩腳位在F孔內刻痕中間.

detail 放一片0.75mm軟塑料靠在琴橋正面腳邊.

detail 筆尖延著塑料弧面畫琴面弧形線在琴腳上.

note 內斜小圓鑿刀切削琴腳至線上,再用斜刀削掉凸出點.

4 step 正面角度 data 90^0

detail 琴橋放在面板上觀查琴橋**正面**的角度與面板的角度是否**垂直**.

detail 沒有垂直的話,就切削**橋腳**下方的斜度木料來調整垂直度.

detail 垂直度大致Ok後,用斜長刀切削琴腳上的弧形線到微消失.

note

5 step 腳弧厚度 data 1mm

detail 琴面弧形成形後,在腳弧厚度1mm處畫平形弧線,並將多餘的木料切削掉

detail 切削時不斷檢查琴腳弧度是否還服貼面板,琴橋正面是否垂直面板.

detail 接近鉛筆線時可用粉筆,按曲面吻合法慢慢削去微小突出點.

note 從第3步驟起就用琴腳研磨治具處理,那以上步驟可快速做完.

social step 琴腳研磨治具>砂紙放在面板上,琴橋背面調好90^0夾在治具上,短距離來回研磨快速又精準.

每把琴的弧面都會略微不同

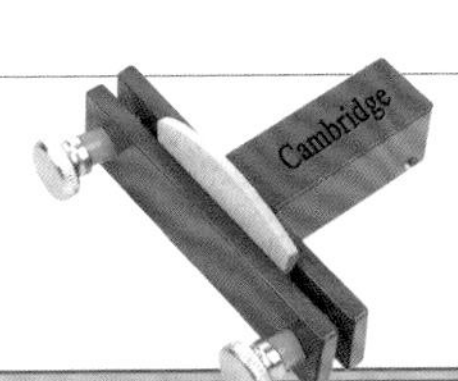

Take a rest

Lee Chyi Shien

琴橋

厚度高度

step 步驟名稱 tool 鑿刀,鋼銼刀,刮刀,小平鉋刀,琴橋頂端弧度樣板....

1 step 厚度粗削 data 琴腳4.5mm, 弧面頂端1.2mm.

detail 琴橋背面朝上固定放穩,用鑿刀將背部刨至頂端厚薄約1.0mm.

detail 用鋼銼刀-刮刀將背部斜度磨順.

detail

note 用圓鐵棒用力壓琴橋正面,壓密木質密度,有助琴橋抗彎曲之強度.

2 step 粗胚高度 data E弦記號上5.5mm G弦記號上7mm.

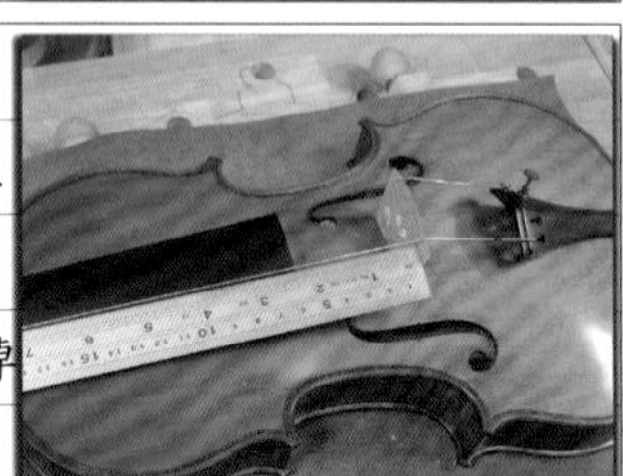

detail 琴橋放在面板上,用尺延長指板末端至琴橋正面上做E弦-G弦延長線記號.

detail E弦記號點上加5.5mm記號,G弦記號點上加7mm記號.

detail 琴橋弧度樣板放在記號點上畫弧形,再用適當刀具將弧形粗胚線切掉

note 琴橋弧度的樣板很簡單,厚紙板用圓規取半徑42mm畫圓就完成了.

3 step 實際高度 data E弦3.8mm G弦4.8mm

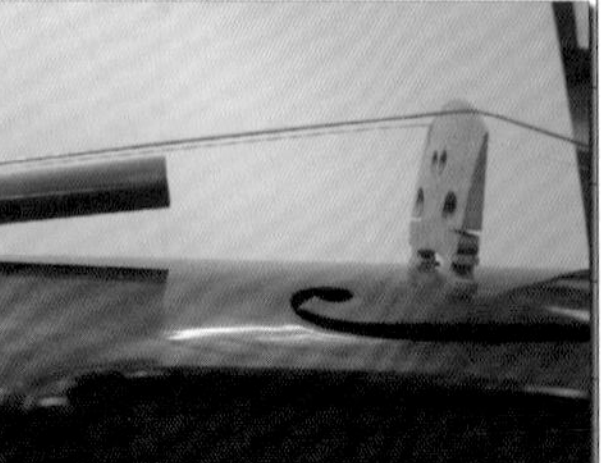

detail 量取弦下指板末端 頂面與弦底面 的淨空距離.

detail 用銼刀將E弦 G弦溝槽銼至淨空距離E=4.0, G=5.0時再將樣板放上畫弧形.

detail 用銼刀依實際弧形線銼至線上.

note 拉琴測試如果沒雜音,還可以微微下降一點點,(但不能產生打板的雜音)

4 step 實際厚度 data 頂端1.2mm,往下2.5mm, 中間3.7mm, 琴腳4.5mm.

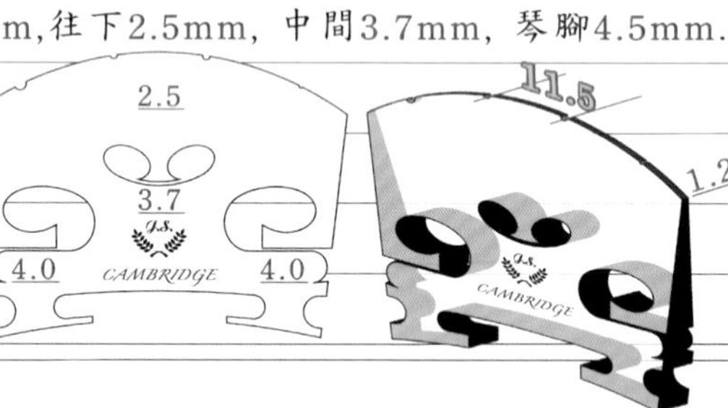

detail 切削頂端厚度到1.2.

detail 頂端下面厚度約2.5.

detail 中間厚度約3.7mm.

note 用刮刀刮順弧面.

5 step 弦槽處理 data 11.5mm

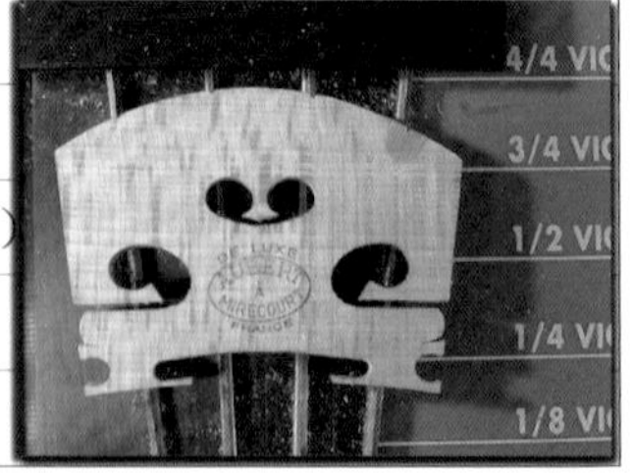

detail E弦到G弦的距離約34.5mm, 弦與弦的間距約11.5mm.

detail 將各個弦槽用細小圓銼刀,銼出1/3弦徑的凹槽.(太深有時候會有雜音)

detail 各個弦槽上塗上鉛筆,以潤滑木頭和弦之間的磨擦力.

note E弦細壓力大,所以在E槽上可以黏貼薄羊皮,以妨止E槽下陷.

Special step

鉛是一種常用的金屬潤滑劑(石油加鉛,就是要增加潤滑,減少活塞與汽缸間的磨擦力)

琴橋厚度切薄,重量減輕,琴弦的震動易傳遞至琴面,反應及共鳴會增加,但不可過薄導致琴橋無力.

琴橋太高按弦吃力,音準也不易控制, 太低琴弦好按但震動時易與指板碰觸而產生雜音.

E槽上黏貼薄羊皮,除了可妨止E槽下陷外,還有抑制刺耳的超高頻聲音產生之作用.

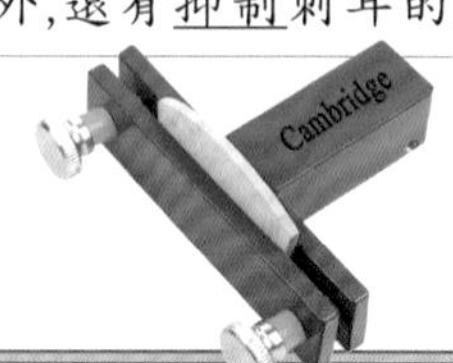

Take a rest

Lee Chyi Shien

琴橋

鏤空切削

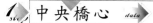

step 步驟名稱 tool 鑿刀,鋼銼刀,刮刀,琴橋頂端弧度樣板....

1 step 中央橋心 data

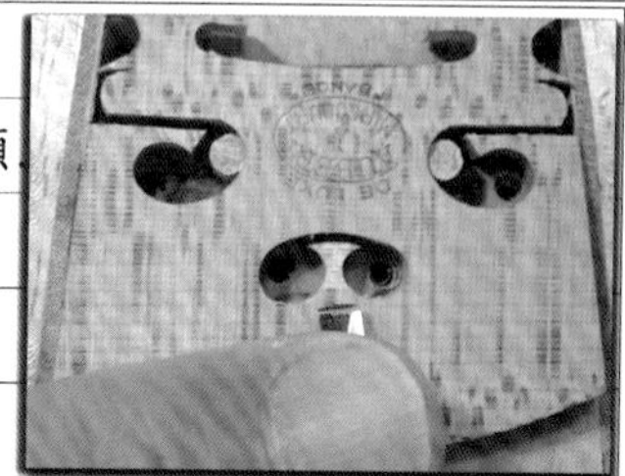

detail 用斜長刀將琴橋的中央心形鏤空處的上端半圓弧加以微微削大削順.

detail 如果需要可將琴橋中央心形鼻梁處的下端用小平鑿刀加以削薄.

detail

note 削薄操作,是依據聲音之需求而調整切削何處應切削的量.

2 step 左右兩耳 data

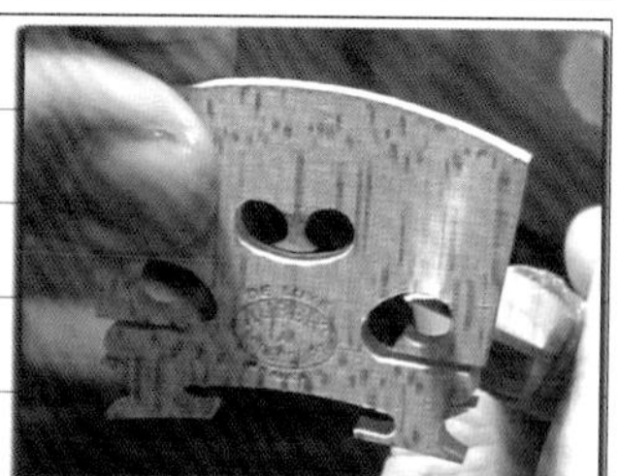

detail 用斜長刀將琴橋左右的鏤空處的兩耳上端半圓弧加以削大削順.

detail 用小平鑿刀將琴橋左右鏤空處的兩耳下端水平尖點加以削薄削尖.

detail 調整耳孔的大小,也會改變提琴高-低音的感覺.

note 心與耳之間的木料不要切削.（中腰過短容易無力並在該處彎曲）

3 step 腳邊圓孔 data 0.75mm.

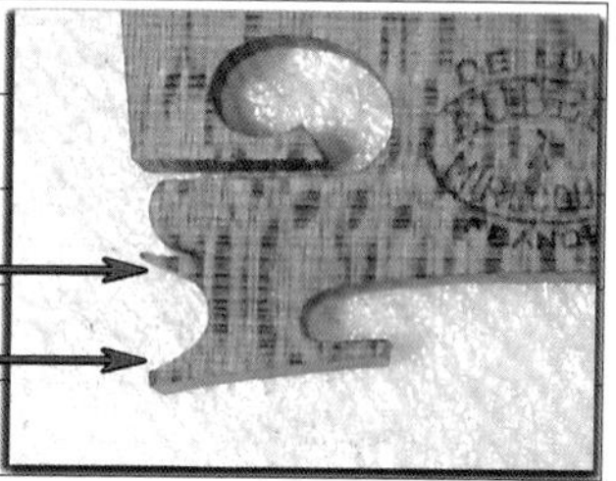

detail 將琴橋左-右兩腳邊半圓弧的上-下外圓弧邊加以削大削順.

detail 外圓弧上邊用斜長刀從圓弧內，刀刃往斜上往外拉削.

detail 外圓弧下邊用斜長刀從圓弧內，刀刃往斜下往外拉削.

note 下外斜坡之厚度-弧度,與琴腳內斜坡之厚度-弧度略微相同.

4 step 底端圓拱 data

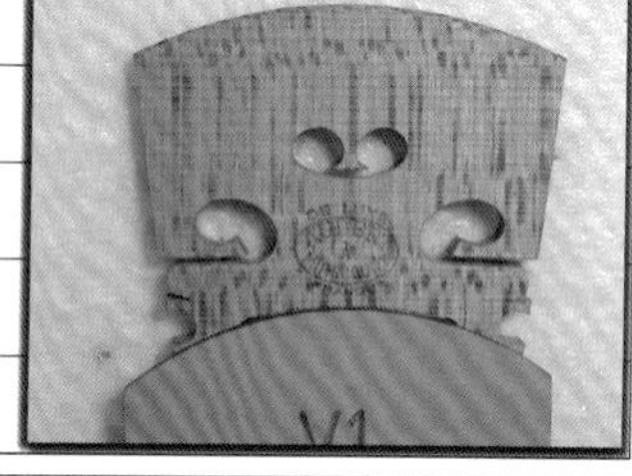

detail 用琴橋型板的圓弧畫底端兩腳間的拱形.（或平行面板中央的弧形）

detail 用小圓鑿-斜長刀-小刮刀---將拱形餘料切削切順.

detail

note 拱形產生的力量更集中至兩腳.

5 step 邊緣倒角 data

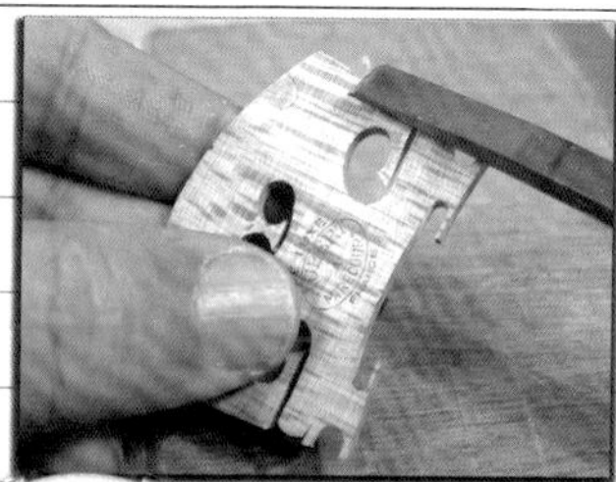

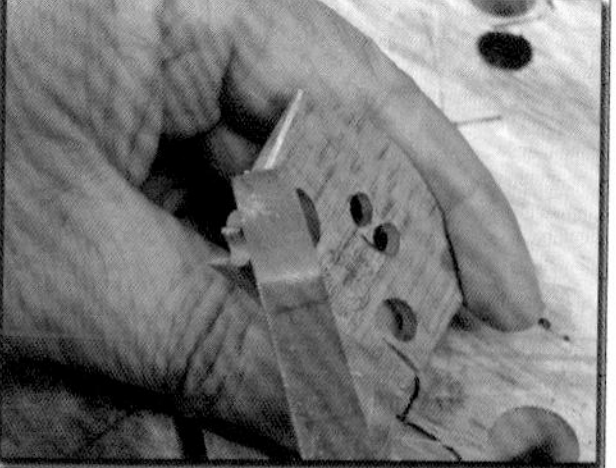

detail 用鋼銼刀將頂端微微導圓.

detail 用適當刀具將左右邊倒角.（下寬上尖）

detail

note

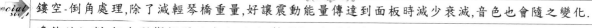

special step 鏤空-倒角處理,除了減輕琴橋重量,好讓震動能量傳達到面板時減少衰減,音色也會隨之變化.

邊飾的切削,都會影響提琴的音色,各個製琴師,修琴師會因個人主觀意思,藝術涵養,而略有不同.

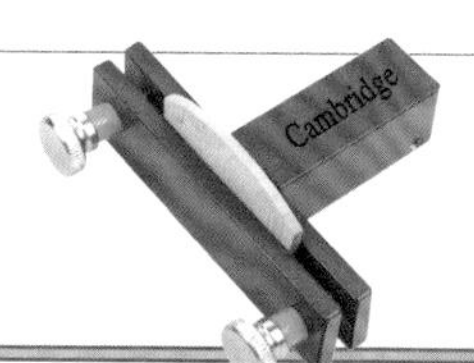

Take a rest

Lee Chyi Shien

Fontana di Trevi

Chapter 19

音柱

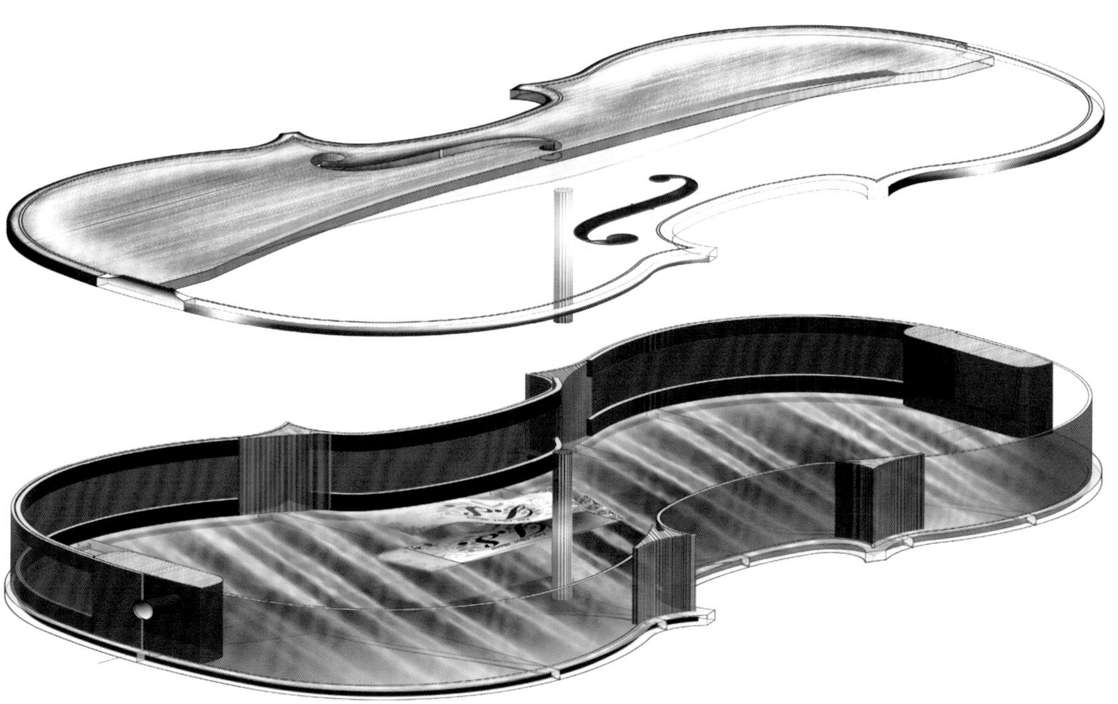

Chapter 19

Sound Post

音柱

切削安裝

step 步驟名稱 tool 鑿刀,音柱長度計,音柱調整器,音柱夾取器,牙醫鏡.

1 step 粗胚切削 data 直徑6.0~6.5mm, 長約53mm.

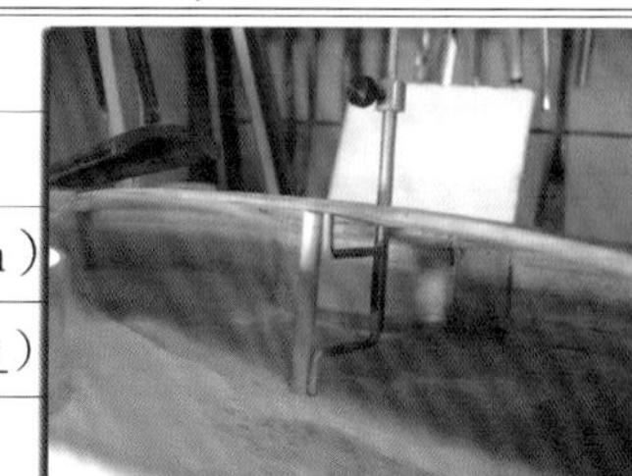

detail 松木年輪要筆直,直徑6.5mm內有6至7條**年輪**(秋材要寬).
detail 用音柱長度計,量取琴內音柱位置之音柱適當長度.(51.5~52.5mm)
detail 粗切時要比實際長度略長2~3mm(53~56mm).(上-下端微微斜切)
note 音柱端的斜度最低點與最高點相差約1mm.

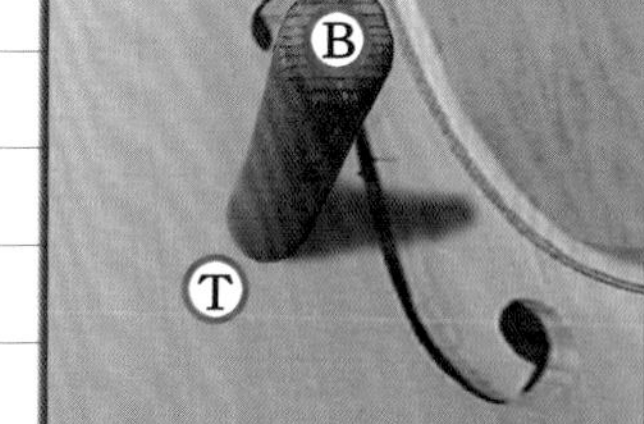

detail 音柱上端弧面,約略與音柱站立點的 面板外弧面 雷同.
detail Ⓣ Ⓣ
detail
detail Ⓑ Ⓑ
note 音柱下端弧面,約略與音柱站立點的 背板外弧面 雷同.

2 step 置入技巧 data 2~3mm

detail 音柱調整器插入音柱上端1/3處,從右邊的F孔中間刻痕處進入琴箱.
detail 轉動音柱調整器,並移動音柱至琴橋右腳中央後端約2~3mm處垂直站立.
detail 左手輕捏面板兩腰邊,面板會稍微隆起,高度增大,音柱移入時比較好站直.
note **音柱木紋**方向與**面板木紋**方向呈十字交叉(**互相垂直**)

3 step 長度調整 data

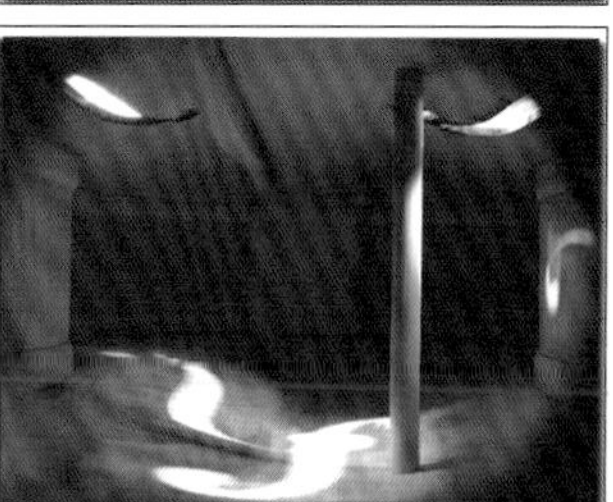

detail 透過尾孔或牙床反射鏡觀查音柱上-下端與面-背板內面之接觸點.
detail 移出音柱,用平鑿刀將接觸點多餘的量切削.(橫斷面沾水比較易切削)
detail 調整多次,直到音柱垂直站立,並且上-下端與面-背板內面均吻合.
note 音柱過長硬擠,易撐破面板.過短換弦時音柱易倒,且音色乾扁無色彩.

special step

Take a rest
Lee Chyi Shien

音柱

位置調整

step 步驟名稱 tool 鑿刀,音柱調整器,音柱夾取器,牙醫鏡.

1 step 輕畫記號 data

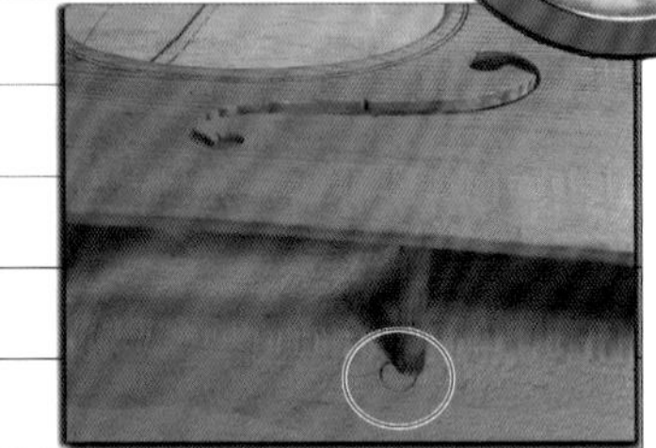

detail 音柱底端與底板接觸處,

detail 用長的工程筆沿音柱邊畫音柱暫時站立的記號.

detail 這樣做比較容易看出音柱移動時底端移動之多寡.

note 用名片從右邊F孔插入,並碰觸到音柱,可以測頂端的移動量.

音柱離琴橋右腳的距離 2~3mm

音柱在琴橋右腳的中央

康橋製琴工坊
0938-287-357
Cambridge
新北市 永和區 永元路15號

康橋製琴工坊
0938-287-357
Cambridge
新北市 永和區 永元路15號

名片從橫向中間剪開2/3長（不要剪斷）.

康橋製琴工坊
0938-287-357
Cambridge
新北市 永和區 永元路15號

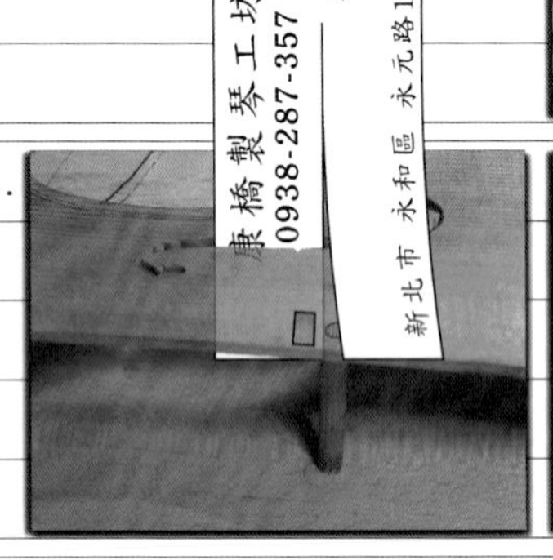

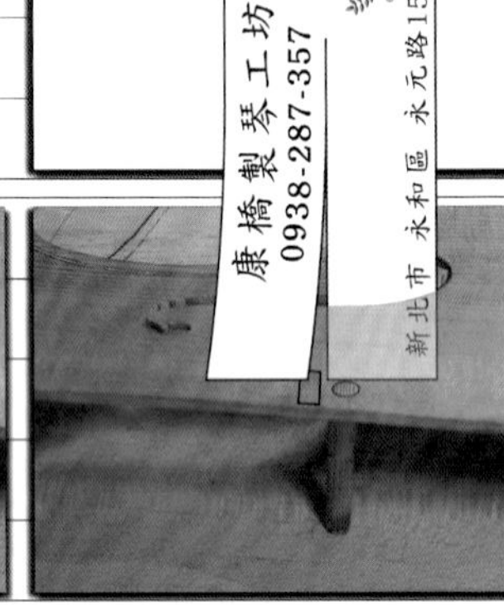

2 step 左右移動 data

detail 下端左移 > 調整器右端頂住底板約30^{0}, 往尾孔方向壓-推-敲音柱底部.

detail 下端右移 > 調整器左端頂住底板約30^{0}, 往琴頭方向壓-推-敲音柱底部.

detail 上端左移 > 用調整器輕輕左敲音柱上端,即可產生往左的移動.

note 上端右移 > 用調整器輕輕右敲音柱上端,即可產生往右的移動.

3 step 前後移動 data

detail 遠離力木 > 用調整器頭端的凹槽,拉動音柱上端-下端往F孔方向即可.

detail 遠離力木比較沒問題不會倒.

detail 靠近力木 > 用後退敲擊器從右邊 F孔伸入輕敲音柱 上端-下端即可.

note 若怕音柱後退傾倒,可以將防傾阻檔器從左邊 F孔伸入頂住音柱.

Special step

音柱安置,調整或移動時如果傾倒了,用音柱夾取器,可輕易取出.

音柱有支撐面板抵抗琴弦下壓的作用（面板比較不易變形）.

音柱移動,會影響提琴的音色,各個製琴師,修琴師會因個人主觀意思,藝術涵養,而略有不同.

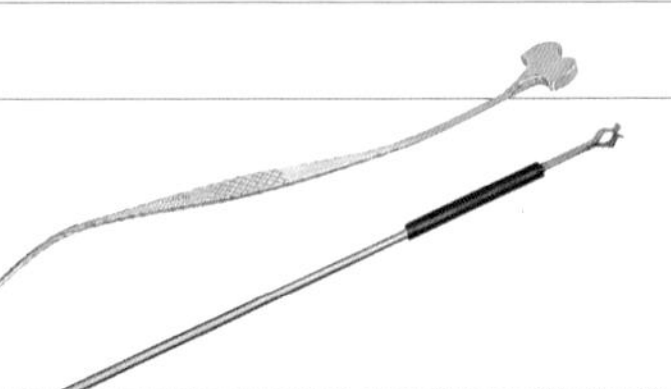

Lee Chyi Shien

Chapter 20 裝配

Chapter 20

Fit

裝配

安裝調整

step 步驟名稱	tool 鉸刀,音柱調整器,腮托調整棒...

1 step 尾柱鑽孔 data 依各個尾柱的大小而定

detail 將絞刀插入琴框尾端中央,旋削擴大尾孔.

detail 將尾柱插入尾孔,圈飾如果不能碰觸琴框,

detail 那就繼續旋削擴大尾孔,直到琴框碰觸到圈飾為止.

note

2 step 裝拉弦板 data 55mm

detail 輕量**勾形微調器**只裝E弦槽,其他弦槽不要裝.(越輕越好,雜音比較少)

detail 調整繫繩長度,使拉弦板上**橫樑到琴橋**距離等於有效弦長的1/6約55mm.

detail 短腳微調器安裝的起勾點正好在掛弦板上前端的橫樑位置.

note 有效弦長>上弦枕到琴橋距離約330mm. **拉弦板尾端**不得超過**尾枕**.

3 step 腮托安裝 data

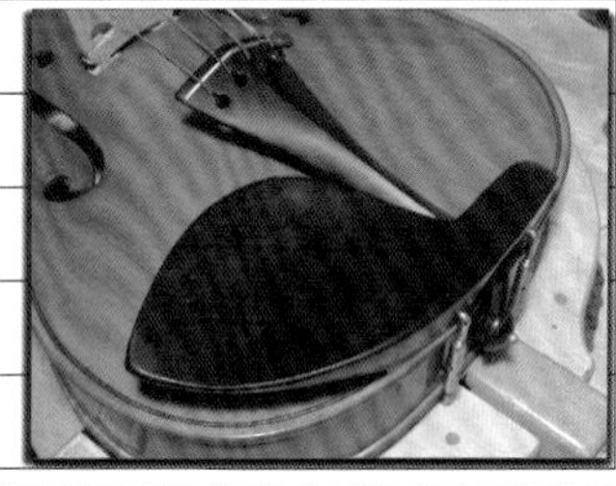

detail 金屬支架順時針旋轉越來越鬆,反時針旋轉越來越緊.

detail 小心腮托調整棒的旋轉針插入時不要過深,

detail 否則旋轉針旋轉時會刮傷側板.

note

4 step 音柱置入 data 2~3mm.

detail 用音柱調整器插入音柱上端1/3處,從右邊F孔中間刻痕處進入琴箱.

detail 用音柱調整器轉動音柱的角度至接近垂直底板,

detail 並將音柱調整移動至琴橋右腳後端中央約2~3mm處垂直站立.

note 等全部配件安裝完畢,試拉琴聲,再調整音柱實際位置,以達最佳之音色

5 step 琴橋安裝 data

detail 琴弦稍微放鬆,將琴橋置放在左-右F孔刻痕間.

detail 琴橋正面(有廠商logo面)須**垂直面板**.

detail 初次裝弦調音時,琴橋會微微往琴頭傾斜,須隨時調整琴橋至垂直.

note

special step

微調器越輕琴變輕,汎音增加音色豐富越好聽.

Take a rest

Lee Chyi Shien

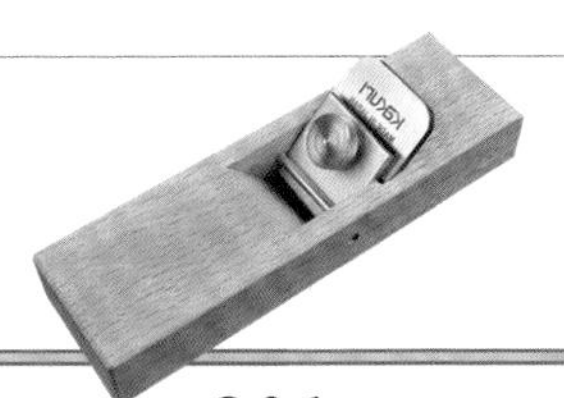

Fontana di Trevi

Chapter

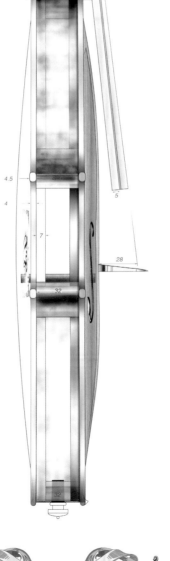

Chapter 21

Gallery

國際製琴比賽

OIYMO
China International Violin Making & Bow Making Competition
中国国际提琴及琴弓制作比赛

CERTIFICATE FOR PARTICIPATION

参赛证书

THIS IS TO CERTIFY THAT QixianLi HAS PARTICIPATED INTO

THE 2nd CHINA INTERNATIONAL VIOLIN MAKING & BOW MAKING COMPETITION

李奇憲 参加了《第二届中国(北京)国际提琴及琴弓制作比赛》

特此证明

Organizing Committee of
The 2nd China International Violin Making & Bow Making Competition
《第二届中国(北京)国际提琴及琴弓制作比赛》組委会
Sep. May 2013, Beijing China

The Organizing Committee of China International Violin Making & Bow Making Competition
中国国际提琴及琴弓制作比赛組委会

證書

2013

II

China

CIVMC
Sep 7~21 Beijing China
Violin Making Competition

2013
II

Lee Chyi Shien

國際製琴比賽

Sotto l'Alto Patronato del Presidente della Repubblica

XIV Concorso Triennale
Internazionale di Liuteria
Antonio Stradivari

Cremona 4 Settembre - 11 Ottobre 2015

DIPLOMA di PARTECIPAZIONE

rilasciato a

Chi Hsien Lee

證書

2015

XIV

Italy

Cremona

Sep.4~Oct.11 Cremona Italy
Violin Making Competition

作品入選集
封面

內頁

2015
XIV
Cremona

Lee Chyi Shien

義大利
克里蒙納

國際製琴比賽

Sotto l'Alto Patronato del Presidente della Repubblica

2018

XV Concorso Triennale
Internazionale di Liuteria
Antonio Stradivari

Cremona 7 Settembre - 14 Ottobre 2018

DIPLOMA di PARTECIPAZIONE

rilasciato a

Chi-Hsien Lee

Museo del Violino

證書

2018

XV

Italy

Cremona

Sep.7~Oct.14 Cremona Italy
Violin Making Competition

作品入選集
封面

內頁

2018
XV
Cremona

Lee Chyi Shien

Chapter 22

磨刀

Chapter 22

Grind

Lee Chyi Shien

磨刀

刀背刀面

step 步驟名稱 tool 磨刀石（100號~6000號）,定角研磨治具,Grinder...

1 step 刀背整平 data 100號~6000號磨刀石.

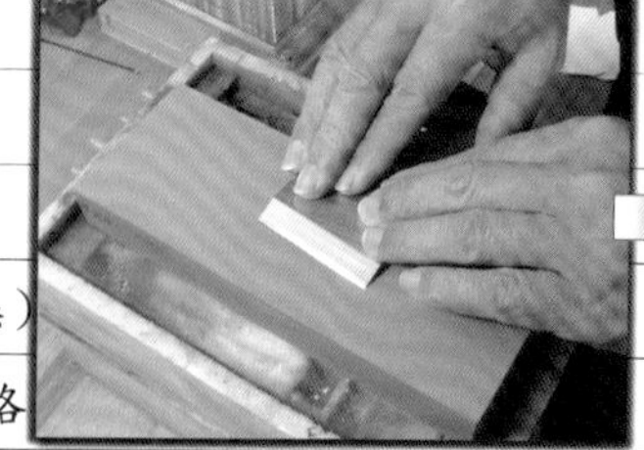

detail 用#200以下將刀背整平.

detail 用#400~#1000把刀痕磨掉.

detail 用#3000~#6000拋光.（#8000以上可有可無）

note 刀背整平過後,往後研磨刀具此步驟可省略

2 step 角度粗磨 data 200號以下磨刀石. 刀面角度（15°至45°）

detail 用電動磨石工具迅速將刀刃缺口磨掉或粗磨成所須要之角度.

detail 將刀具架在定角研磨治具上研磨至刀面微平整.

detail 電動工具速度極快,未用定角研磨治具,很難控制角度的穩定及平整.

note 如果只有刀刃變鈍,此部驟可省略.

3 step 刀面整平 data 250號磨刀石,荒砥石.角度不變Primary bevel（P.B.

detail 將刨刀架在手動定角研磨治具上.

detail 用250號的磨刀石磨至刀面平整.（把電動磨刀石 產生的磨痕磨掉）

detail 初學者如不用定角研磨治具輔助磨刀,

note 完全靠手持刀具磨刀可能須3年以上的功夫.

完全靠手持刀具磨刀有時候也會磨不利.

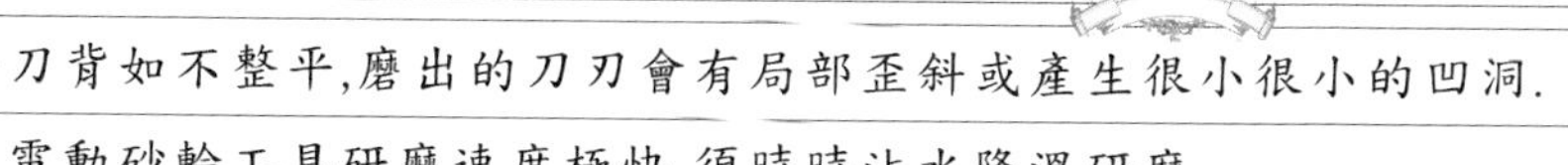

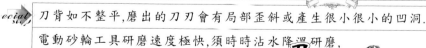

special step 刀背如不整平,磨出的刀刃會有局部歪斜或產生很小很小的凹洞.

電動砂輪工具研磨速度極快,須時時沾水降溫研磨,

如果溫度升高至刀刃變藍色,

就要把變色區磨掉,重新再磨.

Take a rest

Lee Chyi Shien

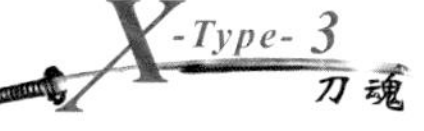

磨刀

刀刃成型

step 步驟名稱 tool 磨刀石（300號~1000號），定角研磨治具，Grinder...

1 step 磨出毛邊 data 300號磨刀石，荒砥石. 刀刃角度不變（P.B.）.

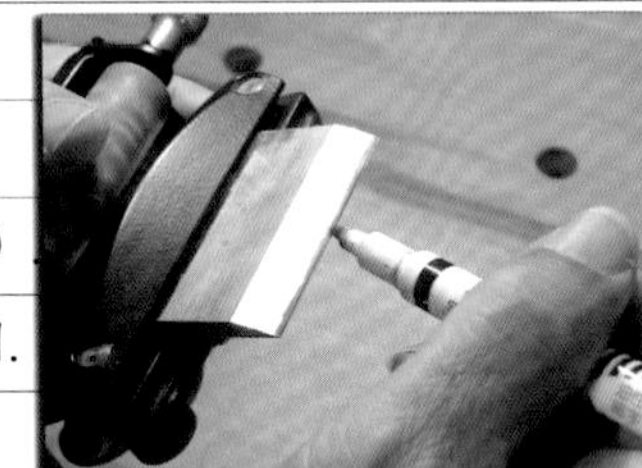

detail 用300號的磨刀石，研磨基本刀面至刀刃尖端出現毛邊（Burri）.

detail 用手摸刀背的刀刃尖端會有刺刺之感覺（代表原先鈍角已被磨尖）.

detail 此階段如發現角度（PB）或斜度不對，要立即校正，否則很難將刀刃磨利.

note 有毛邊不代表缺口消失. 缺口深的話，毛邊須拉更長，

或用砂輪機磨至缺口底.

1個缺口刨出來的木料就會有1條線.

2 step 毛邊微除 data 400號磨刀石，荒砥石

detail 觀查1>用磨刀石磨至刀面新的絲狀痕跡全部覆蓋上一步驟之痕跡.

detail 觀查2>刀刃尖端的毛邊稍微變少（手感為主）.

detail

note 此部驟可有可無，有做的話後續的磨刀石必比較不會磨損及變形.

3 step 缺口去除 data 1000號磨刀石，荒砥石.

detail 觀查1>繼續研磨至新的絲狀痕跡和上一步驟之絲紋痕跡全面改變.

detail 觀查2>刀刃尖端鋸齒狀之毛邊拋至微消（手感為主）.

detail 刀尖的缺口須完全去除（用指甲尖-滑行刀尖-不得卡住）.

note 後續研磨至6000番以上時，**指甲尖端**還是可以測出刀刃是否還有缺口.

Picture 乾式定角磨刀器

簡單好磨，刀面銳利漂亮又快速.

弧形刀面也能磨.

研磨過程雙手不易髒.

Special step 刀面與磨刀石接觸面積增大時，會產生真空吸盤效應，加肥皂水以潤滑接觸面，好推動刀面來回研磨.

Take a rest

Lee Chyi Shien

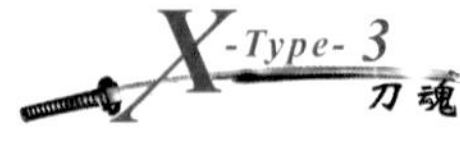

磨刀

研磨拋光

step 步驟名稱 tool 磨刀石（1000號~8000號）,定角研磨治具...

1 step 刀刃整平 data 2000號天然磨刀石,中砥石.

- detail 繼續研磨至新的絲狀痕跡和上一步驟之絲紋痕跡全面改變.
- detail 刀面呈平行亮絲狀.
- detail 刀尖真平度再度調至99%的真平度.
- note 天然磨刀石比人造磨刀石硬,不易變形,可以校正刀尖的真平度.

2 step 刀刃細磨 data 3000號磨刀石,中砥石,75倍放大鏡.

- detail 繼續研磨將刀面細絲狀痕跡研磨成霧面.（以肉眼為主）
- detail 用放大鏡觀查刀刃尖端,
- detail 如果有稍大的缺口,應退回1000號研磨至缺口消失.
- note 銳利度僅達90% ,切菜勉強可以,一般軟木無法使用,且費力.

3 step 刀尖拋光 data 6000號磨刀石,仕上砥石,刀刃角度加1度（P.B.+1度）

- detail 刀刃角度增加1度用細磨刀石,將刀刃尖端拋光產生微光澤.
- detail 刨軟木尚可使用,硬木不好操作.（可當粗刨使用）（一般木工使用Ok）
- detail 刀尖斜度及平行度要觀察,如有微斜即刻微調整,否則後續會很沒效率.
- note 銳利度達99% ,紙片會被切花,但毛髮不易切斷.

4 step 刀鋒精磨 data 8000號磨刀石,P.B.+2度（Second bevel S.B.）

- detail 用超仕上磨刀石,研磨拋光刀刃尖端至光亮（1mm左右之平行光芒）
- detail 刨硬木Ok,但刨端木有點吃力（已經可當一般鉋刀使用,一般木工使用）
- detail 銳利度99.5% 以上.紙片極易切開,有切割聲,切邊微帶纖毛,毛髮可切斷
- note 如果再繼續增加磨刀石的番號（10000~24000）銳利度必大於99.9%

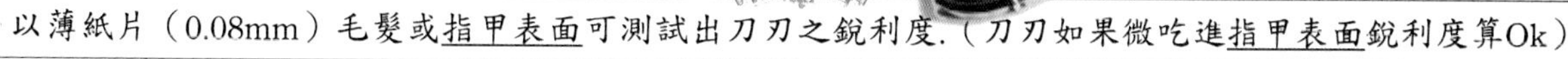

special step 以薄紙片（0.08mm）毛髮或指甲表面可測試出刀刃之銳利度.（刀刃如果微吃進指甲表面銳利度算Ok）

A2鋼 RC=62（不易鈍,不易磨）

O1鋼 RC=60（容易鈍,但好磨）

M2鋼 RC=60（高速鋼,耐高溫HSS）

Take a rest

Lee Chyi Shien

磨刀

光芒耀眼

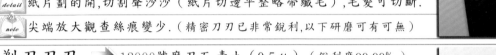

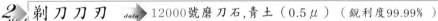

step 步驟名稱 tool 磨刀石（10000號~15000號），研磨劑，研磨紙，定角研磨治具...

1 step 精密刀刃 data 10000號磨刀石，超仕上砥石.（銳利度99.9%）

detail 用10000號磨刀石，輕磨刀刃（S.B.）拋光至光亮.（研磨至此已夠使用）

detail 鉋刀可刨出0.05mm左右之厚度.（提琴一般鉋刀使用）刨硬木OK.

detail 紙片劃的開，切割聲沙沙（紙片切邊平整略帶纖毛），毛髮可切斷.

note 尖端放大觀查絲痕變少.（精密刀刃已非常銳利，以下研磨可有可無）

2 step 剃刀刀刃 data 12000號磨刀石，青土（0.5μ）（銳利度99.99%）

detail 用12000號磨刀石或μ級研磨紙-研磨劑-研磨（S.B.）至極亮.

detail 鉋刀可刨出約0.04mm之厚度.（提琴一般鉋刀使用）刨硬木不費力.

detail 紙片劃過即開，切割聲變小（紙片切邊平整不帶纖毛）.

note 尖端放大觀查絲痕變細，變很少.（刀刃出現平行光芒）.

3 step 解剖刀刃 data 15000號磨刀石，Cr_2O_3紙（0.25μ）（銳利度99.999%

detail 用15000號磨刀石-紙-劑-刀刃角度可再加1度，繼續拋光研磨刀刃尖端.

detail 刀刃尖端出現如髮絲般之平行光芒，非常亮眼.

detail 鉋刀可刨出0.03mm左右之厚度.（精刨使用）刨硬木很省力.

note 紙片劃過阻力很小，切割聲很小聲，毛髮一劃就斷.

尖端放大觀查，0.01mm微絲痕幾乎消失.

Special step Cr_2O_3紙極易被研磨下來之微鐵屑黏住，影響效果，用研磨油滴在衛生紙上擦拭研磨紙表面即可再用.

鉋刀的出刀量要會微調，

才能刨出0.05mm以下的厚度.（透明）

Take a rest

Lee Chyi Shien

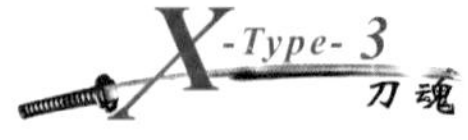

磨刀

刀魂刃光

step 步驟名稱 tool 磨刀石(30000號以上),研磨劑,研磨紙,定角研磨治具...

1 step 超級刀鋒 data 30000號磨刀石,0.25μ鑽石研磨劑(銳利度99.9999%)

detail 用30000號磨刀石或鑽石研磨劑,繼續研磨刀刃尖端至鑽石般之閃爍.

detail 可刨出0.02mm之衛生紙厚度,刨硬木非常省力.(精刨面-背板的接縫漂亮

detail 紙片輕輕一劃即開,切割聲幾乎無聲,細毛髮輕輕一碰即斷.

note 尖端放大觀查,光亮如鏡,絲痕快消失,刀刃尖端平整.

2 step 極限刀鋒 data 30000號以上鑽石膏,0.1μ研磨紙(銳利度99.99999%)

detail 用0.1μ研磨紙,繼續拋光研磨至刀刃尖端如太陽光芒般之耀眼.

detail 刨硬木可刨出0.01mm以下不可能之厚度.(面-背板接縫超極漂亮)

detail 薄紙片輕輕一劃即開,沒聲音,細毛髮輕輕一碰即斷.

note 尖端放大觀查,出現光亮耀眼,毫無絲痕,尖端超極平整.

detail 以上無限刀鋒之產生必須各個步驟-技法-觀念都做得很確實,

detail 單憑只換磨刀石是無法達成的.

detail (觀念不對的話,硬磨還會把昂貴的磨刀石搞壞掉)

detail

note

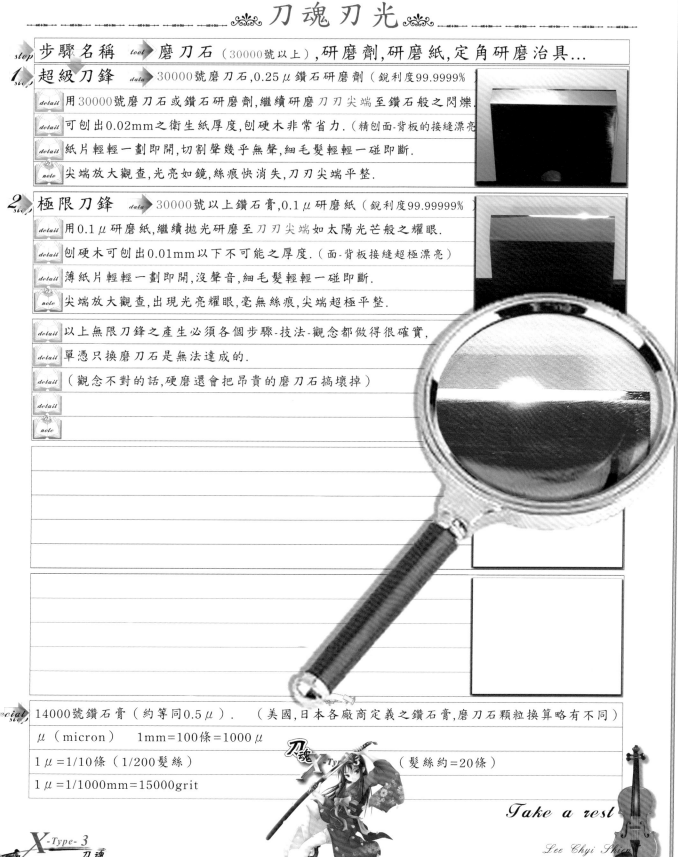

special step 14000號鑽石膏(約等同0.5μ). (美國,日本各廠商定義之鑽石膏,磨刀石顆粒換算略有不同)

μ(micron) 1mm=100條=1000μ

1μ=1/10條(1/200髮絲) (髮絲約=20條)

1μ=1/1000mm=15000grit

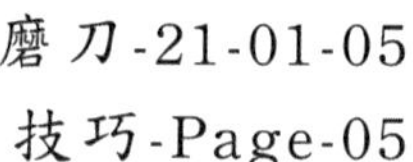

Take a rest

Lee Chyi Shien

X-Type-3 刀魂

磨刀

專業研磨

Knife Sharpener KS-400

專業版

特點如下:
操作方便
不必功夫
研磨快速
角度可調
夾具挾持

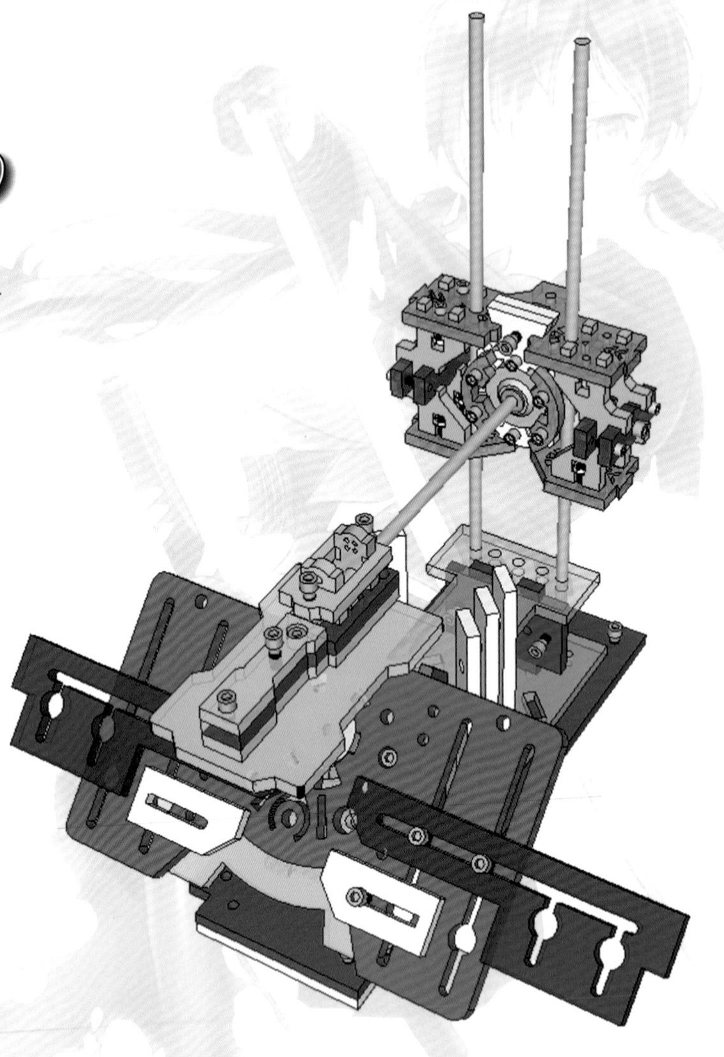

適合研磨的刀具如下
鉋刀,平鑿刀,斜刀,
硬刮刀（0.2mm以上）
軟刮刀（0.1mm厚）
外圓鑿刀
弧形刀面

Lee Chyi Shien

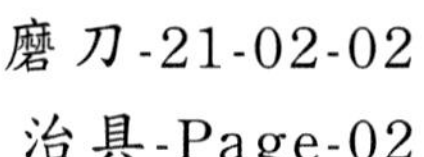

磨刀

名家藏品

精密刀刃研磨器

Knife Sharpener KS-1000

收藏版
鋁合金製

特點如下:
- 操作方便
- 不必功夫
- 研磨快速
- 角度可調

手工精製

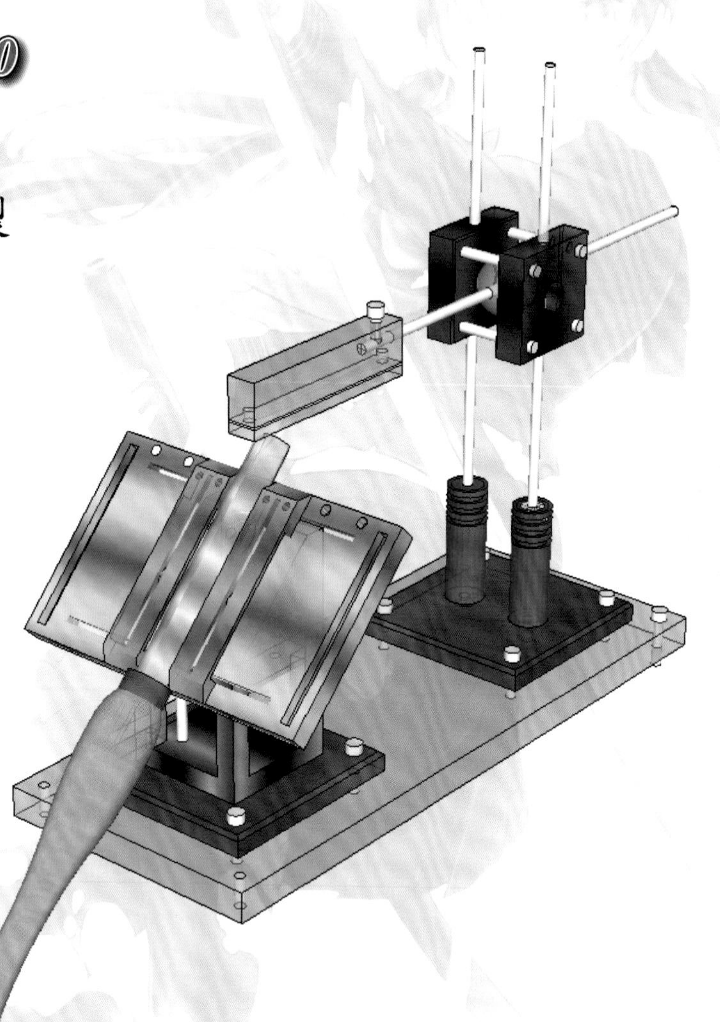

適合研磨的刀具如下
- 鉋刀,平鑿刀
- 硬刮刀
- 外圓鑿刀

Chapter 23

大師

A. STRADIVARI
1644? 1737

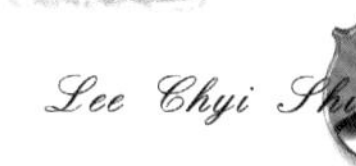

Chapter

Master

Francesco Bissolotti

2020/01/01

1929 ~ 2019
4/2 ~ 1/31

Lee Chyi Shien

Francesco Bissolotti

1961

1961

1961

1972

1969

1979

1988

Lee Chyi Shien

Francesco Bissolotti

1990

1990

2009

2005

2012

2013

2017

Lee Chyi Shien

Francesco Bissolotti & Sons

1981

2000

2003

Francesco Bissolotti with me

2015

2018
大師
和夫人合影留念

2018
at
大師製琴工坊

Fontana di Trevi

Gio Batta Morassi

1934 ~ 2018
7/2 ~ 2/27

2020/01/01

Gio Batta Morassi

1952

1962

1963

1960

1967

1968

1969

Lee Chyi Shien

Gio Batta Morassi

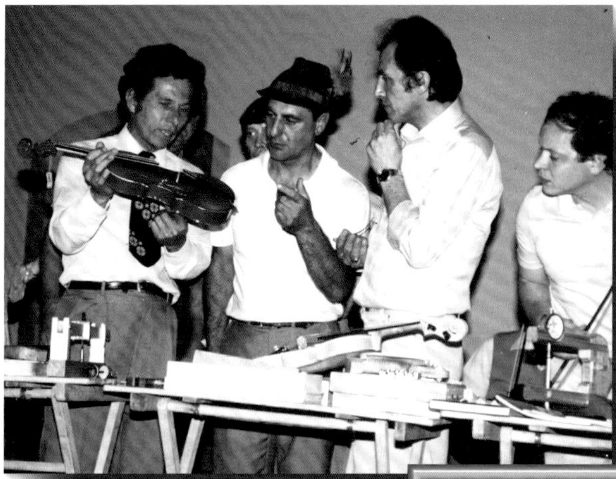

1980

Liuteria
Artistica
Cremonese

1990

1992

2014

2015

2016

2017

Lee Chyi Shien

Gio Batta Morassi & Son

1998

2005

2015

2015

2018

Lee Chyi Shien

Gio Batta Morassi with me

Cremona 5 Marzo 2003

2003
at
大師製琴工坊

2003
大師
在楓木單板上
親筆簽名留念

2015

Lee Chyi Shien

Fontana di Trevi

David Gusset

2020/01/01

David Gusset

Italy

Cremona
5~13 Oct.
Violin Making
Competition

First prize

第四屆製琴得獎書
2015年吾幸得此書
師祖David親筆簽名
並贈情誼文詞書寫
于第四屆得獎書內

VIOLINO primo premio
Medaglia d'oro

Premio Simone F. Sacconi

Al Maestro e buon amico Lee (anche el guido)
Grazie per tutto. Sempre
mi piace venire in Taiwan.
David Gusset
(el Alina Kostina)

Valutazione della giuria

Il violino di David Gusset è costruito in tutte le sue parti nel rispetto delle linee stradivariane. Spiccano in modo particolare i fori armonici e la voluta del riccio. Marezzatura del legno delicatamente messa in risalto. La vernice è personale, omogenea e sottile, con caratteristiche di buona stesura.

Lo stesso strumento appare rispettare al meglio le caratteristiche sempre sottolineate da Simone F. Sacconi.

Per questo gli è stato assegnato alla unanimità anche il premio intitolato al grande Maestro scomparso.

David Gusset
S. Francisco
STATI UNITI

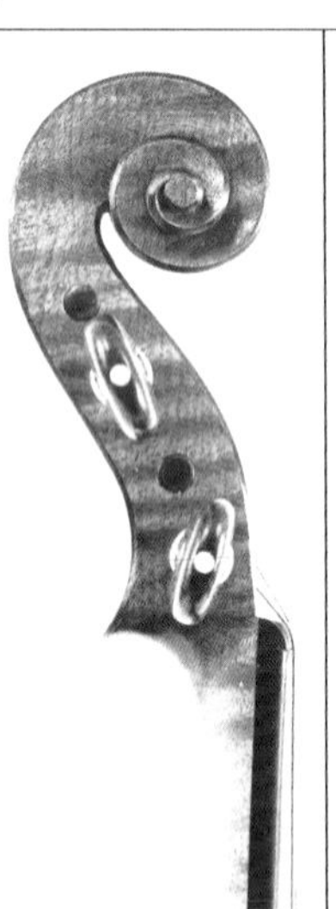

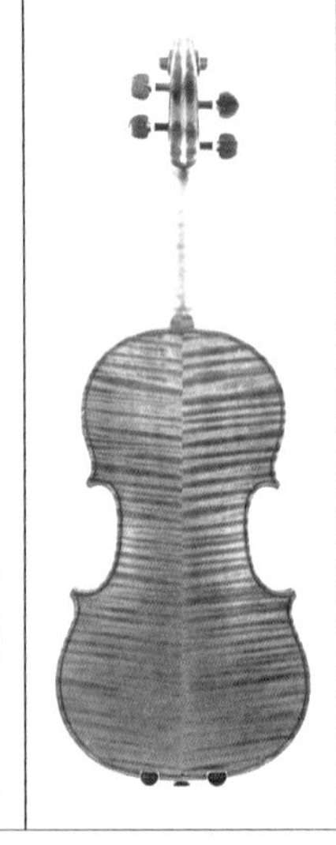

克里蒙納
國際製琴比賽

第4屆
金牌獎

Lee Chyi Shien

David Gusset

2012

2014

2013

2017

2018

Lee Chyi Shien

David Gusset

2008

2010

2011

2013

2016

Lee Chyi Shien

David Gusset with me

2013
at
國立台南藝術大學

2014
at
台中日月潭慶生

2013

2014
at
新北寒舍小住

2018
at
義大利製琴比賽

Fontana di Trevi

Chapter 24

恩師

Chapter

Teacher

Kuo Hua Chen

2020/01/01

Lee Chyi Shien

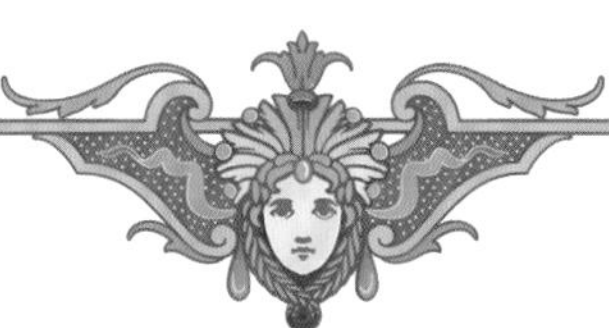

Kuo Hua Chen

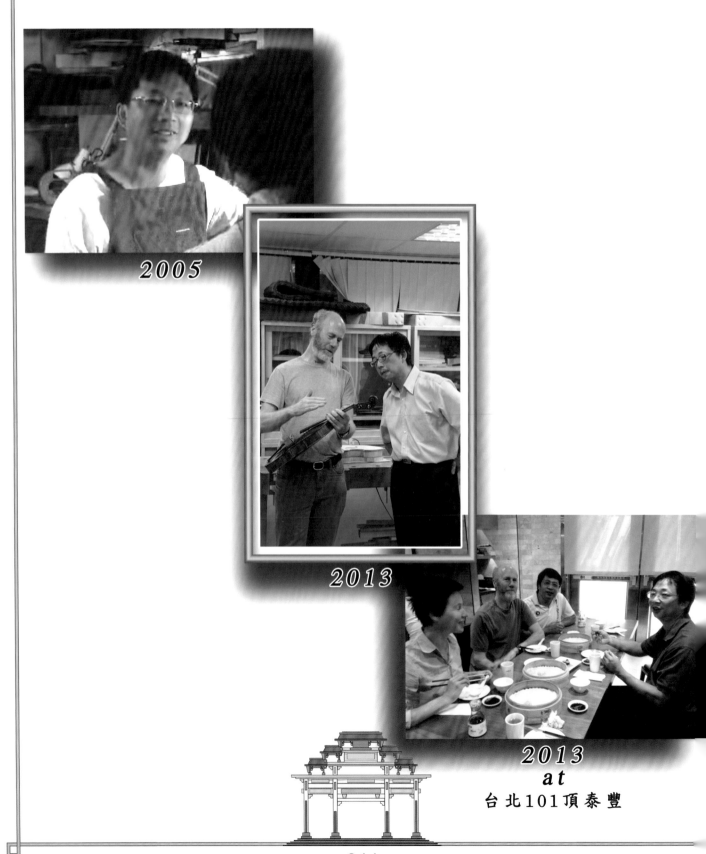

2005

2013

2013
at
台北101頂泰豐

Chapter 25

琴師

1.61803 39887 49894 84820 45868 34365 63811 77203

ANTONIO STRADIVARI

Chapter 25

Maker

Lee Chyi Shien

Chyi Hsien Lee

2020/01/01

Lee Chyi Shien

Violin Maker

Lee Chyi Shien

Violin Maker

Simeone Morassi

Riccardo Bergonzi

鄭荃

Marco Vinicio
Bissolotti

Giorgio Grisales

陳芬

2018
和我的入選琴合照

2015
Bissolotti
workshop

2018
Stradivari
V.M.Competion

江峰

Raymond Schryer

Vladimiro
Cubanzi

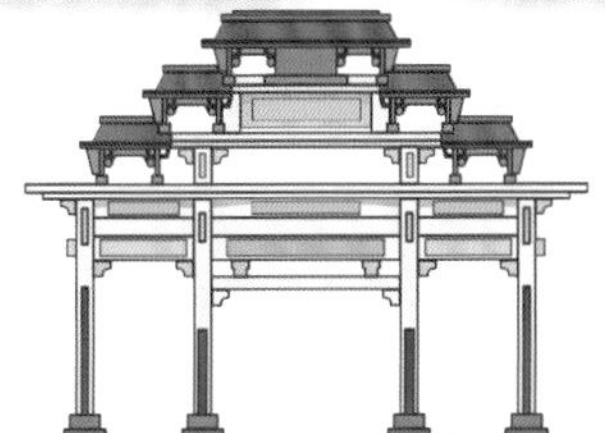

Violin Maker

Luca Salvadori

Andrea Frandsen

朱明江

2012
美國-克里夫蘭
V.S.A製琴比賽會場

Tetsuo Matsuda

Daniel Heo

Carlson

Rosario Salvi

Double Bass Workshop

韓國製琴師

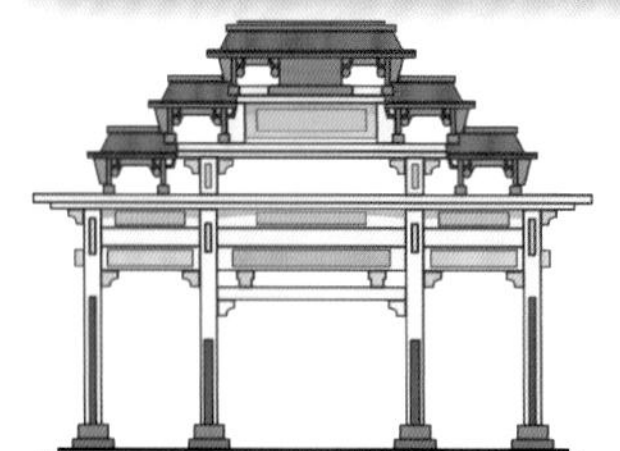

Lee Chyi Shien

Beautify Workshop with My Students

黃宏正

黃文良

殷偉

陳宏遠

康橋製琴工坊

簡賢文

李翰傑

黃宏正&黃文良&殷偉

簡賢文&殷偉

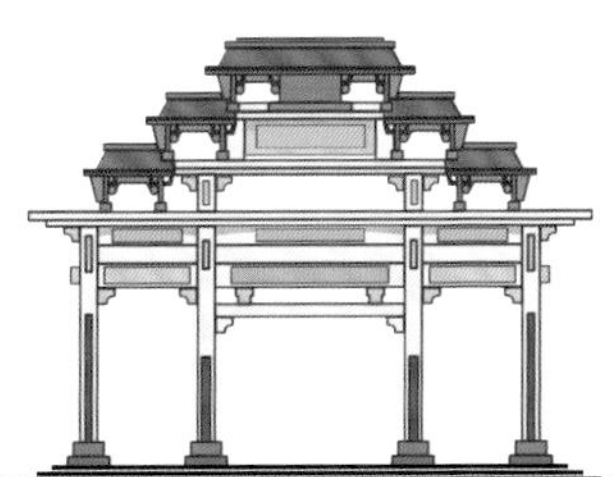

Memory

2013 北京製琴比賽會場

2012 在美國克里夫蘭

2013 國立台南藝術大學

2015 Cremona 比賽會場

2018 米蘭大教堂

2015 威尼斯

2015 Cremona 樂器展

2018 羅馬競技場

2015 和我的入選琴合照

2015 Cremona 製琴學校

2018 梵蒂岡

Lee Chyi Shien

Italy Travel

2015 克里蒙納 車站

2015 克里蒙納 大教堂

2015 克里蒙納 市政廳

2015 提琴製作比賽

2015 L,Archetto

2018 克里蒙納 博物館

2018 史特拉底住家

2018 羅馬競技場

2018 米蘭 大教堂

2018 威尼斯廣場

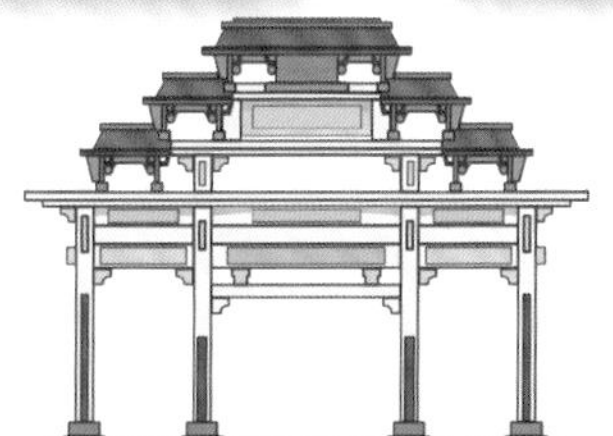

Fontana di Trevi
萊特維-許願池

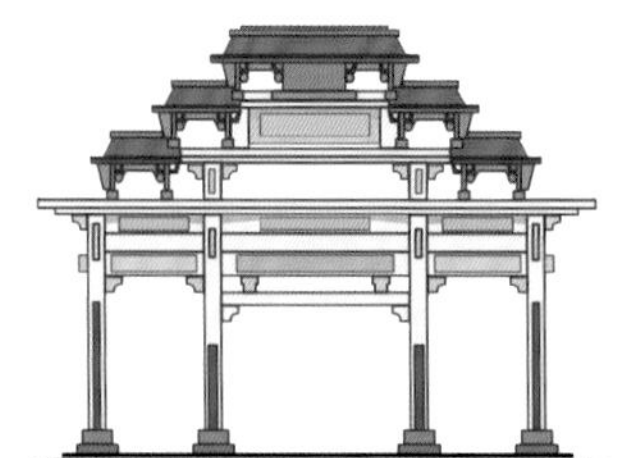

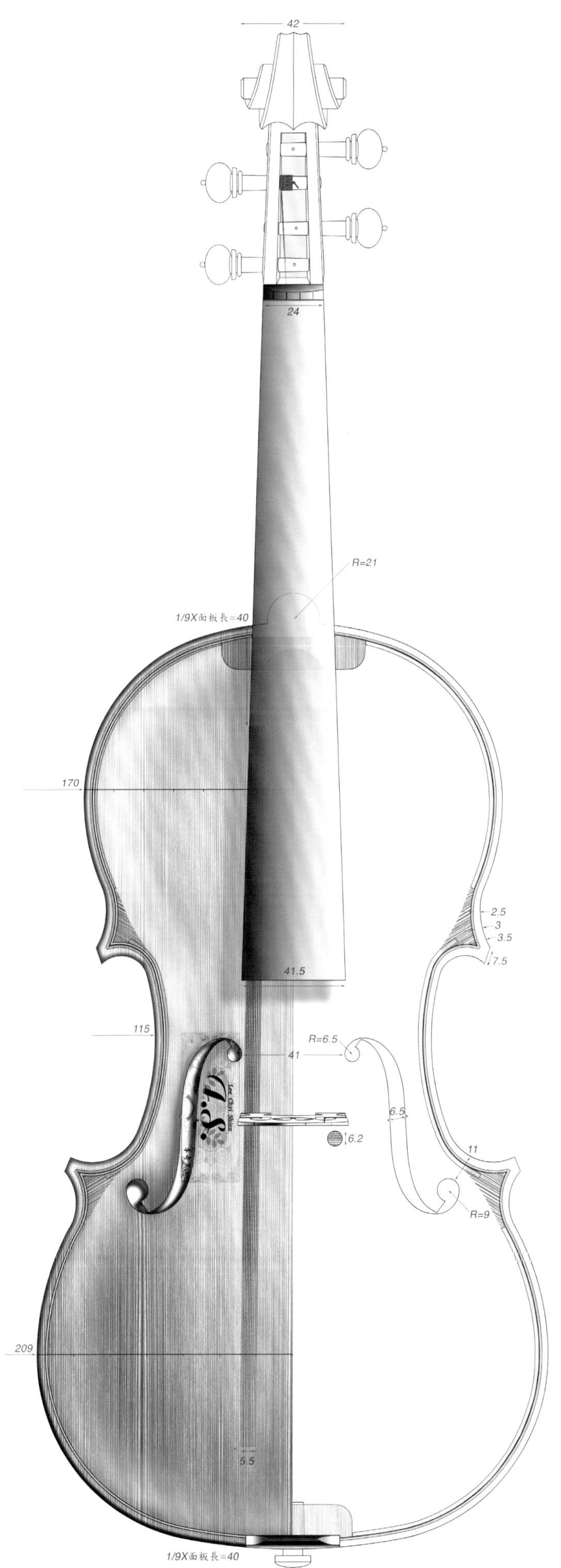

2020/01/01

Email: cambridgelcs@yahoo.com.tw

精緻手工製琴

好聽的小提琴比━百萬音響━更有價值

20年的經驗 用正確觀念,及 真-善-美 的精神及態度在製作精緻的

傳家小提琴

康橋製琴

國家圖書館出版品預行編目（CIP）資料

精緻手工製琴/李奇憲作. --初版.
--臺北市:致出版, 2020.01
272 面 ; 21x29.7 公分
ISBN 978-986-98410-1-6(精裝)
1.小提琴 2.木工
471.8 108020625

作　　者：李奇憲
編　　輯：李奇憲
封面設計：李奇憲
圖文排版：李奇憲
中華民國新北市永和區永元路15號1樓
行動電話：+886-938-287-357
市內電話：+886-2-2923-7881

出版策劃：致出版
總 經 銷：秀威資訊科技股份有限公司
台北市內湖區瑞光路76巷69號2樓
電　　話：+886-2-2796-3638
傳　　真：+886-2-2796-1377

本書製作嚴謹，照相、文編、美編……皆全由作者一人獨立完成，龐大的資料校稿數十遍，但怕掛一漏萬。若有錯字，數據錯誤或須改善處，請來信告知作者。

讀者意見回饋請來電、親洽工坊或至：
FB:http//www.facebook.com/cambridgelcs
Email: cambridgelcs@yahoo.com.tw

出版日期：2020年1月1日
定　　價：新台幣2000元整

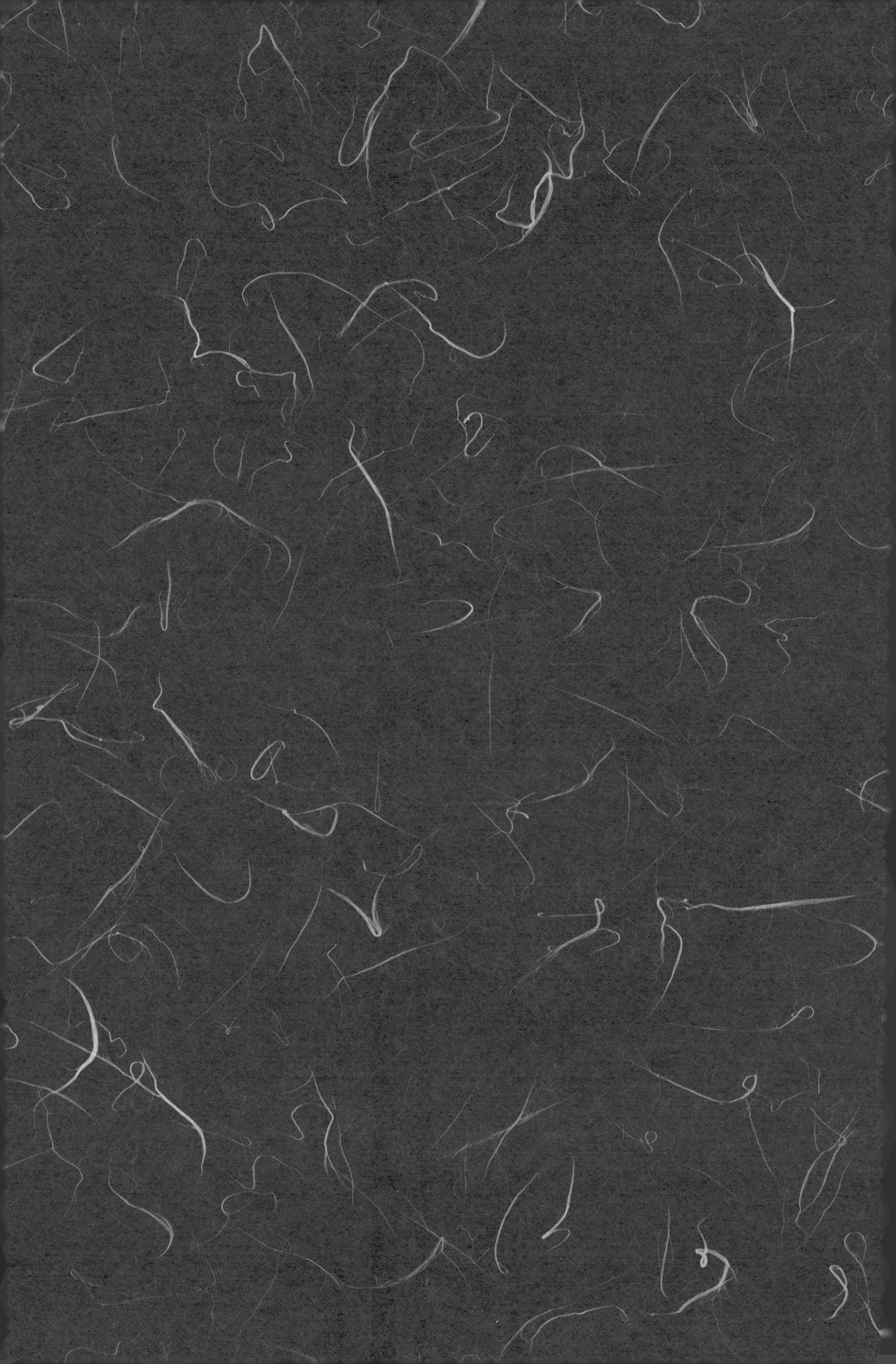